高等职业技术教育“十二五”规划教材——机械工程系列

机械设计基础

主　编　唐　俊
副主编　陈　岚　郑立新
主　审　胡照海

西南交通大学出版社
·成　都·

内 容 简 介

本书根据目前高职教育发展的实际情况，参照教育部制订的高职、高专“机械设计课程基本要求（机械类专业）”而编写。

全书包括构件静力分析基础、杆件的基本变形、联接、带传动、齿轮传动、蜗杆传动、轴、轴承、联轴器与离合器，机械装置的润滑与密封、平面机构、平面连杆机构、凸轮机构、其他常用机构、轮系等内容，并配有适量的例题和习题。

与本书配套的教材还有《机械设计基础课程设计指导书》和《机械设计基础实验及习题》。

本书作为高职、高专机械类专业课程的教材，适用学时为 80 ~ 120 学时。

图书在版编目（CIP）数据

机械设计基础 / 唐俊主编. —成都：西南交通大学出版社，2014.1（2021.2 重印）

高等职业技术教育“十二五”规划教材. 机械工程系列

ISBN 978-7-5643-2650-0

Ⅰ. ①机… Ⅱ. ①唐… Ⅲ. ①机械设计－高等职业教育－教材 Ⅳ. ①TH122

中国版本图书馆 CIP 数据核字（2014）第 008541 号

高等职业技术教育“十二五”规划教材——机械工程系列

机械设计基础

主编 唐 俊

*

责任编辑 王 旻

特邀编辑 王玉珂

封面设计 墨创文化

西南交通大学出版社出版发行

（四川省成都市二环路北一段 111 号西南交通大学创新大厦 21 楼

邮政编码：610031 发行部电话：028-87600564）

http://www.xnjdcbs.com

成都市书林印刷厂印刷

*

成品尺寸：185 mm × 260 mm 印张：16.5

字数：411 千字

2014 年 1 月第 1 版 2021 年 2 月第 6 次印刷

ISBN 978-7-5643-2650-0

定价：43.00 元

前　言

随着高等职业教育的迅速发展，全国的高等职业技术学院越来越多。各院校为了办出特色，都在进行深入的教学改革。

我校以教育部审批的试点专业——数控技术应用专业的改革为契机，对全校机类高职专业的课程进行了全面的改革、调整、综合。

本书将“材料力学”、“理论力学”、“机械原理”、“机械零件”等课程的内容有机地融合在一起，形成了比较完善、比较协调的新体系。全书内容包括：绪论、构件静力分析基础、杆件的基本变形、联接、带传动、齿轮传动、蜗杆传动、轴、轴承、联轴器与离合器、机械装置的润滑与密封、平面机构、平面连杆机构、凸轮机构、其他常用机构、轮系共十六章。

本书作为高职、高专院校机械类专业的教材用书，也可供其他有关师生及工程技术人员参考。

参加本书编写有：唐俊（第一、四、五章），陈岚（第二、七、八章），郑立新（第十、十四章），邱红（第十一、十六章），吴亭亭（第三、九章），孙勇（第六、十三章），葛传志（第十二、十五章）。全书由唐俊任主编，陈岚、郑立新任副主编，胡照海主审。

编写过程中，得到各位同行的相助，在此表示衷心的感谢。同时，限于编者的水平，书中难免有不妥之处，敬请读者批评指正。

编　者

2013 年 9 月

目 录

第一章　绪　论

一、本课程的性质、地位

“机械设计基础”是高职院校机械类各专业学生必修的一门重要的专业技术基础课。它不仅具有较强的理论性，也具有较强的实用性，同时也是从理论性、系统性很强的基础课和专业基础课向实践性较强的专业课过渡的一个重要转折点，在教学中具有承上启下的作用，课程知识掌握的程度直接影响到后续课程的学习。

二、本课程的研究对象

各种机械中经常使用的机构称为常用机构，如平面连杆机构、凸轮机构、齿轮机构和间歇运动机构等。本课程研究对象是常用机构及机器通用零、部件。研究内容是机器中的常用机构的工作原理、结构特点及机器通用零、部件的设计计算。

那么什么是机械？机械是机器和机构的统称。在生产实践和日常生活中，广泛地使用着各种机器，常见的如缝纫机、汽车、洗衣机、收割机、内燃机和电梯等。机器的作用是实现能量转换或完成有用的机械功，用以减轻或代替人的劳动。

从研究机器的工作原理、分析运动特点和设计新机器的角度看，机器可视为若干机构的组合。

如图 1.1 所示的单缸内燃机，它由机架（气缸体）1、曲柄 2、连杆 3、活塞 4、进气阀 5、排气阀 6、推杆 7、凸轮 8 和齿轮 9、10 组成。当燃气推动活塞 4 作往复移动时，通过连杆 3 使曲柄 2 作连续转动，从而将燃气的压力能转换为曲柄的机械能。齿轮、凸轮和推杆的作用是按一定的运动规律按时开闭阀门，以吸入燃气和排出废气。这种内燃机可视为下列 3 种机构的组合：① 曲柄滑块机构：由活塞 4、连杆 3、曲柄 2 和机架 1 构成，作用是将活塞的往复移动转换为曲柄的连续转动；② 齿轮机构：由齿轮 9、10 和机架 1 构成，作用是改变转速的大小和转动的方向；③ 凸轮机构：由凸轮 8、推杆 7 和机架 1 构成，作用是将凸轮的连续转动转变为推杆的往复移动。

由上述机构分析可知，机构在机器中的作用是传递运动和力，实现运动形式或速度的变化。机构必须满足两点要求：首先，它是若干构件的组合；其次，这些构件均具有确定的相对运动。

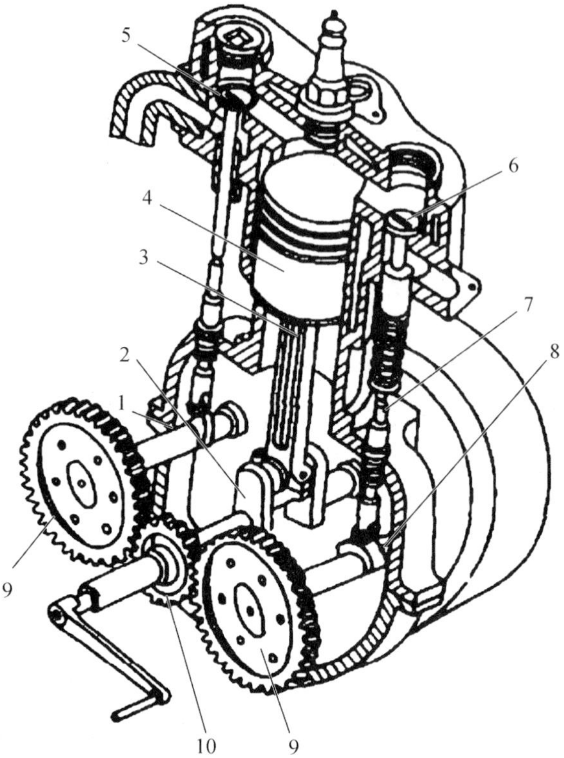

图 1.1 单缸内燃机

所谓构件，是指机构的基本运动单元。它可以是单一的零件，也可以是几个零件联接而成的运动单元。如图 1.1 中的内燃机连杆，就是由图 1.2 所示的连杆体 1、连杆盖 5、螺栓 2、螺母 3、开口销 4、轴瓦 6 和轴套 7 等多个零件构成的一个构件；又如图 1.3 中的齿轮-凸轮轴，则是由图示的凸轮轴 1、齿轮 2、键 3、轴端挡圈 4 和螺钉 5 等零件构成的。显然，零件是制造的基本单元。

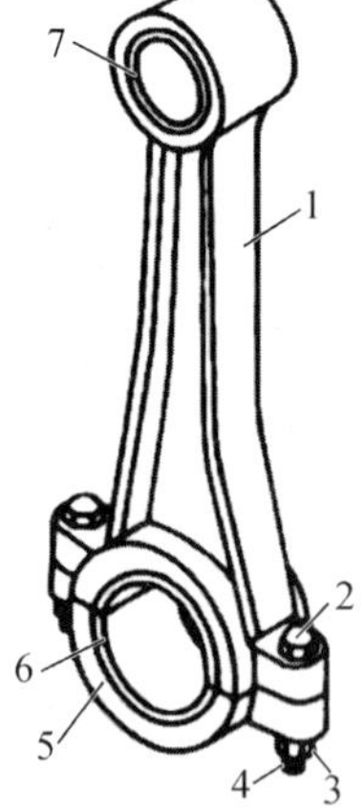

图 1.2 内燃机连杆

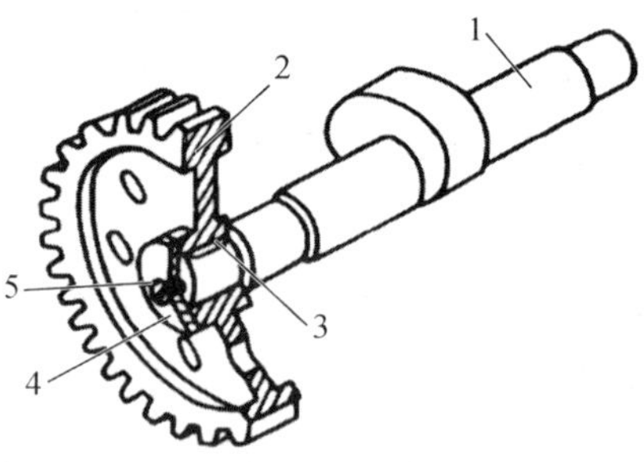

图 1.3 齿轮-凸轮轴

各种机械中经常使用的机构称为常用机构，如平面连杆机构、凸轮机构、齿轮机构和间歇运动机构等。

各种机械中普遍使用的零件称为通用零件，如齿轮、轴、轴承、螺栓和弹簧、联轴器等。只在某一类型机械中使用的零件称为专用零件，如汽轮机的叶片、内燃机的活塞、曲轴等。部件则是为完成同一使命、彼此协同工作的一系列零件或构件所组成的独立装配的组合体，如滚动轴承、联轴器、减速器。

本课程作为机械设计的基础，主要介绍机械中常用机构和通用零件的工作原理、运动特性、结构特点、使用维护以及设计计算的基本理论、方法和标准、规范。机械零件尺寸大小由零件的受力大小、性质以及零件的抵抗变形能力决定。受力越大，冲击越大，变形越大的零、部件，其尺寸越大，结构越复杂，因此，零件抵抗变形的能力和受力分析是机械设计的基础。

三、本课程的学习内容及学习方法

本课程是机械类各专业的一门主干技术基础课，课程任务是：使学生初步具有应用受力分析和材料的受力特性来分析和设计零、部件的能力，为学习后续课程和新的技术科学建立基础，为以后解决生产实际问题和技术改造打下基础。

本课程为综合性很强的学科，内容包括工程力学和机械原理、机械零件等课程内容，同时还涉及机械制图、机械加工基础、机械工程基础中的内容。在学习时，应围绕通用零件的受力分析、工作原理、结构特点、基本的设计理论和计算方法，去选择、设计合格的零件。避免纠缠理论的来源和公式的烦琐推导，以及过多知识点引起的杂乱感觉。

本课程也是实践应用性很强的学科，机械设计是生产机械产品的第一道工序，设计质量的高低，将直接影响机械产品的技术水平和经济效果。因此在学习中一方面要通过实验、课程设计等实践教学环节，逐步提高解决实际问题的能力；另一方面，要勇于实践，在继承成熟的理论的同时努力创造新理论、新机械。只有这样才能很好地掌握本课程的内容要求。

思考题与习题

1-1　举例说明什么是机械、机器、机构、零件、部件？

1-2　举例说明通用零件和专用零件的区别？

1-3　机械设计基础是一门什么样的课程？要学习一些什么内容？怎样学？

第二章　构件静力分析基础

第一节　力

一、力、刚体、平衡的概念

1. 力

力是物体间的机械作用。这种作用有两种效应：使物体产生运动状态的变化和形状变化，前者称为运动效应，后者称为变形效应。

物理学中学过，力有三要素：大小、方向、作用点，如图 2.1 所示。因为力是矢量，因此可用有向线段 OA 表示，矢线始端 O 表示力的作用点，矢线方向表示力的方向，按一定比例尺所作线段 OA 的长度表示力的大小。计算时，力的单位采用国际标准计量单位 N。

在物理学中和工程简化计算中，物体的受力一般认为力集中作用于一点，称为集中力。实际上，任何物体间的作用力都分布在有限的面积上或体积内，应为分布力。集中力在实际中并不存在，它只是分布力的理想化模型。但由于分布力的分布规律比较复杂，因此计算时常需简化为集中力。

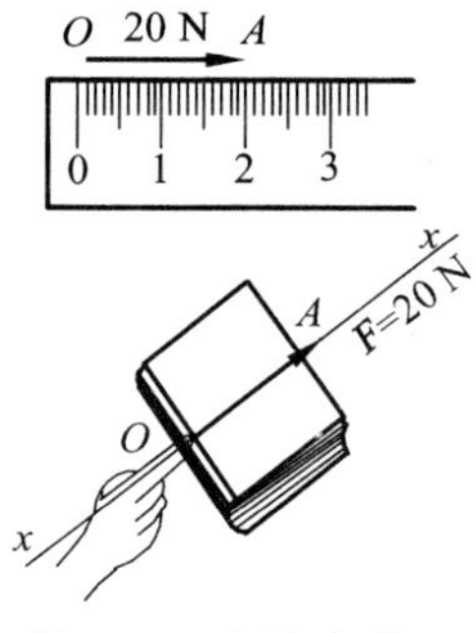

图 2.1　力的表示

2. 刚　体

刚体是在力作用下不变形的物体。实际物体在受力作用时，其内部各质点间的相对距离总要发生一定的伸长或缩短，即变形。由于这种变形通常十分微小，在对某些问题的研究中可以忽略不计，因此引入了刚体这一为分析方便而假设的力学模型。

力对刚体只有运动效应（包括平动、转动及其特例——平衡）。这样，力的三要素可改述为大小、方向、作用线。这种作用在刚体上的力沿其作用线滑移的性质称为力的可传性，如图 2.2 所示。

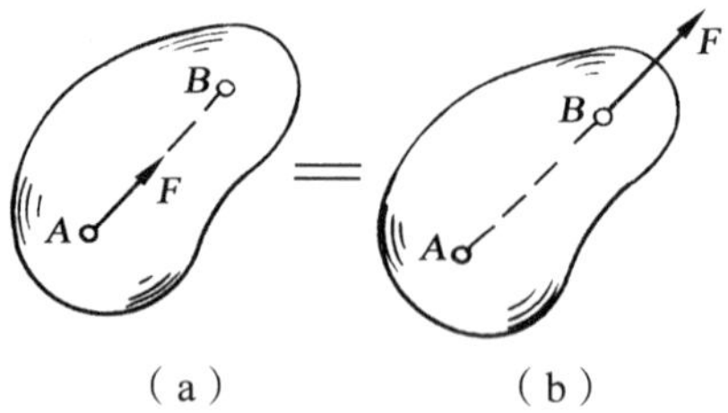

图 2.2　力的可传性

3. 平　衡

平衡是物体相对于地面处于静止或匀速直线运动状态。

本章是研究刚体在力系的作用下平衡规律的科学，称为静力学。

二、力　系

1. 力　系

力系是指同时作用于一物体的若干力。

2. 平衡力系

一个力系对物体的作用使物体处于平衡状态，则此力系称为平衡力系。

3. 等效力系

如果两个力系对物体的作用效果相同，则这两个力系彼此称为等效力系。等效力系可用来简化复杂力系。若一个力与一个力系等效，这个力就称为该力系的合力，而力系中的各个力都是合力的分力。

三、静力学公理及其推论

静力学公理是人类经过长期经验积累和实践验证总结出来的最基本的力学规律。它概括了力的一些基本性质。下面简要介绍 4 个公理。

1. 二力平衡公理

刚体受两个力作用，处于平衡状态的充分和必要条件是：两力大小相等、方向相反，且作用在同一直线上（见图 2.3），即

$$\boldsymbol{F}_1 = \boldsymbol{F}_2$$

这个公理总结了作用于刚体上最简单的力系平衡所必须满足的条件。这个条件对刚体来说，既必要又充分。

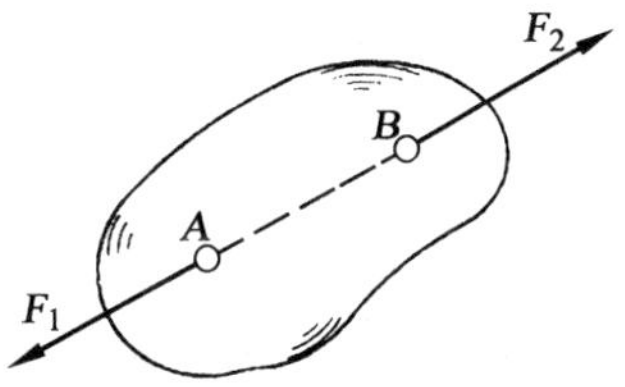

图 2.3　二力平衡

2. 加减平衡力系公理

在任意一个已知力系上，可随意加上或减去一平衡力系，这不会改变原力系对物体的作用效应。

这一公理对研究力系简化问题十分重要。实际上，前述力的可传性是这一公理的推理。如图 2.4 所示，图（a）为原力系，图（b）在原力系上加了一个 $F_1 = F_2$ 的平衡力系，设 $F = F_2$，显然 F 与 F_2 也构成一平衡力系，可以减去，于是变为图（c）情况，力在刚体上成功地实现了滑移。

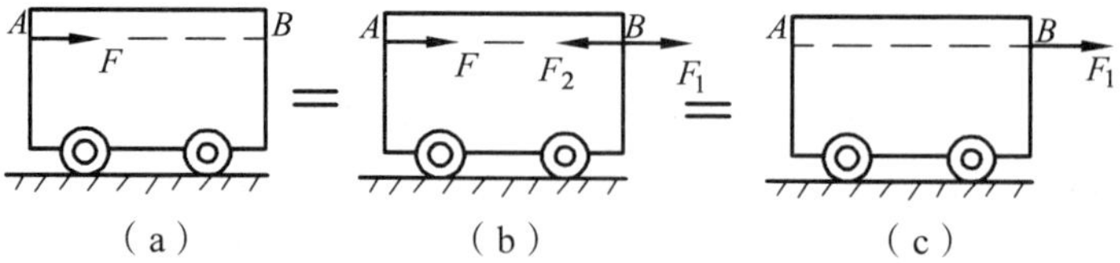

图 2.4　力的可传性证明

推论 1（力的可传性原理）：作用在刚体上某点的力，可以沿着其作用线移动到刚体内任意一点，并不改变该力对刚体的作用效应。

3. 平行四边形公理

作用在物体上同一点的两个力，可以合成为一个力，其作用线通过该点，合力的大小和方向由已知两力为边的平行四边形的对角线表示，这称为力的平行四边形公理或称平行四边形法则。如图 2.5 所示，作用在物体 O 点上的两已知力 F_1、F_2 的合力为 F，力的合成法则可写成矢量式

$$\boldsymbol{F}=\boldsymbol{F}_1+\boldsymbol{F}_2$$

推论 2（三力平衡汇交定理）：当刚体受三个力作用而处于平衡时，若其中两个力的作用线汇交于一点，则第三个力的作用线必交于同一点，且三个力的作用线在同一平面内。如图 2.6 所示，F_1、F_2 汇交于一点 O，则 F_3 必通过 O 点。

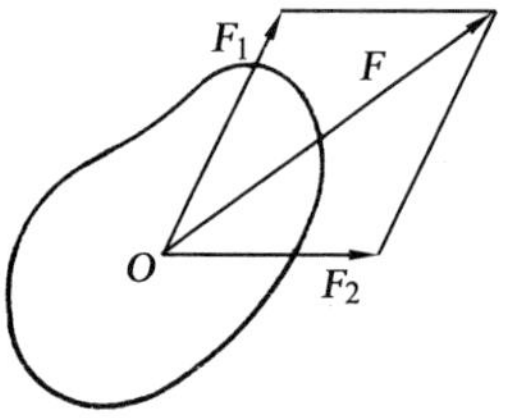

图 2.5　力的合成法则

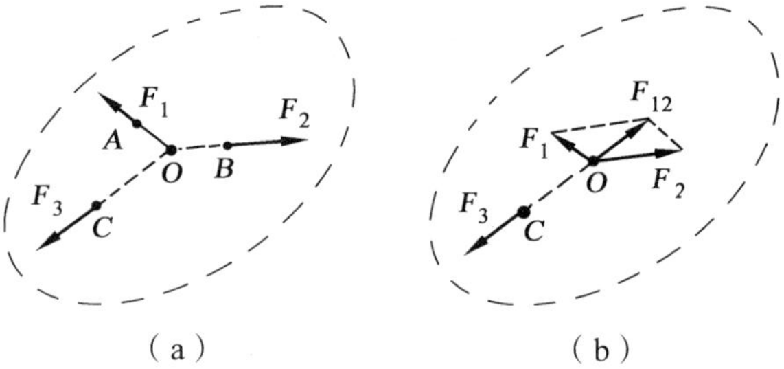

图 2.6　三力平衡汇交

4. 作用力与反作用力公理

即牛顿第三定律。两个物体之间的作用力和反作用力，总是大小相等、方向相反、作用线相同，但分别作用在两个物体上。例如车刀在工件上切削，车刀作用在工件上的切削力为 F_P，与此同时，工件必有一反作用力 F_P' 作用在车刀上，如图 2.7 所示，此两个力 F_P、F_P' 总是等值、反向、共线的。

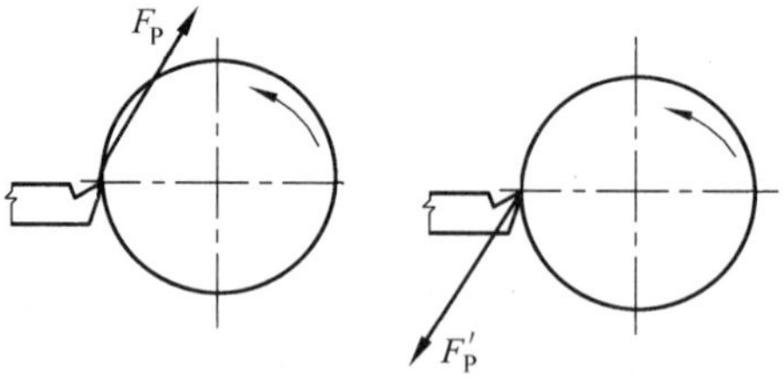

图 2.7　作用力与反作用力

必须注意，由于作用力与反作用力作用在两个物体上，因此不能说成是一对平衡力。

四、约束及约束反力的概念

1. 约束和约束反力

实际物体在空间的接触和连接有两类方式：一类如空中飞行的炮弹、飞机或卫星等，它们在空间的位移没有受到其他物体预加的限制，称为自由体；另一类如地面上的汽车，轴承中的轴，支承在柱子上的房架，连接在人体躯干上的肢体等，其空间位移受到其他物体预加的限制，称为非自由体或约束体。

对物体的位移预加的限制，称为约束，上述地面对汽车、轴承对轴、柱子对房架、人体对肢体等都是约束，且这种限制是通过力的作用来实现的。

物体的受力可分为两类：约束反力和主动力。约束施加于被约束物体的力称为约束反力或约束力，约束反力的方向与约束对物体限制其运动趋势的方向相反，约束反力的作用点即是约束与物体之间的相互作用点；除约束反力以外的其他力称为主动力或载荷，如物体的重力，结构承受的风力、水力，机械零件中的弹簧力、电磁力等。本课程中，主动力一般是给定的（实际工作中需要自行测定），对物体进行的受力计算只是计算约束反力。

2. 常见约束类型

接触面的物理性质分为理想约束（绝对光滑）和非理想约束（存在摩擦）两种。这里主要介绍理想约束。下面介绍几种典型的约束模型。

1）理想刚性约束

这种约束也是刚体，它与被约束间为刚性接触。常见的有：

（1）光滑接触表面约束。

两物体相互接触，当接触面非常光滑，摩擦可忽略不计时，即属于光滑接触表面约束。这类约束不能限制物体沿约束表面切向的位移，只能阻碍物体沿接触表面法向并向约束内部的位移。其约束反力的方向为过接触点的公法线 n 的方向，并指向受力物体，称为法向反力，记为 F_N，如图 2.8 所示。

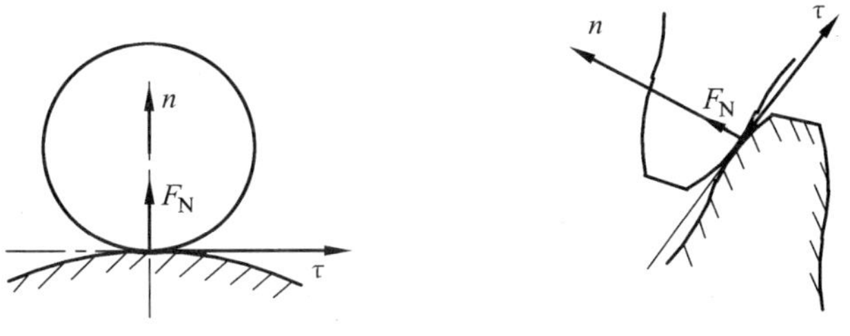

图 2.8　光滑接触表面约束

（2）光滑铰链约束。

由铰链构成的约束称为铰链约束，包括活动圆柱铰链（见图 2.9）和铰链支座（见图 2.10），实际是平面回转副的两种表现形式，常简称为活动铰链和固定铰链。这种光滑面约束，其约束体与被约束体的接触点在两维空间内是未知的，因此其约束反力可用一对正交力 $\boldsymbol{F}_x$、$\boldsymbol{F}_y$ 表示。如果铰链约束中与地面或机架的连接是可动的，这种约束称为活动铰链支座（见图 2.10

（b)），其约束性质与光滑接触表面约束性质相同，约束反力必垂直于固定面。

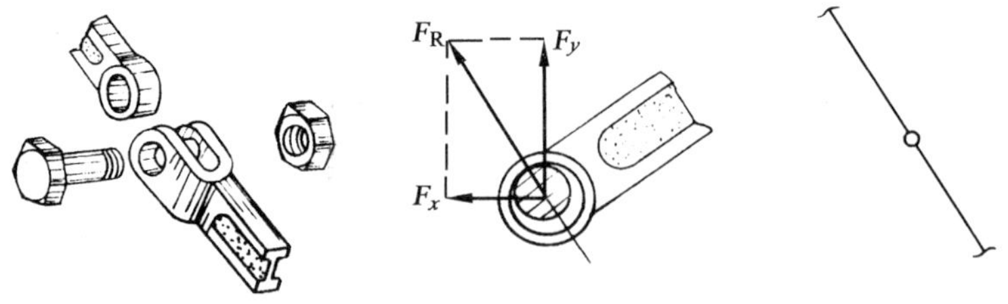

（a）　　（b）　　（c）

图 2.9　活动圆柱铰链

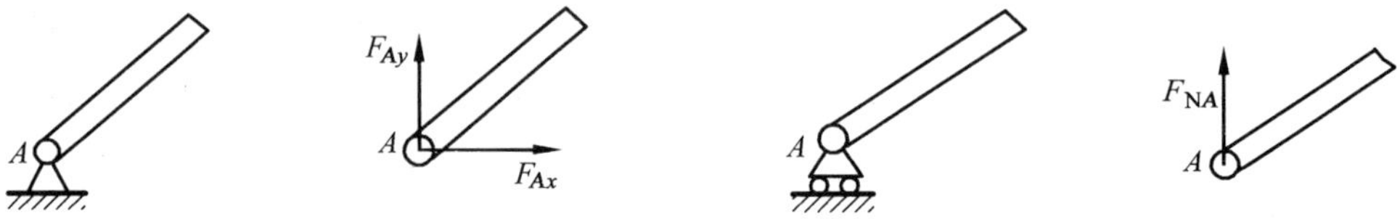

（a）固定铰链支座　　（b）活动铰链支座

图 2.10　铰链支座

2）理想柔性约束

理想柔性约束是指由柔软的绳索、链条或带等构成的约束。如图 2.11 所示，柔性线绳受物体外力（如重力）作用，此时线绳约束反力为拉力，沿着线绳背离物体。

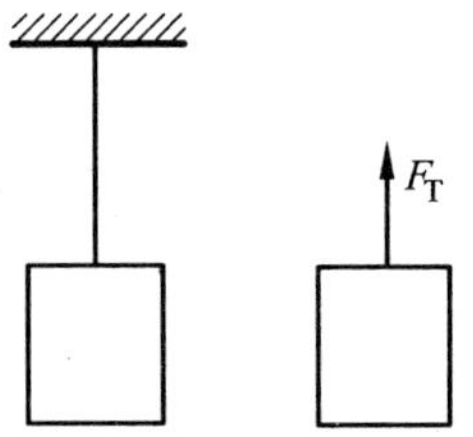

图 2.11　柔性约束

五、受力图

1. 二力构件的特点

若刚体受两个力作用处于平衡状态，根据两力平衡公理，这两个力的方向必在两力作用点的连线上，此刚体称为二力体，如果刚体是杆件，也称二力杆，如图 2.12 所示。

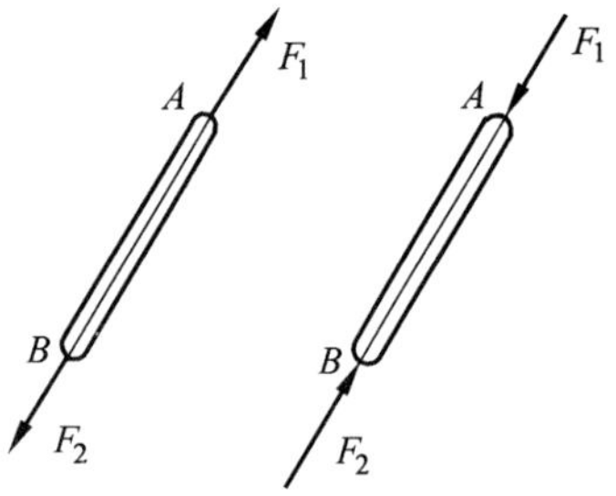

图 2.12　二力杆

2. 画受力图

在工程实际中，受力分析是指研究某个物体所受到的力，并分析这些力对物体的作用情况，即研究各个力的作用位置、大小和方向。为了清晰地表示物体受力情况，常需把研究的物体从周围物体中分离出来，把其他物体对研究对象的全部作用力用简图形式画出来。这种表示物体受力的简明图形，称为受力图。下面举例说明受力图的画法。

【例 2-1】　用力拉动碾子以压平路面，碾子受到一障碍物的阻碍，如图 2.13（a）所示，如不计接触处的摩擦，试画出碾子的受力图。

解：

（1）取碾子为研究对象，并画出分离体图。

（2）画出主动力。有重力 F_P 和杆对碾子的拉力 F。

（3）画出约束反力。碾子在 A 处受到 F_{NA} 的作用，在 B 处受到 F_{NB} 的作用，它们都沿着碾子上接触点的公法线而指向圆心。

碾子的受力图如图 2.13（b）所示。

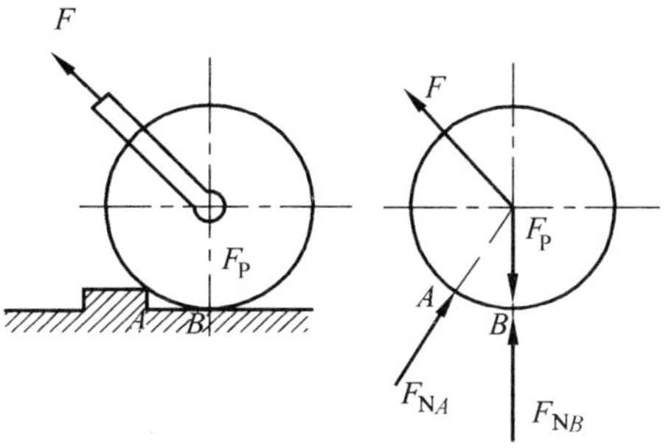

图 2.13　碾子的受力图

【例 2-2】　水平梁 AB 的 A 端为固定铰链支座，B 端为可动铰链支座，梁中点 C 受主动力 F_P 作用，如图 2.14（a）所示。不计梁的自重，试画出梁的受力图。

解：

（1）取梁为研究对象，并画出分离体图。

（2）画出主动力 F_P。

（3）画出约束反力。可动铰链支座 B 的约束反力 F_B 通过铰链中心，垂直于支承面；固定铰链支座 A 的约束反力方向未知，用水平分力 F_{Ax} 和垂直分力 F_{Ay} 来表示，如图 2.14（b）所示（本例中梁 A 端的约束反力亦可用三力平衡汇交定理来确定，如图 2.14（c）所示，梁平衡时，已知主动力 F_P、约束反力 F_B 与未知力 F_A 必汇交于一点 D，由此可确定其方向）。

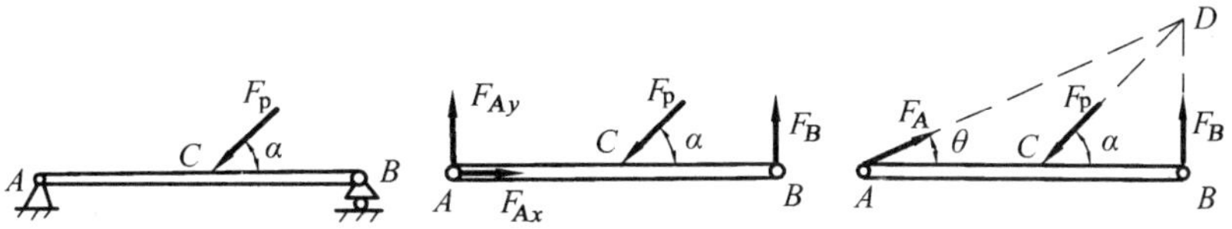

图 2.14　梁的受力图

【例 2-3】　图 2.15（a）所示为一压榨机的简图，ABC 为杠杆，CD 为连杆，D 为滑块。在杠杆的端部加一力 F_P，不计各构件的自重和接触处的摩擦，试分别画出杠杆、连杆和滑决的受力图。

解：

（1）取连杆 CD 为研究对象。在 C 处它受到铰链 C 的约束反力 F_{s1} 的作用，在 D 处它受到铰链 D 的约束反力 F_{s2} 的作用，因不计自重及摩擦，故 CD 杆为二力杆。因此 F_{s1} 和 F_{s2} 必沿 C 和 D 的连线，且等值、反向，F_{s1} 和 F_{s2} 的指向由经验判断为压力。当所受力指向不明时，可先假设一方向。

（2）取杠杆 ABC 为研究对象。它受到主动力 F_P 的作用，在铰链 C 处受到二力杆 CD 给它的约束反力 F'_{s1} 的作用，在铰链 B 处受到固定铰链支座给它的约束反力 F_{Bx} 和 F_{By} 的作用（约束反力 F_B 也可根据三力汇交定理确定而只画出一力）。这里 F'_{s1} 与 F_{s1} 为作用力与反作用力，可以确定。

（3）取滑块 D 为研究对象。在铰链 D 处，它受到二力杆 CD 给它的约束反力 F'_{s2} 的作用，在与工件的压紧面上，受到工件给它的反力 F_Q 的作用，由 F'_{s2} 的方向可知，滑块 D 还将与导轨的右侧接触，所以还受到约束反力 F_N 的作用，其方向向左。

连杆 CD、杠杆 ABC、滑块 D 的受力图如图 2.15（b）所示。

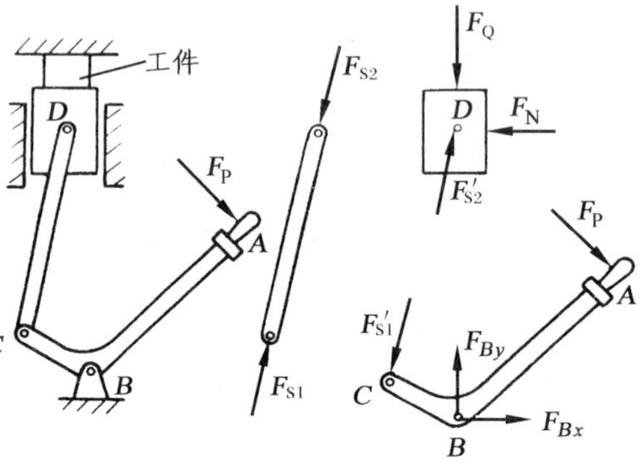

图 2.15　压榨机的受力图

第二节　平面汇交力系的合成与平衡

按照力系中各力的作用线是否在同一平面内来分，可将力系分为平面力系和空间力系两类；按照力系中各力是否相交于一点（或平行）来分，力系又可分为汇交力系、平行力系和任意力系。平面汇交力系是各力的作用线都在同一平面内，且汇交于同一点的力系。如图 2.16 所示的起重机的吊钩，即受一平面汇交力系的作用。

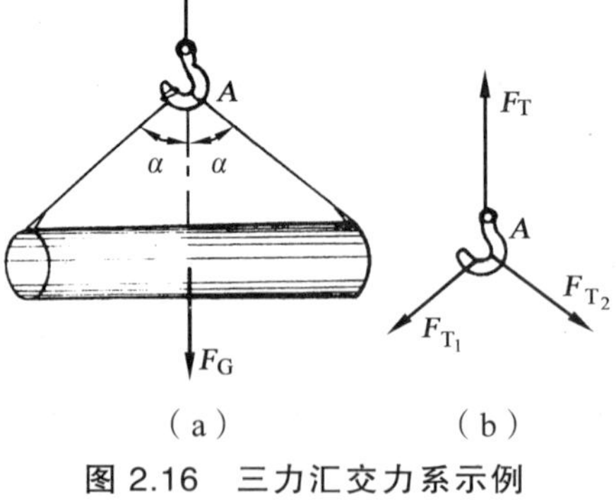

图 2.16　三力汇交力系示例

一、平面汇交力系合成的几何法

根据力的可传性原理，作用于刚体上的平面汇交力系中的各力可以分别经它们的作用线移到汇交点上，并不影响其对刚体的作用效果，所以平面汇交力系与作用于同一点的平面共点力系对刚体的作用效果相同。因此这里只需研究共点力系合成的几何法则。

1. 两个共点力合成的力三角形法则

这一法则实际上是力的平行四边形法则的另一种表达方式。设有 F_1 和 F_2 两力作用于某刚体的 A 点，则其合力可用平行四边形法则确定，如图 2.17（a）所示。不难看出，在求合力 F 时，可不必作出整个平行四边形。如图 2.17（b）所示，作图时可省略 AC 与 CD，直接将 F_2 的始端移至 F_1 的末端，连接 F_1 的始端和 F_2 的末端，即可求得合力 F。此法则称为求两个共点力合力的三角形法则，其矢量式为

$$\boldsymbol{F}=\boldsymbol{F}_1+\boldsymbol{F}_2$$

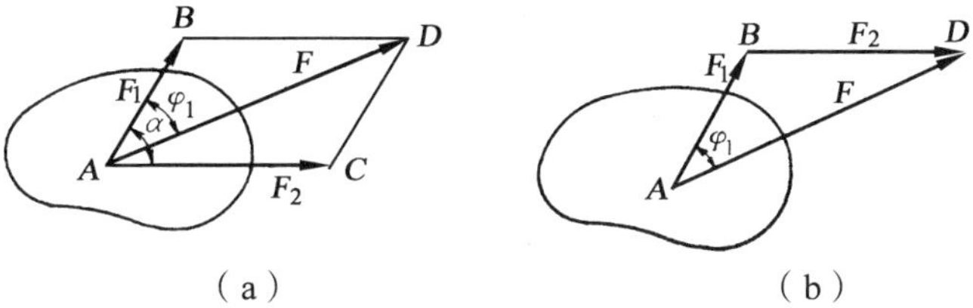

图 2.17　两个共点力合成的三角形法则

2. 多个共点力合成的多边形法则

如图 2.18（a）所示，设有一平面汇交力系 F_1、F_2、F_3、F_4 作用于刚体上的 O 点，要求此力系的合力，可连续实施三角形法则依次将各力合成。其方法为：先作 F_1、F_2 的合力 F_{12}，再将 F_{12} 与 F_3 合成为 F_{123}，最后将 F_{123} 与 F_4 合成，即得到该力的合力 F，如图 2.18（b）所示。

由图 2.18（b）可以看出，虚线矢量 F_{12}、F_{123} 可不必画出，只要将力系各力首尾相接，形成一个开口的多边形 $ABCDE$，最后将其封闭，由最先画出的 F_1 的始端 A 指向最后画出的力 F_4 的末端 E 所形成的矢量，即为合力 F 的大小和方向，如图 2.18（c）所示。此法则称为力的多边形法则，其矢量表达式为

$$\boldsymbol{F}=\boldsymbol{F}_1+\boldsymbol{F}_2+\boldsymbol{F}_3+\boldsymbol{F}_4$$

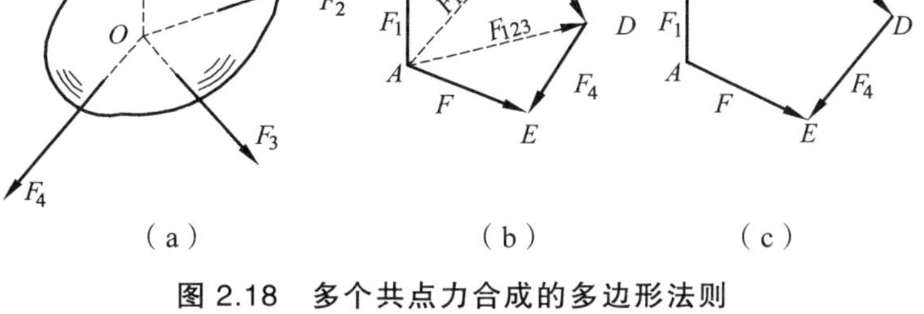

图 2.18　多个共点力合成的多边形法则

上述方法可推广到平面汇交力系有 n 个力的情况，于是可得结论：平面汇交力系合成的结果是一个合力，合力作用线通过力系汇交点，合力大小由多边形的封闭边表示，即等于力系各力的矢量和。其矢量表达式为

$$\boldsymbol{F}=\boldsymbol{F}_1+\boldsymbol{F}_2+\cdots+\boldsymbol{F}_n \tag{2-1}$$

二、平面汇交力系平衡的几何条件

我们已经知道，平面汇交力系可以合成为一个合力，即平面汇交力系可用其合力来代替。因此若合力 F 等于零，则说明物体处于平衡；反之，若物体处于平衡，则其合力 F 一定等于零。可见平面汇交力系平衡的充分与必要条件是力系的合力等于零，即

$$F=\sum_{i=1}^{n}F_i=0 \tag{2-2}$$

在力系合成的几何法中，平面汇交力系的合力是由力多边形的封闭边表示的，当力系平衡时，合力封闭边变为一点，即力系中各力首尾相接构成一个自行封闭的力多边形，如图 2.19 所示。因此，可得平面汇交力系平衡的充分与必要的几何条件是：力系中各力构成的力多边形自行封闭。

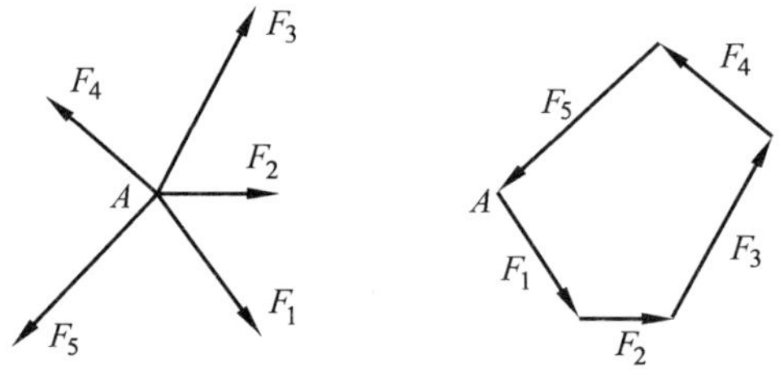

图 2.19 平面汇交力系平衡的几何条件

三、平面汇交力系合成的解析法

用几何法求解汇交力系问题比较简单直观，但要求作图准确，否则将会引起较大的误差。因此，在工程实际中，用的较多的还是解析法，这种方法是以力在坐标轴上投影为基础建立起来的。

1. 力在平面直角坐标轴上的投影

设物体的某点 A 作用一力 F，取直角坐标系 xOy 如图 2.20 所示。力 F 在坐标轴上的投影定义是：F 矢量两端向坐标轴引垂线得垂足 a、b 和 a'、b'，线段 ab、$a'b'$分别为力 F 在 x、y 轴上投影的大小。投影的正负号规定为：从 a 到 b（或从 a'到 b'）的指向与坐标轴的正向相同为正，相反为负。力 F 在 x、y 轴上的投影分别记作 F_x、F_y。

若已知力 F 的大小及其与 x 轴所夹的锐角α，则有

$$\begin{aligned}F_x&=F\cos\alpha\\F_y&=-F\sin\alpha\end{aligned} \tag{2-3}$$

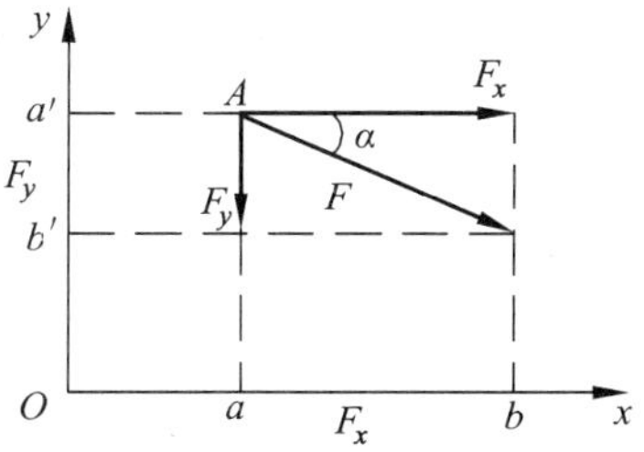

图 2.20　力在坐标轴上的投影

必须注意，如将力 F 沿坐标轴方向分解，所得分力 F_x、F_y 的值与力在同轴的投影 F_x、F_y 相等，但分力是矢量，力的投影是代数量（标量），两者不可混淆。

2. 平面汇交力系合成的解析法

设在刚体 O 点有一平面汇交力系 F_1、F_2、… F_n 作用。根据式（2-1），有

$$F=\sum F=F_1+F_2+\cdots+F_n$$

将上式分别向 x、y 轴投影，有

$$F_x=F_{x1}+F_{x2}+\cdots+F_{xn}=\sum F_x$$
$$F_y=F_{y1}+F_{y2}+\cdots+F_{yn}=\sum F_y \tag{2-4}$$

式（2-4）表明，力系的合力在某轴上的投影等于各分力在同一轴上投影的代数和。这一关系称为合力投影定理。

现利用合力投影定理求平面汇交力系的合力：先由式（2-4）求出力系中各力在 x、y 两直角坐标轴上的投影和 $\sum F_x$、$\sum F_y$，即为合力 F 在 x、y 轴上的投影 F_x、F_y，然后由图 2.20 所示几何关系，用直角三角形勾股定理求得合力

$$F=\sqrt{F_x^2+F_y^2}=\sqrt{(\sum F_x)^2+(\sum F_y)^2}$$
$$\tan\alpha=\frac{F_y}{F_x}=\frac{\sum F_y}{\sum F_x} \tag{2-5}$$

【例 2-4】　试用解析法求图 2.21 中吊钩所受合力的大小和方向。

解： 建立直角坐标系 xAy，并应用式（2-4）求出：

$$\sum F_x=F_{x1}+F_{x2}+F_{x3}=732+0-2\,000\cos 30°=-1\,000\ (\text{N})$$
$$\sum F_y=F_{y1}+F_{y2}+F_{y3}=0-732-2\,000\sin 30°=-1\,732\ (\text{N})$$

再按式（2-5）求得：

$$F=\sqrt{(\sum F_x)^2+(\sum F_y)^2}=(\sqrt{(-1\,000)^2+(-1\,732)^2})=2\,000\ (\text{N})$$
$$\tan\alpha=\frac{\sum F_y}{\sum F_x}=\frac{-1\,732}{-1\,000}=\sqrt{3}\qquad 故\ \alpha=60°$$

因 F_x、F_y 均为负值，所以合力 F 在第三象限，与 x 轴所夹锐角为 60°，其作用线通过原力系的汇交点。

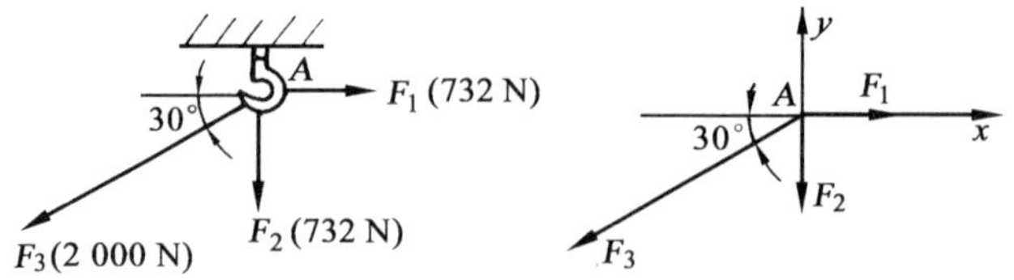

图 2.21 吊钩的受力

四、平面汇交力系的平衡方程

我们已知道平面汇交力系平衡的充分与必要条件是力系的合力 F 等于零，则由式（2-5）应有

$$F=\sqrt{(\sum F_x)^2+(\sum F_y)^2}=0$$

要使上式成立，必须满足

$$\sum F_x=0$$

$$\sum F_y=0 \qquad (2\text{-}6)$$

于是，平面汇交力系平衡的必要与充分条件是：力系中各力在两个直角坐标轴上的投影的代数和等于零。式（2-6）称为平面汇交力系的平衡方程，这是两个独立的方程，可以求解两个未知量。

下面举例说明平面汇交力系平衡方程的应用。

【例 2-5】 图 2.22（a）所示为一简易起重机。重物 $F_G=20$ kN，用绳子挂在支架的定滑轮 B 上，绳子的另一端接在铰车 D 上。A、B、C 各处均为铰链，不计杆、绳、滑轮的自重，并略去滑轮的大小和各接触处的摩擦。试求平衡时杆 AB 和 BC 所受的力。

解：

（1）确定研究对象。杆 AB 和 BC 均为二力杆，假设两杆均受压力，如图 2.22（b）所示。为求杆 AB 和杆 BC 所受的力，可通过求两杆对滑轮 B 的约束反力来解决。因此取滑轮 B 为研究对象。它受杆 AB、BC 的约束反力 F_{AB} 和 F_{BC} 以及绳子拉力 F_{T1}、F_{T2} 的作用，$F_{T1}=F_{T2}=F_G$，因滑轮大小不计，故可认为 F_{T1}、F_{T2} 作用在滑轮中心 B，如图 2.22（c）所示。

（2）取直角坐标系 xBy 如图 2-22（c）所示，为了便于计算，坐标轴应尽可能在与未知力的作用线相垂直的方向，且与力系中各力间有较简单的几何关系。

（3）列平衡方程求解：

$$\sum F_x=0\,,\quad F_{AB}+F_{BC}\sin 30°-F_{T2}\cos 45°=0$$

得
$$F_{AB}=F_{T2}\cos 45°-F_{BC}\sin 30°=(20\times 0.707-39.42\times 0.5)=-5.57\ (\text{kN})$$

$$\sum F_y = 0\text{，}\ F_{BC}\cos 30° - F_{T1} - F_{T2}\sin 45° = 0$$

得

$$F_{BC} = \frac{F_{T1} + F_{T2}\sin 45°}{\cos 30°} = \left(\frac{20 + 20 \times 0.707}{0.866}\right) = 39.42\ \text{（kN）}$$

所得结果中，F_{BC}为正值，表示这个力的实际方向与图示假设方向相同，即BC受压；F_{AB}为负值，表示这个力的实际方向与假设方向相反，杆AB实际受拉。

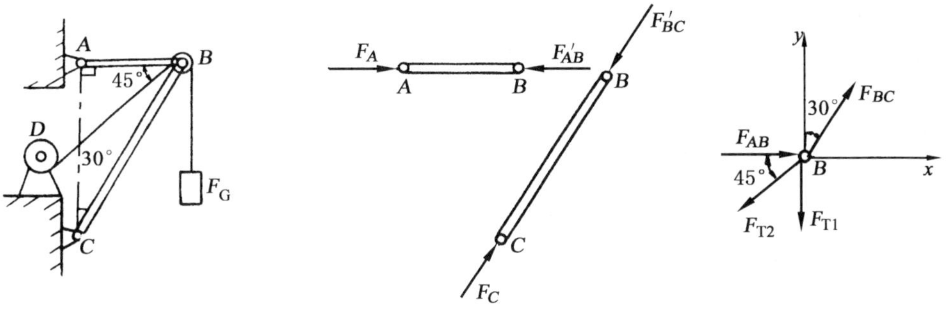

图 2.22　简易起重机

第三节　力矩与力偶

在研究比较复杂的力系的合成平衡问题时，将遇到力学中两个重要的概念——力矩和力偶。

一、力对点之矩

用扳手拧螺母时（见图 2.23），力F使扳手及螺母绕O点转动，由经验可知，使螺母绕O点转动的效果，不仅与力F的大小有关，而且与O点到力作用线的垂直距离h有关，因此力F对扳手的作用可用两者的乘积Fh来度量，此乘积称为力F对O点的矩。O点到力F作用线的垂直距离h称为力臂。O点为矩心。

力使物体绕矩心转动时，有两种不同的转向。通常规定：力使物体绕矩心逆时针方向转动时，力矩为正；力使物体绕矩心顺时针转动时，力矩为负。

由此可见，力F使物体绕O点转动的效果，由下列两个因素决定：

（1）力的大小与力臂的乘积Fh；

（2）力使物体绕O点转动的方向。

力F对O点的矩用符号$M_O(F)$表示，其计算公式为

$$M_O(F) = \pm Fh$$

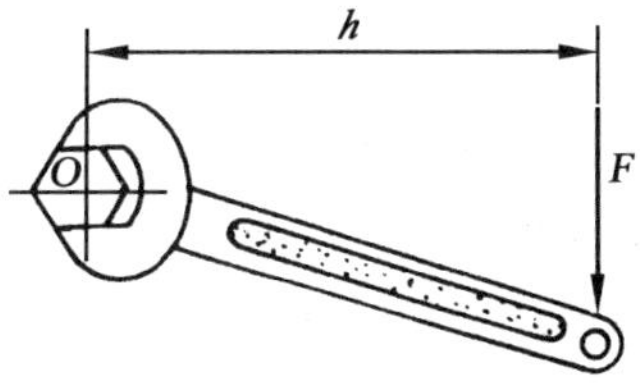

图 2.23　扳手的力矩

力矩的单位决定于力和力臂的单位，在法定计量单位

中，力矩的单位为 N · m。

当力的作用线通过矩心时，因力臂为零，故力矩等于零，此时力不能使物体绕矩心转动。

二、合力矩定理

定理：平面汇交力系的合力对平面内任意一点的矩等于所有各分力对该点的矩的代数和。

这个定理建立了合力的矩和分力的矩之间的关系。现证明如下：

设在物体上 A 点作用有平面汇交力系 F_1、$F_2\cdots F_n$，如图 2.24 所示，该力系的合力为 F。为计算力系中各力对平面内任一点的矩，取直角坐标系 xOy，并让 Ox 轴通过力系中各力的汇交点 A，令 $OA=l$，则力系中各分力对 O 点的矩分别为

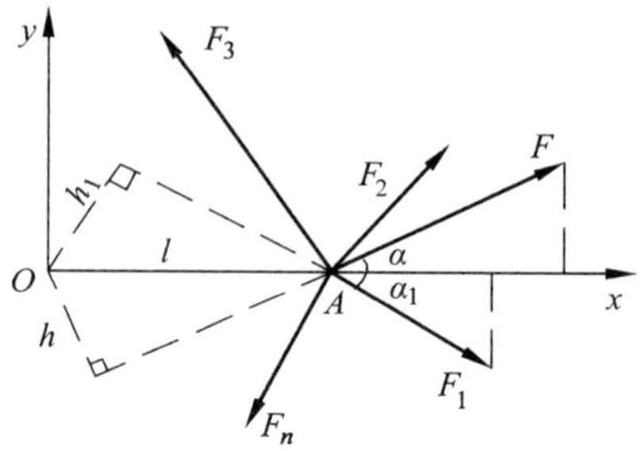

图 2.24　合力矩定理

$$M_O(F_1)=-F_1h_1=-F_1l\sin\alpha_1=F_{1y}l$$

$$M_O(F_2)=F_{2y}l$$

$$M_O(F_n)=F_{ny}l$$

由图可见，力系的合力 F 对 O 点的矩为

$$M_O(F)=Fh=Fl\sin\alpha=F_yl$$

这里 F_{1y}、$F_{2y}\cdots F_{ny}$ 和 F_y 分别为分力 F_1、$F_2\cdots F_n$ 和合力 F 在 Oy 轴上的投影。根据合力投影定理，有

$$F_y=F_{1y}+F_{2y}\cdots+F_{ny}$$

将上式两端各乘以 l，得

$$F_yl=F_{1y}l+F_{2y}l\cdots+F_{ny}l$$

所以　$$M_O(F)=M_O(F_1)+M_O(F_2)+\cdots+M_O(F_n)$$

即　$$M_O(F)=\sum_{i=1}^{n}M_O(F_i) \tag{2-7}$$

至此定理得到证明。

在计算力矩时，力臂一般可通过几何关系确定。然而有些实际问题中，由于几何关系比较复杂，力臂不易求出，会给力矩的计算带来一些困难。但是如果将力进行适当分解，计算各分力的力矩很方便，这时应用合力矩定理来计算力矩就比较简单了。

【例 2-6】　图 2.25（a）所示圆柱直齿轮的齿面受一啮合角 $\alpha=20°$ 的法向压力 $F_n=980$ N 的作用，齿轮分度圆的直径 $d=160$ mm，试计算力 F_n 对齿轮轴心 O 的力矩。

解一：运用力矩的计算公式

齿轮轴心 O 为矩心，力臂 $h = d\cos\alpha/2$，则力 F_n 对 O 点的矩为

$$M_O(F_n) = F_n h = F_n \frac{d}{2}\cos\alpha = 980 \times \frac{0.16}{2} \times \cos\alpha = 73.7 \quad (\text{N} \cdot \text{m})$$

解二： 应用合力矩定理

将 F_n 分解为圆周力 F_t 和径向力 F_r，如图 2.25（b）所示，根据合力矩定理，得

$$F_r = F_n\sin\alpha \qquad F_t = F_n\cos\alpha$$

$$M_O(F_n) = M_O(F_r) + M_O(F_t)$$

因为径向力 F_r 通过矩心 O 点，故 $M_O(F_r) = 0$，于是

$$M_O(F_n) = M_O(F_t) = F_t \frac{d}{2} = F_n \cos\alpha \frac{d}{2} = 73.7 \quad (\text{N} \cdot \text{m})$$

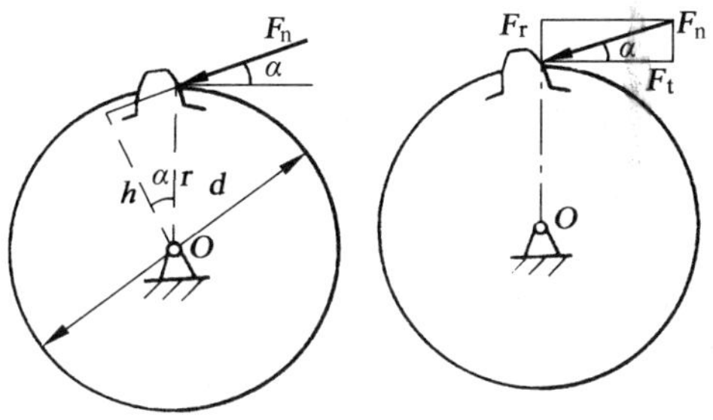

（a）　　（b）

图 2.25　直齿轮受力的力矩

【例 2-7】　一轮在轮轴 B 处受一切向力 F 的作用，如图 2.26（a）所示，已知 F、R、r、α，试求此力对轮与地面接触点 A 的力矩。

解： 本题若根据力矩的定义求力 F 对 A 点的矩，则因力臂未标明而不易求出，但利用合力矩定理来求却很简便。为此，将 F 分解为 F_x、F_y 两个分力，根据合力矩定理，得

$$M_A(F) = M_A(F_x) + M_A(F_y)$$

$$M_A(F_x) = -F_x CA = -F_x(OA - OC) = -F\cos\alpha\,(R - r\cos\alpha)$$

$$M_A(F_y) = F_y r\sin\alpha = F\sin\alpha\, r\sin\alpha = Fr\sin^2\alpha$$

$$M_A(F) = -F\cos\alpha\,(R - r\cos\alpha) + Fr\sin^2\alpha = F(r - R\cos\alpha)$$

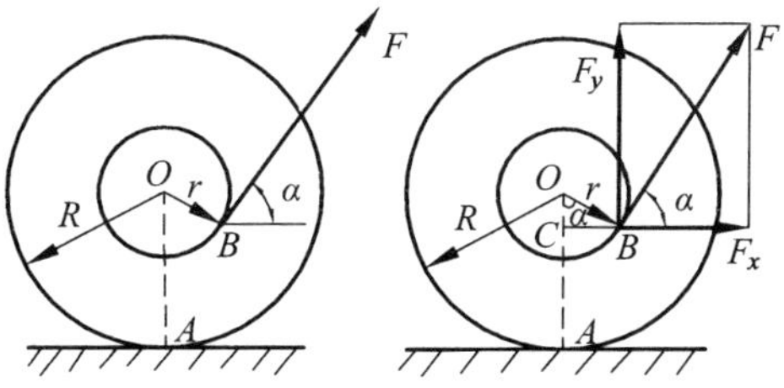

（a）　　（b）

图 2.26　轮轴的力矩

三、力矩的平衡方程

如果在绕定点转动的物体上作用有几个力，各力对转动中心的力矩是 $M_O(F_1)$，$M_O(F_2)\cdots$ $M_O(F_n)$，则绕定点转动的物体的平衡条件是各力对中心 O 的矩的代数和等于零，即

$$M_O(F_1)+M_O(F_2)+\cdots+M_O(F_n)=0$$

$$\sum_{i=1}^{n}M_O(F_i)=0$$

通常简写为 $\sum M_O(F)=0$ （2-8）

四、力偶的概念

1. 力偶和力偶矩

我们知道，汽车司机用双手转动驾驶盘驾驶汽车[见图 2.27（a）]，电动机的定子磁场对转子作用电磁力使之旋转[见图 2.27（b）]，人们用两个手指旋转钥匙开门，这时在驾驶盘、电动机转子、钥匙上作用着一对等值、反向、作用线不在一条直线上的平行力，它们能使物体转动。这种大小相等、方向相反而作用线不在同一直线上的两个平行力，称为力偶，记作（F，F'）。力偶的两个力之间的垂直距离 d 称为力偶臂[见图 2.27（c）]，力偶所在的平面称为力偶的作用面。

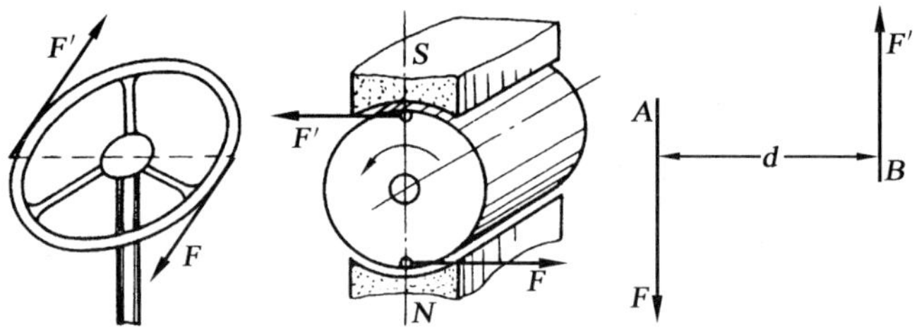

图 2.27 力偶和力偶矩

由经验可知，在力偶作用面内，力偶使物体产生转动的效应，取决于力偶的转向、力偶两个平行力的大小以及力偶臂 d 的大小，所以，在力学中用力偶中一个力的大小和力偶臂的乘积 Fd 作为度量力偶在其作用平面内对物体转动效应的物理量，称为力偶矩，并以符号 $M(F, F')$ 或 M 表示，即

$$M(F, F')=M=\pm Fd$$

力偶的转向，一般定逆时针为正，顺时针为负，与力矩一样。力偶矩的法定计量单位为 N · m。

2. 力偶的性质、平面力偶的等效条件

（1）力偶无合力，力偶不能与一个力等效。当一个力偶作用在物体上时，只能使物体转动。而一个力作用在物体上时，则将使物体移动、转动或既有移动又有转动。可见，力与力

偶的作用效果是不一样的，所以，力偶对物体的作用不能用一个力等效代替，力偶不能与一个力平衡，力偶必须用力偶来平衡。

由于力偶中两力等值、反向，所以，力偶在任一轴上投影的代数和等于零（见图 2.28）。

（2）力偶中两力对其作用平面内任一点的矩的代数和等于力偶矩。可见，力偶对其作用平面内任一点的矩与该点（矩心）的位置无关，这说明力偶使物体对其作用平面内任一点的转动效应是相同的。

（3）由力偶的性质可知，同平面力偶等效的条件是：力偶矩的大小相等，力偶的转向相同。由此可得：

① 只要保持力偶矩不变，力偶可以在其作用平面内作任意的移转，而不改变它对刚体的作用效果。因此，力偶对刚体的作用与力偶在其作用平面内的位置无关，这一点与力不相同。

② 只要保持力偶矩不变，可以同时改变力偶中力的大小和力偶臂的长短，而不改变力偶对物体的作用效果。

正因为这样，力偶可用力和力偶臂表示，也可用一端带箭头的弧线来表示。图 2.29 就是同一力偶的不同表示法。图中弧线箭头表示力偶的转向，弧线旁的符号表示力偶矩的大小。

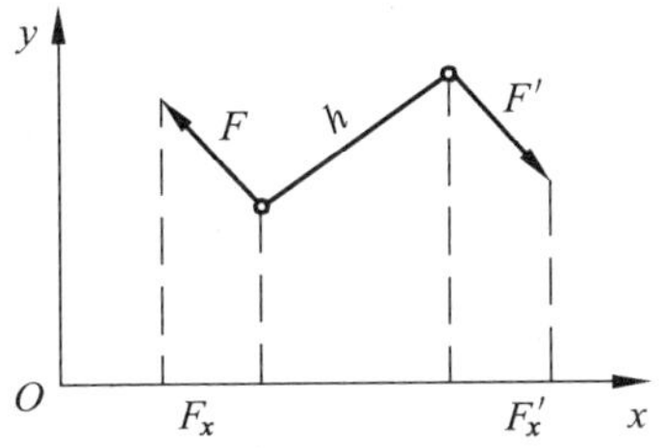

图 2.28　力偶在数轴上的投影

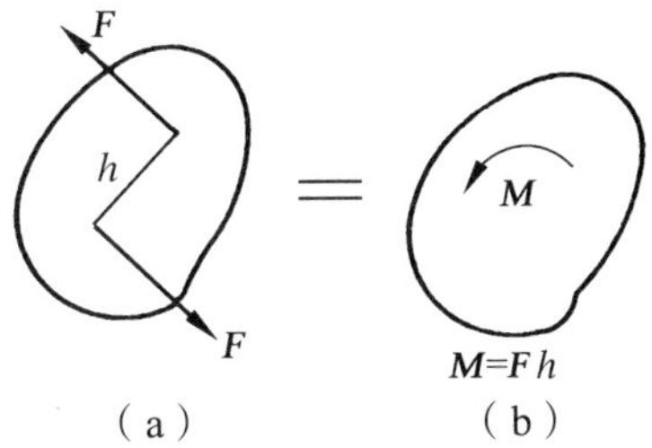

图 2.29　力偶的不同表示

五、平面力偶系的合成和平衡条件

1. 平面力偶系的合成

作用在物体同一平面上的多个力偶，称为平面力偶系。根据力偶的性质可知，力偶对物体的作用效果只与力偶矩的大小和力偶的方向有关，而与力偶的位置、力与力偶臂的大小都无关，因此可将各力偶矩之代数和作为平面力偶系的合力偶矩。即平面力偶系可以合成为一个合力偶，合力偶的力偶矩等于各分力偶矩的代数和。

$$M = M_1 + M_2 + \cdots + M_n = \sum_{i=1}^{n} M_i \tag{2-9}$$

2. 平面力偶系的平衡方程

如果平面力偶系的合力偶矩等于零，则表明使物体转动的效应为零，因此物体保持平衡。由此，平面力偶系平衡的充分与必要条件是：力偶系中各力偶矩的代数和等于零，即

$$\sum_{i=1}^{n} M_i = 0$$

简写为 $\sum M = 0$ （2-10）

【例 2-8】 梁 AB 受一力偶作用，其力偶矩 M= 1 000 N · cm，尺寸如图 2.30 所示（单位为 cm），试求支座 A、B 的反力。

解： 取 AB 梁为研究对象。梁在力偶矩 M 及 A、B 的支座反力下平衡，A、B 的支座反力应组成一个逆时针转向的力偶才能与力偶矩 M 平衡。由于支座 B 为活动铰链支座，反力 F_B 的方向垂直支承面向上，所以支座 A 的反力 F_A 应垂直向下，且 $F_A = F_B$。

如图 2.30 所示，AB 梁受平面力偶系作用平衡，列出平面力偶系的平衡方程

$$\sum M = 0 \quad M - F_A \times 50 = 0$$

$$F_A = M/50 = 20\ (\text{N})$$

$$F_A = F_B = 20\ (\text{N})$$

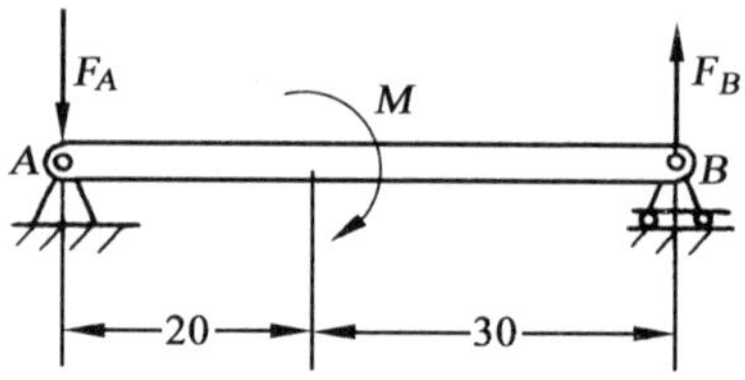

图 2.30 受力偶作用的简支梁

从本例可以看出，力偶在梁上的位置，对支座 A、B 的反力没有影响。

【例 2-9】 用多轴钻床在水平工件上钻孔时（见图 2.31），每个钻头对工件施加一压力和力偶。已知 3 个力偶的力偶矩分别为 $M_1 = M_2 = 10$ N · m，$M_3 = 20$ N · m，固定螺栓 A 和 B 之间的距离 $l = 0.2$ m，试求两螺栓所受的水平力。

解： 选工件为研究对象。工件在水平面内受三个力偶和两个螺栓的水平反力的作用而平衡，故两个螺栓的水平反力 F_{NA} 和 F_{NB} 必然组成一个力偶，该力偶中两力的方向假设如图 2.31 所示，且 $F_{NA} = F_{NB}$。由平面力偶系的平衡条件，有

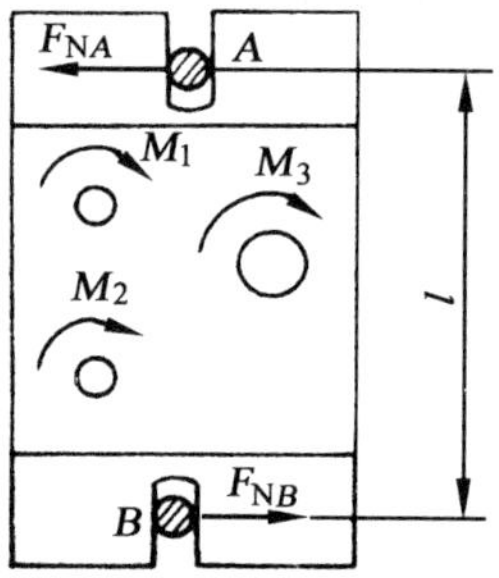

图 2.31 工件钻孔的受力分析

$$\sum M = 0,\quad F_{NA}l - M_1 - M_2 - M_3 = 0$$

$$F_{NA} = F_{NB} = (M_1 + M_2 + M_3)/l = [(10 + 10 + 20)/0.2] = 200\ (\text{N})$$

六、力的平移定理及其应用

1. 力的平移定理

定理： 可以把作用在刚体上 A 点的力 F 平行移到任一点 B，但必须同时附加一个力偶，这个附加力偶的矩等于原来的力 F 对新作用点 B 的矩。

证明： 图 2.32 中力 F 作用于刚体的 A 点，在刚体上任取一点 B，在 B 点加上等值、反向、共线的两个力 F'和 F''，使它们与力 F 平行，大小相等。这 3 个力中，F 和 F''组成一个力偶（$F'F''$），这样原来作用在 A 点的力 F，现在被一个作用在 B 点的力 F'和一个力偶（$F'F''$）等效替换。这就是说，可以把作用于 A 点上的力 F 平行移到另一点 B，但必须同时附加上一个相应的力偶，这个力偶称为附加力偶[见图 2.32（c）]。显然，附加力偶的力偶矩为

$$M = Fd = M_B(F)$$

证明完毕。

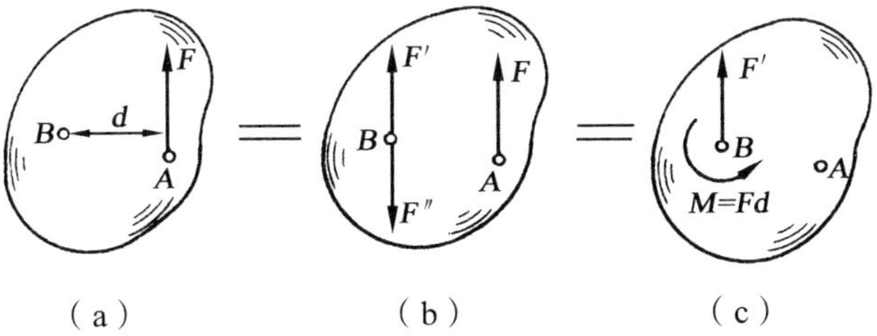

图 2.32　力的平移定理

2. 应　用

由力的平移定理可知：可以将一个力替换成同平面的一个力和一个力偶，反之同平面内的一个力和一个力偶也可以用一个力来等效替换。力的平移定理不仅是力系向一点简化的依据，也可解释一些实际问题。例如图 2.33 所示，攻螺纹时，必须用双手均匀握住扳手两端，而且用力要相等，而不能只用一只手扳动扳手。这是因为，作用在扳手 AB 一端的力 F 与作用点 C 的一个力 F' 和一个力偶矩 M 等效。这个力偶使丝锥转动，而力 F' 却易使丝锥产生折断。

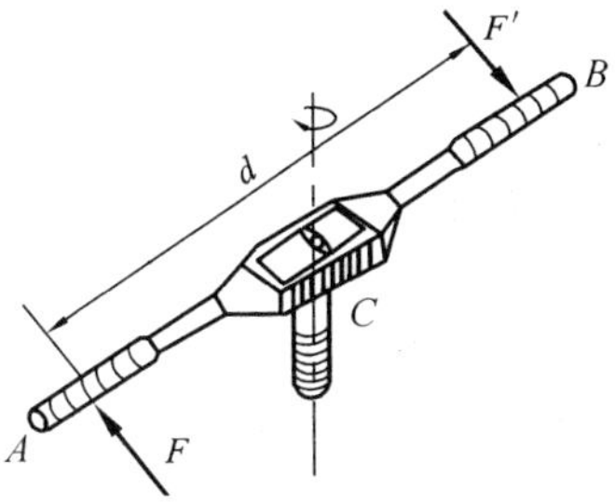

图 2.33　丝锥的受力分析

第三节　平面任意力系简介

本节将讨论平面任意力系的简化方法、平衡条件及平衡方程的应用。

一、平面任意力系的简化

1. 平面任意力系（简化）的主矢和主矩

设刚体上作用一平面任意力系 F_1、$F_2\cdots F_n$，各力的作用点分别为 A_1、$A_2\cdots A_n$，如图 2.34 所示。在力系平面内任取一点 O，称为简化中心。根据力的平移定理，将力系中各力都向 O 点平移，得到一个汇交于 O 点的平面汇交力系 F_1'、$F_2'\cdots F_n'$ 和一组由相应的附加力偶 M_1、$M_2\cdots M_n$ 组成的附加力偶系。

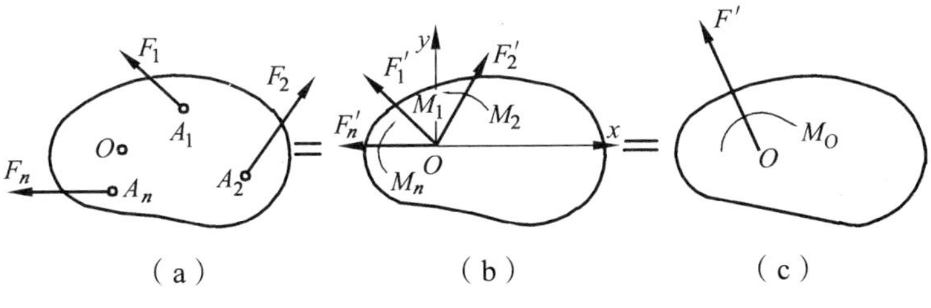

图 2.34　平面任意力系的简化

所得平面汇交力系可合成为一个作用于 O 点的合矢量 F'。

$$F' = F_1' + F_2' + \cdots + F_n' = F_1 + F_2 + \cdots + F_n = \sum_{i=1}^{n} F_i$$

合矢量 F'称为原力系的主矢。

所得附加平面力偶系可合成为一个合力偶，其力偶矩用 M_O 表示，则

$$M_O = M_1 + M_2 + \cdots + M_n = M_O(F_1) + M_O(F_2) + \cdots + M_O(F_n) = \sum_{i=1}^{n} M_O(F_i)$$

力偶矩 M_O 称为原力系对简化中心 O 点的主矩。

由此可得结论：平面任意力系向平面内任意点（简化中心）简化，其一般结果为作用在简化中心的一个主矢和一个在作用平面内的主矩，主矢等于原力系各力的矢量和，主矩等于原力系中各力对简化中心之矩的代数和。

由于主矢等于各力的矢量和，所以它与简化中心的选择无关；而主矩等于各力对简化中心之矩的代数和，取不同的点为简化中心时，各力的力臂有所改变，因而各力对简化中心的矩也要改变。所以凡提到主矩，都必须表明简化中心。符号中的下标就表示简化中心为 O。

2. 固定端约束

前面介绍了几种类型的约束及其反力方向确定的方法。作为平面任意力系向一点简化的应用实例，下面来分析工程实际中遇到的另一种类型的约束及其约束反力。图 2.35 所示为车刀刀架，当拧紧螺母时，车刀被牢固地夹持在刀架上，既不能转动，也不能移动，这种性质的约束称为固定端约束。三爪自定心卡盘夹紧工件（见图 2.36）、一端插入墙内的梁以及一端埋入地下的电线杆等都属于这种约束。

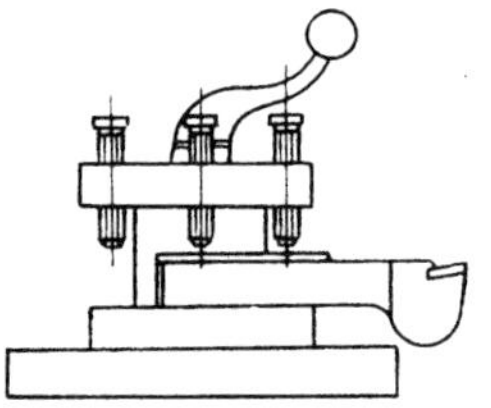

图 2.35 车床刀架

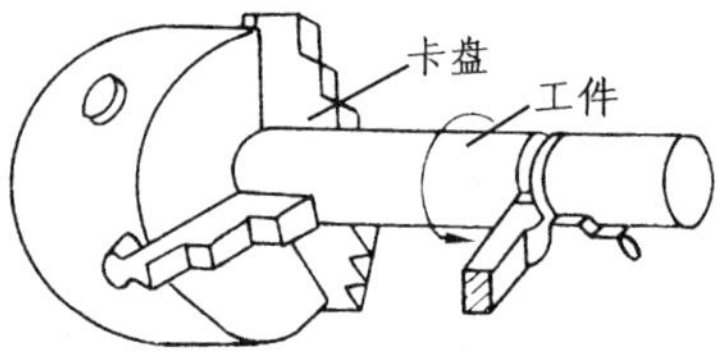

图 2.36 三爪自定心卡盘

对于上述固定端约束的构件，可以用一端插入刚体内的悬臂梁来表示（见图 2.37）。在主动力 F 的作用下，墙对构件插入部分的约束反力应当是杂乱的分布在接触面上的一群力。这群力组成了一个平面任意力系。根据平面任意力系的简化原理，得到一个约束反力 F'（主矢）和一个力偶矩为 M_A 的约束力偶（主矩）。为了便于表示，约束反力通常用它的水平分力 F_{xA} 和铅垂分力 F_{yA} 来代替。

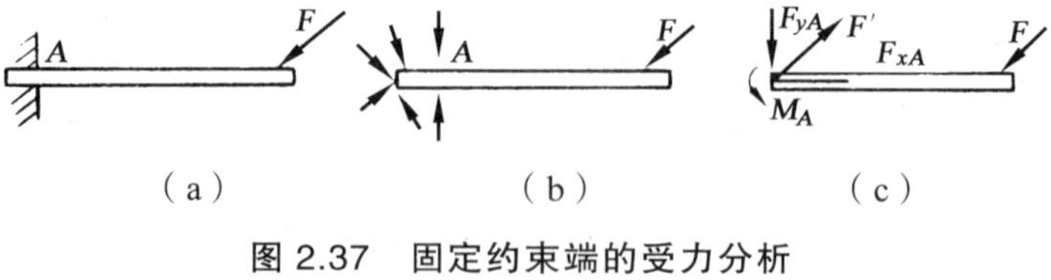

图 2.37 固定约束端的受力分析

二、平面任意力系的平衡方程及其应用

1. 平面任意力系的平衡方程式

前面已指出，平面任意力系向任一点 O 简化，一般可得一主矢 F'和一主矩 M_O。平面任意力系平衡的充分与必要条件为

$$F' = \sqrt{(\sum F_x)^2 + (\sum F_y)^2} = 0$$

$$M_O = \sum M_O(F) = 0$$

由此可得平面任意力系的平衡方程为

$$\sum F_x = 0 \qquad \sum F_y = 0$$

$$\sum M_O(F) = 0 \tag{2-11}$$

式（2-11）表明，力系中各力在任何方向的坐标轴上投影的代数和为零，各力对平面内任意一点之矩的代数和为零。

式（2-11）包含两个投影方程和一个力矩方程，是平面任意力系平衡方程的基本式。此外，还有两力矩形式，可写为

$$\sum M_A(F) = 0 \qquad \sum M_B(F) = 0$$

$$\sum F_x = 0 \quad 或 \quad \sum F_y = 0 \tag{2-12}$$

附加条件：x（或 y）轴不垂直于 A、B 两点的连线。

上述两组方程都可用来解平面任意力系的平衡问题。究竟选用哪一组，要视问题的具体条件而定。但不论哪一组方程，至多可以写出 3 个独立的平衡方程，求解 3 个未知量。

解题时，矩心和投影轴皆可任意选定。但为了计算简便，应力求在每一方程中只包含一个未知量。因此，若待求未知力有 3 个，投影轴最好与其中两个未知力的作用线垂直，而矩心最好选其中两个未知力作用线的交点。

现举例说明求解平面任意力系平衡问题的方法和主要步骤。

【例 2-10】 减速器中齿轮轴由径向轴承 A 和推力轴承 B 支持，如图 2.38 所示。A 轴承可简化为可动铰链支座，B 轴承可简化为固定铰链支座。已知 F、a。试求 A、B 两轴承的约束反力。

解：

（1）取齿轮轴为研究对象。

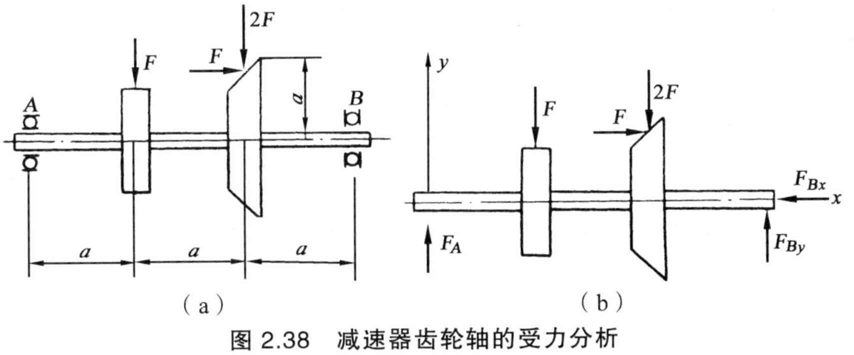

图 2.38　减速器齿轮轴的受力分析

（2）画受力图。

（3）取直角坐标如图所示，列平衡方程求解：

$$\sum F_x = 0 \qquad F - F_{Bx} = 0$$

$$F_{Bx} = F$$

$$\sum M_B(F) = 0 \qquad -F_A 3a + F2a + 2Fa - Fa = 0$$

$$F_A = F$$

$$\sum F_y = 0 \qquad F_A + F_{By} - F - 2F = 0$$

$$F_{By} = 2F$$

【例 2-11】 起重机的水平梁 AB 重 $F_G = 1$ kN，载荷 $F_Q = 8$ kN，梁的 A 端为固定铰链支座，B 端用中间铰与拉杆 BC 连接[见图 2.39（a）]，若不计拉杆 BC 的自重，试求拉杆的拉力和支座 A 的反力。

解：

（1）取 AB 梁与重物为研究对象。

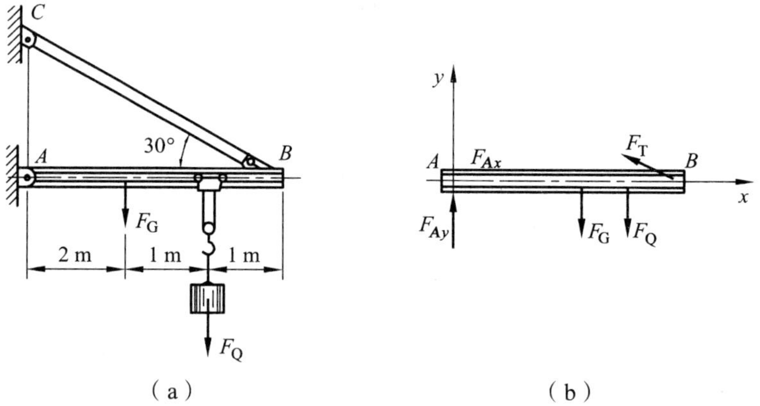

图 2.39 起重机水平梁的受力分析

（2）画受力图。在梁上除了受已知力 F_G、F_Q 作用外，还受未知力：拉杆的拉力 F_T 和铰链 A 的约束反力 F_A 的作用。因为 BC 为二力杆，故力 F_T 沿 BC 连线；力 F_A 的方向未知，故分解为两个分力 F_{Ax}、F_{Ay}。这些力为一平面任意力系。

（3）列平衡方程求解。由于梁 AB 处于平衡，因此这些力必然满足平面任意力系的平衡方程。取坐标轴如图 2.39（b）所示。

$$\sum M_A(F) = 0 \qquad F_T \sin 30° \times 4 - F_G \times 2 - F_Q \times 3 = 0$$

$$F_T = (2F_G + 3F_Q)/4\sin 30° = 13 \text{（kN）}$$

$$\sum M_B(F) = 0 \qquad -F_{Ay} \times 4 + F_G \times 2 + F_Q \times 1 = 0$$

$$F_{Ay} = (2F_G + F_Q)/4 = 2.5 \text{（kN）}$$

$$\sum F_x = 0 \qquad F_{Ax} - F_T\cos30° = 0$$

$$F_{Ax} = F_T\cos30° = 11.26\ (\text{kN})$$

2. 平面平行力系的平衡方程

平面平行力系是平面任意力系的一种特殊情况，其平衡方程可由平面任意力系的平衡方程导出。如图 2.40 所示，设物体受平面平行力系 F_1、$F_2 \cdots F_n$ 的作用，如选取 x 轴与各力垂直，则不论力系是否平衡，每一个力在 x 轴上的投影恒等于零。于是，平行力系只有两个独立的平衡方程，即

$$\sum F_y = 0$$

$$\sum M_O(F) = 0 \tag{2-13}$$

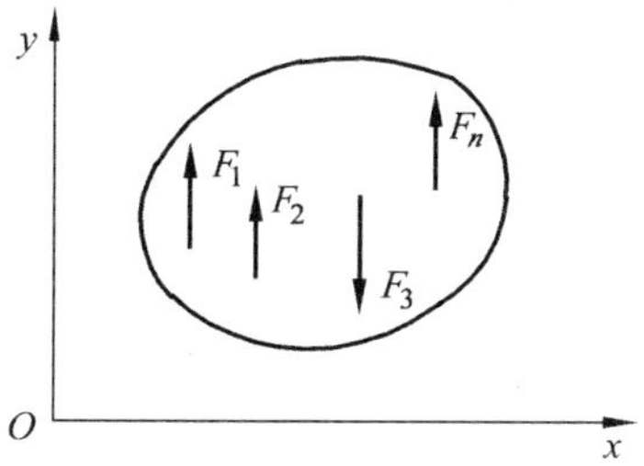

图 2.40　平面平行力系

平面平行力系的平衡方程，也可用两个力矩方程的形式，即

$$\sum M_A(F) = 0$$

$$\sum M_B(F) = 0 \tag{2-14}$$

附加条件：A、B 两点的连线不与各力作用线平行。

【例 2-12】　已知如图 2.41 所示，起重机重 $F_W = 100$ kN，最大起重量 $F_G = 36$ kN，图示尺寸 $b = 0.6$ m，$l = 10$ m，$a = 3$ m，$x = 4$ m，起重臂上平衡铁重 F_Q，试求此起重机在满载与空载时都不至于翻倒的平衡重 F_Q 值的范围。

解：

（1）取起重机为研究对象。

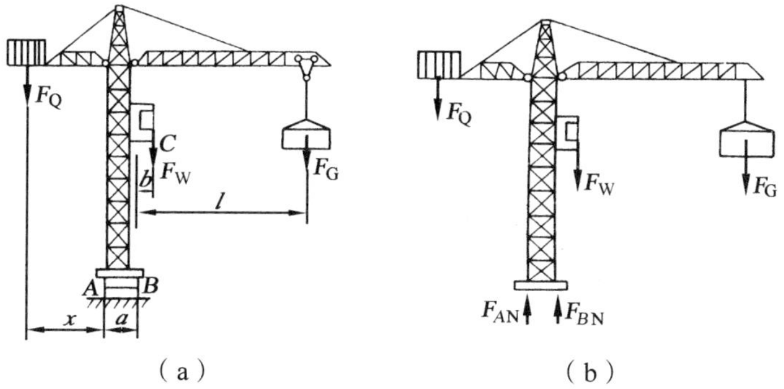

图 2.41　起重机受力

（2）画受力图。起重机在平衡时，受有 F_G、F_Q、F_W、F_{AN}、F_{BN} 五个力的作用，这些力组成一平面平行力系，按题意可分为满载右翻和空载左翻两个临界状态。当 $F_Q=F_{Qmin}$ 时，要防止起重机满载时绕 B 轨右翻，此时左轨 A 处于悬空，$F_{AN}=0$。同理，当取 $F_Q=F_{Qmax}$ 时，要防止起重机空载绕 A 轨左翻，此时右轨 B 处于悬空，$F_{BN}=0$，$F_G=0$。

（3）列平衡方程求解：

满载时，$F_G=F_{Gmax}$，$F_Q=F_{Qmin}$，$F_{AN}=0$

$$\sum M_B(F)=0 \qquad F_{Qmin}(x+a)-F_W b-F_G l=0$$

$$F_{Qmin}=(F_W b+F_G l)/(x+a)=60\ (\text{kN})$$

空载时，$F_G=0$，$F_Q=F_{Qmax}$，$F_{BN}=0$

$$\sum M_A(F)=0 \qquad F_{Qmax}\cdot x-F_W(b+a)=0$$

$$F_{Qmax}=F_W(b+a)/x=90\ (\text{kN})$$

在 $x=4$ m 的条件下，平衡重的范围为：60 kN≤F_Q≤90（kN）

思考题与习题

2-1 力的三要素是什么？如图 2.42 所示的两个矢量 F_1、F_2 大小、方向相同，它们对刚体的作用效果是否相同？

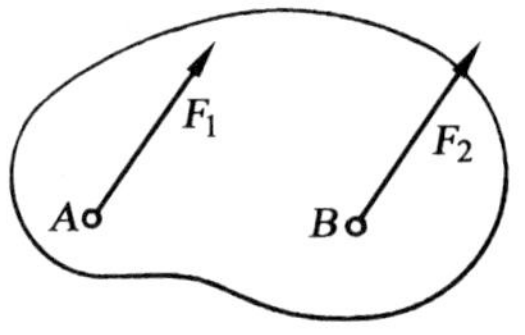

图 2.42

2-2 确定约束反力方向的原则是什么？光滑铰链约束有什么特点？

2-3 二力平衡条件与作用反作用定律有何异同？

2-4 何谓平衡力系、等效力系、分力和合力？合力是否一定比分力大？

2-5 如图 2.43 所示直杆的 A 点上作用一已知力 F，能否在杆的 B 点加一个力使杆平衡？为什么？

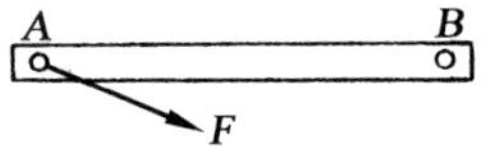

图 2.43

2-6 什么叫二力杆？试指出图 2.44 中哪些是二力杆？设各杆自重不计，各接触处的摩擦不计。

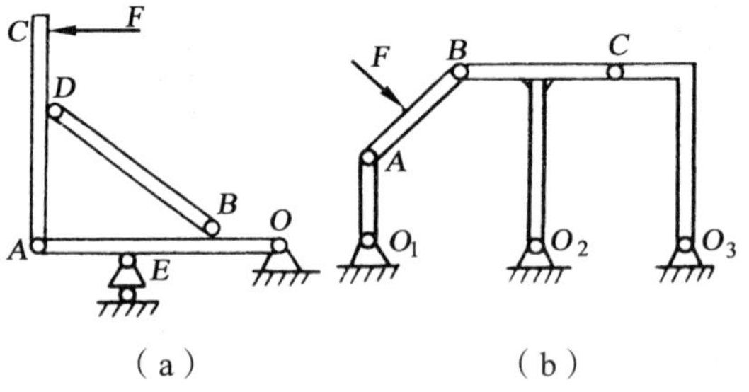

图 2.44

2-7　图 2.45 中有 5 个力平行四边形，问各图形中哪些力 F_R 是对应 F_1、F_2 的合力？如果不是，试画出正确的合力。各力的作用点都在 A 点。

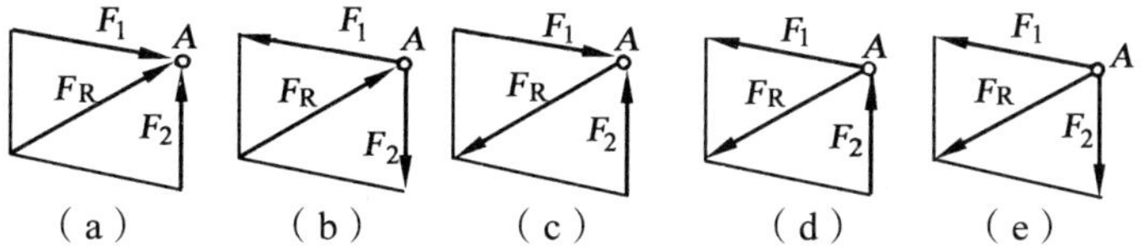

图 2.45

2-8　某刚体受平面汇交力系作用，其力多边形如图 2.46 所示，问这些图中哪一个图是平衡力系？哪一个图是有合力的？其合力又是哪一个？

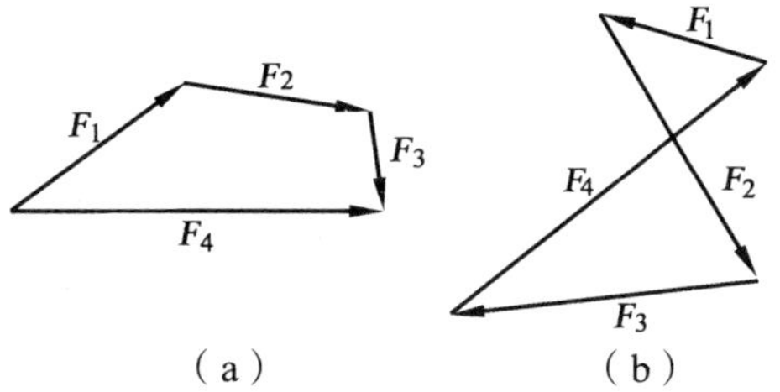

图 2.46

2-9　用解析法求平面汇交力系的合力时，若取不同的直角坐标轴，所求得的合力是否相同？为什么？

2-10　试比较力矩与力偶矩的异同。

2-11　力偶是否可用一个力来平衡？为什么？

2-12　试根据“力偶只能与另一力偶相平衡”的性质，判定图 2.47 中固定铰链支座的约束反力的方位。

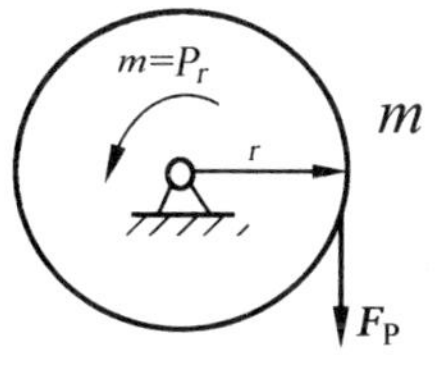

图 2.47

2-13　将图 2.48 中作用在轮缘上的力 F 等效地平移到其转轴上，并写出结果。

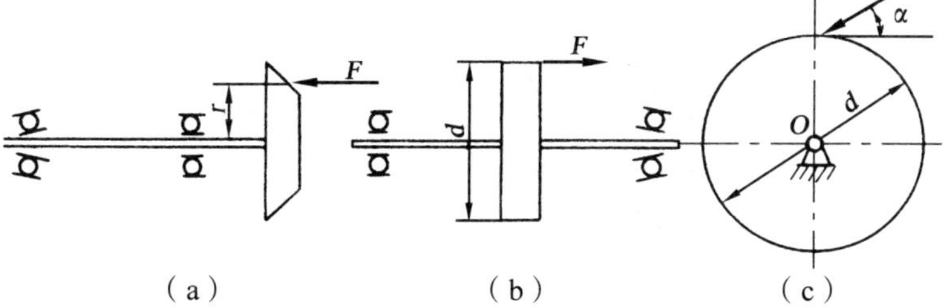

图 2.48

2-14 画出图 2.49 所示各 AB 杆的受力图，如果图中未标出重力则忽略重力。

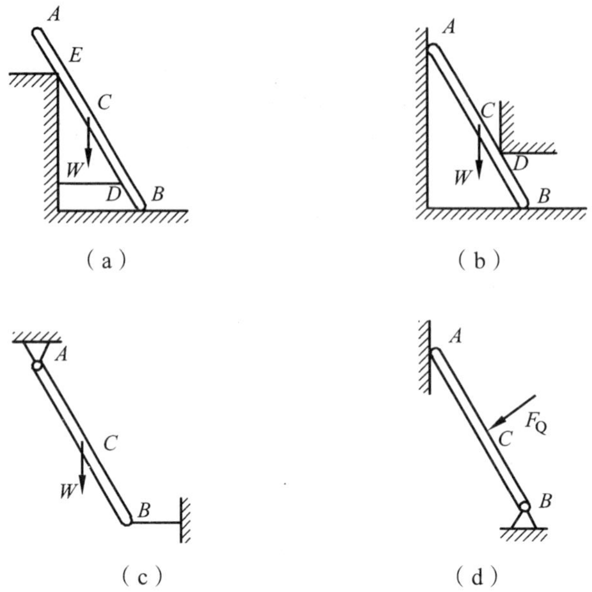

图 2.49

2-15 画出图 2.50 所示指定物体的受力图，如果图中未注明重力则忽略重力。

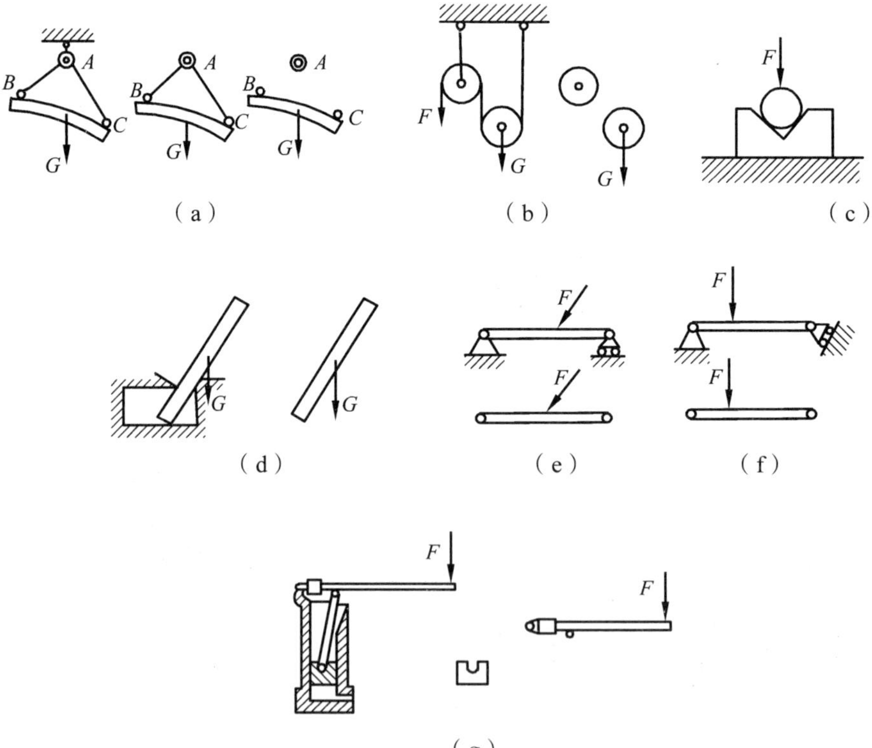

图 2.50

2-16　已知：$F_1 = 1\,000$ N，$F_2 = 1\,500$ N，$F_3 = 3\,000$ N，$F_4 = 2\,000$ N，各力的方向如图 2.51 所示，试求各力在 x、y 轴上的投影。

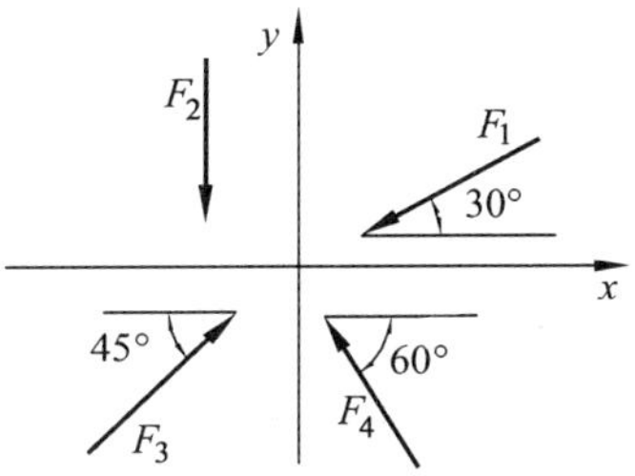

图 2.51

2-17　重 15 kN 的物体用两根支架悬挂（见图 2.52），求 A、C 的支座反力。

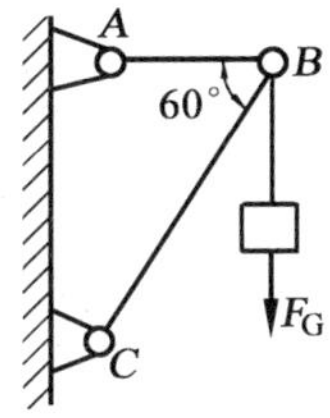

图 2.52

2-18　求图 2.53 中 A、B 的支座反力。

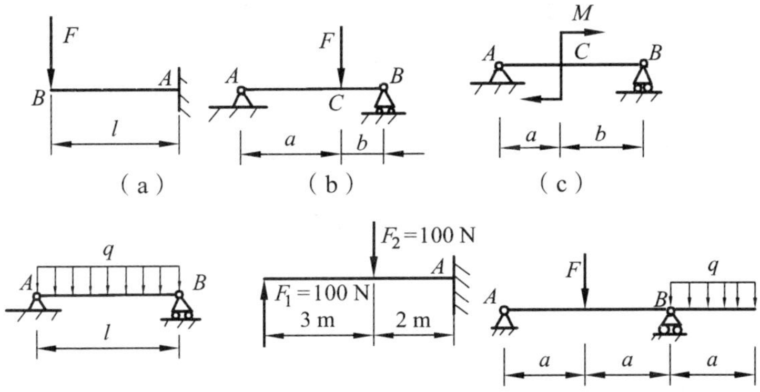

图 2.53

2-19　如图 2.56 所示为一夹具中的杠杆增力机构，其推力 F_P 作用于 A 点，夹紧时杆 AB 与水平线夹角 $\alpha = 10°$，试求夹紧力 F_Q 是 F_P 的多少倍？

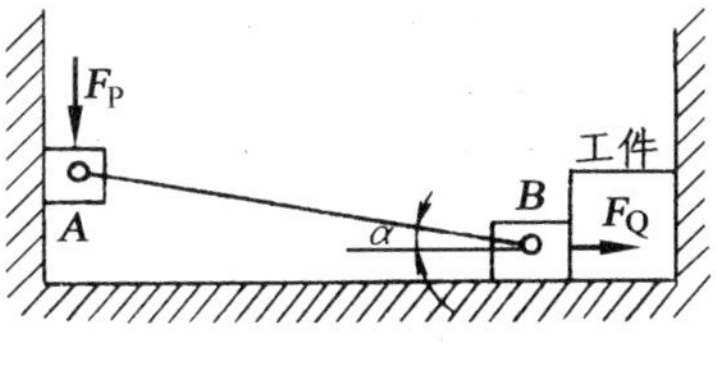

图 2.54

2-20 试求图 2.55 所示各种情况下力 F 对点 O 的矩。

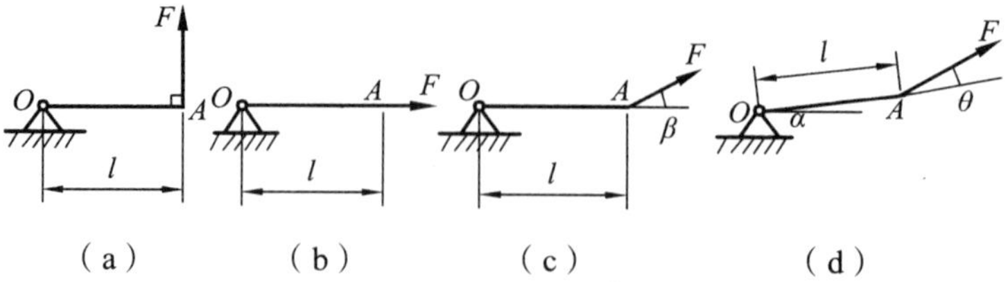

图 2.55

2-21 试计算图 2.56 所示情况下力 F 对点 A 之矩。

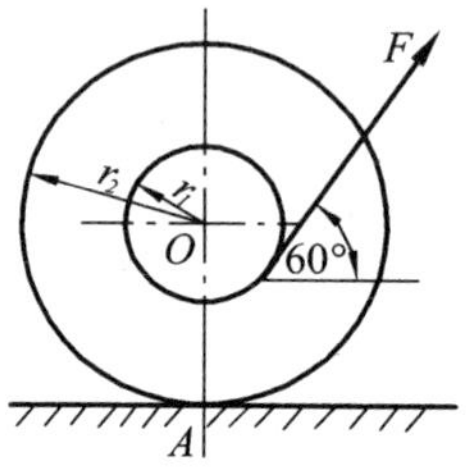

图 2.56

2-22 如图 2.57 所示，汽锤锻打工件时，工件因偏置使锤头受力偏心而发生倾斜。已知：锻打力 $F_P = 10^3$ kN，偏心矩 $e = 2$ cm，锤头高 $h = 20$ cm，试求锤头施加给导轨两侧的压力。

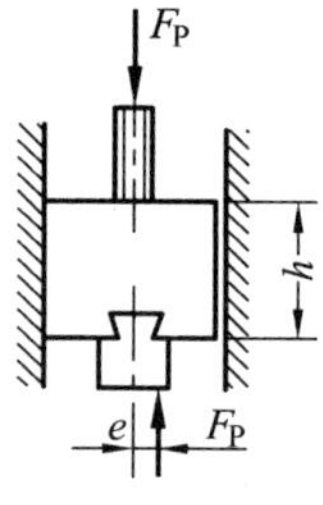

图 2.57

2-23 已知 $F = 400$ N，$a = 50$ cm，$M = 10$ N · m，$q = 10$ N/cm，求图 2.58 所示各梁的支座反力。

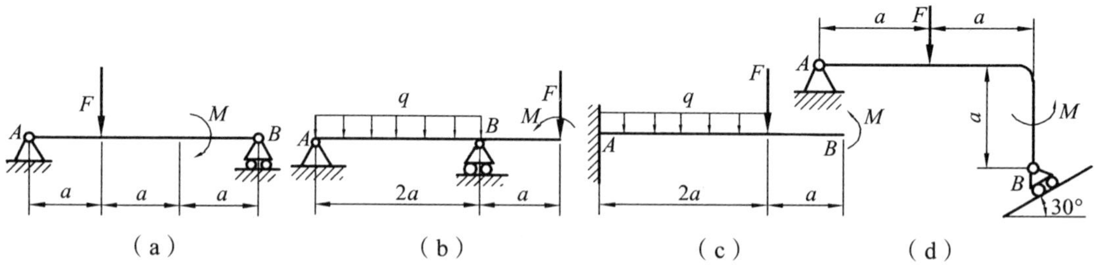

图 2.58

2-24　如图 2.59 所示为高炉上料小车，车和料共重 $W=40\ \text{kN}$，重心在 C 点。已知 $\alpha=30°$，求钢索的拉力和轨道的支反力。

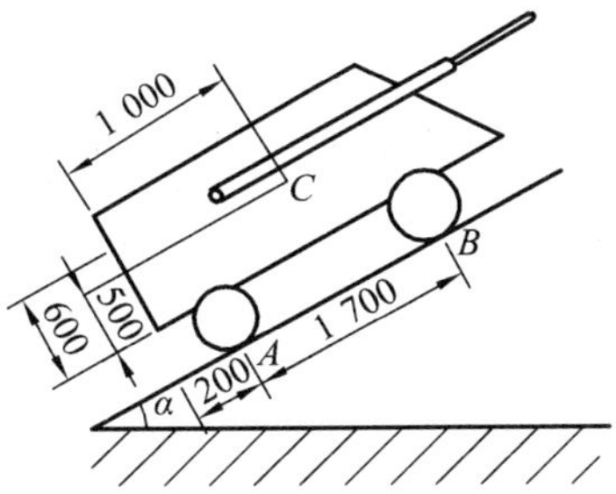

图 2.59

第三章　杆件的基本变形

在工程实际中，机器或结构物中所采用的构件形状是多种多样的。大多数构件，如轴、梁、柱、丝杠、螺栓和连杆等都是长度尺寸远大于横向尺寸，我们把这类构件称为杆件。杆件在外载荷的作用下会发生尺寸和形状的变化，这种变化称为变形。分析变形规律时，我们可以把杆件的变形简化为 4 种基本形式：① 轴向拉压变形；② 剪切变形；③ 扭转变形；④ 弯曲变形。

本章着重讨论杆件 4 种基本变形的强度和刚度计算以及由几种基本变形组合在一起的组合变形，为构件的设计提供理论基础和计算方法。

第一节　轴向拉伸与压缩变形

一、拉伸和压缩的概念

在生产实践中，承受拉伸和压缩的杆件实例是相当多的。如图 3.1 所示的螺栓联接，当拧紧螺母时，螺栓受到拉伸。又如图 3.2 所示的三角架，当不计杆的自重时，*AB*、*AC* 都是二力杆件，分别受到拉伸和压缩。这些杆件的结构形式各有差异，加载方式也不一样，但是它们都有共同的特点：作用在杆件上的两外力（或外力的合力）大小相等，方向相反，作用线与杆件的轴线重合，杆件产生沿轴线方向的伸长或缩短。这种变形称为轴向拉伸或轴向压缩。

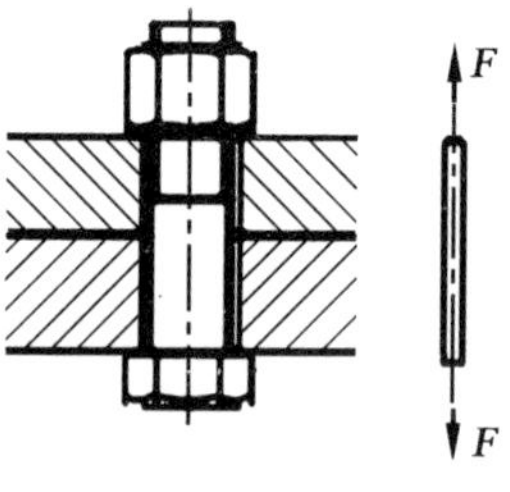

图 3.1

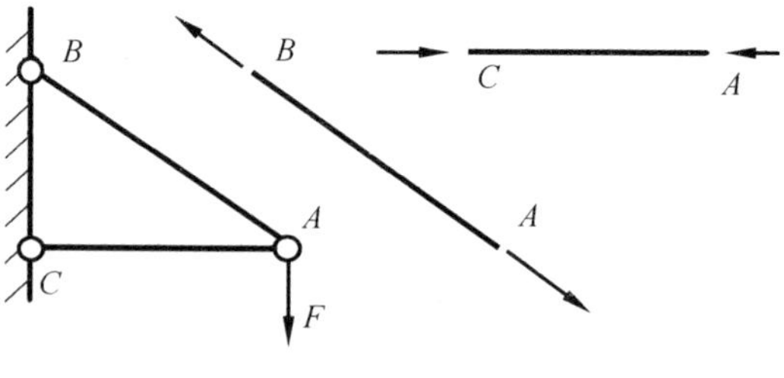

图 3.2

二、拉伸与压缩时横截面上的内力和应力

1. 内　力

为了计算杆件的强度，首先分析其内力。当杆件受到外力作用而发生变形时，其内部材料颗粒之间，因相对位置改变而产生的相互作用力，称为内力。当外力解除时，内力随之消失；外力越大内力越大，当内力增大超过某一极限时，杆件就会破坏。因此为了保证杆件安全正常的工作，就必须研究杆件的内力。

2. 截面法

通过截面，使构件内力显示出来，利用静力平衡方程求内力的方法称为截面法。它是分析杆件内力的唯一方法。如图 3.3 所示为受拉杆件（外力 F 的作用线沿杆件轴线），假想沿截面 m-m 将杆件截开分为左段和右段。取左段为研究对象。在左段的截面 m-m 上到处都作用着内力，其合力为 F_N。F_N 是右段对左段的作用力，并与外力相平衡。由此，可列出平衡方程：

$$F_N - F = 0 \quad F_N = F$$

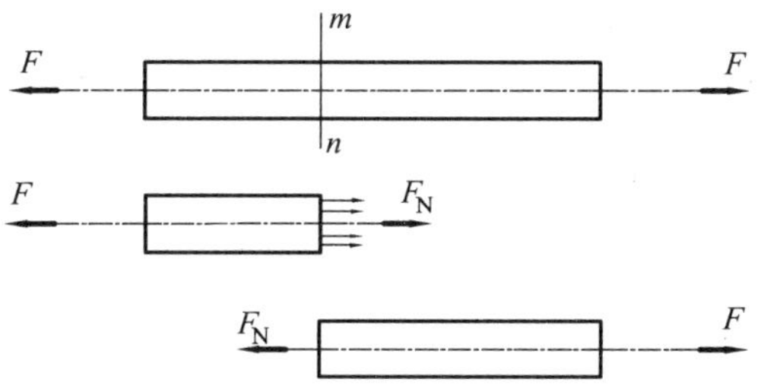

图 3.3

即该截面上的内力是一个与外力方向相反并通过轴线，大小等于 F 的轴向力。

综上所述，用截面法求内力的步骤为：

（1）截：在欲求内力的截面，假想沿截面将构件切开。

（2）取：任选其中一部分为研究对象，画出所受外力。

（3）代：将弃去部分对研究对象的作用，以截面上的未知内力来代替。

（4）平：建立研究对象的静力平衡方程，并求解内力。

3. 轴　力

对于受轴向拉、压的杆件，因外力的作用线与杆件的轴线重合，故分布内力的合力必沿杆的轴线，这种内合力称为轴力，用符号 F_N 表示。习惯上，拉伸时的轴力规定为正，压缩时的轴力规定为负。

【例 3-1】 杆件在 A、B、C、D 各截面处作用有外力如图 3.4 所示，求 1-1、2-2、3-3 截面处的轴力。

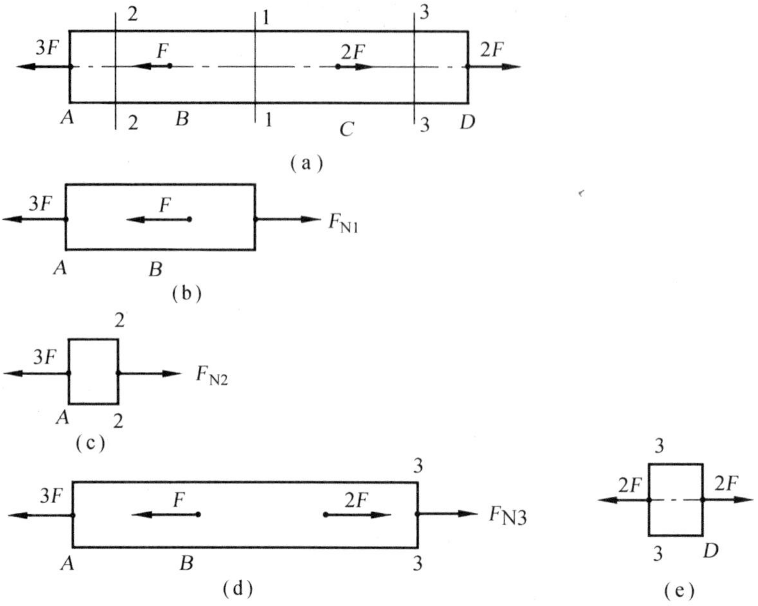

图 3.4　受拉杆件

解：由截面法沿各所求截面将杆件切开，以左段为研究对象，在相应截面处画出轴力 F_{N1}，F_{N2}，F_{N3}，列平衡方程 $\sum F_X = 0$。

由图 3.4（b）知

$$F_{N1} - 3F - F = 0 \qquad F_{N1} = 3F + F = 4F$$

同理，由图 3.4（c）知

$$F_{N2} = 3F$$

由图 3.4（d）知

$$F_{N3} = 3F - 2F + F = 2F$$

由此，可得到以下结论：拉（压）杆各截面上的轴力在数值上等于该截面一侧各外力的代数和。外力离开该截面时取为正，指向该截面时取为负，即

$$F_N = \sum_{i=1}^{n} F_i$$

求得轴力为正时，表示此段杆件受拉；求得轴力为负则表示此段杆件受压。

截面法应用要点：

（1）每过一个受力点，被分析段上的外力每变化一次，需要用一次截面法。

（2）截面法每次应用都只能将杆件分成两个整段，分析左段或右段应该得到同样的结果。被分析截面上的内力大小等于被分析段上所有外力之和。例如：分析 F_{N3} 时，如果分析左段时，$F_{N3} = 3F - 2F + F = 2F$，如果分析右段，$F_{N3} = 2F$，如图 3.4（e）所示，则其中“+”是因为 F_{N3} 的方向不管是在图 3.4（d）、（e）中都离开被截截面 3-3 垂直向外而去。

4. 横截面上的应力

只知道拉（压）杆上的轴力是无法判断构件强度的。当力 F_N 很大，但拉（压）杆很粗，则杆件不一定被破坏；反之力 F_N 不大，但拉（压）杆很细，却有破坏的可能。所以，杆件是否破坏，不由横截面内力的大小决定，而是与单位面积上内力的大小有关。单位面积上的内力称为应力，单位 N/m^2，称为 Pa。应力的常用单位是兆帕（MPa）。$1\ MPa = 10^6\ Pa = 10^6\ N/m^2 = 1\ N/mm^2$。

要了解截面上任意点的应力情况，必须清楚横截面上内力的分布规律。取一等截面直杆，试验前，在杆的表面画上两条垂直于轴线的直线 ab、cd（见图 3.5），然后在杆的两端加一对轴向拉力 F，此时可以观察到 ab、cd 分别平移到 $a'b'$、$c'd'$位置，而且仍然是垂直于轴线的直线。由此，我们可以假想杆件是由无数的纵向纤维所组成，所有的纵向纤维的伸长变形是相同的。因此，可以推想它们的受力也是相同的，在横截面各点的内力也相同。如果以 A 表示横截面的面积，以 σ 表示横截面上的应力，那么应力 σ 的大小为

$$\sigma = F_N/A$$

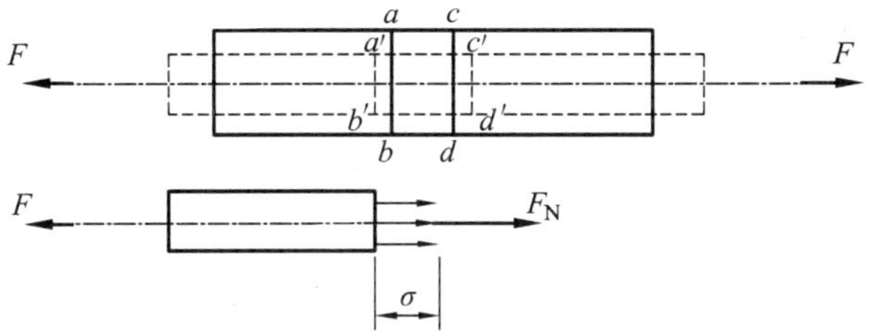

图 3.5　受拉杆件的应力

这就是拉（压）杆横截面上应力的计算公式。σ 的方向与 F_N 一致，即垂直于横截面。垂直于横截面的应力称为正应力，都用 σ 表示。正应力 σ 的符号随轴力的符号确定，即拉应力为正，压应力为负。

【例 3-2】　一阶梯轴直杆的受力如图 3.6（a）所示，已知直杆横截面的面积为 $A_{1\text{-}1} = 400\ mm^2$，$A_{2\text{-}2} = A_{3\text{-}3} = 300\ mm^2$，$A_{3\text{-}3} = 200\ mm^2$，试求各截面上的应力。

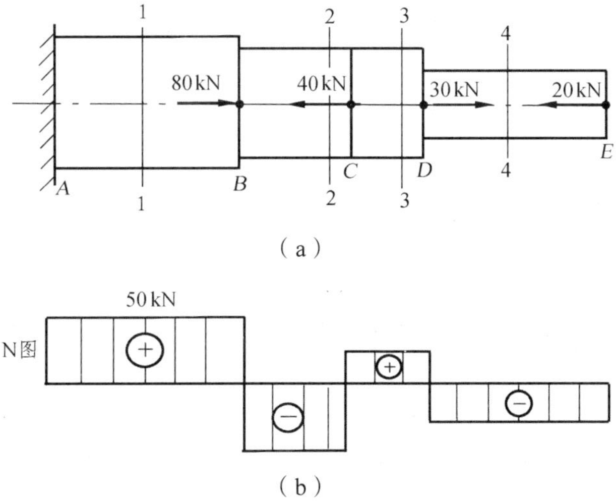

图 3.6

解

（1）计算轴力，画轴力图，阶梯杆各段的轴力为

$$F_{1\text{-}1}=50\ \text{kN}\,,\quad F_{2\text{-}2}=-30\ \text{kN}\,,\quad F_{3\text{-}3}=10\ \text{kN}\,,\quad F_{4\text{-}4}=-20\ \text{kN}$$

轴力图如图（b）所示。

（2）计算各段的正应力。

AB 段 $$\sigma_{AB}=\frac{F_{1\text{-}1}}{A_{1\text{-}1}}=\frac{50\times10^3}{400}=125\ (\text{MPa})$$

BC 段 $$\sigma_{BC}=\frac{F_{2\text{-}2}}{A_{2\text{-}2}}=\frac{-30\times10^3}{300}=-100\ (\text{MPa})$$

CD 段 $$\sigma_{CD}=\frac{F_{3\text{-}3}}{A_{3\text{-}3}}=\frac{10\times10^3}{300}=33.3\ (\text{MPa})$$

DE 段 $$\sigma_{DE}=\frac{F_{4\text{-}4}}{A_{4\text{-}4}}=\frac{-20\times10^3}{200}=-100\ (\text{MPa})$$

注意：应力计算时单位应得到 MPa，$1\ \text{MPa}=1\ \text{N/mm}^2$ 因此算式中力的单位为 N，长度或面积单位应带入 mm 或 mm^2。

杆件受到轴向载荷之后，杆中任意一点都将产生正应力 σ，同时该点也相应地产生纵向线应变 ε。正应力 σ 与线应变 ε 存在下列关系：

$$\sigma=E\cdot\varepsilon \tag{3-1}$$

式中，E 为比例系数，称为拉压弹性模量，它是与材料有关的常量，不同材料的 E 值可查有关手册，钢的拉压弹性模量为 $E=210\ \text{GN/m}^2=210\ \text{GPa}$。

在一定范围（应力不超过比例极限）内，一点处的正应力同该点处的线应变成正比关系。式（3-1）称为胡克定律，适用于单向拉伸、压缩变形的杆件。

拉（压）杆的伸长量可用下式计算：

$$\Delta L=\frac{F_{\text{N}}L}{E\cdot A} \tag{3-2}$$

式中，F_{N} 为轴力；L 为杆长。

式（3-2）的应用条件为：在杆长 L 的范围内，F_{N}、L、A 分别为常量。式（3-2）是胡克定律的另一种表达方式。

【例 3-3】 在图 3.7 所示的阶梯杆中，已知 $F_A=10\ \text{kN}$，$F_B=20\ \text{kN}$，$l=100\ \text{mm}$，AB 段与 BC 段横截面面积分别为 $A_{AB}=100\ \text{mm}^2$，$A_{BC}=200\ \text{mm}^2$，材料的弹性模量 $E=200\ \text{GPa}$。试求端面 A 与截面 D-D 的相对位移。

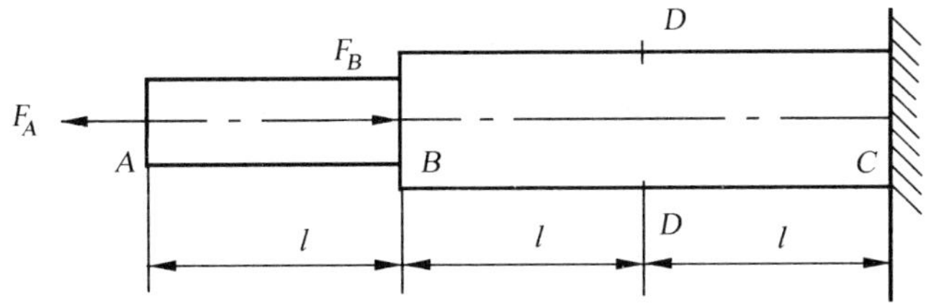

图 3.7　阶梯杆

解

（1）分别计算 AB 段与 BC 段的轴力 F_{NAB} 和 F_{NBC}，可得

$$F_{NAB}=F_A=10\ \text{kN}$$

$$F_{NBC}=F_A-F_B=-10\ \text{kN}$$

端面 A 与截面 D-D 之间的相对位移 Δl_{AD} 应该等于端面 A 与截面 D-D 之间阶梯杆的伸长量 Δl_{AD}，即

$$\begin{aligned}\Delta l_{AD}&=\Delta l_{AB}+\Delta l_{BD}=\frac{F_{NAB}l_{AB}}{EA_{AB}}+\frac{F_{NBC}l_{BD}}{EA_{BC}}\\&=\left(\frac{10\times10^3\times100\times10^{-3}}{200\times10^9\times100\times10^{-6}}+\frac{-10\times10^3\times100\times10^{-3}}{200\times10^9\times200\times10^{-6}}\right)\\&=0.25\times10^{-4}=0.025\ \ (\text{mm})\end{aligned}$$

注意：① 如轴力为正，则为拉伸变形，伸长量为正，如 AB 段；如轴力为负，则为压缩变形，压缩量为负，如 BC 段。

② 单位必须统一，$1\ \text{GPa}=10^3\ \text{MPa}$，因为式中长度单位为 mm，力的单位为 N，所以需将 E 的单位化为 MPa。

三、拉伸与压缩时材料的力学性质

构件的失效方式与材料的力学性质、载荷性质、应力状态、构件的形状和尺寸、温度和环境介质等因素有关。材料的力学性质，主要是指材料受力时在强度、变形方面表现出来的性质。材料的力学性质是通过实验手段获得的。在室温下，以缓慢平稳的方式加载进行实验，称为常温静载实验，它是测定材料力学性能的基本实验。实验采用国家标准统一规定的标准试件（见图 3.8）。对圆截面试件，标距 L 与横截面直径 d 有两种比例：$L=10$ d 和 $L=5$ d。

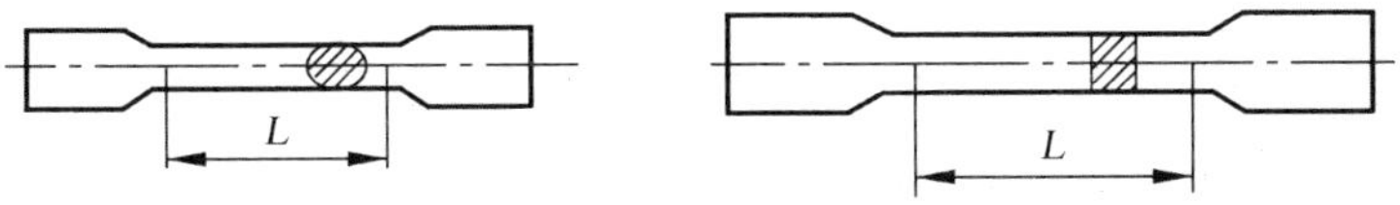

图 3.8　标准试件

1. 低碳钢拉伸时的力学性质

实验时，把试件装在试验机上，由于缓慢增加的拉力作用，试件逐渐被拉长（伸长量用 ΔL 来表示），直到试件断裂为止。这样得到 F 与 ΔL 的关系曲线，称为拉伸图或 F-ΔL 曲线，如图 3.9 所示。拉伸图与试件原始尺寸有关，受原始尺寸的影响。为了消除原始尺寸的影响，反映材料本身的性能，将 F 除以试件的横截面面积 A，得到正应力 $\sigma = F/A$；将 ΔL 除以 L 得到线应变 $\varepsilon = \Delta L/L$。若以 σ 为纵坐标，以 ε 为横坐标，于是得到 σ 与 ε 的关系曲线，称为应力-应变图或 σ-ε 曲线。低碳钢的应力-应变曲线如图 3.10 所示，整个拉伸变形过程可分为 4 个阶段。

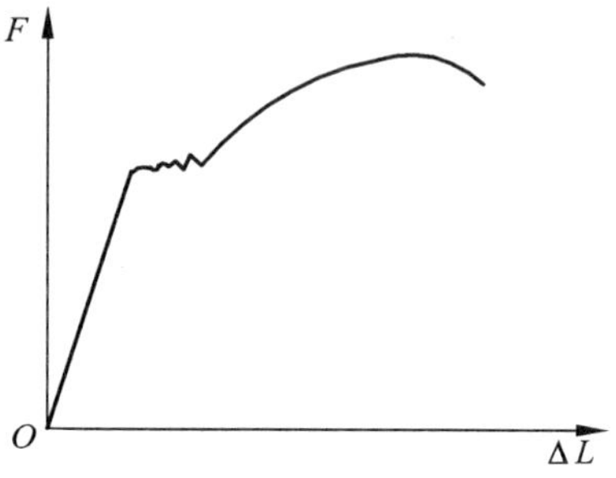

图 3.9 拉伸图

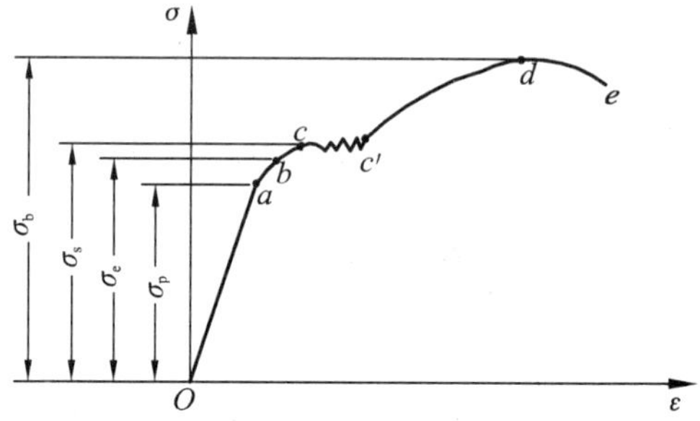

图 3.10 应力-应变图

（1）弹性阶段。

图 3.10 所示 ob 段为弹性阶段。

在拉伸的初始阶段，oa 为直线段，它表明应力与应变成正比关系，即 $\sigma \propto \varepsilon$。直线最高点 a 所对应的应力值 σ_p 称为材料的比例极限。低碳钢的比例极限 $\sigma_p \approx 200$ MPa。ab 段图线微弯，说明 σ 与 ε 不再成正比关系，而所产生的变形仍为弹性变形。b 点所对应的应力值 σ_e 称为材料的弹性极限。由于低碳钢 σ_p 与 σ_e 非常接近，因此工程上一般不严格区别，多用 σ_p 代替 σ_e。

（2）屈服阶段。

图 3.10 所示 bc' 段为屈服阶段。

当由点 b 发展到 c 点，再由 c 至 c' 点，表明应力几乎不增加而变形急剧增加，这种现象称为屈服或流动，cc' 称为屈服阶段。对应 c 点的应力值 σ_s 称为材料的屈服点。低碳钢的屈服点 $\sigma_s \approx 240$ MPa。材料屈服时，所产生的变形称为塑性变形。当材料屈服时，在试件光滑表面上可以看到与杆轴线成 45°的暗纹，这是由于材料沿最大剪应力作用面产生滑移造成的，故称为滑移线。

（3）强化阶段。

图 3.10 所示 $c'd$ 段为强化阶段。

经过屈服后，图线由 c' 上升到 d 点，这说明材料又恢复了对变形的抵抗能力。若继续变形，必须增加应力，这种现象称为强化。最高点 d 点所对应的应力值 σ_b 称为材料的强度极限。低碳钢的强度极限 $\sigma_b \approx 400$ MPa。

(4)局部变形阶段。

图 3.10 所示 de 段为强化阶段。

当图线经过 d 点后，试件的变形集中在某一局部范围内，横截面尺寸急剧缩小（见图 3.11），形成颈缩现象。由于缩颈处横截面显著减小，试件继续变形承受的拉力明显下降，直至 e 点试件被拉断。

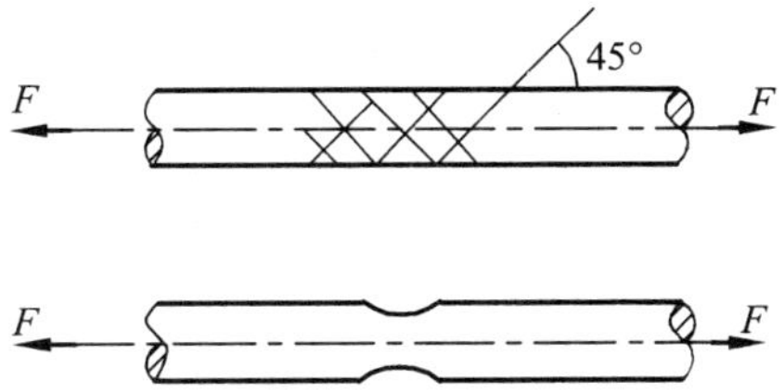

图 3.11 颈缩现象

2. 铸铁拉伸时的力学性质

铸铁是工程上广泛应用的脆性材料。图 3.12 所示灰铸铁拉伸时的σ-ε曲线，从开始至试件拉断，应力和应变都很小，没有屈服阶段和颈缩阶段，没有明显的直线段。在工程实际中，当σ-ε曲线的曲率很小时，常以直线代替曲线σ-ε，可以近似地认为材料服从胡克定律。直线的斜率 $E=\tan\alpha$，称为弹性模量。拉断时的最大应力σ_b称为材料的强度极限。一般，脆性材料的抗拉强度σ_b都比较低，不易用作受拉构件的材料。

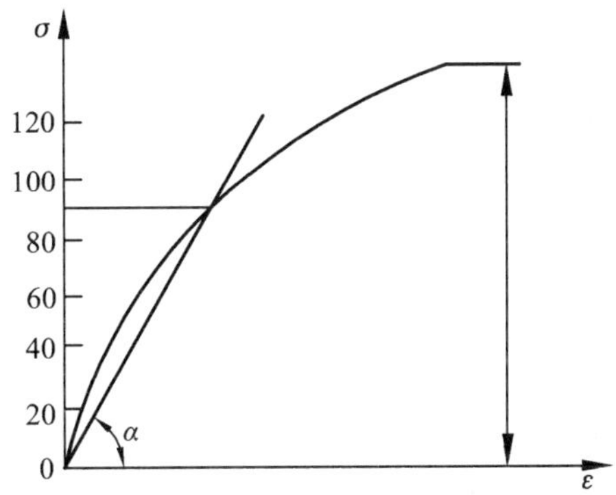

图 3.12 灰铸铁拉伸时的σ-ε曲线

3. 材料压缩时的力学性质

金属材料的压缩试件一般制成短圆柱形，以免被压弯。一般圆柱高度为直径的 1.5 ~ 3 倍。

低碳钢压缩时的σ-ε曲线（虚线）与低碳钢拉伸的σ-ε曲线（实线）比较（见图 3.13），在屈服阶段前，弹性模量 E、比例极限σ_p、屈服点σ_s与拉伸时基本一致。屈服阶段后，试件越压越扁，曲线上升不到强度极限（见图 3.12）。

铸铁压缩时的σ-ε曲线与铸铁拉伸的σ-ε曲线（虚线）比较（见图 3.14），其抗压强度极限σ_{bc}远远大于抗拉强度极限σ_{bt}（3 ~ 4 倍）。压坏时，其断面的法线与轴线成 45° ~ 55°，表明铸铁压缩时沿斜截面相对错动而断裂。由于脆性材料抗压强度极限σ_{bc}很高，常用于受压构件。

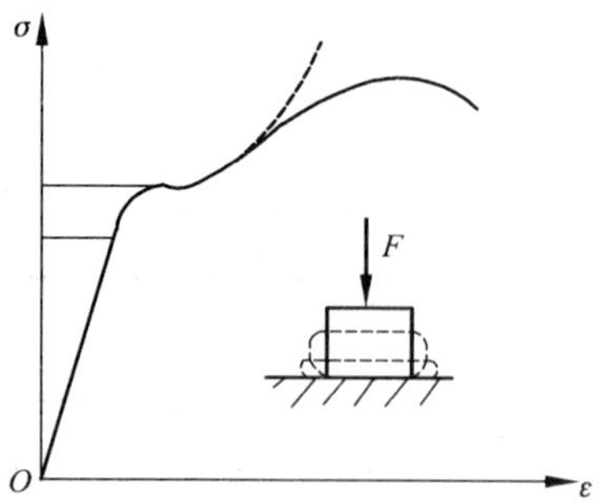

图 3.13 低碳钢拉压σ-ε曲线比较

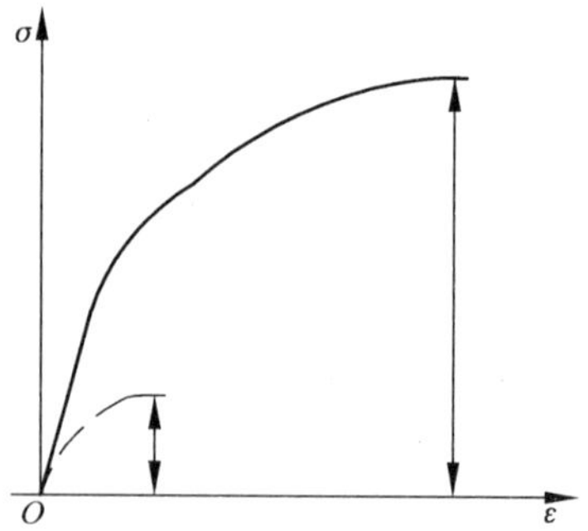

图 3.14 铸铁拉压σ-ε曲线比较

四、拉伸与压缩时的强度计算

1. 许用应力和安全系数

由前面所述已经知道，机器或工程结构中的每一构件，都必须保证安全可靠的工作。当构件受到的拉压作用达到或超过了材料的极限应力时，就会发生过大的塑性变形或断裂，则构件失去正常的工作能力，这种现象称之为失效。为了保证构件的安全，必须使构件在载荷作用下工作的最大应力低于材料的极限应力。考虑构件的实际情况（如工作条件、载荷估计的准确性、材料的均匀性等），需要一定的强度储备，即用极限应力除以大于 1 的安全系数 n 得到一个应力值作为材料的许用应力，用$[\sigma]$表示，即

$$[\sigma]=\sigma_s/n \tag{3-3}$$

$$[\sigma]=\sigma_b/n \tag{3-4}$$

在工程实际中，静载时塑性材料（习惯上，根据静拉伸时的伸长率来划分材料的塑性。伸长率大于 5%的材料通常称为塑性材料，小于 5%的称为脆性材料）一般安全系数 $n=1.2\sim2.5$，对脆性材料 $n=2\sim3.5$。安全系数也反映了经济与安全之间的矛盾关系。取值过大，许用应力过低，造成材料浪费。反之，取值过小，危险性加大。塑性材料，在材料屈服时就要发生过大的塑性变形而失效，故一般取屈服点σ_s作为极限应力；脆性材料一般取强度极限σ_b作为极限应力。

2. 强度条件

为了保证构件安全可靠的工作，必须使构件的最大工作应力小于或等于材料的许用应力，即

$$\sigma_{max}=F_{Nmax}/A\leqslant[\sigma] \tag{3-5}$$

3. 根据强度条件可以解决三个方面的问题

（1）强度校核。若已知杆件尺寸、载荷及材料的许用应力，可检验杆件强度是否满足要求。

（2）设计截面。若已知杆件承受的载荷及材料的许用应力，可将式（3-5）改写为 $A \geqslant F_N/[\sigma]$，由此可进行截面设计。

（3）确定许用载荷。若已知杆件尺寸和材料的许用应力，可将式（3-5）改写为 $F_N \leqslant A \cdot [\sigma]$，由此可计算构件所能承受的最大载荷。

【例 3-4】 一台总重 $F_P = 1.1$ kN 的电动机，采用 M8 的吊环螺钉（外径为 8 mm，螺纹小径为 6.4 mm），如图 3.15 所示。其材料为 Q215 钢，许用应力 $[\sigma] = 40$ MPa。试校核吊环螺杆的强度。

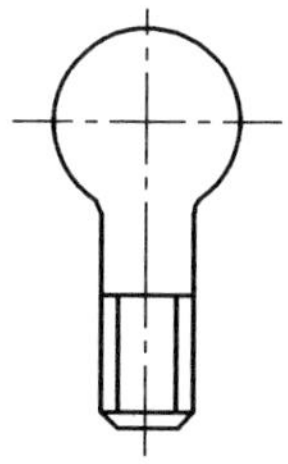

图 3.15

解：吊环螺杆承受的轴力 $F_N = F_P = 1.2 \times 10^3$ N，螺杆横截面上的应力为

$$\sigma = F_N/A = (4 \times 1.1 \times 10^3)/(\pi \times 6.4^2) \approx 34\ (\text{MPa})$$

$$\sigma < [\sigma] = 40\ (\text{MPa})$$

故螺杆强度满足要求。

【例 3-5】 三角架由 AB 与 BC 两杆铰接而成，见图 3.16（a），两杆均为圆截面杆，材料选用钢，许用应力 $[\sigma] = 58$ MPa。设作用于铰接点 B 的载荷为 $F_P = 20$ kN，试确定两杆的直径（不计杆自重）。

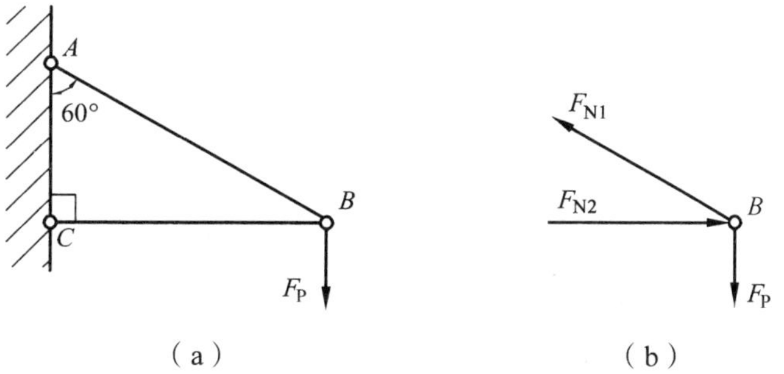

图 3.16

解：由受力分析知道，AB 杆和 BC 分别为受轴向拉伸和轴向压缩的二力杆件，受力分析图见图 3.16（b）。

（1）计算两杆的轴力。

由平面汇交力系平衡方程式求解：

$$\sum F_y = 0, \quad F_{N1} \cdot \sin 30° - F_P = 0$$

$$F_{N1} = F_P/\sin 30° = 20 \times 2 = 40\ (\text{kN})$$

$$\sum F_x = 0, \quad F_{N2} - F_{N1} \cdot \cos 30° = 0$$

$$F_{N2} = F_{N1} \cdot \cos 30° = 40 \cos 30° = 34.6\ (\text{kN})$$

（2）确定两杆件直径。

由式（3-5）可知　　$A \geqslant F_N/[\sigma]$

故有　　$\pi d^2/4 \geqslant F_N/[\sigma]$

圆杆直径　　　　$d \geqslant \sqrt{\dfrac{4F_N}{\pi[\sigma]}}$

将 $F_{N1} = 40$ kN、$F_{N2} = 34.6$ kN、$[\sigma] = 58$ MPa 分别代入上式，即得到 AB 与 BC 杆的直径 d_{AB}、d_{BC}

$$d_{AB} = \sqrt{\frac{4 \times 40 \times 10^3}{\pi \times 58}} = 29.6\ (\text{mm}) \qquad 取\ d_{AB} = 30\ \text{mm}$$

$$d_{BC} = \sqrt{\frac{4 \times 34.6 \times 10^3}{\pi \times 58}} = 27.6\ (\text{mm}) \qquad 取\ d_{BC} = 28\ \text{mm}$$

第二节　剪切和挤压

一、剪切与挤压的概念

用铰制孔螺栓联接钢板[见图 3.17（a）]，在外力 F_P 的作用下，螺栓将沿截面 m-m 发生相对错动。如外力不断增大，螺栓将沿 m-m 面被剪断。产生相对错动的截面（m-m）称为剪切面。这种截面发生相对错动的变形称为剪切变形。在工程中常遇到受剪切变形的零件有键、销等。发生剪切变形的零件的受力特点是：作用于构件两侧面上的外力的合力的大小相等、方向相反，作用线平行且相距很近；变形特点是：构件沿两力作用的截面发生相对错动。

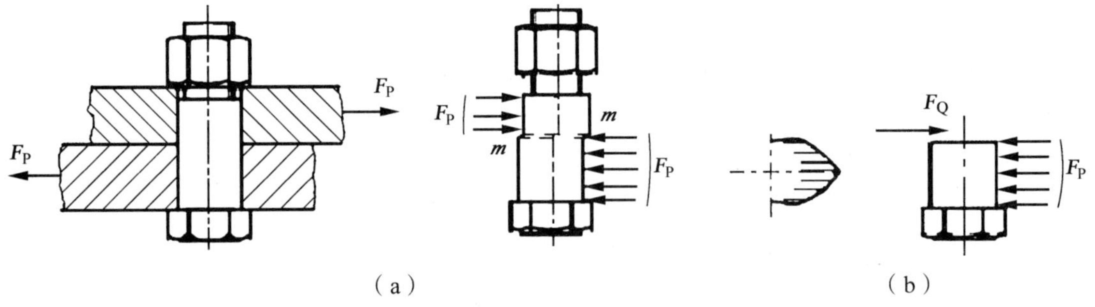

图 3.17　剪切与挤压

螺栓除受剪切作用外，其圆柱形表面和钢板圆孔之间还相互受压[见图 3.17（b）]，这种局部表面上受压，我们称为挤压，承受挤压作用的表面叫挤压面，作用在挤压面上的压力叫挤压力。如果挤压力过大，挤压面将发生塑性变形，会使联接松动，从而影响机器的正常的工作，这种现象就称为挤压破坏。

二、剪切和挤压的计算

1. 剪切强度计算

以图 3.17 为例，螺栓在外力的作用下发生剪切变形。此时，在零件内部产生一个抵抗变形的力，称为剪力。根据截面法可以算出该截面的内力——剪力：剪力大小与外力相等且与截面相切，如图 3.17（b）所示。剪力的单位是牛顿（N）或千牛顿（kN），常用符号 F_Q 表示。

由于剪切面附近变形复杂，剪切面上应力分布规律很难确定，因此，工程实际中一般近似认为剪切面上的应力分布是均匀的，其方向与剪力相同，用字母“τ”表示单位面积上的内力，称为切应力，单位是帕（Pa）或兆帕（MPa）。

$$\tau = F_Q/A \tag{3-6}$$

为了保证剪切变形的构件安全可靠地工作，剪切强度条件为

$$\tau = F_Q/\mathrm{A} \leqslant [\tau] \tag{3-7}$$

式中，$[\tau]$为材料的许用切应力，可查阅有关手册。

2. 挤压强度计算

从理论上讲，挤压面上力的分布是不均匀的，为了简化计算，工程中常假定挤压力在挤压面上是均匀分布的。设挤压力为 F_{jy}，挤压面积为 A_{jy}，以σ_{jy}表示挤压应力（挤压面上单位面积受力），则挤压强度条件为

$$\sigma_{jy} = F_{jy}/A_{jy} \leqslant [\sigma_{jy}] \tag{3-8}$$

式中，$[\sigma_{jy}]$为材料的许用挤压应力，可查阅有关手册。

3. 挤压面积的计算

如挤压面积为平面，则挤压面积为接触面积。例如键联接[见图 3.18（a）]，$A_{jy} = hL/2$。如挤压面为半圆柱面，例如螺栓、销、铆钉等，其挤压面积按半圆柱面的正投影面积计算[见图 3.18（b）]，$A_{jy} = dt$。d 为直径，t 为螺栓与孔接触长度。

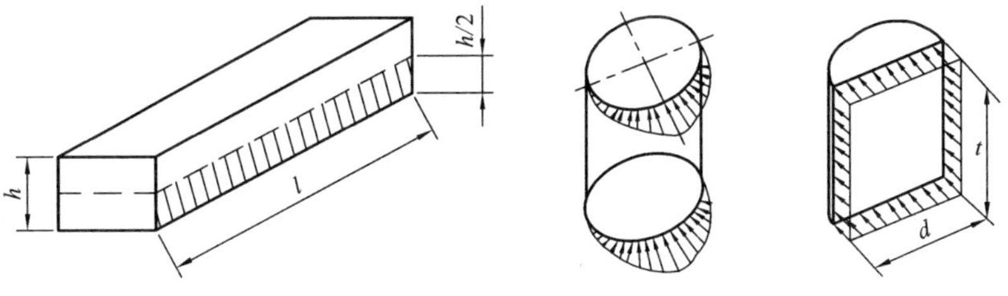

（a）　　　　　（b）

图 3.18　计算挤压面积时的情况

【例 3-6】　图 3.19 所示两块厚为 $t = 12$ mm 的钢板，用两个直径 $d = 15$ mm 的铆钉搭接在一起。设拉力 $F = 35$ kN，铆钉材料的许用切应力为$[\tau] = 110$ MPa，许用挤压应力$[\sigma_{jy}] = 272$ MPa，试校核此铆钉的强度。

解： 每个铆钉承受 $F/2$ 拉力，既有挤压变形，又有剪切变形

（1）剪切变形：$\tau=(F/2)/(\pi d^2/4)$

$$\tau=\frac{35\times10^3\times4}{2\pi\times15^2}=99\ (\text{MPa})$$

$$\tau<[\tau]=110\ (\text{MPa})$$

（2）挤压变形：$\sigma_{jy}=(F/2)/(td)$

$$\sigma_{jy}=\frac{35\times10^3}{2\times12\times15}=97.2\ (\text{MPa})$$

$$\sigma_{jy}<[\sigma_{jy}]=272\ (\text{MPa})$$

所以该铆钉强度合格。

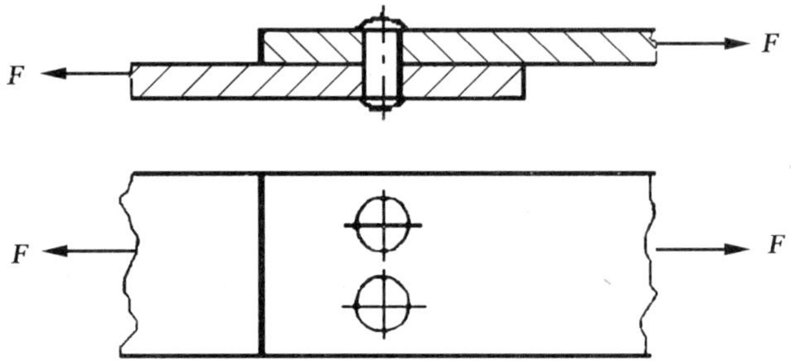

图 3.19

第三节 圆轴扭转

一、扭转的概念

工程中，有很多构件是承受扭转作用时传递动力产生扭转变形。例如，汽车方向盘[见图 3.20（a）]，攻螺纹时的丝锥[见图 3.20（b）]等。杆件的扭转变形特点是：

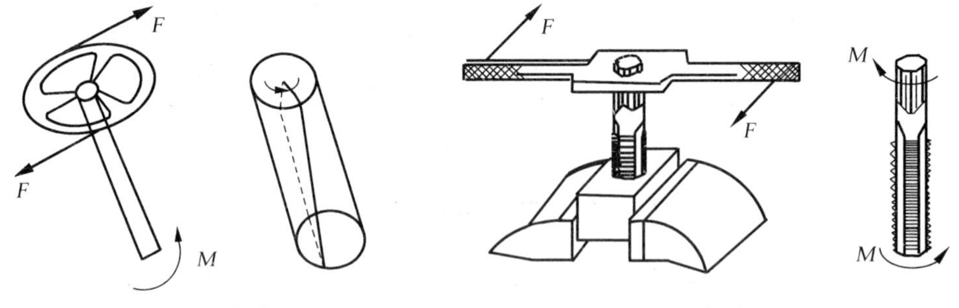

图 3.20 扭转变形实例

（1）在杆件两端受到大小相等，方向相反的一对力偶的作用。

（2）杆件上各个横截面均绕杆件的轴线发生相对转动。

杆件上、下两截面所扭转过的角度称为相对扭转角，用ψ表示。

二、圆轴扭转的内力

1. 外力偶矩的计算

工程中对于传动轴等转动构件，通常只给出其转速和所传递的功率，这样，在分析内力时，首先需要计算外力偶矩，外力偶矩计算公式

$$M_e = 9\,550 \cdot P/n \tag{3-9}$$

式中，M_e为外力偶矩，单位 N·m；P 为轴传递的功率，单位 kW；n 为轴的转速，单位 r/min。

2. 扭矩（或转矩）

如图 3.21（a）所示为一对大小相等，转向相反的外力偶 M_e的作用的圆轴。我们可以采用截面法把轴沿截面 m-m 截断，并取左段为研究对象[见图 3.21（b）]。由静力平衡条件可知，扭转时横截面上内力的合力必定是一个力偶，这个内力偶矩称为扭矩或转矩，用 T 表示。

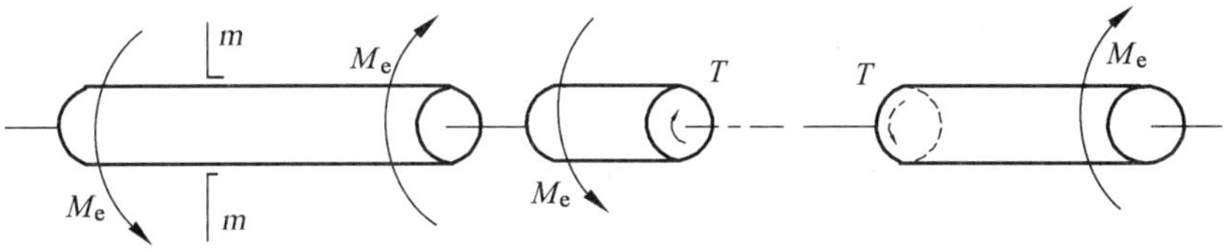

图 3.21 扭矩作用下的圆轴

$$T - M_e = 0$$

即

$$T = M_e$$

如取右段为研究对象[见图 3.21（c）]，同样可求出 T。由于截面两边的力偶互为作用与反作用的关系，因此，取左段与右段为研究对象所得到的扭矩，大小相等而转向相反。为此，规定采用右手螺旋法则来定义扭矩的正负符号，从而使符号一致。如图 3.22 所示，以右手四指方向与截面扭矩方向一致，则拇指的指向离开截面时扭矩为正，反之为负。

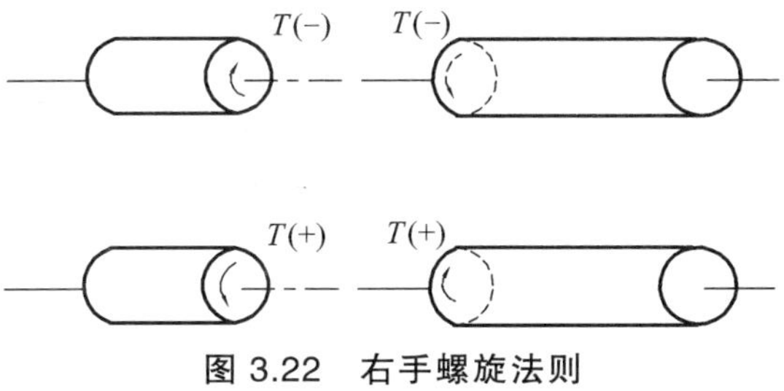

图 3.22 右手螺旋法则

如果轴上有多个外力偶作用时，则任意一截面上的扭矩等于该截面左段（或右段）外力偶矩的代数和。

3. 扭矩（转矩）图

当轴上作用有多个外力偶时，各横截面上的扭矩是不同的。为了确定最大扭矩的位置，以便分析危险截面，常需要画出扭矩随截面位置变化的图线，这种图线称为扭矩图。其方法是：用横坐标 x 表示横截面的位置，纵坐标 y 表示各横截面上的扭矩的大小。

【例 3-7】 已知某传动轴转速 $n = 300$ r/min，主动轮 B 输入功率 $P_B = 8$ kW，从动轮 A、C、D 分别输出的功率为 $P_A = 3$ kW，$P_C = 2.5$ kW，$P_D = 2.5$ kW。

试画出传动轴的扭矩图，并确定最大扭矩 T_{max}。

解：

（1）计算 A、B、C、D 各处扭矩：

$$T_A = 9.55 \times 10^6 \cdot P/n = 9.55 \times 10^6 \times 3/300 = 9.55 \times 10^4\ \text{N} \cdot \text{mm} = 95.5\ (\text{N} \cdot \text{m})$$

$$T_B = 9.55 \times 10^6 \cdot P/n = 9.55 \times 10^6 \times 8/300 = 9.55 \times 10^4\ \text{N} \cdot \text{mm} = 254.7\ (\text{N} \cdot \text{m})$$

$$T_C = 9.55 \times 10^6 \cdot P/n = 9.55 \times 10^6 \times 2.5/300 = 79.6 \times 10^4\ \text{N} \cdot \text{mm} = 79.6\ (\text{N} \cdot \text{m})$$

$$T_D = 9.55 \times 10^6 \cdot P/n = 9.55 \times 10^6 \times 2.5/300 = 79.6 \times 10^4\ \text{N} \cdot \text{mm} = 79.6\ (\text{N} \cdot \text{m})$$

（2）画出扭矩图如图 3.23 所示。

由扭矩图 3.23 可知，轴 AB 段各截面的扭矩均为 $T_1 = M_A = 95.5$ N · m；BC 段各截面的扭矩均为 $T_2 = 159.2$ N · m；CD 段各截面的扭矩均为 $T_2 = 79.6$ N · m。由扭矩图 3.23 可知，轴 BC 段各截面的扭矩最大 $T_{max} = 159.2$ N · m。

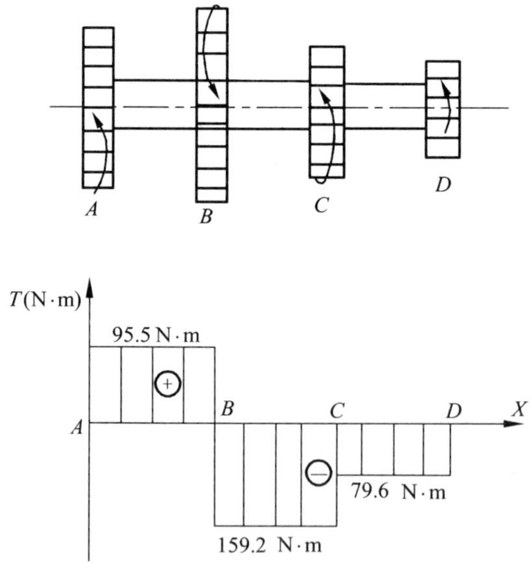

图 3.23

三、圆轴扭转时的应力

1. 切应力在横截面上的分布规律

如图 3.24 所示，在圆轴的表面上画出很多等距的圆周线和轴线平行的纵向线，形成大小相等的矩形方格。当圆轴扭转时，可以观察到：

（1）各圆周线相对于轴线均旋转了一个角度，其形状大小及周线间距没有变化。

（2）各纵向线均倾斜了同一角度，矩形变成了平行四边形。

根据上述现象，对圆轴扭转进行基本假设：扭转时，圆轴的横截面始终为平面，形状、大小都不改变，只有相对轴线的微小扭转变形，因此在横截面上无正应力而只有垂直于半径的切应力。

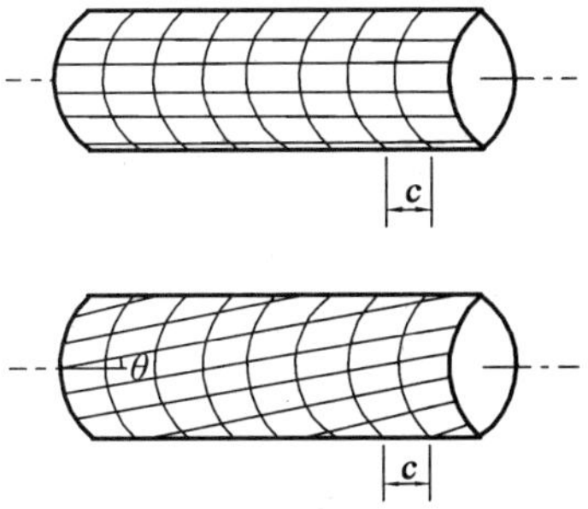

图 3.24　横截面上的切应力

2. 切应力的分布规律图

圆轴横截面上任意点的切应力与该点所在的圆周半径成正比，方向与过该点的半径垂直，在半径最大处切应力最大，圆心处切应力为零。切应力的分布规律如图 3.25 所示。

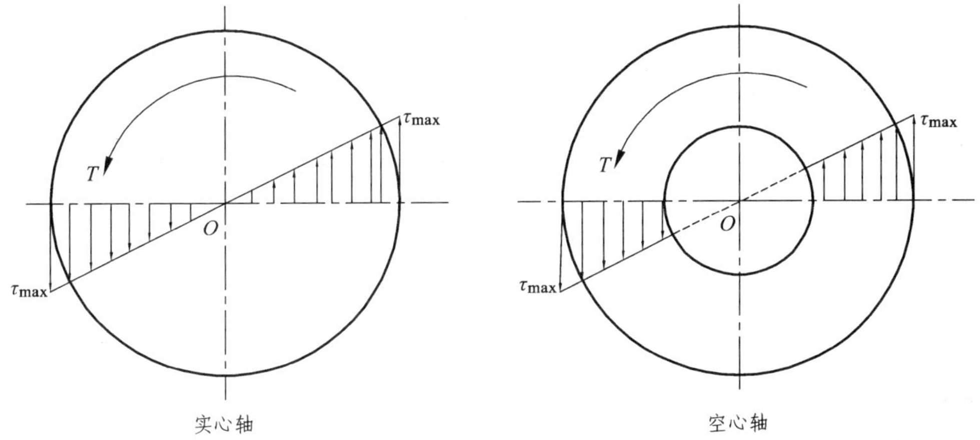

图 3.25　切应力的分布规律

3. 切应力的计算公式

当圆轴某截面上的扭矩为 T、截面半径为 R 时，截面上距中心（轴心）为ρ处的切应力$\tau\rho$ 的计算公式

$$\tau\rho = T \cdot \rho / I_P$$

式中，I_P 为截面的极惯性矩，是只与截面形状和尺寸有关的几何量，单位为 m^4 或 mm^4。

当$\rho = R$ 时，切应力最大，即

$$\tau_{max} = T \cdot R / I_P \qquad (3\text{-}10)$$

令 $W_n = I_P/R$，式（3-10）可改写为

$$\tau_{max} = T/W_n \tag{3-11}$$

式中，W_n 为抗扭截面系数，也是只与截面形状和尺寸有关的几何量，单位为 m^3 或 mm^3。

4. 圆截面的极惯性矩和抗扭截面系数

机器中的轴通常有实心轴或空心轴两种情况。它们的极惯性矩 I_P 和抗扭截面系数 W_n 的计算公式如下：

（1）实心圆轴（设直径为 D）：

① 极惯性矩 $I_P = \pi D^4/32 \approx 0.1D^4$

② 抗扭截面系数 $W_n = \pi D^3/16 \approx 0.2D^3$

（2）空心圆轴（设轴的外径为 D、内径为 d）

① 极惯性矩 $I_P = \pi D^4/32 - \pi d^4/32 \approx 0.1D^4(1-\alpha^4)$

② 抗扭截面系数 $W_n = \pi D^3(1-\alpha^4)/16 \approx 0.2D^3(1-\alpha^4)$

式中，$\alpha = d/D$ 为圆轴内、外直径的比值。

四、圆轴扭转的强度条件

为了保证扭转圆轴正常工作而不致破坏，应使圆轴内的最大工作应力不得超过材料的许用切应力$[\tau]$，即

$$\tau_{max} = T_{max}/W_n \leqslant [\tau] \tag{3-12}$$

式中，$[\tau]$为材料的许用切应力，可在有关手册查阅。

【例 3-8】 机器传动轴的直径 $d = 80$ mm，转速 $n = 200$ r/min，材料$[\tau] = 50$ MPa，试按强度条件计算此轴能传递的最大功率。

解：

（1）计算轴能承受的扭矩 T：

由扭转强度条件 $\tau_{max} = T/W_n \leqslant [\tau]$

得 $T \leqslant W_n \cdot [\tau] = 0.2d^3 \cdot [\tau] = 0.2 \times 80^3 \times 50 = 5\ 120\ 000$（N·mm）

（2）计算轴能传递的最大功率：

由外力矩的计算公式 $M_e = 9\ 550 \times 10^3 \cdot P/n = T$

得 $P = T \cdot n/(9\ 550 \times 10^3) \leqslant 5\ 120\ 000 \times 200/(9\ 550 \times 10^3) \approx 107$（kW）

故轴能传递的最大功率为 107 kW。

第四节　直梁的平面弯曲

一、平面弯曲

在日常生活中，弯曲现象是普遍存在的，例如，挑重物的钓鱼的鱼竿、扁担和晾衣杆等，在使用中均会发生弯曲。工程中也同样存在大量的弯曲现象。如车刀、桥式起重机梁、火车的车轮轴（见图 3.26）等。弯曲变形的特点是：作用在杆件上的外力垂直于杆件的轴线，使原为直线的轴线变形后成为曲线。以弯曲变形为主的杆件通常上称为梁。

梁的横截面一般至少有一个纵向对称轴（见图 3.27）。此对称轴与轴线所组成的平面构成一个纵向对称面。如果梁上所有的外力均垂直于梁的轴线并作用在该纵向平面内，则梁弯曲后，其轴线也必在纵向对称平面内弯曲成一条平面曲线，这种弯曲称为平面弯曲。平面弯曲是弯曲问题中最常见也是最基本的，本节仅讨论平面弯曲。

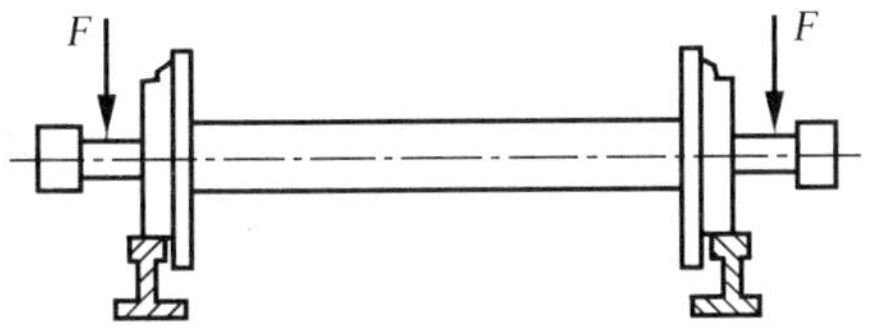

图 3.26　车轮轴受力弯曲

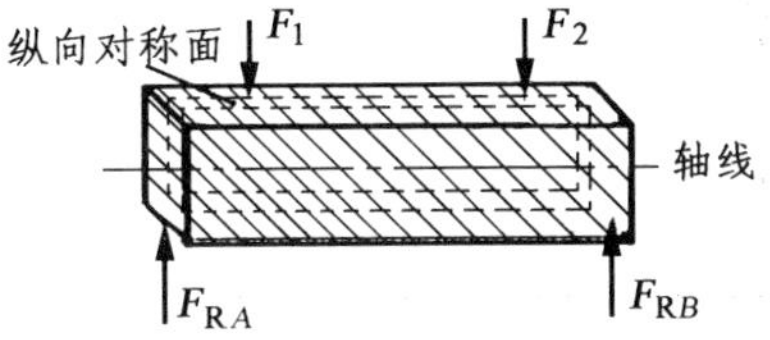

图 3.27　梁的纵向对称面

二、梁的基本形式

由于梁的支承条件及受力的复杂性，因此对梁进行受力分析时，常将梁简化。

1. 梁的简化

（1）梁通常用其轴线表示。

（2）作用在梁上的载荷简化为：集中力、集中力偶、分布载荷。

（3）梁的支承简化为：固定端、活动铰支座、固定铰支座。

2. 梁的基本形式

根据梁的支座性质和位置的不同，梁简化后可分为 3 种基本形式：

（1）简支梁。一端为固定铰支座，另一端为活动铰支座的梁，如图 3.28（a）所示。

（2）悬臂梁。一端为固定端约束，另一端为自由端的梁，如图 3.28（c）所示。

（3）外伸梁。一端或两端外伸的梁，如图 3.27（b）所示。

梁的两支座间的距离 L 称为跨度。

三、梁的内力（弯矩图）

分析梁横截面的内力仍采用截面法。下面以简支梁为例加以说明。

设 AB 梁（见图 3.29）跨度为 L，在点 C 作用集中力 F，试分析该梁的内力变化情况。

1. 先计算梁上所受的外力

$$F_{RA} = F \cdot b/L$$

$$F_{RB} = F \cdot a/L$$

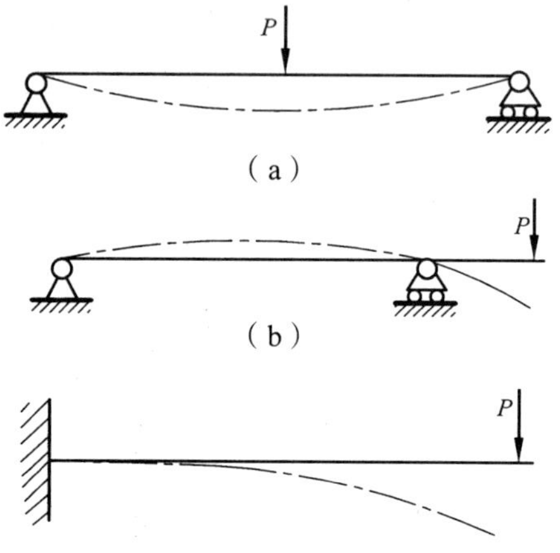

图 3.28 梁的分类

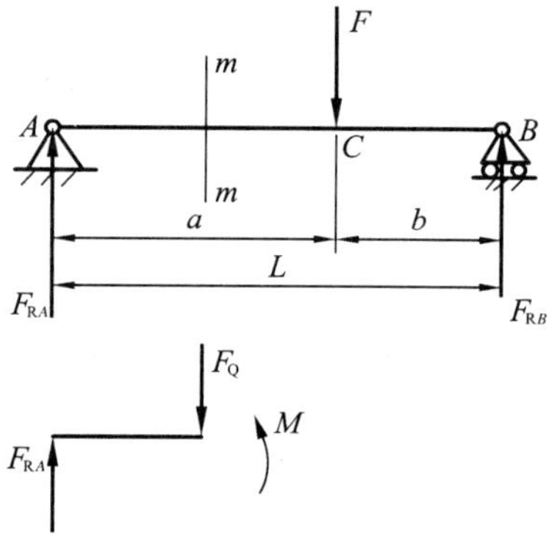

图 3.29 梁的内力变化分析

2. 用截面法求内力

（1）在截面 m-m 处将梁假想截断。

（2）取左段为研究对象。由于左段作用有外力 F_{RA}，则在截面上必然有一个与大小相等、方向相反的力 F_Q，由于该内力与截面相切，因此称为剪力。此外，F_{RA} 与 F_Q 形成一个力偶，对左段有顺时针转动的效果，故截面处必然存在一个内力偶 M 与之平衡，该内力偶称为弯矩。

（3）建立平衡方程：

$$\sum F = 0 \qquad F_{RA} - F_Q = 0 \qquad F_Q = F_{RA}$$

$$\sum M = 0 \qquad M = F_{RA} \cdot x$$

因此，梁在弯曲时，横截面上将产生两种内力：剪力和弯矩。工程中，对于一般的梁（通常指长度尺寸是高度或直径尺寸 5 倍以上的长梁）发生弯曲变形时，弯矩起主要作用，而剪力的影响很小，在强度计算中可以忽略。因此，下面我们仅讨论有关弯矩的一些问题。

3. 弯矩符号规定

梁弯曲后，若凹面向上，截面上的弯矩为正；反之，若凹面向下，截面上的弯矩为负，如图 3.30 所示。

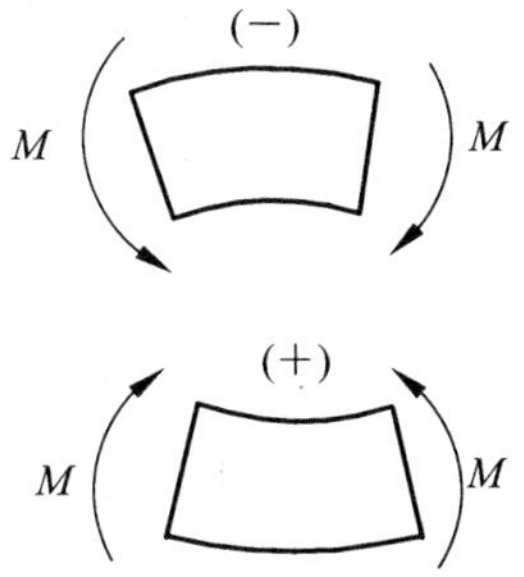

图 3.30　弯矩的正负

4. 建立弯矩方程，绘制弯矩图

一般情况下，在梁的不同截面上，弯矩是不同的，随截面位置的变化而变化。如以横坐标 x 表示横截面在梁轴线方向上的位置，则弯矩可以表示为 x 的函数，即

$$M = M(x) \qquad (3\text{-}12)$$

式（3-12）函数表达式称为弯矩方程。弯矩沿梁轴线的变化规律也可用按弯矩方程绘制的图线来表达，这种图形称为弯矩图。

下面举例说明弯矩图的绘制方法和步骤。

【例 3-9】　图 3.31 所示简支梁受集中载荷 F 的作用。试列出它的弯矩图方程，并作出弯矩图。

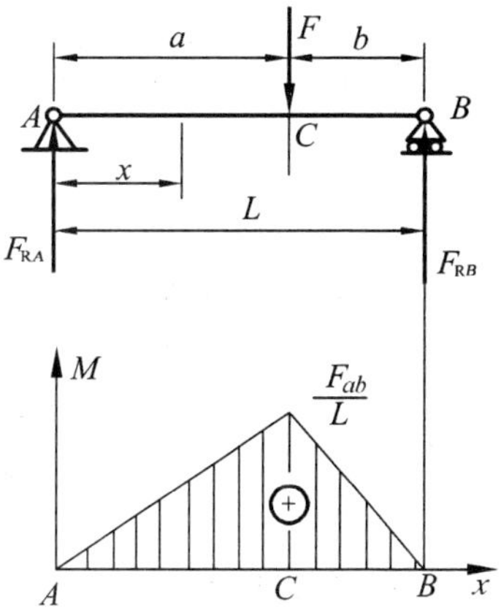

图 3.31

解：

（1）求支反力：

由静力学平衡方程 $\sum M_A = 0$；$\sum M_B = 0$ 知：

$$F_{RA} = F \cdot b/L;\ F_{RB} = F \cdot a/L$$

（2）列弯矩方程：

① 在 AC 段距左端为 x 的一任意截面处将梁截断，由于左端只有 F_{RA}，则该截面上的弯矩方程为

$$M(x) = F_{RA} \cdot x = F \cdot b \cdot x/L \quad (0 \leqslant x \leqslant a)$$

② 在 BC 段距左端为 x 的一任意截面处将梁截断，由于左端有 F_{RA} 和 F 两个外力，则该截面上的弯矩方程为

$$M(x) = F_{RA} \cdot x - F(x-a) = F \cdot a(L-x)/L \quad (a \leqslant x \leqslant L)$$

（3）作弯矩图：

在 AC 段，弯矩是 x 的一次函数，弯矩图为一条斜直线，只要确定直线的两点即可确定。由 $M(x) = F \cdot b \cdot x/L$ 得：$M(0) = 0$；$M(a) = F \cdot a \cdot b/L$，于是连接此两点即作出 AC 段的弯矩图。同理可画出 BC 段弯矩图。从弯矩图中可以看出，最大弯矩发生在截面 C 上 $M_{max} = F \cdot a \cdot b/L$。

【例 3-10】　如图 3.32（a）所示简支梁，在全梁上受密度为 q 的均布载荷。试作此梁的剪力图和弯矩图。

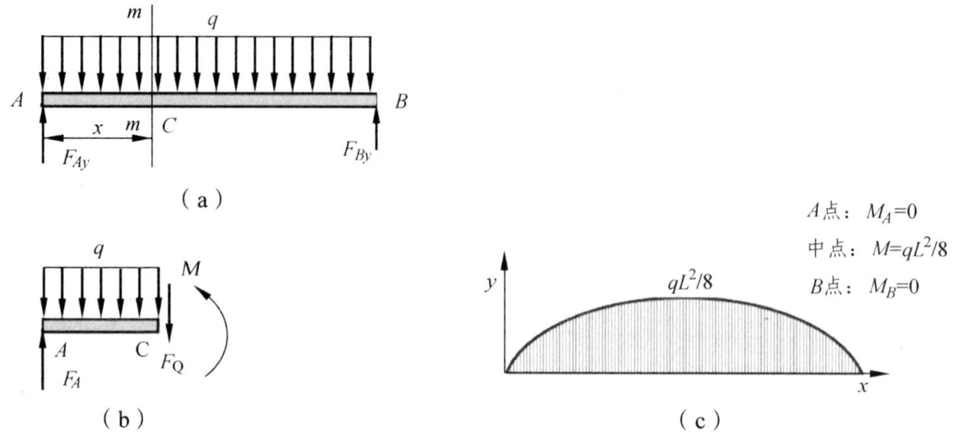

图 3.32

解：

（1）求支座反力：

由$\sum M_A = 0$和$\sum M_B = 0$得

$$F_{Ay} = F_{By} = \frac{ql}{2}$$

（2）列弯矩方程：

取 A 为坐标轴原点，并在截面 x 处切开取左段为研究对象，如图 3.32（b）所示，则

$$M = F_{Ay}x = \frac{qx^2}{2} = \frac{qlx}{2} - \frac{qx^2}{2} \qquad (0 \leqslant x \leqslant l)$$

（3）画弯矩图：

由上式表明，弯矩 M 是 x 的二次函数，弯矩图是一条抛物线。由方程

$$M(x) = \frac{qlx}{2} - \frac{qx^2}{2} = \frac{q}{2}(lx - x^2) = -\frac{q}{2}\left(x - \frac{l}{2}\right)^2 + \frac{ql^2}{8}$$

既曲线顶点为$\left(\frac{l}{2}, \frac{ql^2}{8}\right)$，开口向下，可按下列对应值确定几点。

x	0	$\frac{l}{4}$	$\frac{l}{2}$	$\frac{3l}{4}$	l
M	0	$\frac{3ql^2}{32}$	$\frac{ql^2}{8}$	$\frac{3ql^2}{32}$	0

弯矩图如图 3.32（c）所示。由图可知，弯矩的最大值在梁的中点，$M_{\max} = \frac{ql^2}{8}$。

【例 3-11】　如图 3.33（a）所示简支梁，在 C 点处受大小为 M_e 的集中力偶作用。试作其剪力图和弯矩图。

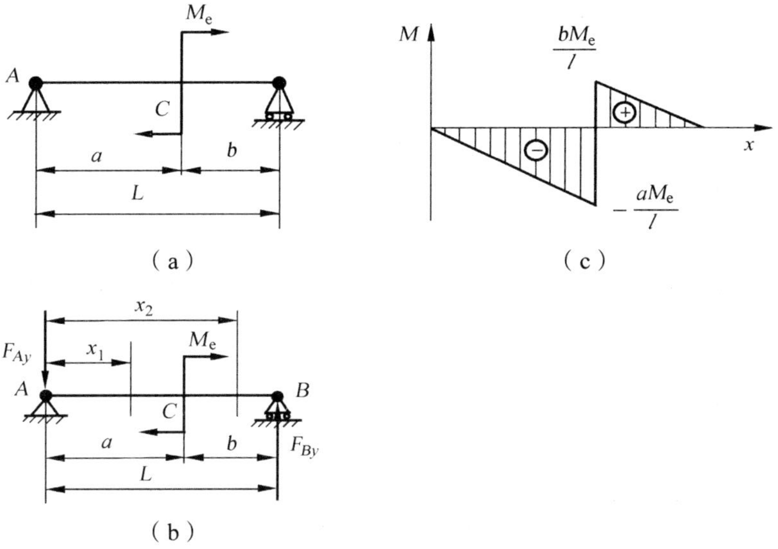

图 3.33　简支梁受集中力偶

解：

（1）求支反力：

$$\sum M_B = 0\,,\quad F_{Ay}l - M_e = 0$$

得：$F_{Ay} = \dfrac{M_e}{l}$

$$\sum F_y = 0\,,\quad F_{By} - F_{Ay} = 0$$

$$F_{By} = F_{Ay} = \frac{M_e}{l}$$

（2）列出弯矩方程：

因 C 点处有集中力偶，故弯矩需分段考虑。

AC 段

$$M(x) = -F_{Ay}x = -\frac{M_e}{l}x \quad (0 \leqslant x \leqslant a)$$

BC 段

$$M(x) = -F_{Ay}(l-x) = \frac{M_e}{l}(l-x) \quad (0 < x \leqslant l)$$

（3）画弯矩图：

由弯矩方程知，C 截面左右段均为斜直线。

AC 段

$$x=0,\ M=0;\ x=a,\ M=-\frac{M_e a}{l}$$

BC 段

$$x=a,\ M=\frac{M_e b}{l},\ \ x=l,\ \ M=0$$

弯矩图如图 3.33（c）所示。如 $a>b$，则最大弯矩发生在集中力偶作用处左侧横截面上，$M_{max}=\left|-\frac{aM_e}{l}\right|$。

分析以上几例即可得出弯矩图规律：

（1）集中力 F 作用的截平面上，剪力图发生突变，突变的方向与集中力的作用方向一致；突变幅度等于外力大小，弯矩图在此面上出现一个尖角。

$$M_{max}=\frac{abF}{l}$$

（2）梁受到均布载荷作用时，弯矩图为抛物线，且抛物线的开口方向与均布载荷的方向一致。

$$M_{max}=ql^2/8=\frac{ql}{2}\times\frac{l}{2}\times\frac{1}{2}$$

（3）集中力偶 M_e 作用的截面上，弯矩图出现突变。M_e 逆时针时，弯矩图由上向下突变，M_e 顺时针时，弯矩图由下向上突变。

（4）梁的两端点若无集中力偶作用，则端点处的弯矩为 0；若有集中力偶作用时，则弯矩为集中力偶的大小。

根据弯矩图的作图规律，我们可以快速而准确地做出梁的弯矩图。

四、梁的强度条件及其应用

平面弯曲梁横截面上两种内力将分别引起不同的应力：弯矩 M 引起的弯曲正应力 σ、剪力 F_Q 引起的切应力 τ。同前面一样，只讨论影响弯曲强度的主要因素弯曲正应力 σ。

1. 平面弯曲时梁横截面上正应力的分布规律

在一般情况下，梁的横截面上既有弯矩又有剪力，这样的弯曲称为横力弯曲。如果梁截面上只有弯矩而无剪力，则称为纯弯曲。下面以纯弯曲为例来分析梁横截面上的正应力变化规律。

在梁表面画上均匀的横线和纵线，然后在梁的纵向对称平面内施加一对力偶 M（见图 3.34）。观察梁弯曲后的结果可知：

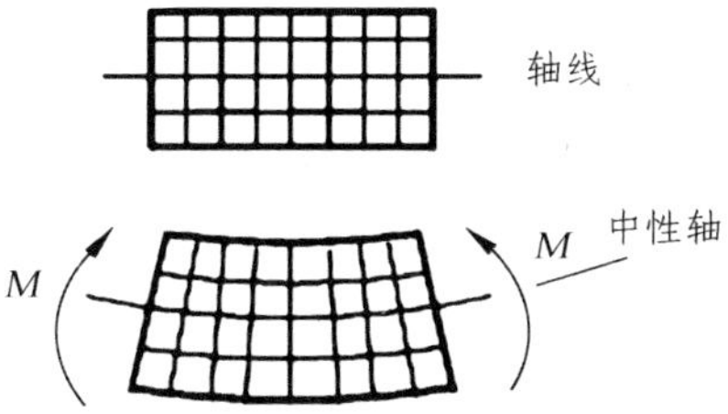

图 3.34　梁的纯弯曲

（1）横线仍为直线，且仍与纵线相交，但转了一个角度。

（2）所有纵线变成圆弧线，梁上部凹边纵线缩短，下部凸边纵线伸长。因此，可以假想：梁由无数根纤维组成，梁下部纤维受拉伸长，而上部纤维受压缩短。由于从伸长到缩短的变化是逐渐而连续的，因此，在受拉区（下部）和受压区（上部）之间必存在一层既不伸长也不缩短的纵向纤维层，称为中性层。中性层与横截面的交线称为中性轴。

梁弯曲变形时，各横截面绕中性轴发生相对转动。中性层以下的纵向纤维伸长，横截面上的应力为拉应力；中性层以上的纵向纤维缩短，横截面上的应力为压应力。另外，距中性层越远的纵向纤维伸长（或缩短）量越大；而且，中性层既不伸长也不缩短。因此，平面弯曲时横截面上正应力的分布规律是：梁横截面上任意点的正应力与该点到中性轴的距离成正比，如图 3.35 所示。

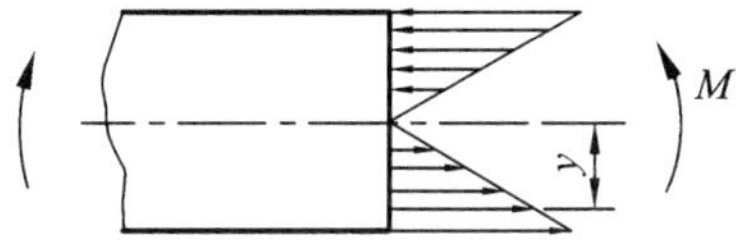

图 3.35　平面弯曲时的正应力分布

弯曲正应力的计算公式为

$$\sigma = M \cdot y / I_Z \qquad (3\text{-}13)$$

式中，σ 为横截面上任意点的正应力；M 为该横截面上的弯矩；y 为该点到中性轴的距离；I_Z 为该横截面对中性轴的惯性矩。

当 $y = y_{\max}$，$M = M_{\max}$ 时，弯曲应力达到最大值：

$$\sigma_{\max} = M_{\max} \cdot y_{\max} / I_Z$$

令 $W_Z = I_Z / y_{\max}$

$$\sigma_{\max} = M_{\max} / W_Z$$

式中，I_Z 为横截面对中性轴的惯性矩；W_Z 为抗弯截面系数如表 3.1 所示。

表 3.1　常用截面的惯性矩 I_Z和抗弯截面系数 W_Z

截面形状和形心轴位置	惯性矩 I_Z	抗弯截面系数 W_Z
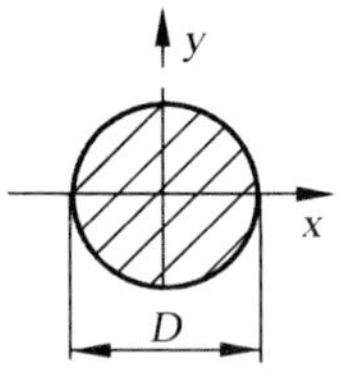	$I_Z = \pi D^4/64$	$W_Z = \pi D^3/32$
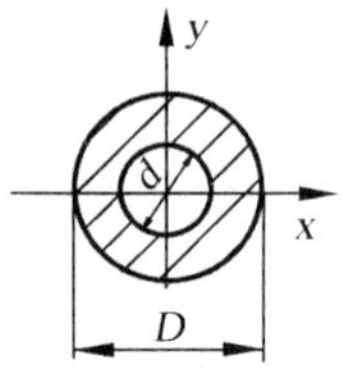	$I_Z = \pi D^4(1-\alpha^4)/64$ $\alpha = d/D$	$W_Z = \pi D^3(1-\alpha^4)/32$
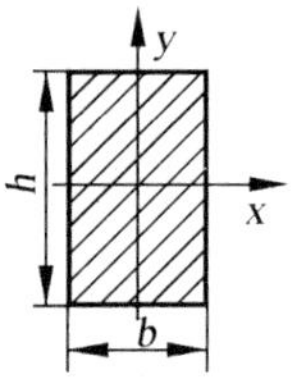	$I_Z = bh^3/12$	$W_Z = bh^2/6$
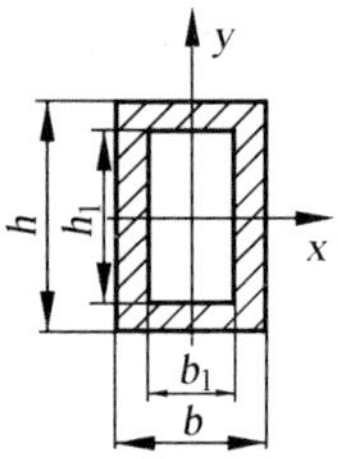	$I_Z = (bh^3 - b_1h_1^3)/12$	$W_Z = (bh^2 - b_1h_1^2)/6$

2. 梁的强度

为了保证梁安全可靠地工作，应使梁的最大正应力不超过梁的许用正应力，即

$$\sigma_{\max} = M_{\max}/W_Z \leqslant [\sigma] \tag{3-14}$$

式中，$[\sigma]$为梁的许用应力。

【例 3-12】 螺栓压紧装置如图 3.36 所示。已知板长 $a = 50$ mm，压板材料的弯曲许用应力$[\sigma] = 140$ MPa，试计算压板对工件的最大压紧力 P。

解：

（1）压板受力分析：

压板可以简化为图 3.36 所示的外伸梁。由梁外伸部分 BC 可以求得截面 B 的弯矩 $M_B = P \cdot a$。此外又知 A、C 两截面的弯矩为零，弯矩图如图 3.36 所示。由弯矩图可知，最大弯矩在截面 B 上：$M_{\max} = M_B = P \cdot a$。

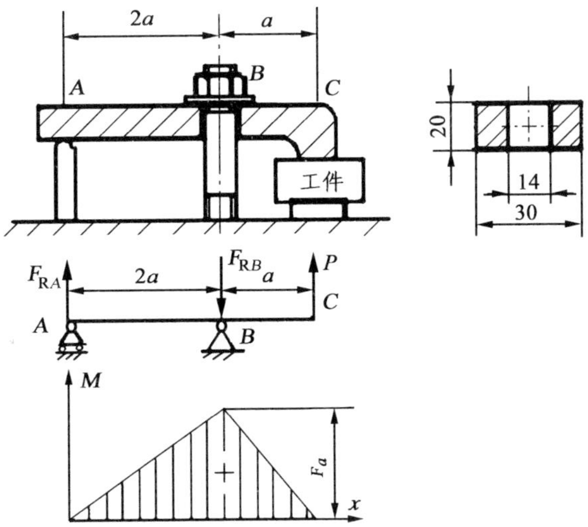

图 3.36

（2）计算截面 B 抗弯截面系数 W_Z:

$$I_Z = 3 \times 2^3/12 - 3 \times 1.4^3/12 = 1.07 = 1.07 \times 10^3\ (\text{mm}^4)$$

$$W_Z = I_Z/y_{\max} = 1.07/1 = 1.07 = 1.07 \times 10^3\ (\text{mm}^3)$$

（3）计算压板对工件的最大压紧力 P:

由强度条件　$\sigma_{\max} = M_{\max}/W_Z = P \cdot a/W_Z \leqslant [\sigma]$

有　　　　　$P \leqslant W_Z \cdot [\sigma]/a = 1.07 \times 10^3 \times 140/50 = 3\,000 = 3\ (\text{kN})$

因此，根据压板的强度，最大压紧力应不超过 3 kN。

五、提高梁的弯曲强度的措施

提高梁的弯曲强度就是指用尽可能少的材料，使梁能够承受尽可能大的载荷，达到既安全又经济的要求。由梁的强度条件式 $\sigma_{\max} = M_{\max}/W_Z \leqslant [\sigma]$ 可知，提高梁的强度可以从以下 3 个方面考虑。

1. 选择合理的截面形状

梁的截面形状有圆形、矩形、工字形、槽形等。选用合理的截面，调节截面的几何性质可以达到提高强度和节约材料的目的。同样大小的截面面积，槽形和工字形比圆形和矩形抗弯能力强。汽车的大梁由槽钢制成，活扳手的手柄、吊车梁制成工字形截面等，都是从提高抗弯能力和节约材料来考虑的。

2. 采用变截面梁或等强度梁

在工程实际中，常根据弯矩沿梁轴线的变化情况，将梁也相应地设计成变截面梁。在弯矩较小处采用较小截面，而在弯矩较大处采用较大截面。例如，摇臂钻的横梁、汽车用的板簧等。

3. 合理布置载荷

在梁的强度计算中，当抗弯截面系数已定，最大正应力的数值则随弯矩的增大而增大。合理布置载荷可以减小 M_{max} 的绝对值，使梁弯曲时的工作应力降低，以达到提高梁承载能力的目的。

（1）在结构允许的条件下，将集中载荷变为均布载荷。

（2）将集中载荷尽量靠近支座。

（3）适当调整梁的支座的位置。

第五节　组合变形简介

一、组合变形的概念

前面几节分别讨论了杆件拉伸（压缩）、剪切、扭转和弯曲 4 种基本变形，而且我们所讨论的杆件在外力作用下只发生一种基本变形，但在工程实际中，大多杆件在外力作用下往往同时发生两种或两种以上的基本变形，这类变形称为组合变形。如图 3.37 所示的钩头螺栓及机床立柱。

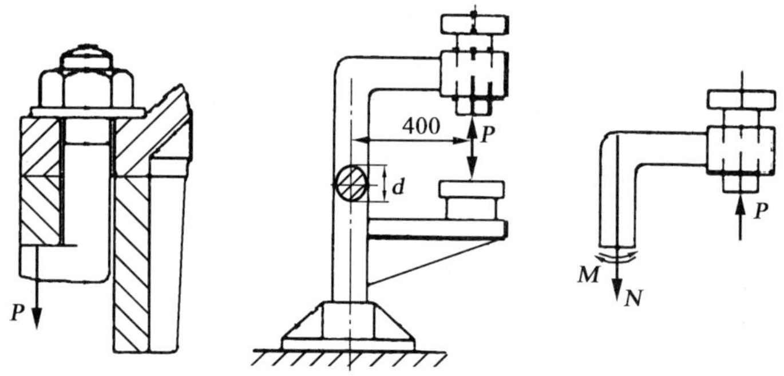

图 3.37　组合变形实例

二、拉（压）弯组合变形

如图 3.38 所示，外力 F 的作用线与梁的 x 轴成一夹角 θ。下面分析该力对梁作用的变形效果。

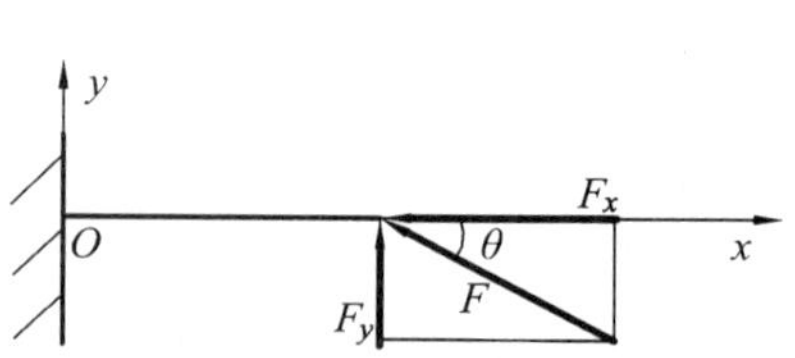

图 3.38　拉（压）组合变形示意

如图所示，首先将力 F 分解为 F_x、F_y。在力 F_x 的作用下，悬梁产生沿 x 方向的压缩变形。在力 F_y 的作用下，悬梁在 xOy 平面内产生沿 y 方向的弯曲变形。这样，就将组合变形的问题分解为两个基本变形的问题，而使问题得到简化。

三、弯扭组合变形

弯曲与扭转的组合变形是机械传动中常见的情况，如图 3.39 所示的齿轮轴。齿轮啮合时产生径向力和圆周力使轴发生弯曲变形。同时，齿轮与联轴器对轴产生一对力偶矩使轴发生扭转变形。

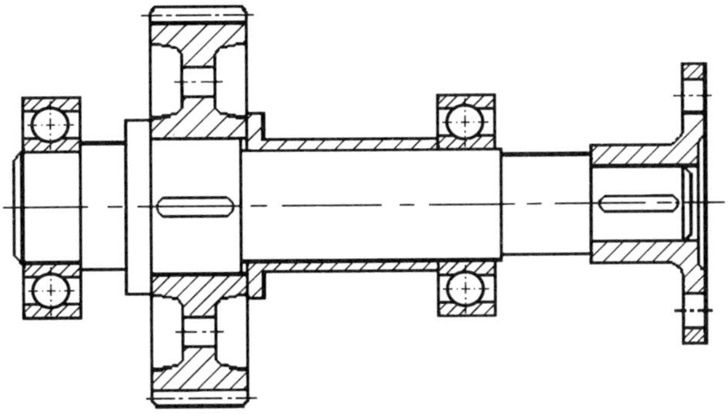

图 3.39　弯扭组合变形示意

第六节　其他因素对强度的影响

一、压杆稳定

1. 压杆稳定的概念

前面研究受压直杆时，认为它的破坏主要取决于强度，并规定杆件的工作应力必须小于它的许用应力，以保证杆件安全工作。实际上，这个结论只对短粗的压杆才是正确的。若用于细长杆，将导致错误的后果。例如，取一块截面面积为 100 mm^2，高为 10 mm 的木板，若要用一个人的力气将它压坏，显然是困难的。若压的是一根截面尺寸相同、而长为 1 m 的木杆（见图 3.40）情况则大不一样，木板将产生横向弯曲变形，而且弯曲变形会越来越大，直到木板破坏。这表明对压杆来说，短杆和细长杆产生破坏的性质是不同的。短杆是强度问题，而细长杆则是能否保持原有直线平衡状态的问题，即为稳定性问题。工程上把压杆不能保持它原有直线平衡状态而突然变弯的现象，称为压杆丧失了稳定性。

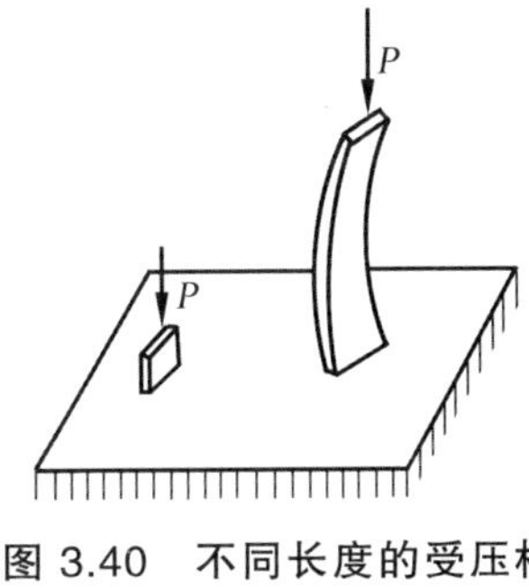

图 3.40　不同长度的受压杆

对于受拉的直杆，如图 3.41（a）所示，在其两端作用有一对大小相等、方向相反的轴向力，杆件处于平衡状态。当遇到横向外力的干扰时，杆件也会变弯，如图 3.41（b）所示，一旦撤去横向外力后，杆件总是会恢复到原来的直线形状。这就是说，直杆在受拉时，其原有的直线平衡状态是稳定的。

实验和理论都证明，压杆的稳定性，除与压杆的材料有关外，还与压杆横截面的形状尺寸以及压杆两端的支承情况有关。

综合考虑压杆的杆长，横截面的形状及支承情况，可把压杆分成3类压杆，即细长杆，中长杆和短粗杆。细长杆和中长杆需要进行稳定校核，而短粗杆不需要进行稳定校核。因为短粗杆的破坏属于强度问题。

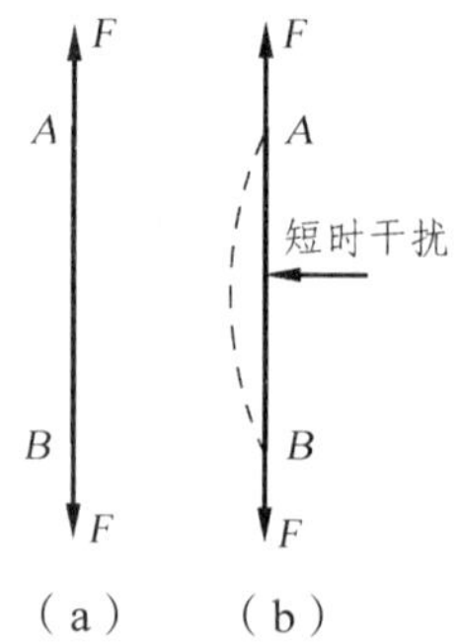

图 3.41 受拉杆件

2. 提高压杆承载能力的措施

为提高压杆承载能力，必须综合考虑杆长、支承、截面的合理性及材料等因素。

（1）尽量减少压杆长度。

对于细长压杆，其稳定性与杆长的平方成正比，因此，减小杆长可以显著提高压杆的承载能力。在某些情况下，通过改变结构或增加支点可以达到减少杆长的目的。增强支承的刚性，支承的刚性越大，零件的稳定性越好。

（2）合理选择截面形状。

一般情况下，对于一定的横截面面积，正方形截面或圆截面比矩形截面好，空心正方形或圆形截面比实心截面好。

（3）合理选用材料。

在其他条件相同的情形下，选择弹性模量较大的材料可以提高细长杆的承载能力。例如，钢杆的临界力大于铜、铸铁或铝制压杆的临界力。但是，普通碳素钢、合金钢以及高强度钢的弹性模量相差不大，因此对于细长杆，选用高强度钢对于压杆的临界力影响甚小，意义不大，反而造成材料的浪费。对于粗短杆或中长杆，选用高强度钢可使稳定性有所提高。

二、应力集中

前面分析的等截面直杆在轴向拉伸（压缩）时，横截面上的正应力是均匀分布的。但工程上有一些构件，由于结构和工艺等方面的需求，构件上常常开有孔槽或留有凸肩、螺纹等。使截面尺寸往往发生急剧的改变，而且构件也往往在这些地方发生破坏。大量的研究表明，在构件截面突变处的局部区域内，应力急剧增加；而离开这些区域稍远处，应力又逐渐趋于缓和，这种现象，称为应力集中。

图3.42为开有圆孔的矩形截面杆在受到轴向拉伸时开孔和切口处截面的应力分布图，在靠近孔边的小范围内，应力很大，而离孔边稍远处的应力却是很小，且趋于均匀分布。

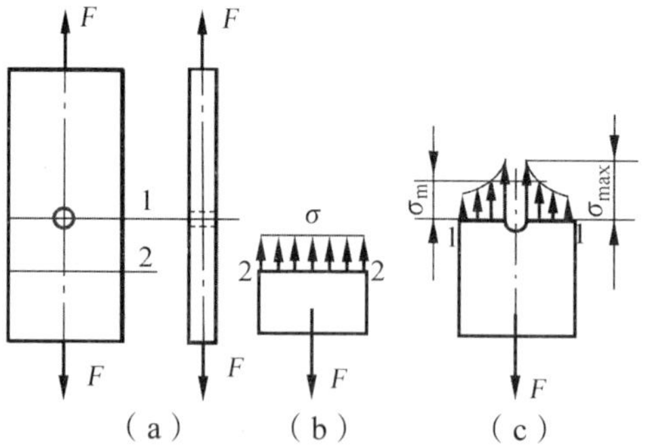

图 3.42 应力集中现象

实验结果表明：截面尺寸改变越急剧、角越尖、孔越小，应力集中的程度越严重。因此，零件上应尽可能地避免带尖角的孔和槽，在阶梯轴的轴肩处要用圆弧过度，而且应尽可使圆弧半径大一些。

在静载荷下，各种材料对应力集中的敏感程度不同。由塑性材料制成的零件在静载的作用下，对应力集中不太敏感，可以不考虑应力集中的影响。对脆性材料制成的零件，应力集中的危害性显得尤为严重，即使在静载下，也应考虑应力集中对零件承载能力的削弱。

需要指出的是，当零件受交变应力或冲击载荷作用时，不论是塑性材料还是脆性材料，应力集中都会影响杆件强度，往往是零件破坏的根源。

三、疲劳破坏

1. 动载荷和交变应力

（1）动载荷的概念。

在研究直杆的拉（压）、梁的弯曲和圆轴的扭转等的变形和强度时，都是把外载荷的大小和方向看成是不随时间变化的。这种大小和方向不随时间变化的载荷称为静载荷。然而在工程实际中，大多数零件工作时所受到的载荷并不是静载荷。如互相啮合的齿轮、内燃机的连杆、高速旋转的砂轮等，在工作中所受的载荷明显要随时间而变化，或者是短时间内有突变，这种载荷称为动载荷。

（2）交变应力。

工程中许多构件处于随时间作周期性变化的应力下工作，成周期性变化的应力称为交变应力。例如齿轮的轮齿每啮合一次，齿根 A 点的弯曲应力就由零变化到某一最大值，然后再回到零，如图 3.43 所示。齿轮连续转动时，A 点的应力即作周期变化。又如图 3.44（a）中的转轴，虽然所受载荷 F 的大小和方向并不随时间变化，但由于轴的转动，截面 A 的弯曲应力 σ 也随时间作周期变化，如图 3.44（b）所示，其变化规律如图 3.44（c）所示。这种随时间作周期性变化的应力，称为交变应力。交变应力每重复变化一次称为一个应力循环，重复变化的次数称为循环次数。图中表示应力变化的曲线称为应力循环曲线。为了能直观地反映交变应力的变化规律，便于分析受动载荷作用地轴及杆件的强度，就要分析交变应力循环的规律和类型。

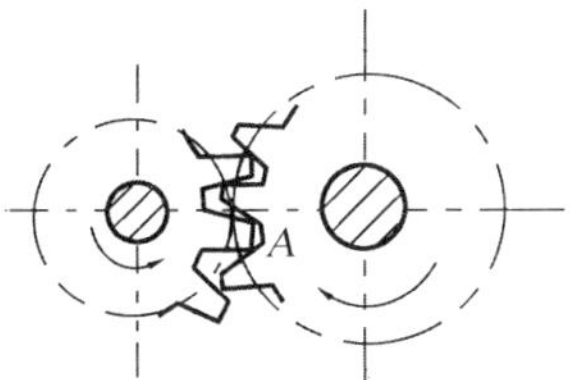

图 3.43 齿轮啮合

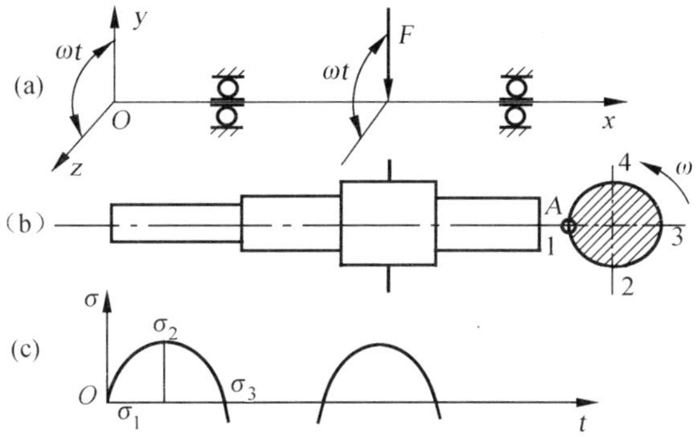

图 3.44 转动圆轴的交变应力

（3）交变应力的类型。

工程中常见的交变应力的类型有以下几种：

① 对称循环的交变应力。应力循环中最大应力和最小应力大小相等，而符号相反的交变应力。

② 非对称循环的交变应力。应力循环中最大应力与最小应力数值不等的交变应力。

③ 脉动循环的交变应力。在非对称循环中，最小应力等于零的交变应力。实践证明，在交变应力作用下的构件，虽然其内部的应力低于材料的屈服点应力，但即使是塑性好的材料，也会发生断裂，只是破坏时没有明显的塑性变形。在交变应力作用下，构件发生断裂的现象称为疲劳失效。

2. 疲劳破坏

构件在交变应力作用下发生的破坏现象，称为“疲劳破坏”或“疲劳失效”，简称疲劳。疲劳失效与静载荷作用下的强度失效，有着本质的区别。在交变应力作用下，经过一定的应力反复变化后，在构件内最大应力远低于屈服点时，构件也会发生突然的断裂。即使塑性好的材料，在断裂前也没有明显的塑性变形。如图 3.45 所示，是构件疲劳破坏时的断口示意图。从图中可看出，疲劳破坏的断口有两个截然不同的区域，即光滑区和粗糙区。这种断口特征，可根据疲劳破坏的成因来解释。

疲劳失效与静载作用下的强度破坏有很大的差别。大量实验结果以及实际构件的疲劳失效现象表明，构件在交变应力作用下发生疲劳失效时，具有以下明显的特征：

（1）即使交变应力的最大值小于材料的强度极限，甚至屈服点时，构件在经过一定次数的应力循环后，也能发生破坏。

（2）即使是塑性材料，破坏时也无显著变形，而是发生突然脆性断裂。

（3）疲劳破坏断口具有明显的光滑区和粗糙区。光滑区是裂纹扩展所致；粗糙区是裂缝前沿应力集中导致突然脆断所致，如图 3.45 所示。

形成这种破坏特点的原因通常是：当交变应力经过了一定次数的循环后，在构件上最大应力处或材质薄弱处就产生了细微的裂纹源。有时材料表面的加工痕迹、缺陷等本身就是裂纹源。随着应力循环次数的增加，裂纹逐渐扩大；在应力交替过程中，裂纹两表面的材料时而压紧，时而分开，不断反复，从而形成了断口处的光滑区域。随着裂纹的不断扩展，构件的有效承载面积将随之减小，并在裂纹交口处形成高度的应力集中。当裂纹扩大到一定程度后，就会在某次偶然的振动或冲击下，发生突然的脆性断裂，从而形成断口处的粗糙颗粒状区域。

工程中大部分零件的损坏都属于疲劳破坏。疲劳破坏是在没有明显塑性变形的情况下突然发生的，具有较大的危险性，造成的事故是严重的。因此，对交变应力引起的疲劳破坏应引起足够的重视，疲劳计算也就显得尤为重要。

3. 疲劳极限

由上述分析可知，构件发生疲劳失效时，所受到的最大应力低于静载下材料的屈服极限或强度极限。所以不能用静载强度指标作为衡量疲劳强度的标准，要用实验的方法测得材料在交变应力下的极限应力值（称为材料的疲劳极限）作为疲劳强度指标。

材料的疲劳极限是指材料试样经过无穷多次应力循环而不发生破坏时，应力循环中最大应力的最高限，又称为持久极限。试样材料的最大工作应力和使用寿命（即应力循环次数）之间的关系可用如图 3.46 所示的疲劳曲线来表示。

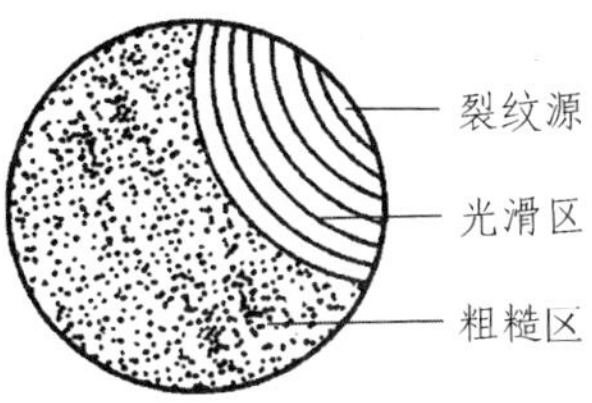

图 3.45　疲劳断口

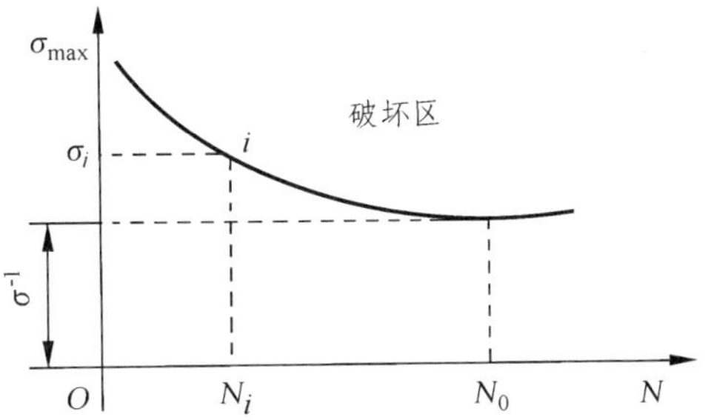

图 3.46　疲劳曲线

从疲劳曲线图中可以看出，交变应力的最大值越大，则构件的应力循环次数就越少，即构件的寿命越短；反之，则应力循环次数越多，寿命越长。当最大应力降低到某一值时，疲劳曲线趋于水平，这表示构件在此交变应力下可经历无数次的应力循环而不发生疲劳破坏，这一应力值称为该材料的疲劳极限，在图中以疲劳曲线的水平渐近线的纵坐标表示。

材料的持久极限远小于其强度极限。也就是说，在交变应力作用下，材料抵抗破坏的能力显著降低。

试验结果还表明，同一种材料在不同的应力循环特性下的持久极限 σ^{-1} 数值不同。同一种材料在相同的基本变形下，以对称应力循环时的持久极限为最低。因此，实际工程中以材料在对称应力循环下的持久极限作为材料疲劳强度的基本指标。

思考题与习题

3-1　杆件有哪几种基本变形形式？

3-2　指出下列各组概念有何区别？有何联系？

① 变形与应变；② 内力和应力；③ 弹性变形和塑性变形；④ 极限应力和许用应力；⑤ 剪切和挤压；⑥ 平面弯曲和纯弯曲。

3-3　胡克定律的含义是什么？有几种表达形式？

3-4　低碳钢在拉伸过程中有几个阶段？各阶段有什么特点？

3-5　直径相同的实心轴与空心轴哪个扭转强度高？相同截面面积的实心轴与空心轴哪个抗扭强度高？

3-6　对于圆截面梁，当横截面直径尺寸增大一倍时，该梁的抗弯能力增大几倍？

3-7　提高梁强度的措施有哪些？

3-8　试求图 3.47 所示各杆横截面 1-1，2-2，3-3 上的轴力。

3-9　图 3.48 所示变截面杆件。已知：$F_1 = 30$ kN，$F_2 = 40$ kN，$F_3 = 40$ kN，试求：① 截面 1-1，2-2，3-3 上的轴力；② 如各横截面面积为 $A_1 = 10\ \text{cm}^2$，$A_2 = 15\ \text{cm}^2$，$A_3 = 20\ \text{cm}^2$，求杆的最大正应力？

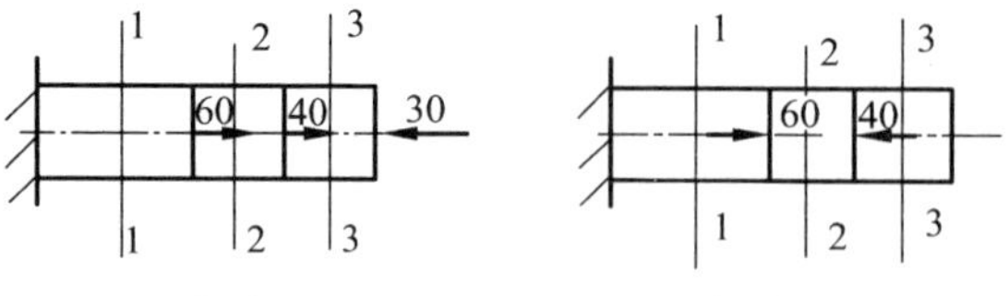

（a）　（b）

图 3.47

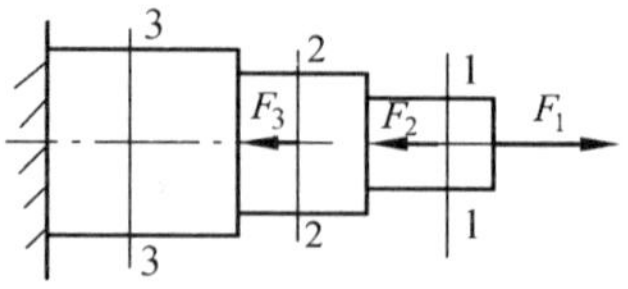

图 3.48

3-10　图 3.49 所示变截面杆件。已知：横截面面积为 $A_1 = 10\ \text{cm}^2$，$A_2 = 8\ \text{cm}^2$，弹性模量 $E = 200$ GPa，求杆的总伸长量ΔL？

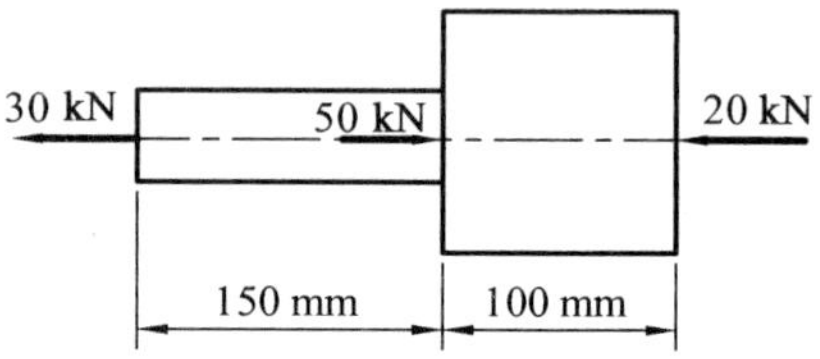

图 3.49

3-11　图 3.50 所示吊架，BC 为钢杆，AB 为木杆，钢杆的横截面面积为 $A_1 = 8\ \text{cm}^2$，许用应力$[\sigma]_1 = 160$ MPa；木杆的横截面面积为 $A_2 = 100\ \text{cm}^2$，许用应力$[\sigma]_2 = 10$ MPa，试求许可的吊重？

3-12　图 3.51 所示起重用吊钩螺栓，螺栓螺纹小径为 57.505 mm，吊钩所受拉力为 $P = 150$ kN，材料的许用应力为$[\sigma] = 85$ MPa，试校核螺栓的强度。

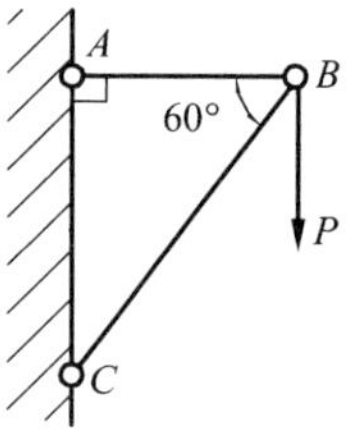

图 3.50

图 3.51

3-13　图 3.52 所示，已知铆接钢板厚度 $e = 12$ mm，铆钉直径 $d = 20$ mm，铆钉的许用切应力$[\tau] = 120$ MPa，许用压应力$[\sigma_B] = 320$ MPa，$F = 30$ kN，试校核铆钉的强度。

3-14　图 3.53 所示，两轴用凸缘联轴器联接，联轴器上四周均布有 4 个螺栓（$d_1 = 10.106$ mm），螺栓的许用切应力$[\tau] = 50$ GPa，此轴传递的转矩为 $T = 3$ kN · m，试校核螺栓的抗剪强度。

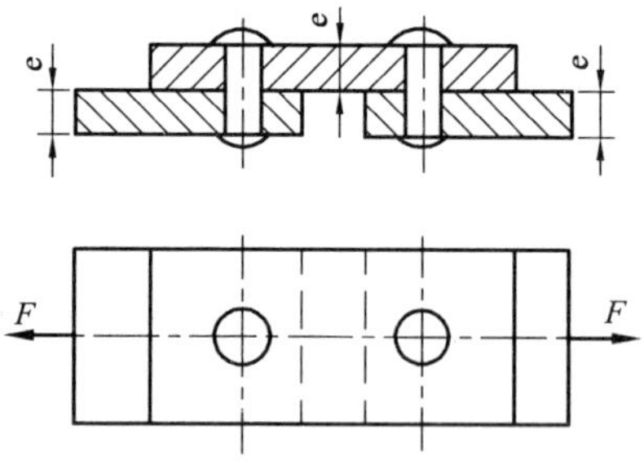

图 3.52

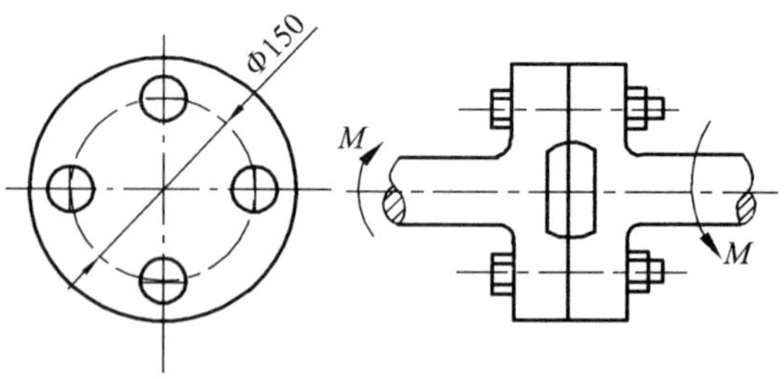

图 3.53

3-15　图 3.54 所示冲孔装置中，已知冲床的最大冲力 $F = 400$ kN，冲头材料的许用应力 $[\sigma_B] = 440$ MPa，被冲钢板的剪切强度极限 $\tau_b = 360$ MPa。试求此冲床能冲出的圆孔的最小直径 d 和钢板最大厚度 t。

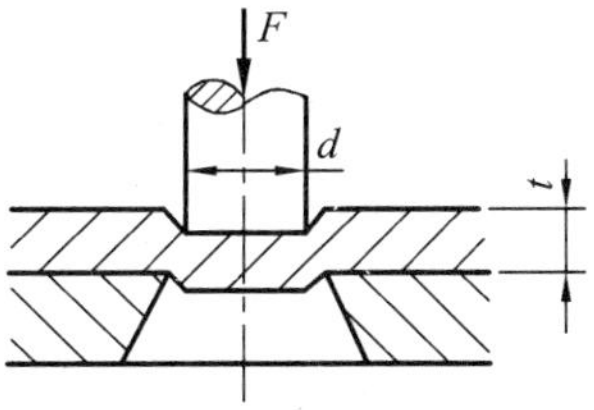

图 3.54

3-16　直径相同，材料不同的两根轴，在相同的扭矩作用下，它们的抗扭截面系数是否相同？最大切应力是否相同？

3-17　图 3.55 所示，传动轴转速 $n = 250$ r/min，主动轮 B 输入功率 $P_B = 7$ kW，从动轮 A、C、D 输出功率分别为 $P_A = 3$ kW，$P_C = 2.5$ kW，$P_D = 1.5$ kW，试画出该轴的扭矩图。

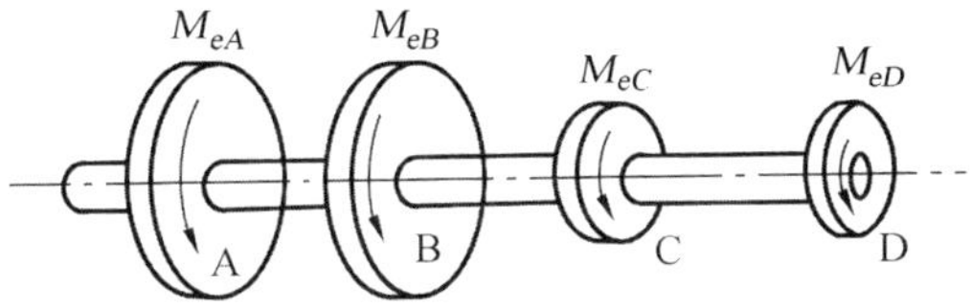

图 3.55

3-18　直径为 $d = 60$ mm 的圆轴，受到 3 kN · m 的扭矩作用，试求距轴心 20 mm 处的切应力，并求横截面上的最大切应力。

3-19　船用推进轴，一端是实心的，其直径 $d_1 = 28$ cm，另一端是空心的，其内径 $d = 14.8$ cm，外径 $D = 29.6$ cm，若轴的许用切应力 $[\tau] = 50$ MPa，试确定此轴允许传递的外力偶矩。

3-20　已知图 3.56 所示各梁的载荷 F、M：

（1）列出梁的弯矩方程并作出弯矩图；

（2）指出 $|M_{max}|$。

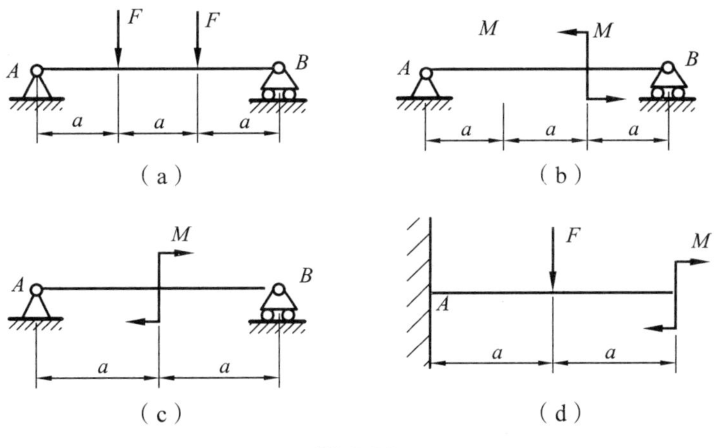

图 3.56

3-21 图 3.57 所示简支梁长 $L=3$ m，截面尺寸 $b=0.4$ m，$h=0.8$ m，受均布载荷 $q=6$ kN/m，已知$[\sigma_B]=200$ MPa，试校核梁的强度。

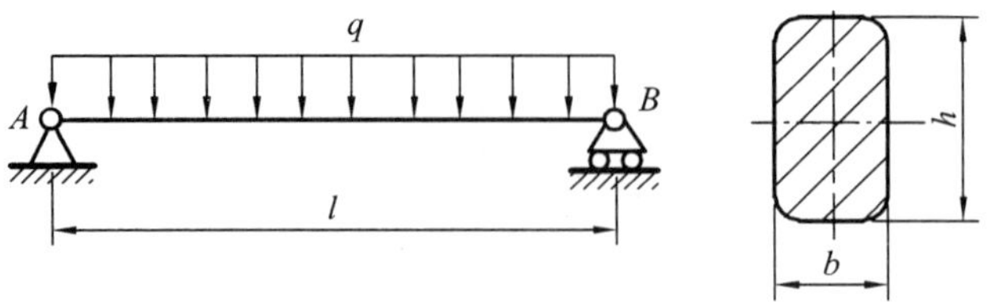

图 3.57

第四章　联　接

联接就是指被联接件与联接件的组合结构。起联接作用的零件（如螺栓，销钉，键等）称为联接件；需要联接起来的零件（如减速箱座与减速箱盖等）称为被联接件。有些联接没有联接件，如成形联接等。由于制造、安置、运输和维修等方面的实际需要，工业中广泛使用着各种联接。

联接可分为：可拆联接和不可拆联接。可拆联接是指联接拆开时，不会损坏联接件和被联接件的联接情况（如螺纹联接、键、花键联接等）。不可拆联接是指联接拆开时，会损坏联接件或被联接件的联接情况（如铆接、焊接等）。过盈配合介于可拆联接和不可拆联接之间，一般看作不可拆联接，因为一经拆开，虽还可使用，但承载能力下降。过盈量小时，可多次使用（如滚动轴承内圈与轴的配合）。按组成联接后工作位置是否可变动，联接可分为静联接和动联接。

第一节　螺纹联接

螺纹联接是利用螺纹零件构成的可拆联接，其优点是：结构简单，装拆方便，成本低，因此广泛应用于各类机械结构中。

联接螺纹采用自锁性好的三角形螺纹。最常用的普通螺纹，牙型角$\alpha = 60°$，根据螺距不同有粗牙和细牙之分。一般联接都采用粗牙螺纹，因细牙螺纹经常拆装容易产生滑丝现象。但细牙螺纹螺距小、小径和中径较大、升角小、自锁性好，所以细牙螺纹多用于强度要求较高的薄壁零件或受变载、冲击及振动的联接中（比如，轴上零件固定用的圆螺母就是细牙螺纹）。

一、螺纹联接类型、结构尺寸及应用场合

螺纹联接的主要类型有螺栓联接、双头螺柱联接、螺钉联接、紧定螺钉联接。它们的结构尺寸、特点和应用，参看表 4.1 所示。

表 4.1　螺纹联接类型、结构尺寸及应用场合

类型	构造	主要尺寸关系	特点、应用
螺栓联接	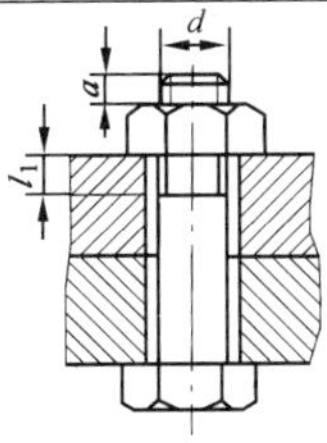 普通螺栓联接	螺纹余留长度 l_1 静载荷 $l_1 \geqslant (0.3 \sim 0.5)d$ 变载荷 $l_1 \geqslant 0.75d$ 冲击弯曲载荷 $l_1 \geqslant d$	被联接件都不切制螺纹，使用不受被联接件材料的限制。构造简单，装拆方便，成本低，应用最广。用于通孔，能从被联接件两边进行装配的场合。可重复装拆，不会损伤被联接件的螺纹孔

续表 4.1

类型	构造	主要尺寸关系	特点、应用
螺栓联接	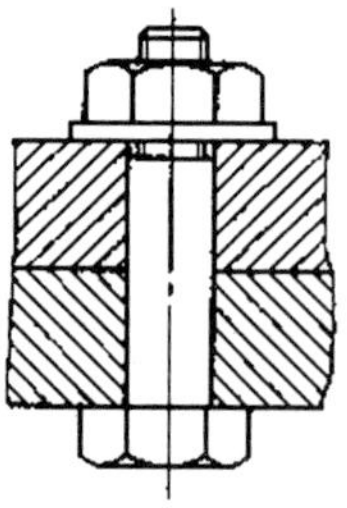 铰制孔螺栓联接	铰制孔螺栓联接 l_1 尽可能小，螺纹伸出长度 $a \approx (0.2 \sim 0.3)d$ 螺栓轴线到被联接件边缘的距离大约为 $d + (3 \sim 6)$mm	铰制孔螺栓联接，螺栓杆与孔之间紧密配合，有良好的承受横向载荷的能力和定位作用
双头螺柱联接	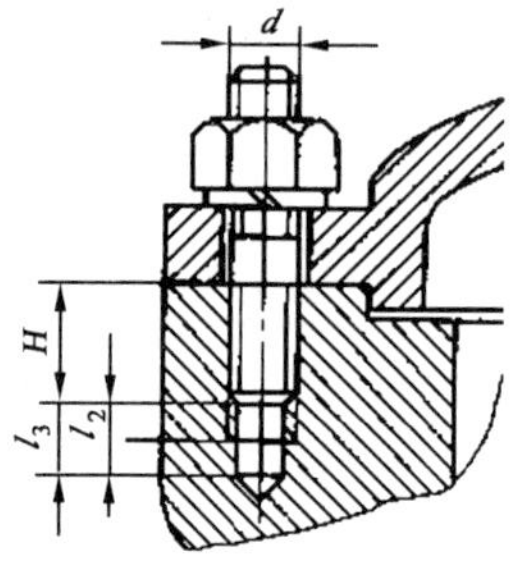	螺纹旋入深度 H，当螺纹孔零件为： 钢或青铜 $H \approx d$ 铸铁 $H \approx (1.25 \sim 2.5)d$ 合金 $H \approx (1.25 \sim 2.5)d$ 螺纹孔深度 l_2 比旋入深度 H 大 $(2 \sim 5)$mm 钻孔深度 l_3 比旋入深度 H 大 $(2 \sim 5) + (0.2 \sim 0.3)d$	双头螺柱的两端都有螺纹，其一端紧固地旋入被联接件之一的螺纹孔内，另一端与螺母旋合将两被联接件联接。 用于不能用螺栓联接且又需经常拆卸的场合。拆装时只需拆螺母，而不必将双头螺柱从连接件中拧出
螺钉联接	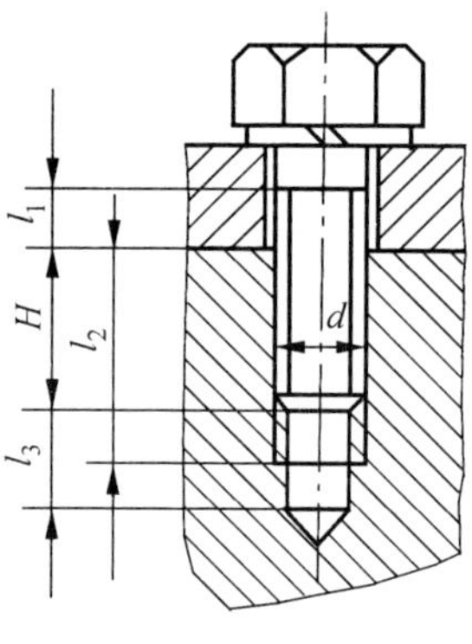		不用螺母，而且能有光整的外露表面，应用与双头螺柱相似，但不宜用于经常拆卸的联接，以免损坏被联接件的螺纹孔
紧定螺钉联接	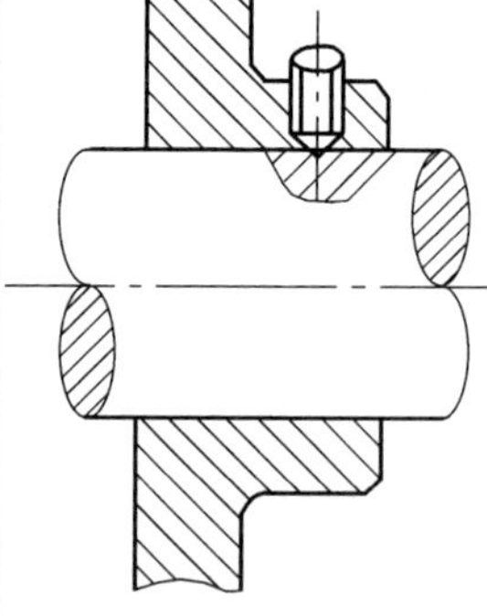	螺钉直径大约为轴径的 $0.2 \sim 0.3$ 倍，转矩大时取大值	旋入被联接件之一的螺纹孔中，其末端顶住另一被联接件的表面或顶入相应的坑中，以固定两个零件的相互位置，并可传递不大的转矩

二、标准螺纹联接件

螺纹联接件的类型很多，其中常用的有螺栓、螺钉、双头螺柱、螺母、垫圈等，这些零件的结构形式和尺寸均已标准化。它们的公称尺寸为螺纹大径，设计时可根据的其大小在相应的标准或机械设计手册中查出其他尺寸。

各种螺纹联接件的结构多种多样。例如：螺栓、螺钉的头部和尾部结构如图 4.1、图 4.2 所示。使用六角头的螺栓、螺母和螺钉所需扳手空间小，因此应用最广泛；方头的螺栓、螺母和螺钉所须扳手空间大，但能承受较大的扳手力矩；小六角头或内六角头的螺栓、螺母和螺钉可节省扳手空间和减轻机器重量。在紧定螺钉的选择中，用于一般固定时，可选凹端紧定螺钉；为了保证定位和传递较大的转矩时，应选锥端的；既要经常调整又要承受较大的载荷时，可采用平端的。因此在设计时应结合实际合理选用。

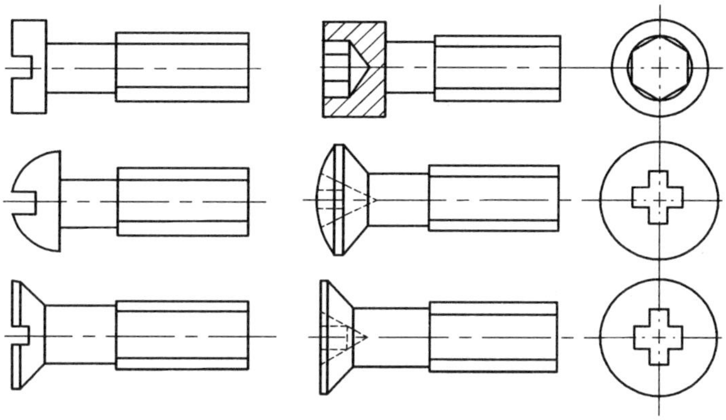

图 4.1 螺栓、螺钉头形状

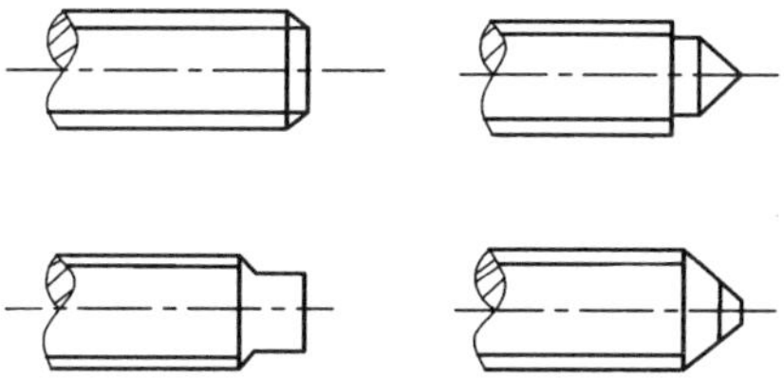

图 4.2 螺钉尾形状

三、螺纹联接的预紧和防松

1. 螺纹联接的预紧

生产实际中，绝大多数螺栓联接都是紧螺栓联接，即在装配时必须拧紧螺母，使螺纹联接在承受工作载荷前就受到预紧力的作用。螺纹联接预紧目的是增加联接的刚度、紧密性和提高防松能力。一般螺栓联接的预紧力规定为：

对合金钢螺栓 $F' \leqslant (0.5 \sim 0.6)\sigma_s \times A_1$

对碳素钢螺栓 $F' \leqslant (0.6 \sim 0.7)\sigma_s \times A_1$

式中，σ_s为螺栓材料的屈服极限；A_1为螺杆最小横截面（按螺纹小径计算）的面积。

对一般螺纹联接，凭经验控制；对重要螺纹联接，通常借助测力矩扳手或定矩扳手来控制的大小。对于 M10 ~ M68 的粗牙普通螺纹拧紧力矩 T 的经验公式为

$$T \approx 0.2F' \times d \quad (\mathrm{N \cdot mm})$$

式中，F'为预紧力；d为螺纹公称直径。

由于摩擦系数不稳定和加在扳手上的力难以准确控制，有时可能拧得过紧而使螺杆拧断，因此，在重要的联接中如果不能严格控制预紧力的大小，不宜使用直径小于 12 mm 的螺栓。

2. 螺纹联接的防松

在静载荷和温度不变的情况下，因为标准的联接螺纹升角为 1.5° ~ 3.5°，它小于当量摩擦角 8°，同时，螺母和螺栓头等支承面处的摩擦力也有防松作用，所以联接螺纹能满足自锁条件。因此，联接一般不会自动松脱。但在冲击、振动、变载或温度变化很大时，螺纹副间的摩擦阻力就会出现瞬时消失或减小的现象，这现象多次出现联接就会松开，导致机器不能正常工作或发生严重事故。因此，在设计螺纹联接时，必须考虑防松措施。

防松的实质就是防止螺纹副的相对转动。防松的措施很多，按工作原理可分为摩擦力防松、机械防松和破坏螺纹副关系防松等三类。

（1）摩擦力防松。

这种防松方法是设法使螺纹副间产生附加的摩擦力，即使螺杆上的轴向外载荷减小，甚至消失，螺纹副间的正压力（附加摩擦力）依然存在。这种正压力可以通过螺纹副沿轴向或径向张紧来产生。

① 弹簧垫圈防松，如图 4.3 所示。拧紧螺母时，垫圈被压平后产生的弹性反力，使螺纹副轴向张紧，同时垫圈的斜口尖端顶住螺母及被联接件的支承面，也起防松作用。这种方法结构简单、使用方便。但在冲击、振动很大的情况下，防松效果不十分可靠，一般用于不太重要的联接。

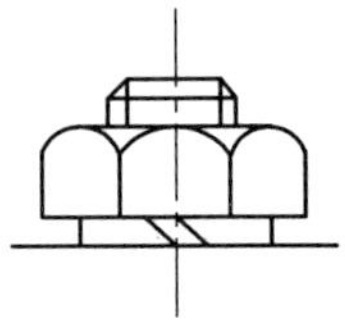

图 4.3 弹簧垫圈防松

② 双螺母防松，如图 4.4 所示，两个螺母对顶拧紧，螺杆旋合段受拉而螺母受压，使螺纹副轴向张紧，从而达到防松的目的。这种防松方法用于平稳、低速和重载的联接。其缺点是在载荷剧烈变化时，不十分可靠，而且螺杆增长，螺母又多一倍，结构尺寸变大。

自锁螺母防松，如图 4.5 所示。螺母一端制成非圆形收口或开缝后径向收口。当螺母拧紧后，收口胀开，利用收口的弹力使螺纹副径向张紧，达到防松的目的。这种防松方法结构简单，防松可靠，多次拆装而不降低防松能力。

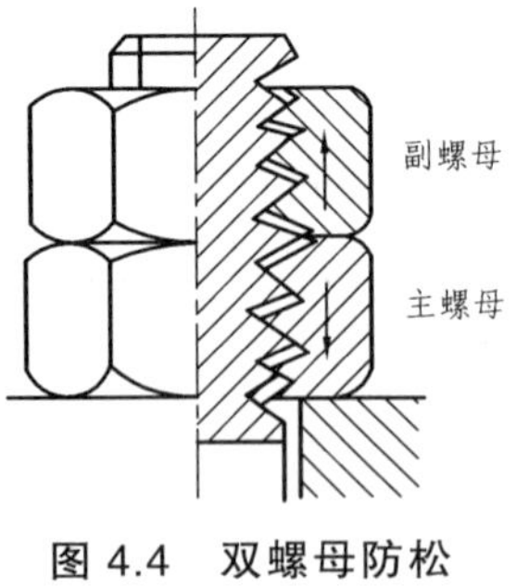

图 4.4 双螺母防松

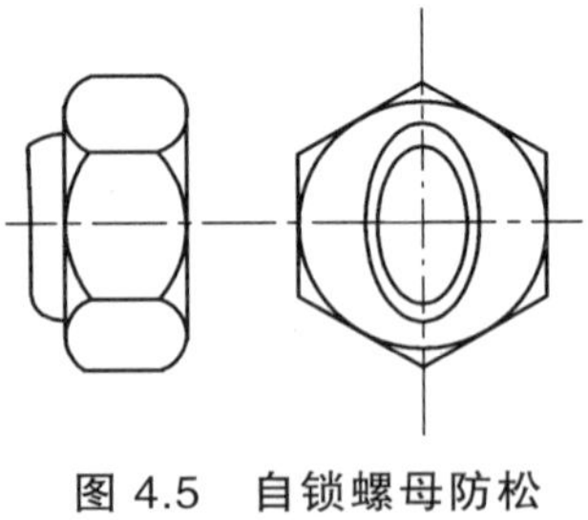

图 4.5 自锁螺母防松

双头螺柱拧入端的紧定，多采用靠摩擦防松的方法，图 4.6 所示是常用的 3 种形式。其中（a）图利用螺纹的收尾部分（不完全螺纹）挤入螺纹孔中而构成局部径向张紧；（b）图利用过盈配合螺纹而构成沿旋合全长的径向张紧；（c）图利用螺杆端部抵紧螺纹孔底面构成轴向张紧。第一种比较简单，后两种比较可靠。

（2）机械方法防松。

机械方法防松是利用便于更换的防松元件，直接防止螺纹副的相对运动。

螺母拧紧后，把开口销插入螺母槽与螺栓尾部孔内，并将开口销尾部扳开，阻止了螺母与螺栓的相对转动。此法防松可靠，但安装困难，且不经济，故只用于冲击、振动较大的重要联接（见图 4.7）。

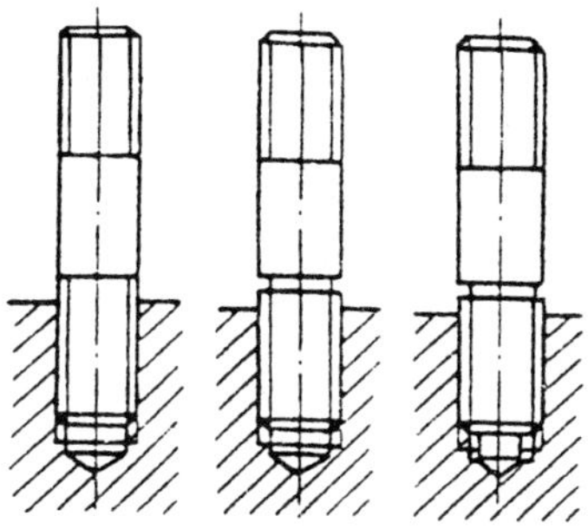

（a）　（b）　（c）

图 4.6　双头螺柱拧入端紧定法

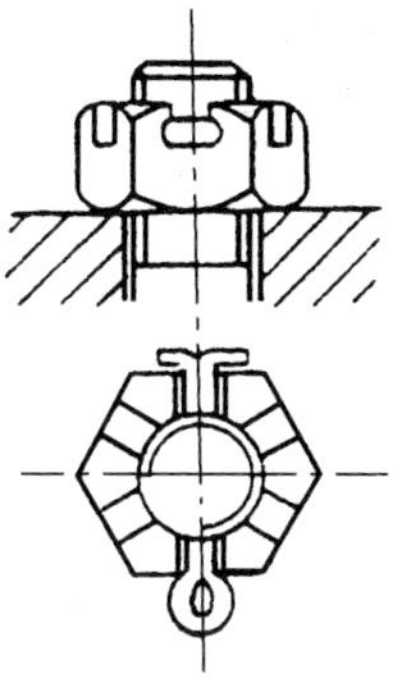

图 4.7　开口销防松

常用的有以下几种。

① 止动垫圈防松。图 4.8（a）为双止动垫圈，垫圈的一边弯起贴在螺母的侧面上，另一边可弯起贴在被联接件的侧壁上或嵌入被联接件中，以防止螺母松脱，此法经济可靠，但需有容纳弯耳之处。图 4.8（b）圆螺母用止动垫圈，安装时把内舌插入轴上预制的槽中，并把外舌之一弯入圆螺母的缺口中，此法防松可靠，适宜轴上螺纹的防松。

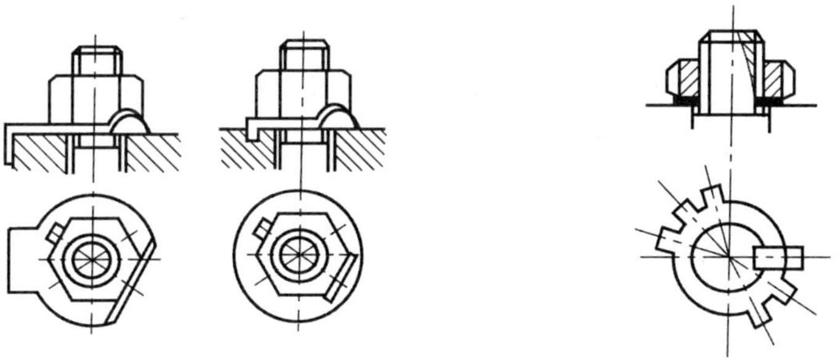

（a）双耳式　　（b）圆螺母用

图 4.8　止动垫圈防松

② 串联钢丝防松，如图 4.9 所示。将钢丝穿入各螺钉头部的孔内，使其相互制约，达到防松的目的。此法防松可靠，但装拆不便，特别要注意钢丝的穿绕方向，仅是适于螺钉组的联接。

（3）破坏螺纹副关系防松。

如果联接不需拆开，可把螺纹副转化为非运动副，从而排除相对运动的可能，这是以破坏螺纹副关系来达到防松的目的，常用的方法如图 4.10 所示。

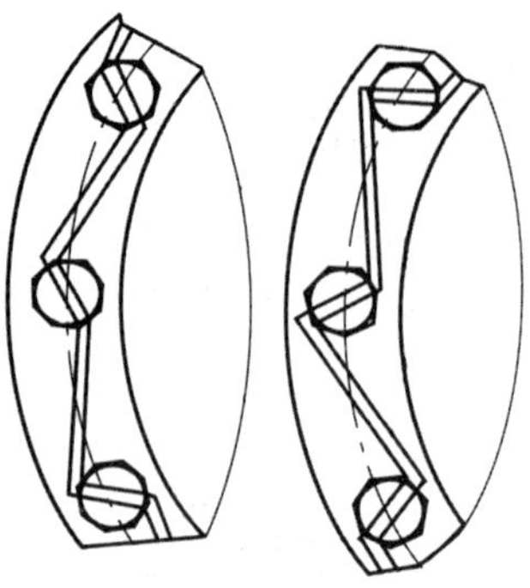

（a）　（b）

图 4.9　串联钢丝防松

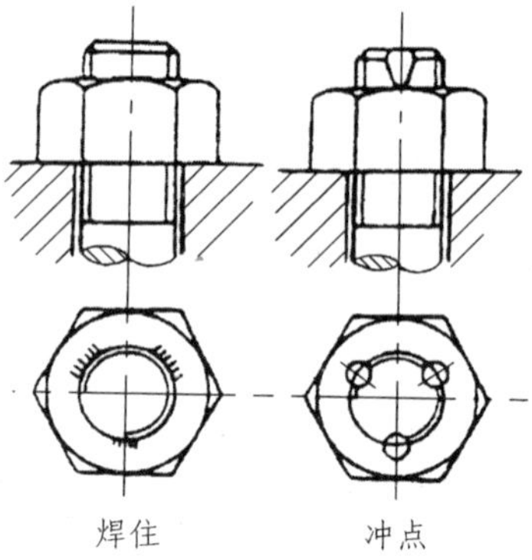

图 4.10　破坏螺纹副关系防松

① 冲点法。螺母拧紧后，利用冲头在螺栓尾与螺母旋合的末端冲 2 ~ 3 点，这种方法防松可靠，适合不拆卸的联接。

② 焊接法。将螺母与螺栓焊在一起，防松可靠，不能拆卸。

③ 黏接法。用黏合剂涂于螺纹旋合表面，拧紧螺母待粘合剂固化，即将螺栓与螺母粘在一起。这种方法简单有效，并能保证密封；不过，时间长了其防松能力就差了，须拆开重新涂胶装配。

四、螺纹联接结构设计要点

机器设备中螺栓联接一般都是成组使用的，如何尽可能地使各个螺栓接近均匀地承担载荷，是设计、安装螺栓联接时要解决的主要问题。因此合理布置同一组内各个螺栓的位置是很重要的。实践证明，在螺栓组的结构设计时，应考虑以下几方面的问题。

（1）螺栓组的布置应尽可能对称，以使结合面受力比较均匀。一般都将结合面设计成对称的简单几何形状，并应使螺栓组的对称中心与结合面的形心重合，如图 4.11 所示。

（2）当螺栓联接承受弯矩和转矩时，还须将螺栓尽可能地布置靠近结合面边缘，以减少螺栓中的载荷。如果普通螺栓联接受到较大的横向载荷，则可用套筒、键、销等零件来分担横向载荷，以减小螺栓的预紧力和结构尺寸，如图 4.12 所示。

（3）分布在同一圆周上的螺栓数，应取为 3、4、6、8 等易于分度的数目，以便于加工。

（4）在一般情况下，为了安装方便，同一组螺栓中不论其受力大小，均采用同样的材料和尺寸（螺栓直径、长度）。

（5）螺栓布置要有合理的距离。在布置螺栓时，螺栓中心线与机体壁之间，螺栓相互之间的距离，要根据扳手活动所需空间大小来决定（见图 4.13）。扳手空间的尺寸可查有关手册。

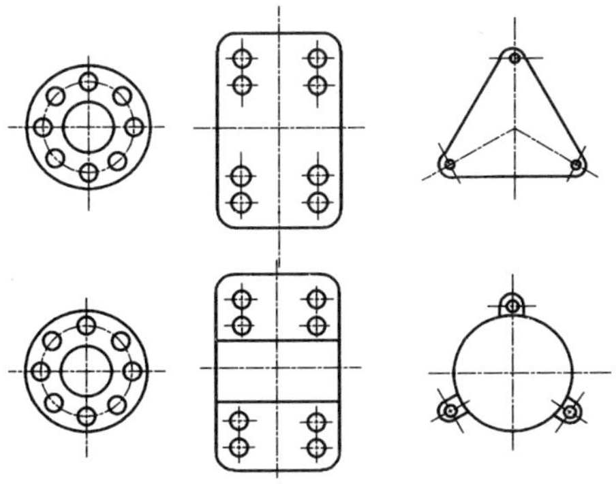

图 4.11　螺栓组的布置

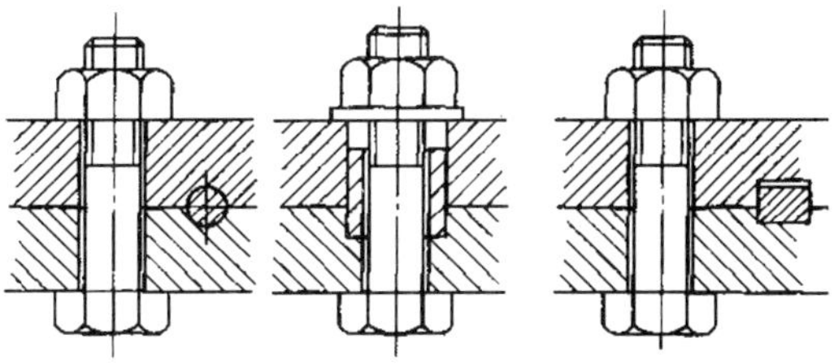

图 4.12　减载装置

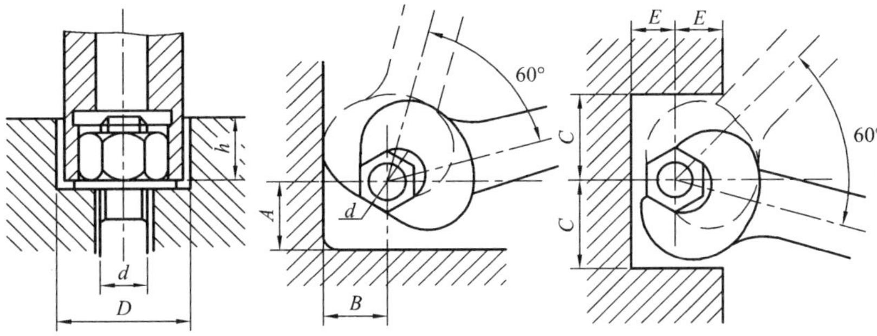

图 4.13　扳手空间

（6）避免承受附加弯曲应力。引起附加弯曲应力的因素很多，除因制造、安装上的误差及被联接件的变形等因素外；螺栓、螺母支承面不平或倾斜，都可能引起附加弯曲应力。支承面应要求加工，为了减少加工面，常将支承面作成凸台、凹坑。为了适应特殊的支承面（倾斜的支承面、球面）可采用斜垫圈、球面垫圈（见图 4.14）。

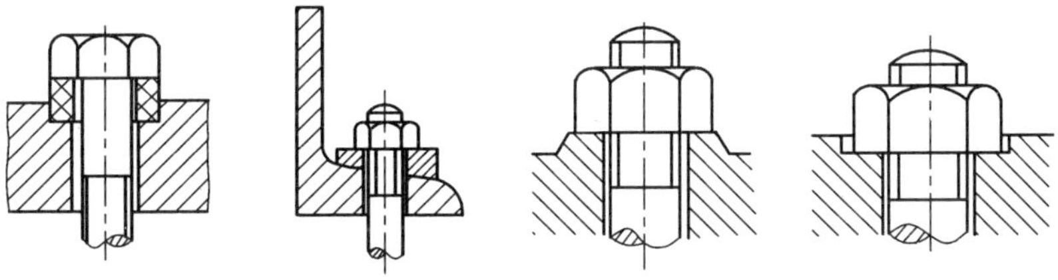

（a）球面垫圈　（b）斜垫圈　（c）凸台　（d）鱼眼坑

图 4.14　避免承受附加弯曲应力措施

第二节　键联接和花键联接

键和花键联接主要用于轴与轴上零件（比如：齿轮、带轮）的周向固定并传递转矩。其中还有些键可以实现轴上零件的轴向固定。

一、键联接的类型、特点及应用

1. 平键联接（见图 4.15）

键的两侧面为工作面，工作时依靠键的侧面与键槽接触传递转矩；而它的上面与键槽底之间有间隙。这种键联接具有对中性好，结构简单，拆装方便，因此应用最为广泛。但这种键联接对轴上零件无轴向固定作用，零件的轴向固定需其他件来完成。平键按用途可分为普通平键、导向平键和滑键 3 种。

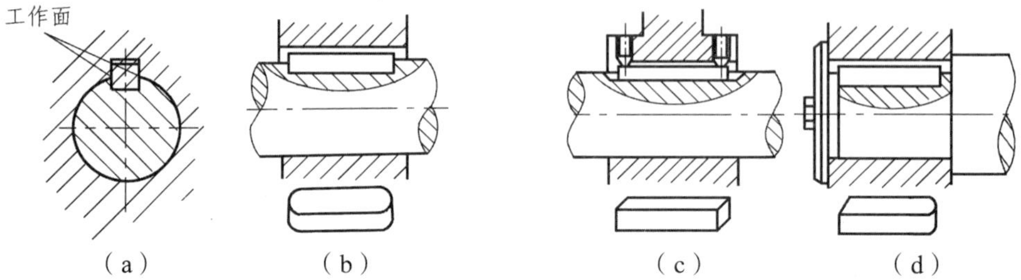

图 4.15 普通平键联接

（1）普通平键。用于静联接，即轮毂与轴之间无相对移动的联接。按键的结构可分为圆头（A 型）、方头（B 型）、半圆头（C 型）3 类见图 4.15（b）、（c）、（d）。平键联接尺寸标准参见表 4.2。

表 4.2 平键联接尺寸（GB 1096—2003）

<table>
<tr><th>轴</th><th>键</th><th colspan="12">键　槽</th></tr>
<tr><th rowspan="4">公称尺寸 d</th><th rowspan="4">公称尺寸 $b\times h$</th><th colspan="6">宽　度 h</th><th colspan="4">深　度</th><th colspan="2" rowspan="3">半径 r</th></tr>
<tr><th rowspan="3">公称尺寸 b</th><th colspan="5">极限偏差</th><th colspan="2" rowspan="2">轴 t</th><th colspan="2" rowspan="2">毂 t_1</th></tr>
<tr><th colspan="2">较松联接</th><th colspan="2">一般联接</th><th>较紧联接</th></tr>
<tr><th>轴 H9</th><th>毂 D10</th><th>轴 N9</th><th>毂 Js9</th><th>轴毂 P9</th><th>公称尺寸</th><th>极限偏差</th><th>公称尺寸</th><th>极限偏差</th><th>最小</th><th>最大</th></tr>
<tr><td>>17～22</td><td>6×6</td><td>6</td><td>+0.030
0</td><td>+0.078
+0.030</td><td>0
−0.030</td><td>±0.015</td><td>−0.012
−0.042</td><td>3.5</td><td>+0.1
0</td><td>2.8</td><td>+0.1
0</td><td rowspan="2">0.16</td><td rowspan="2">0.25</td></tr>
<tr><td>>22～30</td><td>8×7</td><td>8</td><td rowspan="2">+0.036
0</td><td rowspan="2">+0.098
+0.040</td><td rowspan="2">0
−0.036</td><td rowspan="2">±0.018</td><td rowspan="2">−0.015
−0.051</td><td>4.0</td><td rowspan="8">+0.2
0</td><td>3.3</td><td rowspan="8">+0.2
0</td></tr>
<tr><td>>30～38</td><td>10×8</td><td>10</td><td>5.0</td><td>3.3</td><td rowspan="5">0.25</td><td rowspan="5">0.40</td></tr>
<tr><td>>38～44</td><td>12×8</td><td>12</td><td rowspan="4">+0.043
0</td><td rowspan="4">+0.120
+0.050</td><td rowspan="4">0
−0.043</td><td rowspan="4">±0.021 5</td><td rowspan="4">−0.018
−0.061</td><td>5.0</td><td>3.3</td></tr>
<tr><td>>44～50</td><td>14×9</td><td>14</td><td>5.5</td><td>3.8</td></tr>
<tr><td>>50～58</td><td>16×10</td><td>16</td><td>6.0</td><td>4.3</td></tr>
<tr><td>>58～65</td><td>18×11</td><td>18</td><td>7.0</td><td>4.4</td></tr>
<tr><td>>65～75</td><td>20×12</td><td>20</td><td rowspan="2">+0.052
0</td><td rowspan="2">+0.149
+0.065</td><td rowspan="2">0
−0.052</td><td rowspan="2">±0.026</td><td rowspan="2">−0.022
−0.074</td><td>7.5</td><td>4.9</td><td rowspan="2">0.40</td><td rowspan="2">0.60</td></tr>
<tr><td>>75～85</td><td>22×14</td><td>22</td><td>9.0</td><td>5.4</td></tr>
<tr><td>键的长度系列</td><td colspan="13">6，8，10，12，14，16，18，20，22，25，28，32，36，40，45，50，56，63，70，80，90，100，110，125，140，160，180，200，220，250，280，320，360</td></tr>
</table>

注：① 在工作图中，轴槽深用 t 或（$d-t$）标注，轮毂槽深用（$d+t_1$）标注；

② （$d-t$）和（$d+t_1$）两组组合尺寸的极限偏差按相应的 t 和 t_1 的极限偏差选取，但（$d-t$）的极限偏差应取负值。

如图 4.16 所示。使用圆头平键时，轴上键槽是用指状铣刀加工的，键放置于与之形状相同的键槽中，因此键的轴向固定好，应用最广泛，但键槽对轴的应力集中较大。使用方头平键时，轴上键槽用圆盘铣刀加工，因而避免了圆头平键的缺点，但键在键槽中的固定不好，常用螺钉紧定。半圆头平键常用于轴端与轴上零件的联接。不论采用哪类键联接，由于轮毂上的键槽是用插刀或拉刀加工的，因此都是开通的。

（2）导向平键和滑键用于动联接，即轮毂与轴之间有轴向相对移动的联接。参看图 4.17，导向平键是一种较长的平键，用螺钉固定在轴槽中，轮毂可沿键作轴向滑移。当轴上零件滑移距离较大时，宜采用滑键，因为滑移距离较大时，用平键就长，制造困难。滑键（见图 4.18）固定在轮毂上，轮毂带动滑键在轴槽中作轴向移动，因而需要在轴上加工长的键槽。

2. 半圆键联接（见图 4.19）

使用半圆键联接时，轴上键槽用半径与键相同的盘状铣刀铣出，因而键在槽中能摆动以适应轮毂键槽的斜度。

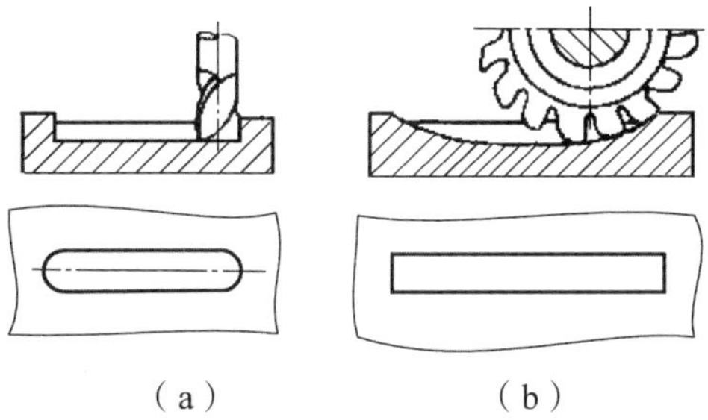

图 4.16　键槽加工

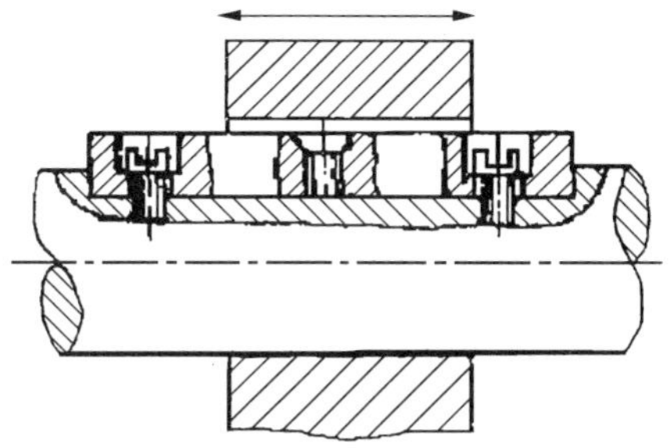

图 4.17　导向平键

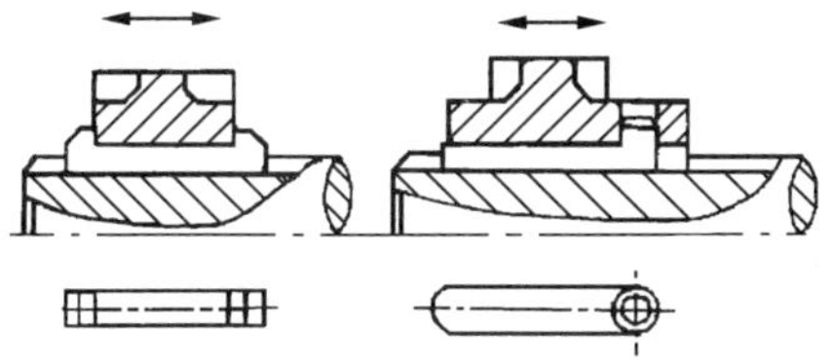

图 4.18　滑键

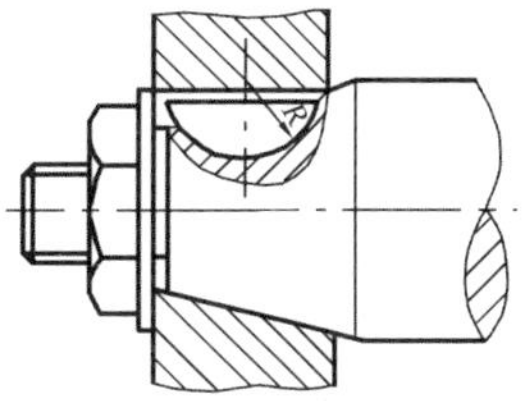

图 4.19　半圆键联接

半圆键用于静联接，键的侧面为工作面。这种联接优点是工艺性较好，缺点是轴上键槽较深，对轴的削弱较大。主要用于轻载荷和锥形轴端的联接。

3. 楔键联接（见图 4.20）

楔键联接只用于静联接。楔键的上表面和轮毂槽底面均具有 1∶100 的斜度，装配后，键的上、下表面与毂和轴上键槽的底面压紧，因此键的上、下表面为工作面。工作时，靠键、轮毂、轴之间压紧面所产生的摩擦力传递转矩；也可以承受单方向的轴向力。这类键由于装配楔紧时破坏了轴与轮毂的对中性，因此主要用于定心精度要求不高，载荷平稳，速度较低的场合（如某些农业、建筑机械）。

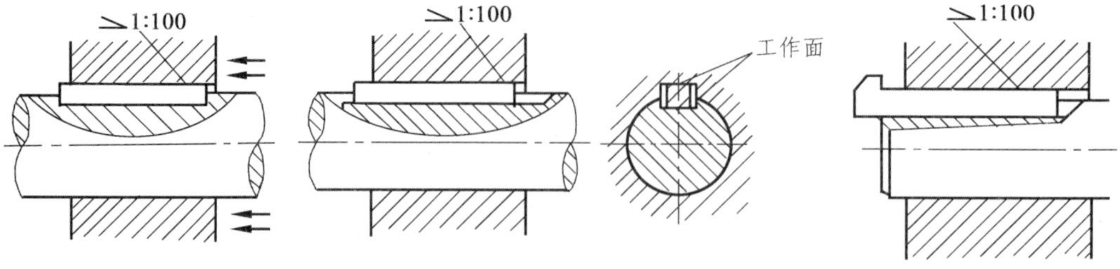

图 4.20 楔键联接

楔键分为普通楔键和钩头楔键，普通楔键又分圆头和方头两类。钩头楔键便于拆装，用在轴端时，为了安全应加防护罩。

4. 切向键联接

切向键联接只用于静联接，如图 4.21 所示，它由两个普通的楔键组成。装配时，要把两个键从轮毂的两端打入并楔紧，因此就会影响到轴与轮毂的对中性；工作时，靠工作面的挤压和轴与轮毂间的摩擦力传递较大的转矩，但只能传递单向转矩。当要传递双向转矩时，需两组切向键，并应错开 120°～130° 布置。切向键联接主要用于轴径 d>100 mm，对中要求不高而载荷很大的重型机械。比如：矿山用大型绞车的卷筒、齿轮与轴的联接。

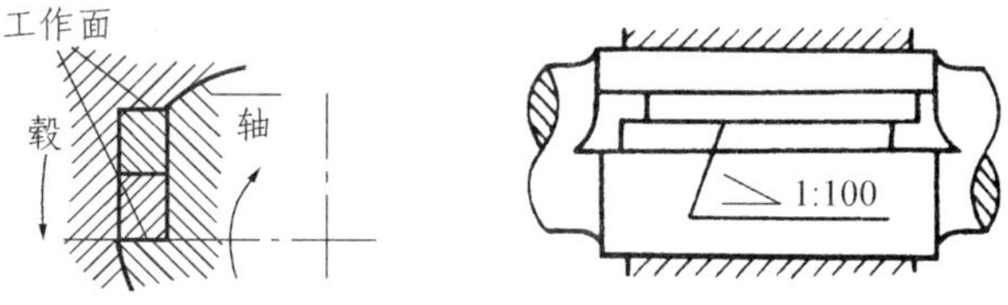

图 4.21 切向键联接

二、平键联接尺寸选择和强度计算

1. 键的选择

选择键的类型，应考虑以下一些因素：① 对中性的要求；② 传递转矩的大小；③ 轮毂是否需要沿轴向滑移及滑移的距离大小；④ 键在轴的位置（中部或端部）等。

2. 键的尺寸选择

在相关标准中，根据轴的直径可查出键的截面尺寸（$b \times h$），键的长度 l 根据轮毂的宽度确定，一般键长略短于轮毂宽度并符合标准的规定。

3. 平键的强度计算

键联接的失效形式有压溃、磨损和剪断。由于键为标准件，其剪切强度足够，因此用于静联接的普通平键主要失效形式是工作面的压溃；对于滑键、导向平键的动联接，主要失效形式是工作面的磨损。因此，通常只按工作面的挤压应力（联接用压强）进行条件性强度计算。由平键联接受力情况分析图 4.22 可知：

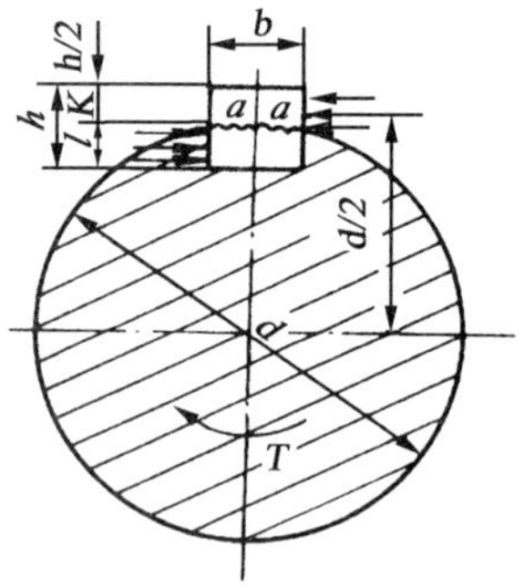

图 4.22 平键受力分析

静联接　　$\sigma = \dfrac{4T}{dhl} \leqslant [\sigma_p]$

动联接　　$p = \dfrac{4T}{dhl} \leqslant [p]$

式中，d 为轴的直径，单位 mm；h 为键的高度，单位 mm；l 为键的工作长度，单位 mm；T 为转矩，单位 N/mm；$[\sigma_p]$为许用挤压应力，单位 MPa，见表 4.3；$[p]$为许用强度，单位 MPa，参见表 4.3。

表 4.3　键联接的许用应力（MPa）

许用值	联接方式	联接中薄弱零件的材料	载荷性质		
			静载荷	轻微冲击	冲击
$[\sigma_p]$	静联接	铸　铁	70～80	50～60	30～45
		钢	125～150	100～120	60～90
$[p]$	动联接（如滑键）	钢	50	40	30

如果键联接计算不能满足强度要求，可采用以下措施来解决：① 适当增加轮毂及键的长度；② 采用相距 180°的双平键，如图 4.23 所示，由于载荷分布不均匀性，强度计算时应按 1.5 个键计；③ 可与过盈联接配合使用。

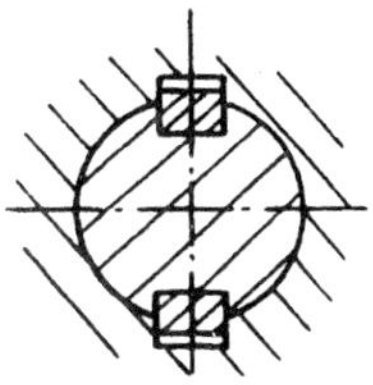

图 4.23　双平键

4. 键槽尺寸及公差

轮毂键槽深度为 t_1，轴上键槽深度为 t，它们的宽度与键的宽度相同。键联接按配合情况分为：较松联接、一般联接和较紧联接。据此从表 4.2 中可查出相应的公差并标注在图中。图 4.24 是轴直径为 45 mm 的普通平键联接的键槽尺寸及偏差。

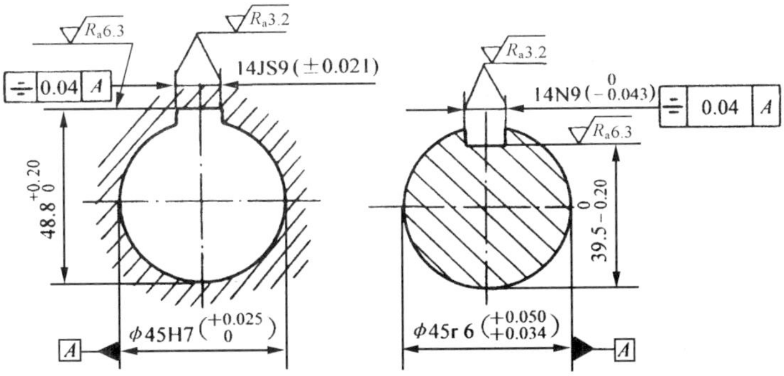

图 4.24　键槽尺寸及偏差举例

三、花键联接

花键联接是由周向均布多个键齿的花键轴和多个键槽的花键毂构成的联接（见图 4.25）。花键联接具有以下特点：① 由于其工作面为均布多齿的齿侧面，故承载能力高；② 轴上零件和轴的对中性好；③ 导向性好；④ 键槽浅、齿根应力集中小，对轴和毂的影响小；但加工时需要专用设备，精度要求高，成本较高。

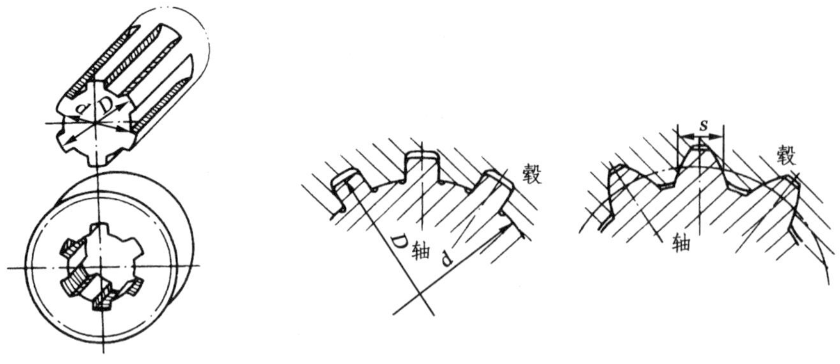

（a）花键联接轴侧图　（b）矩形花键　（c）渐开线花键

图 4.25　花键联接

1. 花键联接的类型、特点

花键已标准化，按其剖面齿形分为矩形花键、渐开线花键等。

（1）矩形花键。矩形花键的齿侧为直线，易于加工。标准中规定，用热处理后磨削过的小径定心，定心精度高，稳定性好，因此应用广泛。

（2）渐开线花键。渐开线花键的齿廓为渐开线，因此具有以下特点：① 工艺性好，可利用加工齿轮的方法加工渐开线花键；② 联接强度高、寿命长（因为齿根较厚、齿根圆较大，应力集中较小）；③ 采用了渐开线齿侧自动定心，定心精度高。但加工小尺寸的花键拉刀，成本较高。因此适用于载荷较大、定心精度要求高和尺寸较大的联接。渐开线花键标准压力角为 30°和 40°。

2. 花键联接的工作分析

花键联接与平键联接相类似，它的工作面受到挤压（静联接）、磨损（动联接），齿根受到剪切和弯曲。实践证明，挤压破坏、磨损是主要失效形式。因此，一般只进行挤压和耐磨性的条件性计算。

第三节　销 联 接

销联接主要用于固定零、部件之间的相互位置（定位销），是装配机器时的重要辅件；同时也可用于轴与轮毂的联接并传递不大的载荷（见图 4.26）。

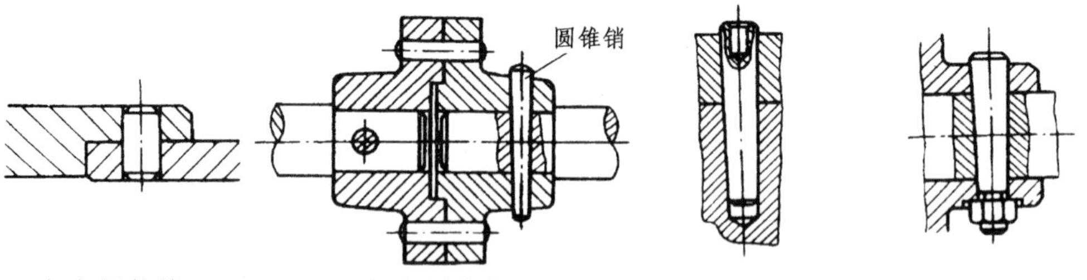

（a）圆柱销　（b）圆锥销　（c）内螺纹圆锥销　（d）螺尾圆锥销

图 4.26　销联接

销可分为圆柱销、圆锥销、开口销、异形销等。圆柱销利用微量过盈固定在铰制孔中，多次拆装后定位精度会下降。圆锥销利用 1∶50 的锥度装入铰制孔中，装拆方便，多次拆装对定位精度影响较小，所以应用较广泛。圆锥销的小头直径为标准值。带螺纹的销联接常用于盲孔（便于拆卸）和有冲击的场合（防止销脱出）。

开口销结构简单，工作可靠，装拆方便，主要用于联接的防松，不能用于定位。

思考题与习题

4-1　仔细观察自行车，写出下列各处采用什么联接：① 车架各部分；② 脚踏轴与曲拐；③ 曲拐与链轮；④ 曲拐与中轴；⑤ 车轮轴与车架。

4-2　螺栓联接、螺柱联接、螺钉联接、紧定螺钉联接的结构特点有什么不同？各用于什么场合？

4-3　按图 4.27 给定的尺寸确定出联接件（螺栓、螺母、螺钉等）的尺寸，并写出标记。

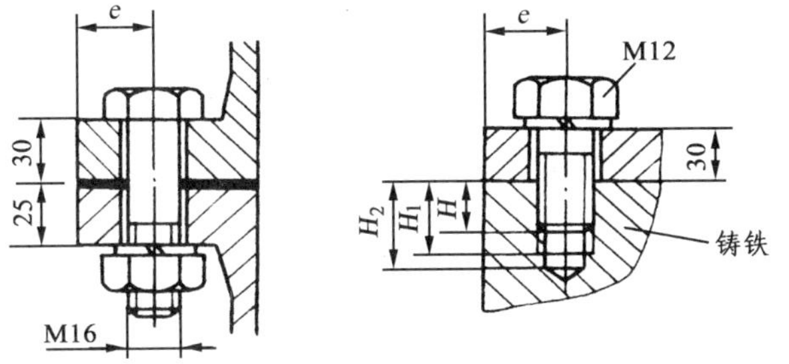

图 4.27

4-4　在实际应用中，绝大多数螺纹联接都要预紧，预紧的目的是什么？

4-5　螺纹联接为什么要考虑防松？画出三种常用的防松实例，并作简要说明。

4-6　图 4.28 所示为一刚性联轴器，由铸铁 HT200 制成，传递的转矩 $T = 800$ N · m，用 8 个普通螺栓联接，均布在直径 $D_1 = 180$ mm 的圆周上，螺栓材料为 Q235，凸缘厚度 $\delta = 23$，摩擦因数取 0.15，计算螺纹直径并选定螺栓、螺母。

4-7　图 4.29 所示为轴承端盖与箱体用 4 个螺钉联接，轴承端盖受均布的轴向力 $F = 4\,500$ N，螺钉材料为 Q235，保证总载荷 $F_{总} = 2.5F$，轴承端盖厚度 $\delta = 25$ mm。计算螺纹直径并确定螺钉型号。

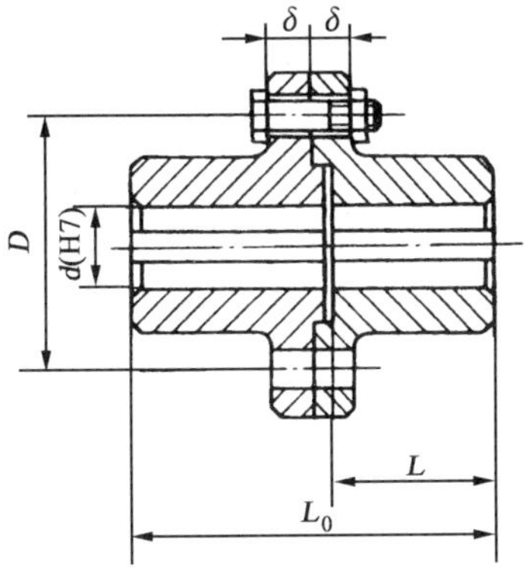

图 4.28

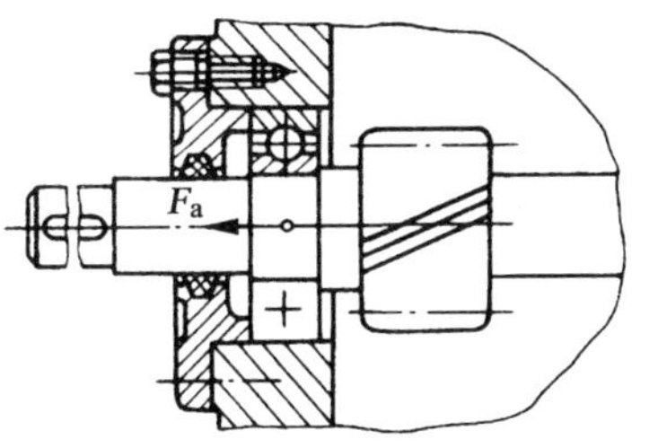

图 4.29

4-8 分析图 4.30 中螺纹联接有哪些不合理之处，画出正确的结构图。

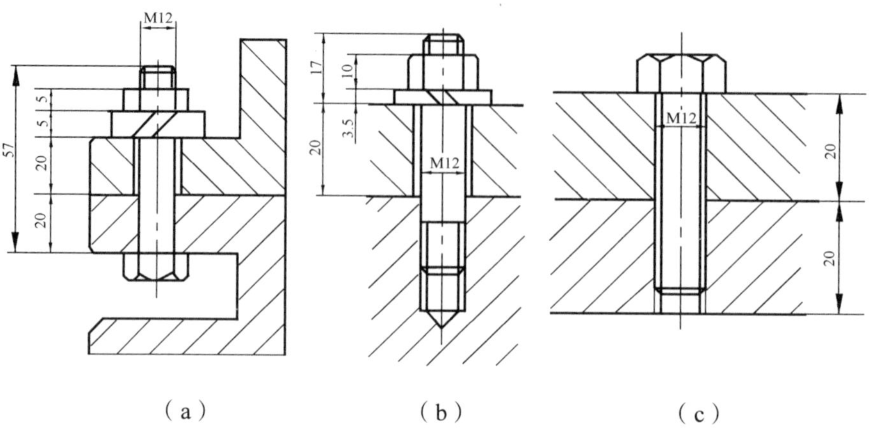

图 4.30

4-9 平键联接是如何工作的？性能、应用特点是什么？

4-10 如果计算平键联接的强度不够，可采用哪些措施来解决？

4-11 一铸铁 V 带轮与钢轴用 A 型普通平键联接。已知轴径为 50 mm，带轮毂长 100 mm，传递转矩 $T=450$ N · m，试选择键联接的尺寸、校核键的强度，并在图 4.31 中标出键槽尺寸和极限偏差（键的配合采用一般连接）。

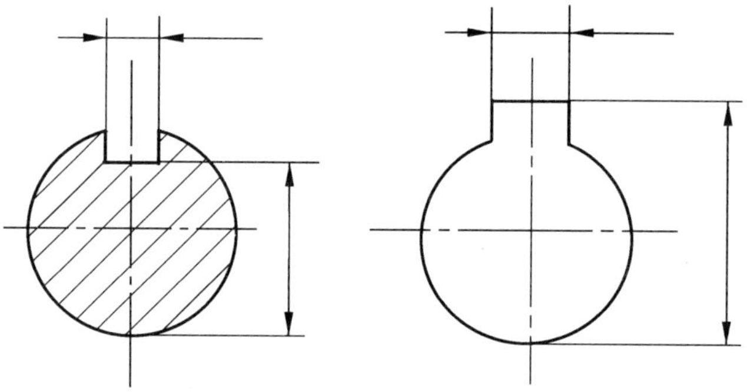

图 4.31

4-12 在题 4-6 图中，联轴器两轴孔直径 $d=70$ mm，长度尺寸 $L_0=289$ mm，$L=142$ mm，选择平键并验算键的联接强度。

4-13 花键联接与平键联接相比有什么特点？

4-14 简述销联接的特点与应用。

第五章　带 传 动

第一节　概　述

在机器中，将原动部分的动力和运动按预定工作要求传递到执行部分的中间装置，称为传动。传动可以通过机、电、液等形式来实现，但最常用的还是机械传动。比较常用的机械传动有：带传动、链传动以及齿轮传动等。

一、带传动的工作原理、类型及特点

带传动是一种应用很广的机械传动，一般由主动带轮 1、从动带轮 2 和紧套在两带轮上的传动带 3 组成 [见图 5.1（a）]。带传动有摩擦式和啮合式两种。摩擦式带传动是依靠紧套在带轮上的传动带与带轮接触面间产生的摩擦力来传递运动和动力的，应用最为广泛。

摩擦式带传动按带的截面形状，又可分为平带、V 带、圆带、多楔带传动等类型 [图 5.1（b）]。啮合式带传动是靠传动带与带轮上齿的啮合来传递运动和动力的，较典型的是图 5.2 所示的同步带传动。本章主要讨论摩擦式带传动的问题。

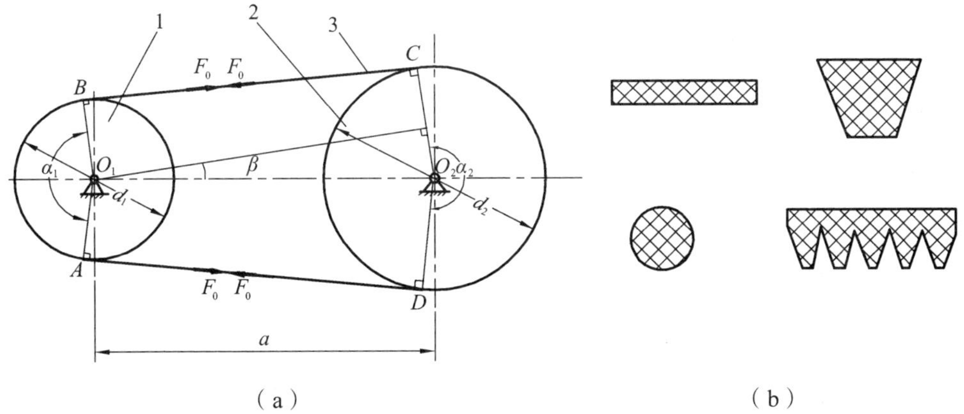

（a）　　　（b）

图 5.1　带传动及其类型

1—主动带轮；2—从动带轮；3—传动带

带传动的特点是：

（1）带是挠性体，富有弹性，故可缓冲、吸振，因而工作平稳、噪声小。

（2）过载时，传动带会在小带轮上打滑，可防止其他零件的损坏，起到过载保护功能。

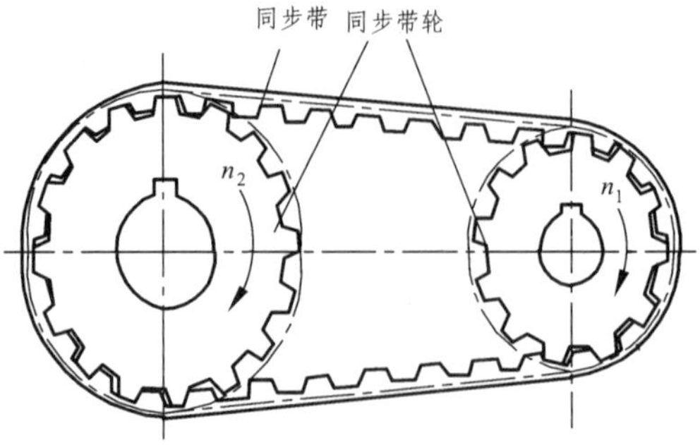

图 5.2 同步带传动

（3）传动带摩擦磨损大，寿命较低。

（4）结构简单，成本低廉，制造、安装、维护方便，适用于较大中心距的场合。

（5）传动比不够准确，外廓尺寸较大，传动效率较低，不适用于有易燃、易爆气体的场合。

因此，带传动多用于机械中要求传动平稳、传动比要求不严格、中心距较大的高速级传动中。一般带速 $v = 5 \sim 25$ m/s，传动比 $i < 5$，传递功率 $P \leqslant 50$ kW，效率 η 在 0.92 ~ 0.97。

平带以内周为工作面，主要用于两轴平行、转向相同的较远距离的传动。V 带以两侧面为工作面，根据楔形面的受力分析可知，在相同压紧力和相同摩擦因数的条件下，V 带产生的摩擦力是平带的 3 倍左右，所以 V 带传动能力强，结构更紧凑，在机械传动中应用最广泛。多楔带相当于平带与几根 V 带的组合，兼有两者的优点，多用于结构要求紧凑的大功率传动中。圆带仅用于如缝纫机、仪器等低速、小功率场合。

V 带按其宽度和高度相对尺寸的不同，又分为普通 V 带、窄 V 带、宽 V 带、汽车 V 带、大楔角 V 带等多种类型。目前，普通 V 带应用最广，本章主要讨论普通 V 带的设计问题。

二、普通 V 带及带轮

1. 普通 V 带的结构及标准（见图 5.3）

普通 V 带由拉伸层 1、强力层 2、压缩层 3、包布层 4 四部分组成。强力层分帘布芯和绳芯两种，帘布芯结构，制造方便、抗拉强度好；而绳芯结构的柔韧性好、抗弯强度高，适用于带轮直径小、转速较高的场合。拉伸层和压缩层一般用橡胶制成，适应拉伸、压缩变形。包皮层一般用胶帆布制成起保护作用。

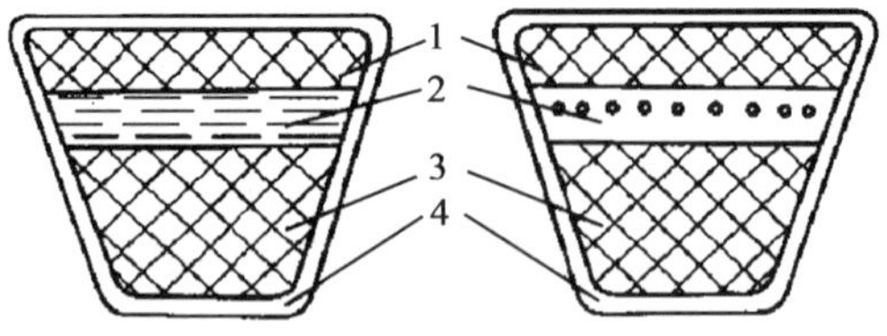

（a）帘布芯结构 （b）绳芯结构

图 5.3 V 带的结构

普通 V 带（楔角 $\theta = 40°$，$h/b_p \approx 0.7$）已标准化，按截面尺寸由小到大分为 Y、Z、A、B、C、D、E 7 种型号，其尺寸见表 5.1。普通 V 带都制成无接头的环形，当带绕过带轮时，外层受拉而伸长，故称拉伸层；底层受压缩短，故称压缩层；而在强力层部分必有一层既不受拉也不受压的中性层，称为节面，其宽度 b_p 称为节宽（见表 5.1）；当带绕在带轮上弯曲时，其节宽保持不变。

在 V 带轮上，与 V 带节宽 b_p 处于同一位置的轮槽宽度，称为基准宽度，仍以 b_p 表示，基准宽度处的带轮直径，称为 V 带轮的基准直径，用 d_d 表示，它是 V 带轮的公称直径。在规定的张紧力下，位于带轮基准直径上的周线长度，称为 V 带的基准长度，用 L_d 表示，它是 V 带的公称长度。V 带基准长度的尺寸系列如表 5.2 所示。

普通 V 带的标记是由型号、基准长度和标准号 3 部分组成，如基准长度为 2 000 mm 的 B 型普通 V 带，其标记为：B2000 GB11544—89。V 带的标记及制造年月和生产厂名，通常都压印在带的顶面。

表 5.1 普通 V 带的型号及其截面尺寸（GB 1154—89），V 带轮轮槽尺寸（GB/T 13575.1—92）

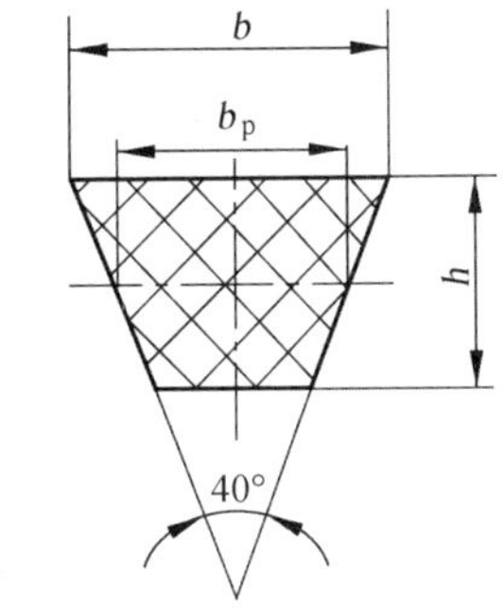

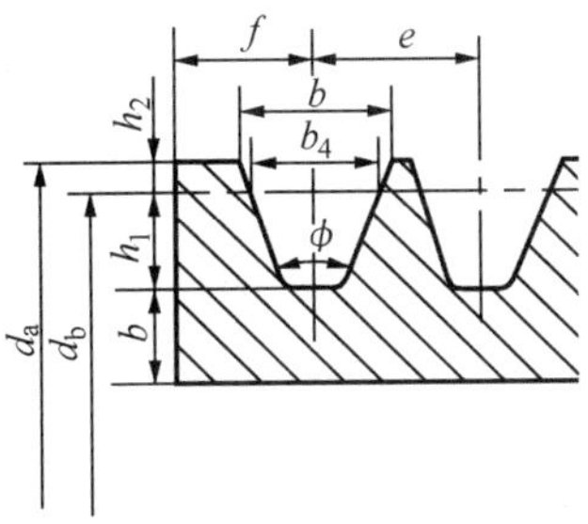

型号	Y	Z	A	B	C	D	E
b_p/mm	5.3	8.5	11.0	14.0	19.0	27.0	32.0
b/mm	6	10	13	17	22	32	38
h/mm	4	6	8	11	14	19	25
θ	40°						
每米带长质量 q/kg·m^{-1}	0.02	0.06	0.10	0.17	0.30	0.62	0.90
$h_{f\,min}$/mm	4.7	7	8.7	10.8	14.3	19.9	23.4
$h_{a\,min}$/mm	1.6	2.0	2.75	3.5	4.8	8.1	9.6
e/mm	8 ± 0.3	12 ± 0.3	15 ± 0.3	19 ± 0.4	25.5 ± 0.5	37 ± 0.6	44.5 ± 0.7
f_{min}/mm	6	7	9	11.5	16	23	28
b_p/mm	5.3	8.5	11.0	14.0	19.0	27.0	32.0
δ_{min}/mm	5	5.5	6	7.5	10	12	15
B/mm	$B = (z-1)e + 2f$（z 为轮槽数）						
Φ 32° d_d/mm	≤60						
Φ 34° d_d/mm		≤80	≤118	≤190	≤315		
Φ 36° d_d/mm	>60					≤475	≤600
Φ 38° d_d/mm		>80	>118	>190	>315	>475	>600

表 5.2 普通 V 带基准长度 L_d（mm）的标准系列值

L_d	适用类型
200	Y型
224	Y型
250	Y型
280	Y型
315	Y型
355	Y型
400	Y型、Z型
450	Y型、Z型
500	Z型
560	Z型
630	Z型
710	Z型
800	Z型、A型、B型
900	Z型、A型、B型
1000	Z型、A型、B型
1120	Z型、A型、B型
1250	Z型、A型、B型
1400	Z型、A型、B型、C型
1600	Z型、A型、B型、C型
1800	A型、B型、C型
2000	A型、B型、C型
2240	A型、B型、C型
2500	A型、B型、C型
2800	A型、B型、C型、D型
3150	A型、B型、C型、D型
3500	A型、B型、C型、D型
4000	A型、B型、C型、D型、E型
4500	B型、C型、D型、E型
5000	B型、C型、D型、E型
5600	C型、D型、E型
6300	C型、D型、E型

2. 普通 V 带轮

普通 V 带轮一般由轮缘、轮毂及轮辐组成。根据轮辐结构的不同，V 带轮分 4 种类型，如图 5.4 所示。V 带轮的结构形式可根据 V 带型号、带轮的基准直径 d_d 和轴孔直径，按相关机械设计手册提供的图表选取；V 带轮的结构尺寸，可根据图 5.4 中所列经验公式计算确定。轮缘截面上槽形的尺寸如表 5.1 所示。普通 V 带的楔形角为 $\theta = 40°$，当绕过带轮弯曲时，会产生横向变形，使其楔形角变小，为使带轮轮槽工作面和 V 带两侧面接触良好，一般轮槽制成后的楔角 ψ 都小于 40°，带轮直径越小，所制轮槽楔角也越小。

V 带轮常用的材料有灰铸铁、铸钢、铝合金、工程塑料等，其中灰铸铁应用最广。当 $v \leqslant 30$ m/s 时，用 HT200；$v \geqslant 25 \sim 45$ m/s 时，用孕育铸铁或铸钢；小功率传动可选用铸铝或工程塑料。

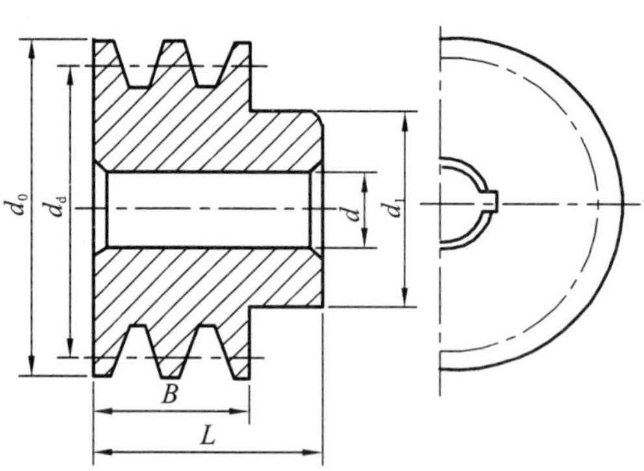

（a）实心式

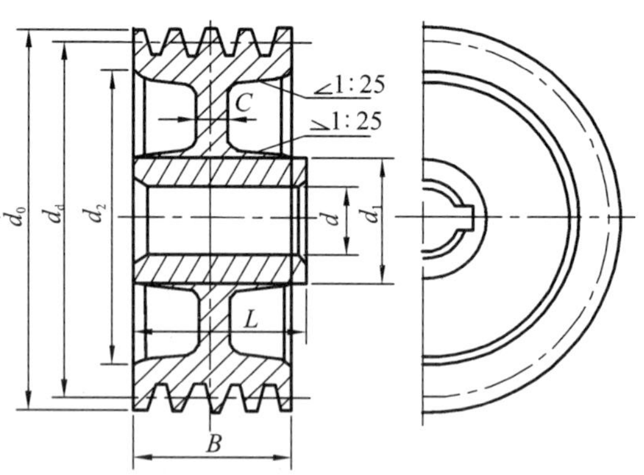

（b）辐板式

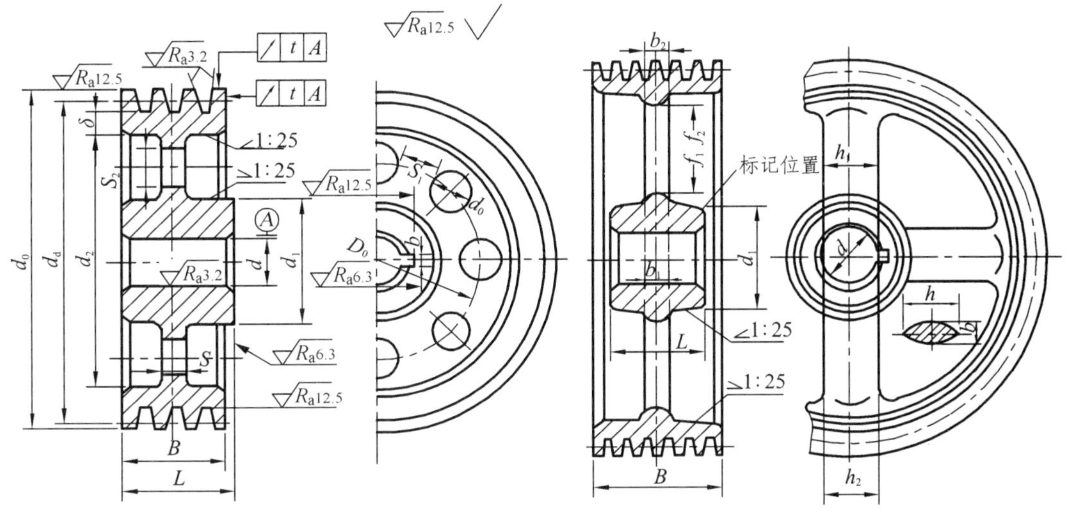

（c）孔板式　　　　（d）椭圆辐轮

$d_0=(0.2\sim0.3)(d_2-d_1)$；$d_1=(1.8\sim2)d$；$S=(0.2\sim0.3)B$；$S_1\geqslant1.5S$，$S_2\geqslant0.5S$；$D_0=0.5(d_1+d_2)$，$L=(1.5\sim2)d$，当 $B<1.5d$ 时，取 $L=B$；$h_1=290\sqrt[3]{\dfrac{P}{nz_a}}$，式中 P 为传递的功率（kW）；n 为带轮的转速（r/min）；z_a 为轮辐数，$h_2=0.8h_1$；$b_1=0.4h_1$，$b_2=0.8b_1$；$f_1=0.2h_1$，$f_2=0.2h_2$

图 5.4　V 带轮的典型结构形式

第二节　带传动的失效分析

带传动工作时的主要失效形式是：带在带轮上打滑，传动带的磨损和疲劳断裂。

一、带传动的受力分析

带安装时必须张紧套在带轮上，传动带由于张紧而使上下两边所受到相等的拉力称为初拉力，用 F_0 表示[见图 5.5（a）]。工作时，主动轮 1 在转矩 T_1 的作用下以转速 n_1 转动；由于摩擦力的作用，驱动从动轮 2 克服阻力矩 T_2，并以转速 n_2 转动。此时两轮作用在带上的摩擦力方向如图 5.5（b）所示，进入主动轮一边的带进一步被拉紧，拉力由 F_0 增至 F_1；绕出主动轮一边的带被放松，拉力由 F_0 降至 F_2，形成紧边和松边。紧边和松边的拉力差值即为带传动传递的有效拉力，用 F 表示。有效拉力在数值上等于带与带轮接触弧上摩擦力值的总和 $\sum F_{\mathrm{f}}$ 即

$$F=F_1-F_2=\sum F_{\mathrm{f}} \tag{5-1}$$

当初拉力 F_0 一定时，带与轮面间摩擦力值的总和有一个极限值为 $\sum F_{\mathrm{f\,lim}}$。当传递的有

效圆周力 F 超过极限值 $\sum F_{\text{flim}}$ 时，带将在带轮上发生全面的滑动，这种现象称之为打滑，打滑使传动失效，应予避免。

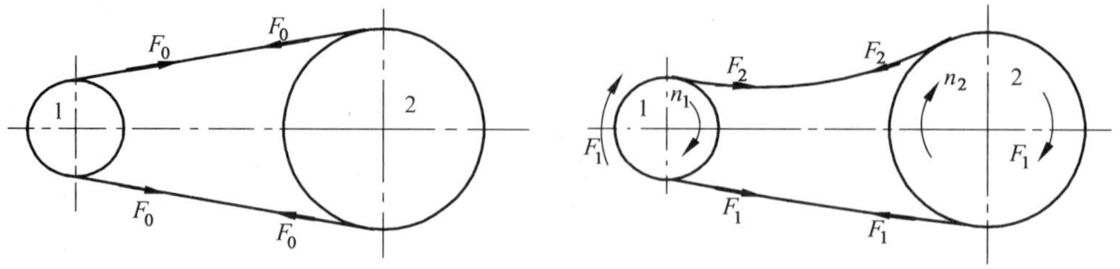

（a）未工作时　（b）工作时

图 5.5　V 带传动的受力分析

带传动所能传递的最大圆周力与初拉力 F_0、摩擦因数 f 和包角 α 等有关，而 F_0 和 f 不能太大，否则会降低传动带寿命。包角 α 增加，带与带轮之间的摩擦力总和增加，从而提高了传动的能力。因此，设计时为了保证带具有一定的传动能力，要求 V 带小轮上的包角 $\alpha \geqslant 120°$。

二、带传动的应力分析与疲劳强度

带传动工作时，在带的横截面上存在 3 种应力：

（1）由拉力产生的拉应力。带传动工作时，紧边和松边的拉应力分别为

$$\sigma_1 = F_1/A$$

$$\sigma_2 = F_2/A \qquad (5\text{-}2)$$

式中，σ_1 和 σ_2 为紧边和松边上的拉应力，单位 N/mm^2；A 为带的横截面面积，单位 mm^2；

F_1 和 F_2 分别为紧边和松边的拉力。沿转动方向，绕在主动轮上带的拉应力由 σ_1 渐渐地降到 σ_2，绕在从动轮上带的拉应力则由 σ_2 渐渐上升为 σ_1。

（2）由离心力产生离心应力。带绕过带轮时作圆周运动而产生离心力，离心力将使带受拉，在截面上产生离心拉应力

$$\sigma_c = qv^2/A \qquad (5\text{-}3)$$

式中，σ_c 为离心拉应力，单位 N/mm^2；v 为带速，单位 m/s；q 为带单位长度上的质量，单位 kg/m；A 为横截面面积，单位 mm^2。

式（5-3）表明，q 和 v 越大，σ_c 越大，故传动带的速度不宜过高。高速传动时，应采用材质较轻的带。

（3）带绕过轮时，由于弯曲变形而产生弯曲应力。由材料力学知其弯曲应力为

$$\sigma_b \approx E \cdot h/d_d \qquad (5\text{-}4)$$

式中，h 为带的厚度，单位 mm；E 为带材料的拉压弹性模量，单位 N/mm^2；d_d 为 V 带的基准直径，单位 mm。

由式（5-4）可知：带越厚，带轮直径越小，则带所受的弯曲应力就越大。弯曲应力只发生在带的弯曲部分，弯曲程度越大弯曲应力就越大，故小带轮处的弯曲应力 σ_{b1} 大于大带轮

处的弯曲应力 σ_{b_2}，所以设计时应限制小带轮的最小直径 $d_{d\,min}$。

上述 3 种应力在带上的分布情况如图 5.6 所示，最大应力发生在紧边刚绕入小带轮的 a 处，其值为

$$\sigma_{max}=\sigma_1+\sigma_c+\sigma_{b1} \tag{5-5}$$

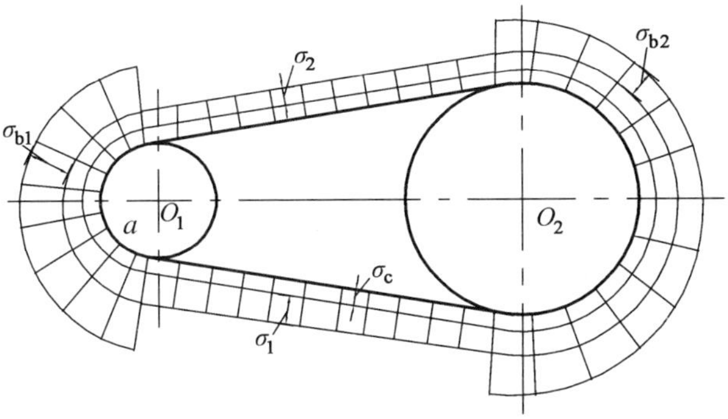

图 5.6 V 带截面上的应力分布

由图 5.6 可知，带在某一截面上的应力随着带的运转而变化。显然，传动带在变应力反复作用下会产生脱层、撕裂，最后导致疲劳断裂而失效。

三、带传动的弹性滑动与传动比

传动带是弹性体，在拉力作用下会产生弹性伸长，其弹性伸长量随拉力而变化。传动时，紧边拉力 F_1 大于松边拉力 F_2，因此，紧边产生的弹性伸长量大于松边的弹性伸长量，如图 5.7 所示。当带在紧边 A_1 点进入主动轮 1 时，带速与轮 1 的圆周速度 v_1 相等，但在轮 1 由 A_1 点旋转至 B_1 点的过程中，带所受的拉力由 F_1 逐渐降到 F_2，其弹性伸长量也逐渐减小，从而使带沿着轮 1 面产生微小的滑动，造成带速小于轮 1 的速度，在 B_1 点带速降为 v_2。同理，带在从动轮 2 上由 A_2 点旋转至 B_2 点的过程中，由于拉力逐渐增大，带的弹性伸长量也增加，这时带在轮面 2 上向前滑动，致使带速大于轮 2 的速度 v_2，至 B_2 点又升高为 v_1 值。由于带的弹性变形而引起带在轮面上滑动的现象，称为弹性滑动。弹性滑动在带工作时是不可避免的。弹性滑动会使带磨损，从而降低带的使用寿命，并使从动轮的速度降低，影响传动比。从动轮圆周速度降低的程度可用滑动率 ε 来表示：

$$\varepsilon=\frac{v_1-v_2}{v_1}=\frac{\pi d_1n_1-\pi d_2n_2}{\pi d_1n_1} \tag{5-6}$$

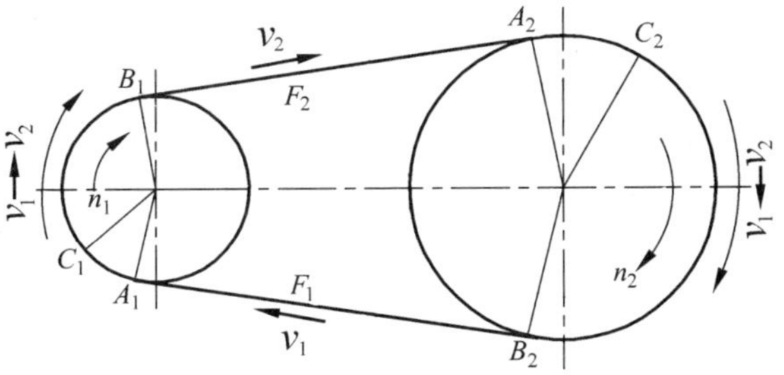

图 5.7 带传动的弹性滑动

此时，从动轮实际的转速 n_2 和带传动实际传动比 i 分别为

$$n_2 = \frac{d_1}{d_2}(1-\varepsilon)n_1 \tag{5-7}$$

$$i = \frac{n_1}{n_2} = \frac{d_2}{d_1(1-\varepsilon)} \tag{5-8}$$

由于滑动率随所传递载荷的大小而变化，不是一个定值，故带传动的传动比不能保持准确值。带传动正常工作时，其滑动率$\varepsilon \approx 1\% \sim 2\%$，一般情况下可以不计。

第三节 V 带传动的设计

一、带传动的设计准则

由于带传动的主要失效形式是打滑和疲劳损坏，因此带传动的设计准则是：在保证带传动不打滑的条件下，使 V 带具有一定的疲劳强度和寿命。为了便于设计，测得在实验条件（载荷平稳，包角$\alpha_1 = \alpha_2 = 180°$，特定带长，特定寿命）下，单根 V 带在保证不打滑并具有一定寿命时所能传递的功率 P_0，称为额定功率。各种型号传动带的 P_0 值如图 5.8 所示。$i \neq 1$ 时单根 V 带的额定功率增量ΔP_0 见表 5.3。当实际使用条件与实验条件不符合时，应对 P_0 值进行修正，得到单根 V 带在实际工作条件下所能允许传递的功率为

$$[P_0] = (P_0 + \Delta P_0)k_\alpha k_L \tag{5-9}$$

式中，k_α为包角修正系数，考虑$\alpha \neq 180°$时对传动能力的影响，其值见表 5.4；k_L 为带长修正系数，考虑带长度不等于特定带长时对传动的影响，其值见表 5.5；ΔP_0 为功率增量，考虑传动比 $i \neq 1$ 时带在大带轮上的弯曲应力较小，从而使 P_0 值有所提高，ΔP_0 值如图 5.8 所示。

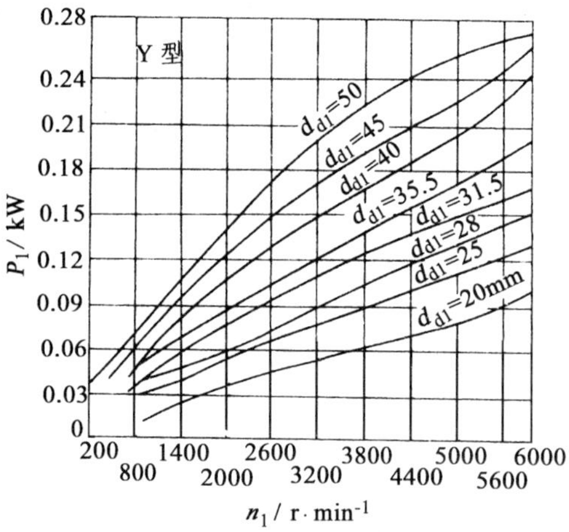

（a）

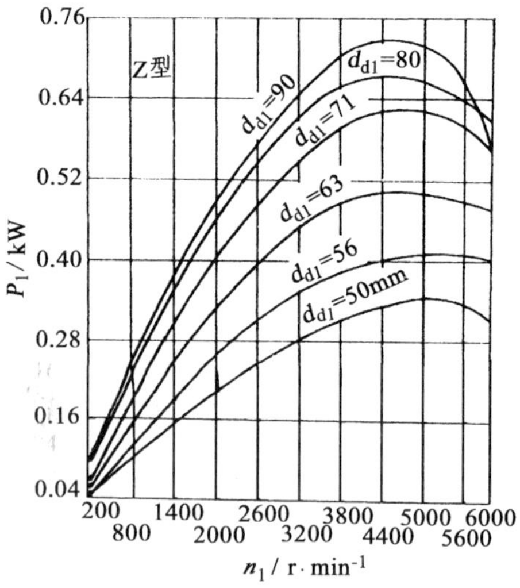

（b）

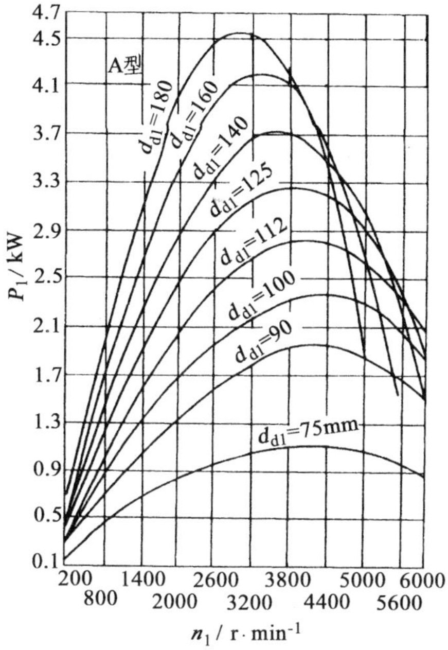
A型
d_{d1}=180
d_{d1}=160
d_{d1}=140
d_{d1}=125
d_{d1}=112
d_{d1}=100
d_{d1}=90
d_{d1}=75mm
4.7
4.5
4.1
3.7
3.3
2.9
2.5
2.1
1.7
1.3
0.9
0.5
0.1
P_1 / kW
200 1400 2600 3800 5000 6000
800 2000 3200 4400 5600
n_1 / r · min^{-1}

(c)

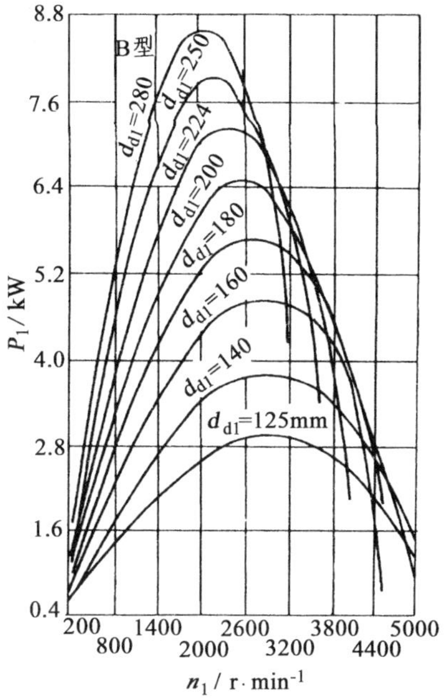
B型
d_{d1}=280
d_{d1}=250
d_{d1}=224
d_{d1}=200
d_{d1}=180
d_{d1}=160
d_{d1}=140
d_{d1}=125mm
8.8
7.6
6.4
5.2
4.0
2.8
1.6
0.4
P_1 / kW
200 1400 2600 3800 5000
800 2000 3200 4400
n_1 / r · min^{-1}

(d)

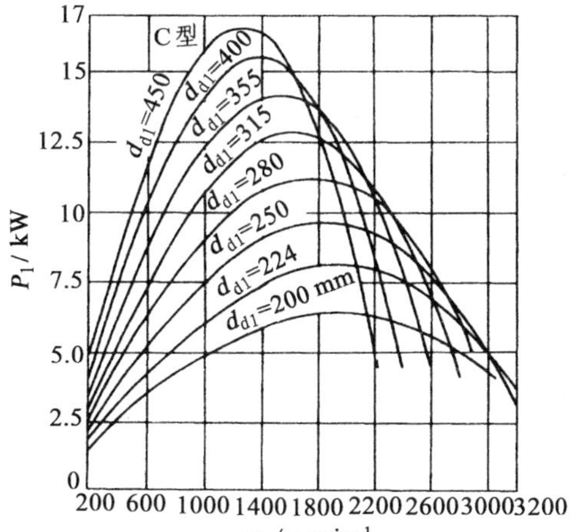
C型
d_{d1}=450
d_{d1}=400
d_{d1}=355
d_{d1}=315
d_{d1}=280
d_{d1}=250
d_{d1}=224
d_{d1}=200 mm
17
15
12.5
10
7.5
5.0
2.5
0
P_1 / kW
200 600 1000 1400 1800 2200 2600 3000 3200
n_1 / r · min^{-1}

(e)

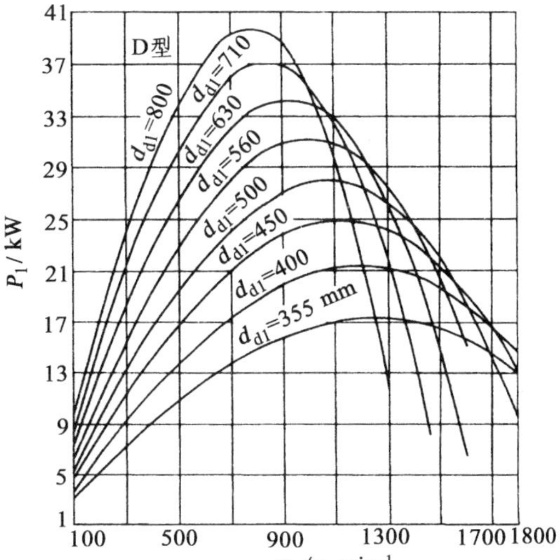
D型
d_{d1}=800
d_{d1}=710
d_{d1}=630
d_{d1}=560
d_{d1}=500
d_{d1}=450
d_{d1}=400
d_{d1}=355 mm
41
37
33
29
25
21
17
13
9
5
1
P_1 / kW
100 500 900 1300 1700 1800
n_1 / r · min^{-1}

(f)

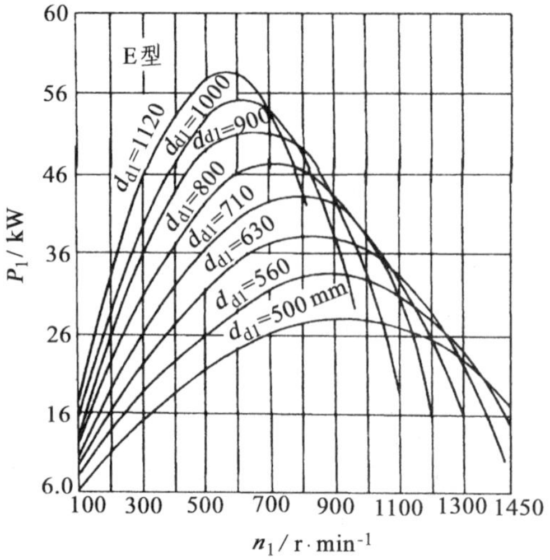

（g）

图 5.8　普通 V 带的额定功率图

表 5.3　单根普通 V 带 $i \neq 1$ 时额定功率的增量 ΔP_0　　单位：kW

型号	传动比 i	小带轮转速 n_1/r·min^{-1}											
		200	400	730	800	980	1 200	1 460	1 600	1 800	2 000	2 400	2 800
Y	1.19 ~ 1.24	0.00	0.00	0.00	0.00	0.00	0.00	0.01	0.01	0.01	0.01	0.01	0.01
	1.25 ~ 1.34	0.00	0.00	0.00	0.00	0.01	0.01	0.01	0.01	0.01	0.01	0.01	0.01
	1.35 ~ 1.51	0.00	0.00	0.00	0.00	0.01	0.01	0.01	0.01	0.01	0.01	0.01	0.02
	1.52 ~ 1.99	0.00	0.00	0.00	0.00	0.01	0.01	0.01	0.01	0.01	0.01	0.02	0.02
	≥2	0.00	0.00	0.00	0.00	0.01	0.01	0.01	0.01	0.02	0.02	0.02	0.02
Z	1.19 ~ 1.24	0.00	0.00	0.00	0.01	0.01	0.01	0.01	0.02	0.02	0.02	0.02	0.03
	1.25 ~ 1.34	0.00	0.00	0.01	0.01	0.01	0.02	0.02	0.02	0.02	0.02	0.02	0.03
	1.35 ~ 1.51	0.00	0.00	0.01	0.01	0.02	0.02	0.02	0.02	0.02	0.03	0.03	0.03
	1.52 ~ 1.99	0.01	0.01	0.01	0.02	0.02	0.02	0.02	0.02	0.03	0.03	0.03	0.04
	≥2	0.01	0.01	0.02	0.02	0.02	0.02	0.03	0.03	0.03	0.04	0.04	0.04
A	1.19 ~ 1.24	0.01	0.03	0.05	0.05	0.06	0.08	0.09	0.11	0.12	0.13	0.16	10.19
	1.25 ~ 1.34	0.02	0.03	0.06	0.06	0.07	0.10	0.11	0.13	0.14	0.16	0.19	0.23
	1.35 ~ 1.51	0.02	0.04	0.07	0.08	0.08	0.11	0.13	0.15	0.17	0.19	0.23	0.28
	1.52 ~ 1.99	0.02	0.04	0.08	0.09	0.10	0.1a	0.15	0.17	0.19	0.22	0.26	0.30
	≥2	0.03	0.05	0.09	0.10	0.11	0.15	0.17	0.19	0.21	0.24	0.29	0.34
B	1.19 ~ 1.24	0.04	0.07	0.12	0.14	0.17	0.21	0.25	0.28	0.32	0.35	0.42	0.49
	1.25 ~ 1.34	0.04	0.08	0.15	0.17	0.20	0.25	0.31	0.34	0.38	0.42	0.51	0.59
	1.35 ~ 1.51	0.05	0.10	0.17	0.20	0.23	0.30	0.36	0.39	0.44	0.49	0.59	0.69
	1.52 ~ 1.99	0.06	0.11	0.20	0.23	0.26	0.34	0.40	0.45	0.51	0.56	0.68	0.79
	≥2	0.06	0.13	0.22	0.25	0.30	0.38	0.46	0.51	0.57	0.63	0.76	0.89
C	1.19 ~ 1.24	0.10	0.20	0.34	0.39	0.47	0.59	0.71	0.78	0.88	0.98	1.18	1.37
	1.25 ~ 1.34	0.12	0.23	0.41	0.47	0.56	0.70	0.85	0.94	1.06	1.17	1.41	1.64
	1.35 ~ 1.51	0.14	0.27	0.48	0.55	0.65	0.82	0.99	1.10	1.23	1.37	1.65	1.92
	1.52 ~ 1.99	0.16	0.31	0.55	0.63	0.74	0.94	1.14	1.25	1.41	1.57	1.88	2.19
	≥2	0.18	0.35	0.62	0.71	0.83	1.06	1.27	1.41	1.59	1.76	2.12	2.47

表 5.4 包角修正系数 k_α

包角 α_1	k_α	包角 α_1	k_α	包角 α_1	k_α	包角 α_1	k_α
70°	0.56	110°	0.78	150°	0.92	190°	1.05
80°	0.62	120°	0.82	160°	0.95	200°	1.10
90°	0.68	130°	0.86	170°	0.98	210°	1.15
100°	0.73	140°	0.89	180°	1.00	220°	1.20

表 5.5 带长修正系数 k_L

基准带长 L_d/mm	k_L						
	k_L						
	Y	Z	A	B	C	D	E
355	0.92						
400	0.96	0.87					
450	1.00	0.89					
500	1.02	0.91					
560		0.94					
630		0.96	0.81				
710		0.99	0.82				
800		1.00	0.85				
900		1.03	0.87				
1 000		1.06	0.89	0.81			
1 120		1.08	0.91	0.86			
1 250		1.11	0.93	0.88			
1 400		1.14	0.96	0.90			
1 600		1.16	0.99	0.93	0.84		
1 800		1.18	1.01	0.95	0.85		
2 000			1.03	0.98	0.88		
2 240			1.06	1.00	0.91		
2 500			1.09	1.03	0.93		
2 800			1.11	1.05	0.95	0.83	
3 150			1.13	1.07	0.97	0.86	
3 550			1.17	1.10	0.98	0.89	
4 000			1.19	1.13	1.02	0.91	
4 500				1.15	1.04	0.93	0.90
5 000				1.18	1.07	0.96	0.92
5 600					1.09	0.98	0.95

二、带传动设计

已知条件一般为：传递的功率 P，主动轮、从动轮的转速 n_1、n_2（或传动比 i），传动的用途和工作条件，传动的位置要求及原动机的类型等。

设计的内容包括：确定 V 带的型号、基准长度和根数，传动中心距，带轮直径及结构尺寸，初拉力及对轴的压力，最后还要画出带轮工作图。

设计方法和步骤：

（1）确定计算功率 P_c 及选择 V 带型号。V 带传动的计算功率 P_c（kW）为

$$P_c = K_A P \tag{5-10}$$

式中，P 为所需传递的名义功率（如电动机的额定功率）(kW)；K_A 为工作情况系数，按表 5.6 选取。

由计算功率 P_c 与小带轮转速 n_1，可由图 5.9 选取普通 V 带的型号。

表 5.6 工作情况系数 K_A

工作情况		K_A					
		软起动			负载起动		
		每天工作时数/h					
		<10	10～16	>16	<10	10～16	>16
载荷平稳	液体搅拌机、通风机和鼓风机（≤7.5 kW）、离心式水泵和压缩机、轻型输送机等	1.0	1.1	1.2	1.1	1.2	1. 3
载荷变动小	带式输送机（不均匀载荷）、通风机(>7.5 kW)、压缩机、发电机、金属切削机床、印刷机、木工机械等	1.1	1.2	1.3	1.2	1.3	1.4
载荷变动较大	制砖机、斗式提升机、起重机、冲剪机床、纺织机械、橡胶机械、磨粉机等	1.2	1.3	1.4	1.4	1.5	1.6
载荷变动大	破碎机、磨碎机等	1.3	1.4	1.5	1.5	1.6	1.8

注：① 软起动的动力机如电动机（交流起动、Δ起动）、四缸以上的内燃机以及装有离心式离合器和液压联轴器的动力机等。

② 负载起动的动力机如电动机（联机交流起动、直流复励或串励）、四缸以下的内燃机等。

③ 用于反复起动、正反转频繁以及工作情况恶劣等场合时，应将表中的 K_A 值乘以 1.2。

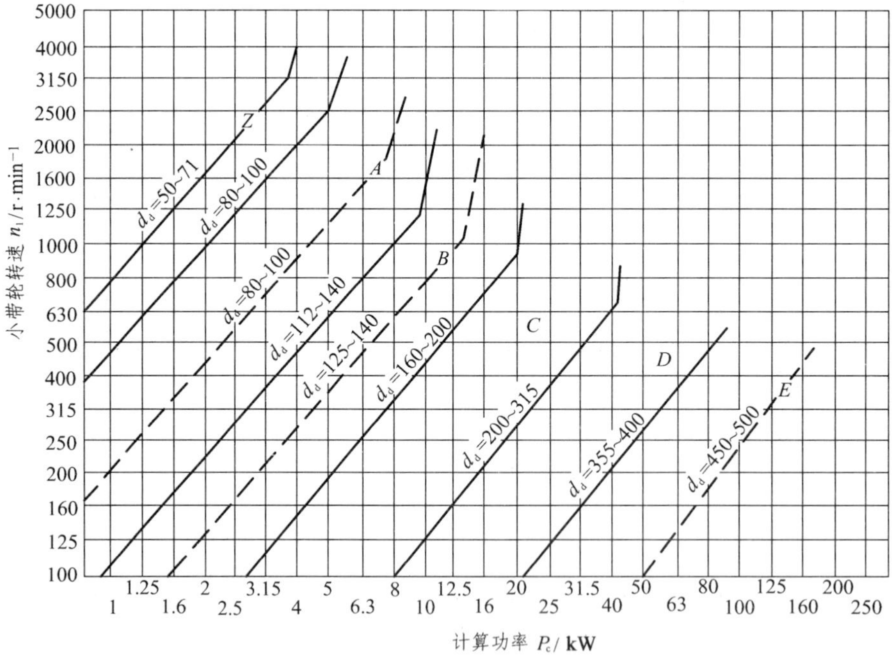

图 5.9 普通 V 带选型图

（2）确定带轮基准直径。

① 选小带轮直径 d_{d1}。小带轮直径过小会使带的弯曲应力增大，降低带的使用寿命，且带速也低，使带的传动能力降低；但小带轮直径过大，则传动的外廓尺寸增大，使结构不紧凑，故小带轮直径应取适当值。通常可参考表 5.7 选取，使 $d_{d1}>d_{dmin}$，并取系列值。

② 验算带速 v。

$$v=\frac{\pi d_{d1}n_1}{60\times 1\,000} \tag{5-11}$$

通常应使 v 在 5 ~ 25 m/s 内。若 v 过大，则离心力大，会降低传动能力；若 v 过小，则使圆周力 F 增大，所需 V 带根数 z 增多。

表 5.7 普通 V 带轮最小基准直径及带轮直径系列

V 带型号		Y	Z	A	B	C	D	E
d_{dmin}		20	50	75	125	200	355	500
推荐直径		⩾28	⩾71	⩾100	⩾140	⩾200	⩾355	⩾500
常用V 带轮直径系列	Z	50，56，63，71，75，80，90，100，112，125，140，150，160，180，200，224，250，280，315，355，400，450，500，560，630						
	A	75，80，90，100，112，125，140，150，160，180，200，224，250，280，315，355，400，450，500，560，630，710，800						
	B	125，140，150，160，180，200，224，250，280，315，355，400，450，500，560，630，710，800，1 000，1120						
	C	200，224，250，280，315，355，400，450，500，560，630，710，800，1 000，1 120，1 250，1 400，1 600，2 000						

③ 计算并确定大带轮直径 d_{d2}。

$$d_{d2}=d_{d1}\cdot i=d_{d1}\frac{n_1}{n_2} \tag{5-12}$$

算出后值取整，按表 5.7 中的带轮直径系列取值。

（3）确定中心距和带长。

① 初选中心距 a_0。中心距过大，则传动的外廓尺寸大，且带易颤动，影响正常工作；中心距过小，包角 α 减小，导致传动能力降低，且带长减小，使带的绕转数增加，带的寿命降低。如设计无外廓尺寸要求时，通常按下式计算并取值

$$0.7(d_{d1}+d_{d2})\leqslant a_0\leqslant 2(d_{d1}+d_{d2}) \tag{5-13}$$

② 初算带长 L_0。

$$L_0\approx 2a_0+\frac{\pi}{2}(d_{d1}+d_{d2})+\frac{(d_{d2}-d_{d1})^2}{4a_0} \tag{5-14}$$

③ 确定带的基准长度 L_0。按表查取与 L_0 相近的基准长度 L_d 作为所选带的长度。

④ 计算实际中心距。

$$a \approx a_0 + \frac{L_d - L_0}{2} \tag{5-15}$$

考虑到安装时调整和带松弛后张紧的需要，中心距应当可调并留有调整余量，其变动范围

$$a_{min} = a - 0.015L_d$$

$$a_{max} = a + 0.03L_d \tag{5-16}$$

（4）验算小带轮包角α_1。

$$\alpha_1 = 180° - 57.3° \frac{d_{d2} - d_{d1}}{a} \tag{5-17}$$

要求$\alpha_1 \geqslant 120°$，否则应采取加大中心距、减小传动比或加张紧轮等措施重新设计。

（5）确定 V 带根数 z。

带的根数 z 应舍取成整数。为使各根带受力比较均匀，其值不宜过大，一般取 $z = 2 \sim 5$ 为宜，最多不能超过 8 ~ 10 根，否则应改选型号重新设计。

$$z = \frac{P_c}{[P_0]} = \frac{P_c}{(P_0 + \Delta P_0)k_\alpha k_L} \tag{5-18}$$

（6）确定初拉力。初拉力过小，则产生的摩擦力小，传动易打滑；过大则降低带的疲劳寿命，并增加作用在轮上的压力。单根 V 带的初拉力 F_0 可按下式计算

$$F_0 = 500 \frac{P_c}{vz}\left(\frac{2.5}{k_\alpha} - 1\right) + qv^2 \tag{5-19}$$

式中，q 为带单位长度的质量，单位 kg/m，见表 5.1。

（7）计算作用在轴上的径向压力 F_Q。为了设计安装带轮的轴和轴承，需要确定带作用在轴上的径向压力 F_Q。为了简化计算，可近似按带两边的初拉力的合力来计算，由图 5.10 知：

$$F_r = 2zF_0 \sin\frac{\alpha_1}{2} \tag{5-20}$$

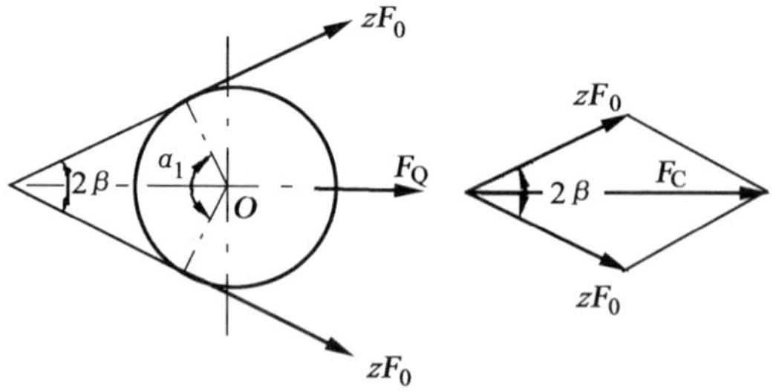

图 5.10　带作用在轴上的径向压力

（8）带轮设计。带轮设计包括以下内容：确定结构类型、结构尺寸、轮槽尺寸、材料，画出带轮工作图。设计时，首先根据所选带的型号和带轮基准直径 d_d 由《机械设计手册》查表确定带轮的结构类型和孔径 d，并根据图 5.4 中的经验公式计算其结构尺寸。再按表 5.1 确定轮缘部分的截面尺寸和槽的尺寸，选定材料，画带轮零件工作图。图上除写出技术要求外，还应标注尺寸公差、形位公差和表面粗糙度数值等零件工作图所要求的内容，如图 5.11 所示。

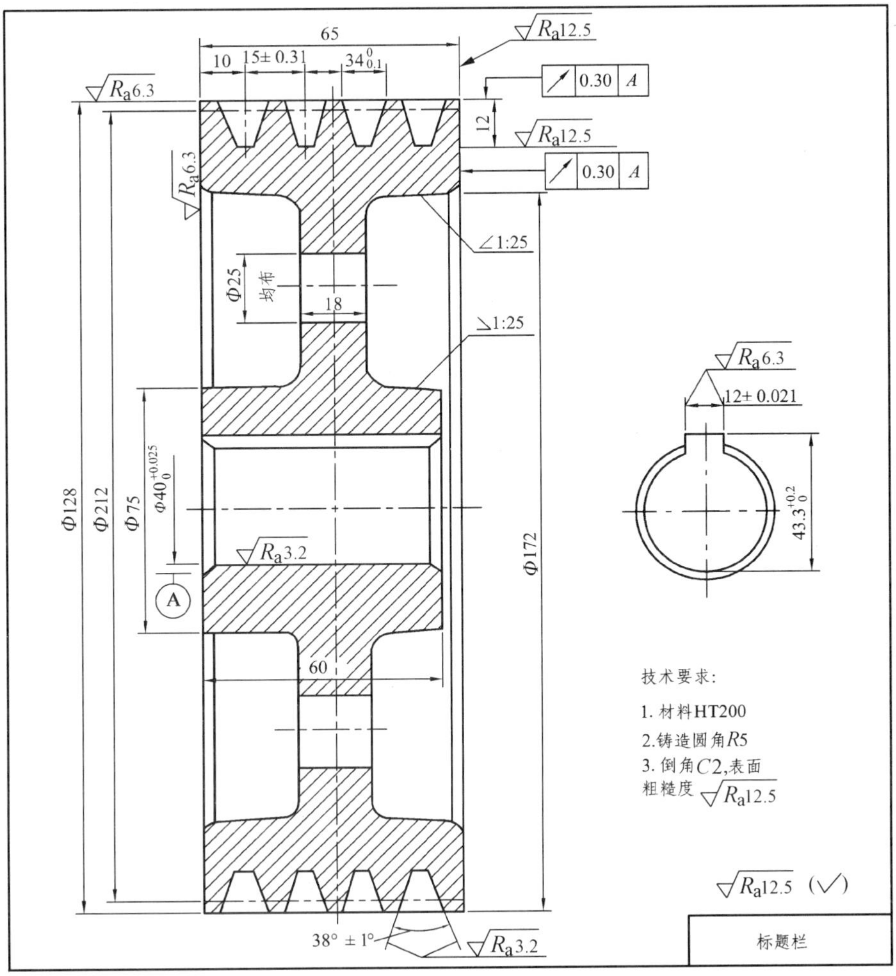

图 5.11　带轮工作图

【例 5-1】　设计由图 5.12 所示带式输送机中的普通 V 带传动。已知电动机额定功率 $P = 7.5$ kW，转速 $n_1 = 970$ r/min，要求Ⅱ轴的转速 $n_2 = 540$ r/min，两轴间的距离约为 500 mm，两班制工作，有轻微冲击。

过程见表 5.8。

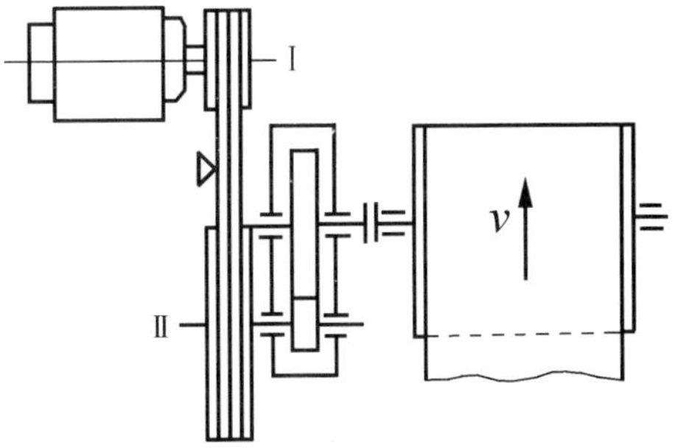

图 5.12　带式输送机

表 5.8 例 5-1 设计过程

计算项目	计算内容	计算结果
① 确定计算功率	由式（5-10），$P_c = K_A P$，查表 5.6 取工作情况系数 $K_A = 1.2$，则计算功率 $P_c = 1.2 \times 7.5 = 9.0$ kW	$P_c = 9.0$ kW
② 选择 V 带型号	根据 P_c 和 n_1，查图 5.9，选 B 型普通 V 带	B 型
③ 确定带轮直径 d_{d1}、d_{d2}	① 由表 5.7 取小带轮基准直径 $d_{d1} = 140$ mm ② 验算带速 $v = \frac{\pi \cdot d_{d1} n_1}{60 \times 1\,000} = \frac{3.14 \times 140 \times 970}{60 \times 1\,000} = 7.1\ \text{m/s}$ v 在 5 ~ 25 m/s 内，合适。 ③ 大带轮直径 $d_{d2} = d_{d1} \frac{n_1}{n_2} = 140 \times \frac{970}{540} = 251.5\ \text{mm}$ 根据表 5.6，取标准系列直径 $d_{d2} = 250$ mm ④ 验算传动比误差 $\Delta i = \left\lvert \frac{i - i'}{i} \right\rvert \% = \left\lvert \frac{n_1/n_2 - d_{d2}/d_{d1}}{n_1/n_2} \right\rvert \%$ $= \left\lvert \frac{970/540 - 250/140}{970/540} \right\rvert \% = 0.59\% < 5\%$ 合适	$d_{d1} = 140$ mm $d_{d2} = 250$ mm
④ 确定中心距 a_0 和带的长度 L_d	① 初定中心距 a_0。按已知条件，初定 $a_0 = 500$ mm ② 初算带长 L_0。由式（5-14） $L_0 \approx 2a_0 + \frac{\pi}{2}(d_{d1} + d_{d2}) + \frac{(d_{d2} - d_{d1})^2}{4a_0}$ $= 2 \times 500 + \frac{\pi}{2}(140 + 250) + \frac{(250 - 140)^2}{4 \times 500}$ $= 1\,618.66$ mm ③ 确定带的基准长度 L_d。查表 5.2，取 $L_d = 1\,600$ mm ④ 计算实际中心距 a。由式（5-15）计算实际中心距 $a \approx a_0 + \frac{L_d - L_0}{2} = 500 + \frac{1\,600 - 1\,618.66}{2} \approx 490\ \text{mm}$	$i = \frac{d_{d2}}{d_{d1}} = 1.79$ $L_d = 1\,600$ m $a = 490$ mm
⑤ 验算小带轮包角 α_1	由式（5-17） $\alpha_1 = 180° - 57.3° \frac{d_{d2} - d_{d1}}{a} = 180° - 57.3° \frac{250 - 140}{490} = 167° > 120°$	$\alpha_1 = 167°$
⑥ 确定 V 带根数	由式（5-18） $z = \frac{P_c}{(P_0 + \Delta P_0) k_\alpha k_L}$ 由 B 型带，$d_{d1} = 140$ mm，$n_1 = 970$ r/min，$i = 1.79$ 查图 5.8，得 $P_0 = 2.2$ kW；$\Delta P_0 = 0.30$ kW 查表 5.4，$k_\alpha = 0.97$；查表 5.5，$k_L = 0.93$，代入得 $z = \frac{9.0}{(2.2 + 0.30) \times 0.97 \times 0.93} = 3.99$，取 $z = 4$ 根	$z = 4$ 根

续表 5.8

计算项目	计算内容	计算结果
⑦ 计算初拉力 F_0	由式（5-19） $F_0 = 500\dfrac{P_c}{vz}\left(\dfrac{2.5}{k_a}-1\right)+qv^2$ 查表 5.1，B 型带 $q = 0.17$ kg/m $F_0 = 500\times\dfrac{9.0}{7\times4}\left(\dfrac{2.5}{0.97}-1\right)+0.17\times7^2 = 259$ N	$F_0 = 259$ N
⑧ 计算对轴的压力 F_r	由式（5-20） $F_r = 2zF_0\sin\dfrac{\alpha_1}{2} = 2\times4\times259\times\sin\dfrac{167^\circ}{2} = 2\ 059$ N	$F_r = 2\ 059$ N
⑨ 带轮设计	略	

第四节 带传动的张紧、安装与维护

一、张紧装置及初拉力 F_0 的测定

1. 张紧装置

为了得到和控制带的初拉力，保证带传动正常工作，必须采用适当的张紧装置，图 5.13 所示为带传动常用的几种张紧装置。

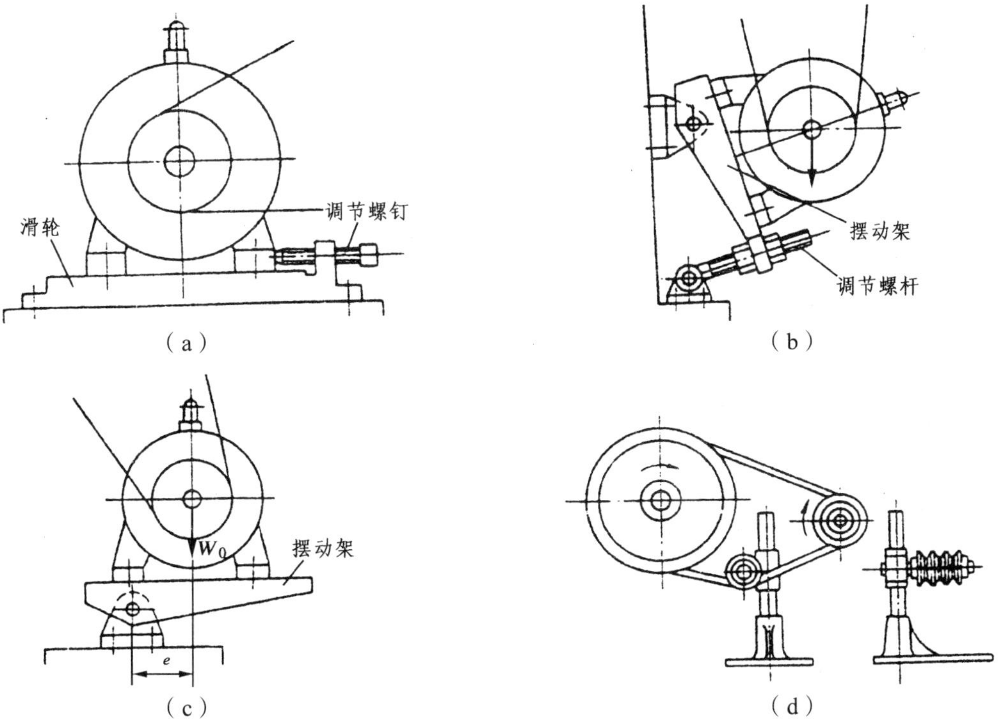

图 5.13 带传动张紧装置

图 5.13（a）中，通过调节螺钉来调整电动机位置，加大中心距，以达到张紧的目的，此法常用于水平布置的带传动。图 5.13（b）中，通过调节摆动架（电动机轴中心）位置，加大中心距，而达到张紧的目的，常用于近似垂直布置的带传动，此法需在调整好位置后，锁紧螺母。图 5.13（c）中，靠电动机和机座的重量，自动调整中心距达到张紧的目的，此法常用于小功率带传动，近似垂直布置的情况。图 5.13（d）是利用张紧轮张紧，张紧轮安装于松边的内侧，以避免带受双向弯曲，为使小带轮包角不减小过多，张紧轮应尽量靠近大带轮安装，此法常用于中心距不可调节的场合。

2. 初拉力的测定与控制

前文已述，带的初拉力对其传动能力、寿命和轴向、径向压力都有很大的影响，所以在带传动安装时，就应保证初拉力的大小。其测定方法如图 5.14 所示。

在带与两带轮切点的跨度中点，施加一规定的垂直于带的力 F，使带在每 100 mm 长度上产生 1.6 mm 的挠度（即挠角为 1.8°），则认为带的张紧力（初拉力）合适。若挠度大于此值，说明初拉力低于预定值，需要进一步张紧，直至达到规定的挠度值为止。F 值可参考有关资料。

二、安装与维护

正确地安装、使用并在使用过程中加强维护，是保证带传动正常工作，延长胶带使用寿命的有效途径。一般应注意以下几点：

（1）安装时，两带轮的轴线应相互平行，两轮相对应的 V 带型槽应对齐，其误差不得超过 20′（见图 5.15）。

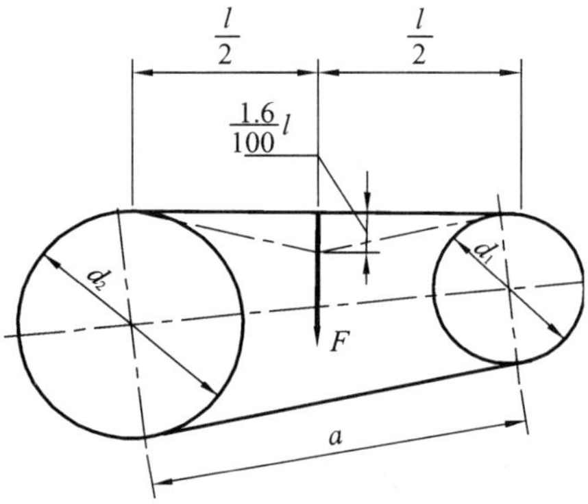

图 5.14 初拉力 F_0 的测定

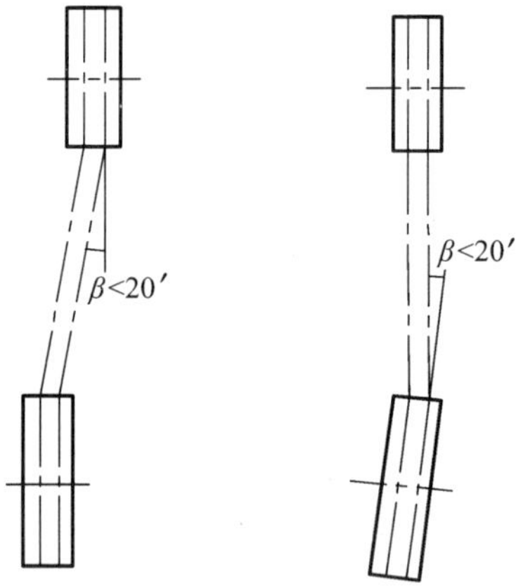

图 5.15 带轮的安装要求

（2）安装 V 带时，应先缩小中心距，将 V 带套入槽中后，再调整中心距并张紧；不应将带硬往带轮上撬，以免损坏带的工作表面和降低带的弹性。

（3）V 带在轮槽中应有正确的位置（见图 5.16），带的顶面应与带轮外线平齐，底面与带轮槽底间应有一定间隙，以保证带两侧工作面与轮槽全部贴合。

（a）正确示例　（b）不正确示例　（c）不正确示例

图 5.16　V 带在轮槽中的正确位置

（4）用多根 V 带传动时，为避免载荷分布不均，V 带的配组代号应相同，且生产厂家和批号也应相同。

（5）使用中应对带作定期检查，发现有一根带松弛或损坏就应全部更换新带，不能新、旧带混用。但是旧带可测量后，将实际长度相同的组合在一起重新使用，以免造成浪费。

（6）为了便于带的装卸，带轮应布置在轴的外伸端。带传动要加防护罩，以免发生意外事故，同时保护带传动的工作环境，以防酸、碱、油玷污胶带以及日光曝晒。

（7）切忌在有易燃、易爆气体的环境中（如矿井下）使用带传动，以免发生危险。

第五节　同步带传动

同步带传动是一种新型传动。同步带为齿状的环形带，带轮轮缘表面也制有相应的齿形。工作时，靠挠性带上的齿与轮缘上的齿相啮合进行传动的。如图 5.17 所示。

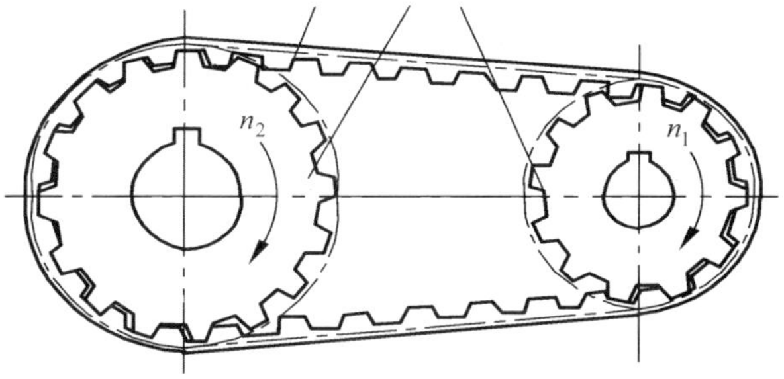

图 5.17　同步带传动

同步带的强力层通常以细钢丝绳或玻璃纤维制成，外面用聚氨酯或氯丁橡胶包裹，由于强力层受载变形极小，能保持同步带齿距不变，故带与带轮间没有相对滑动，从而保证主、从动轮的圆周速度同步，故称为同步带传动。

同步带传动的特点：

（1）带与带轮间无相对滑动，传动比准确。

（2）带薄而轻，惯性效应较小，可用于高速传动，圆周速度可达 40 m/s。

（3）带的预紧力小，所以轴和轴承上所受载荷也较小，能延长带的使用寿命。

（4）因为啮合传动，小带轮包角可减小，传动比也就增大（可达 10～20），传递功率随之增大（可达 200 kW）。

（5）制造和安装精度高，中心距要求严格。

同步带传动常用于要求传动比准确的中、小功率的传动，如电子计算机，电影放映机、录音机、磨床及医用机械中。

思考题与习题

5-1 带传动有什么特点？适用于哪些场合？

5-2 普通 V 带型号有____、____、____、____、____、____、____7 种，其中_____型最小，_______型最大。

5-3 打滑与弹性滑动有何区别？对带传动有何影响？

5-4 带传动为什么要设张紧装置？采用张紧轮张紧带传动时，张紧轮应布置在______边__________侧靠近_________带轮处。

5-5 试比较图 5.18 中张紧轮在 4 种布置方案下的优缺点。

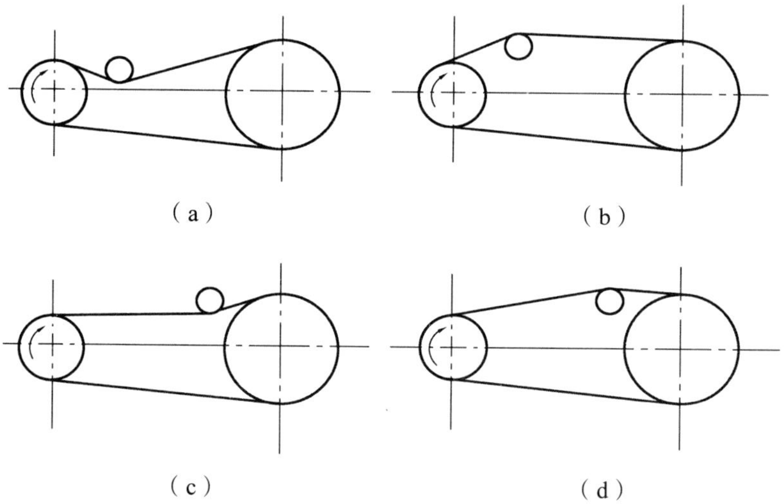

图 5.18

5-6 带传动有哪些失效形式？分析其产生的原因。

5-7 在有带传动和其他传动的多级传动装置中，为何常将带传动放在高速级？

5-8 设计一带式输送机的带传动，由电机驱动小带轮，已知输入功率 $P = 9$ kW，转速 $n_1 = 1\ 420$ r/min，大带轮转速 $n_2 = 682$ r/min，有轻微冲击，每天工作 8 h。

第六章　齿轮传动

第一节　齿轮传动的特点和分类

一、齿轮传动的特点

在各种机器中，齿轮机构是现代机械中应用最广泛的一种传动机构。可用于传递任意两轴之间的运动和动力。

齿轮机构的应用之所以十分广泛，是由于它具有一系列优越性：

（1）圆形齿轮机构中，两轮瞬时传动比（角速度之比）恒定。

（2）速度可以很高（圆周速度可达 300 m/s），也可以很低。

（3）传递的功率可以很大（可达几万千瓦），也可以很小。

（4）传动效率较高、寿命较长，而且结构紧凑。

（5）能实现平行、相交、交错轴间传动。

与其他传动相比，有下列主要缺点：

（1）制造和安装精度要求较高、成本也高。

（2）不适用于距离较远的传动。

二、齿轮传动的分类

齿轮机构不但应用广泛，而且历史悠久。我国西汉时所用的翻水车，三国时所造的指南车和晋朝时所发明的记里鼓车中都应用了齿轮机构。

1. 按一对齿轮两轴线的相对位置分类

（1）两轴线平行的齿轮机构。

（2）两轴线相交的齿轮机构。

（3）两轴线交错的齿轮机构。

2. 按两齿轮的啮合方式分类

（1）外啮合齿轮机构。两外齿轮啮合，两轮转向相反。

（2）内啮合齿轮机构。一个大的内齿轮与一个小的外齿轮啮合，两轮转向相同。

（3）齿轮齿条啮合的齿轮机构。一个外齿轮与一根齿条啮合，齿轮转动，齿条移动。

3. 按齿轮轮齿形状可分类

（1）直齿齿轮机构。

（2）斜齿齿轮机构。

（3）人字齿齿轮机构。

4. 按齿轮外观形状可分类

（1）圆柱齿轮机构。

（2）圆锥齿轮机构。

实际上，这些分类是交叉组合的，齿轮传动的类型与应用如表 6.1 所示。

表 6.1　齿轮传动的类型与应用

分类		名称	示意图	应用
平行轴齿轮传动	直齿圆柱齿轮传动	外啮合直齿圆柱齿轮传动		适用于圆周速度较低的传动，尤其适用于变速箱的换挡齿轮
		内啮合直齿圆柱齿轮传动	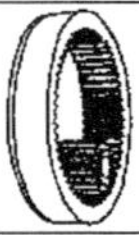	适用于结构要求紧凑，且效率较高的场合
		齿轮齿条传动	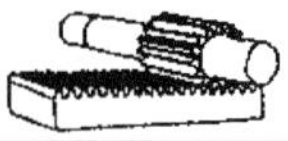	适用于将连续转动变换为往复移动的场合
	平行轴斜齿轮传动	外啮合斜齿圆柱齿轮传动		适用于圆周速度较高、载荷较大且要求结构紧凑的场合
	人字齿轮传动	外啮合人字齿圆柱齿轮传动	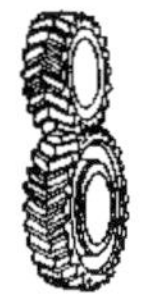	适用于载荷大且要求传动平稳的场合
相交轴齿轮传动		直齿锥齿轮传动	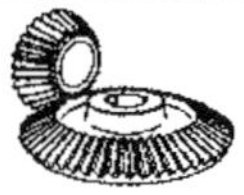	适用于圆周速度低、载荷小而稳定的场合
		曲齿圆锥齿轮传动	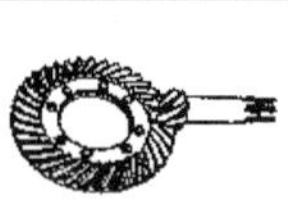	适用于圆周速度较高、载荷小的场合
交错轴齿轮传动		交错轴斜齿轮传动	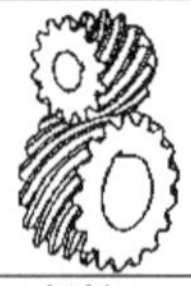	适用于圆周速度较低、载荷小的场合
		蜗杆传动	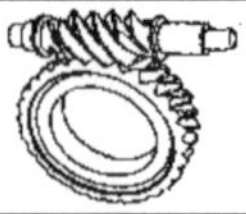	适用于传动比较大且要求结构紧凑的场合

第二节　齿轮的齿廓曲线

如前所述，一对齿轮传动是依靠主动轮轮齿的齿廓，推动从动轮轮齿的齿廓来实现的。显然，要研究齿轮的传动特点，首先必须对齿廓曲线的特性加以研究。可以作为齿廓的曲线是很多的，对于以定传动比传动的齿轮来说目前常用的齿廓曲线有渐开线、摆线和变态摆线等，随着生产和科学技术的发展必将还有新齿廓曲线出现。但采用渐开线作为齿廓曲线，不但容易制造，而且也便于安装，互换性也好，所以目前大部分的齿轮都采用渐开线作齿廓曲线，因此，本章将主要介绍渐开线齿轮。

一、渐开线的形成和特性

如图 6.1 所示，当一条动直线沿半径为 r_b 的圆作纯滚动时，此直线上任意点 K 的轨迹 AK 称为该圆的渐开线。该圆称为渐开线的基圆，它的半径用 r_b 表示、该直线称为渐开线的发生线。

根据上述渐开线的形成过程，可以得知渐开线有如下特性：

（1）发生线在基圆上滚过的长度等于基圆上被滚过的弧长，即 $KB=\overset{\frown}{AB}$。

（2）因发生线 BK 沿基圆作纯滚动，故发生线 BK 为渐开线上 K 点的法线。所以渐开线上任一点的法线必与基圆相切。换言之，渐开线上任意点的法线恒为基圆的切线。

（3）渐开线的形状取决于基圆的大小，同一基圆上的渐开线形状完全相同。基圆的大小不同，渐开线的曲率也不同。基圆越小渐开线越弯曲；基圆半径越大，其渐开线的曲率半径越大（见图 6.2），渐开线越平直，当基圆半径为无穷大时，其渐开线就变成了一条直线。齿条的齿廓曲线就是变成直线的渐开线。

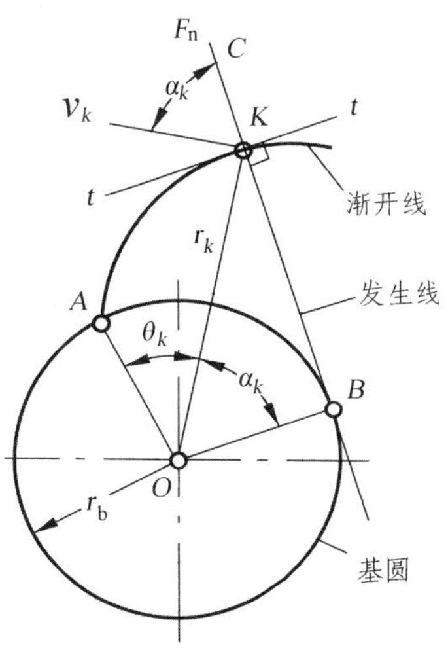

图 6.1　渐开线的形成

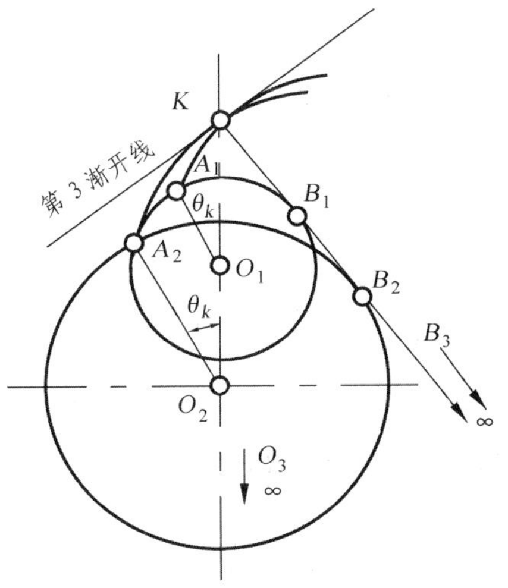

图 6.2　基圆大小对渐开线的影响

（4）渐开线是从基圆开始向外伸展的，所以基圆内无渐开线。

（5）作用在渐开线上 K 点压力 F_n 的方向（也就是法线 BK 方向），与力的作用点 K 的速度 v_k 方向线所夹的锐角 α_k（见图 6.1），称为渐开线在 K 点的压力角。渐开线上各点的压力角是变化的，K 点离基圆圆心 O 越远，其压力角越大。由图示几何关系可知，存在下列关系：

$$\cos\alpha_k = \frac{r_b}{r_k}$$

也即

$$\alpha_k = \arccos\frac{r_b}{r_k}$$

二、渐开线齿廓的啮合特点

1. 渐开线齿廓传动比恒定

如图 6.3 所示，渐开线齿廓 E_1、E_2 先在 K 点接触，过 K 点作齿廓公法线 N_1N_2，与连心线 O_1O_2 交于 C 点。按渐开线性质（2），N_1N_2 必同时与两轮基圆相切，是两轮基圆的内公切线。当两轮转动后，在另一点 K' 接触（见图 6.4），过 K' 点作齿廓公法线 $N_1'N_2'$ 与 O_1O_2 交于 C，同理 $N_1'N_2'$ 也是两轮基圆的内公切线。按照相同的方法可得出，过齿廓 E_1、E_2 在任一接触点所作两齿廓的公法线都是两轮基圆的内公切线。因为两基圆同侧内公切线只有一条，所以两渐开线齿廓接触时，过接触点的所有公法线都通过两轮连心线 O_1O_2 上的定点 C，C 点称为两啮合齿轮的节点，以两齿轮的圆心 O_1、O_2 为圆心，过 C 点的圆称为节圆，单个的齿轮没有节圆。由于 $\triangle O_1N_1C \backsim \triangle O_2N_2C$，所以

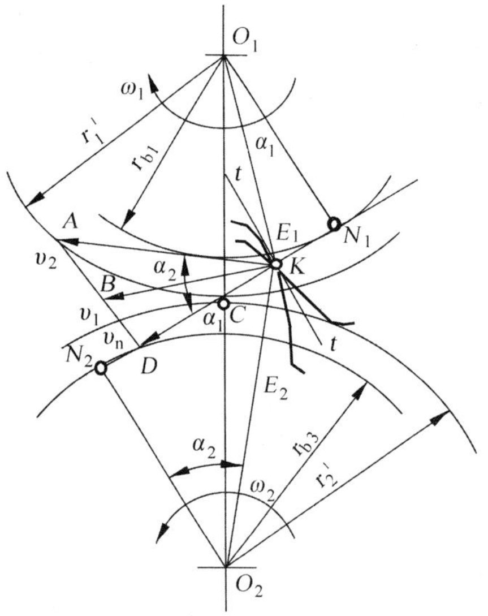

图 6.3 渐开线齿廓啮合

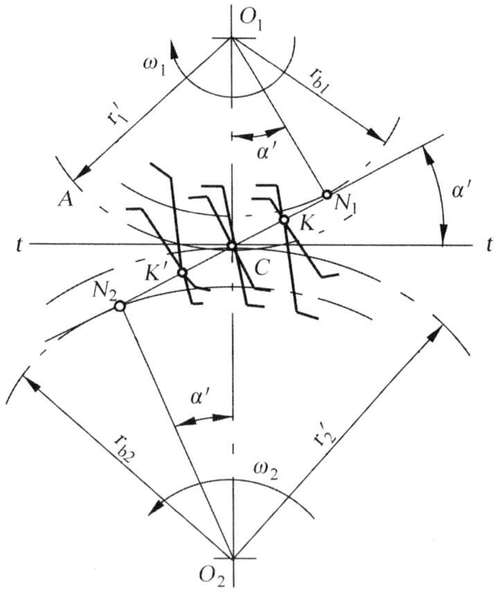

图 6.4 渐开线齿廓传力方向不变

$$i_{12} = \frac{\omega_1}{\omega_2} = \frac{O_2C}{O_1C} = \frac{O_2N_2}{O_1N_1}$$

即

$$i_{12}=\frac{\omega_1}{\omega_2}=\frac{r_{b2}}{r_{b1}} \tag{6-1}$$

式中，i_{12}为齿轮 1 与齿轮 2 的瞬时传动比；r_{b2}、r_{b1}为齿轮 2 与齿轮 1 的基圆半径。

由于两齿轮已做好，两轮基圆半径不变，故传动比恒为常数。

2. 中心距可分性

由于制造、安装误差、轴承磨损或工作需要等原因，实际中心距与设计中心距往往是不相同的。但由于渐开线齿轮传动比等于两基圆半径的反比，而齿轮制成后基圆大小不变，所以即使两齿轮的实际中心距与设计中心距略有偏差，也不会影响齿轮的传动比，这一性质称为渐开线齿轮传动的中心距可分性。它给齿轮制造、安装、维修带来很大的方便。

3. 传递的压力方向不变

既然一对渐开线齿廓在任何位置啮合时，接触点的公法线都是在同一条直线 N_1N_2 上，而接触点又必定在公法线上，这就说明了一对渐开线齿廓从开始啮合到脱离接触，所有的啮合点均在线 N_1N_2 上。因此，线 N_1N_2 是两齿廓接触点的轨迹，故将线 N_1N_2 称为渐开线齿轮传动的啮合线。两切点连线 N_1N_2 称为理论啮合线，以 O_1、O_2 为圆心，O_1C、O_2C 为半径所作相切于 C 点的两个圆称为节圆，其半径用 r_1'、r_2'，表示。啮合线与过 C 点所作两节圆的内公切线 t-t 所夹的锐角称为啮合角，用 α' 表示。由于啮合线与两齿廓接触点的公法线重合，且在齿轮传动中啮合线 N_1N_2 为一条定直线，所以可得出渐开线齿轮在传动过程中，齿廓之间的正压力方向始终不变（见图 6.4）。这对于齿轮传动的平稳性是很有利的。

第三节　渐开线直齿圆柱齿轮机构

一、渐开线标准直齿圆柱齿轮的主要参数和基本尺寸

为了进一步研究齿轮的传动原理和齿轮的设计问题，必须先将齿轮各部分的名称、符号及其尺寸间的关系加以介绍。

如图 6.5 所示是标准渐开线直齿圆柱齿轮的局部图。

（1）齿数。在齿轮整个圆周上轮齿的总数称为齿轮的齿数，常用 z 表示。

（2）齿顶圆。齿轮各齿的顶端都在同一圆周上，过齿轮各齿顶端的圆称为齿顶圆，其直径和半径分别用 d_a 和 r_a 表示。

（3）齿根圆。齿轮相邻两齿廓的空间称为齿槽，齿轮各齿槽的底部也在同一圆周上，过齿轮各齿槽的底部的圆称为齿根圆。其直径和半径分别用 d_f 和 r_f 表示。

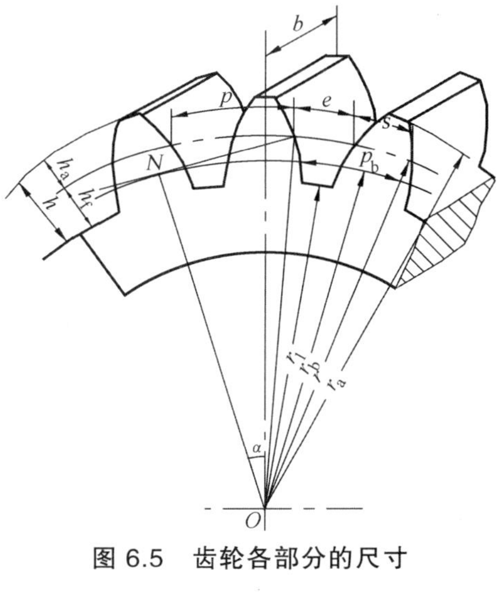

图 6.5　齿轮各部分的尺寸

（4）齿厚、齿槽宽和齿距。在任意直径 d_k 的圆周上，轮齿两侧齿廓间的弧长称为该圆齿厚，以 s_k 表示。齿槽两侧齿廓间的弧长称为该圆齿槽宽，用 e_k 表示。沿任意圆周所量得的相邻两齿同侧齿廓间的弧长称为该圆齿距（或称为该圆上的周节），用 p_k 表示。显而易见，在同一圆周上，齿距就等于齿厚与齿槽宽之和，即

$$p_k = s_k + e_k$$

（5）分度圆、模数、压力角。为了计算齿轮各部分尺寸，在齿顶圆与齿根圆之间规定一直径为 d 的圆作为计算的基准，这个圆称为齿轮的分度圆。分度圆上的齿厚、齿槽宽和齿距分别以 s、e、p 表示。而 $p = s + e$。因为分度圆的周长 $= \pi d = zp$。可得：

$$d = \frac{zp}{\pi}$$

由上式可知，一个齿数为 z 的齿轮，只要其齿距 p 一定，就可以求出其分度圆的直径 d。但是上式中存在的π为无理数，这使计算非常不方便。为了便于计算、制造和检验，就将比值 p/π 规定为一些简单的数值如 0.1、0.2…1、2、3…，并把这个数值称为模数，用 m 表示，即

$$m = \frac{p}{\pi} \qquad (6\text{-}2)$$

其单位用 mm 表示。于是得

$$d = mz \qquad (6\text{-}3)$$

模数 m 是决定齿轮参数的一个基本参数。齿数相同的齿轮，模数大，则其轮齿尺寸也大，承载能力也越大。从图 6.6 所示的不同模数的齿形图上可以清楚地看出这一点。

为了便于计算、制造、检验和互换使用，齿轮的模数值已经标准化了。我国规定的标准模数系列见表 6.2。

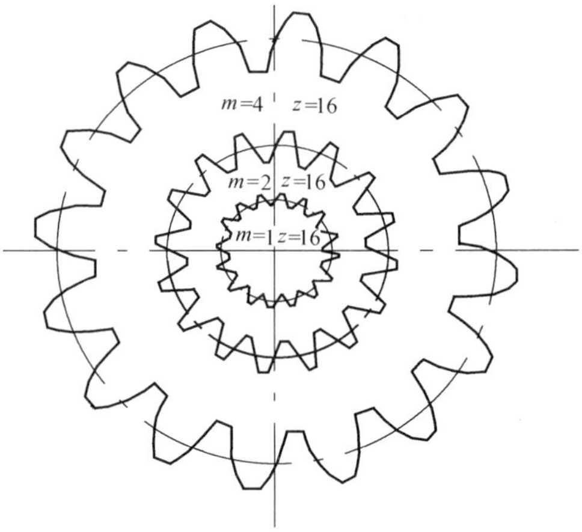

图 6.6 齿轮尺寸随模数的变化

表 6.2 标准模数系列表（GB/T 1357—2004） 单位：mm

第一系列	1 1.25 1.5 2 2.5 3 4 5 6 8 10 12 16 20 25 32 40 50
第二系列	1.75 2.25 2.75 （3.25） 3.5 （3.75） 4.5 5.5 （6.5） 7 9 （11） 14 18 22 28 36 45

注：① 选用模数时，应优先采用第一系列，其次是第二系列，括号内的模数尽可能不用；
② 本表适用于渐开线圆柱齿轮，对斜齿轮是指法面模数。

前面我们已给压力角下过定义，已知

$$\alpha_k = \arccos\frac{r_b}{r_k} \qquad (6\text{-}4)$$

且对于同一渐开线齿廓，r_k 不同 α_k 也不同，离基圆越远，压力角越大。通常所说的齿轮压力角是指分度圆上的压力角，于是有

$$\alpha = \arccos\frac{r_b}{r} \quad 或 \quad r_b = r\cos\alpha \tag{6-5}$$

由式（6-5）可知：分度圆大小相同的齿轮，如果其压力角α不同，则其齿廓渐开线的基圆大小也不相同，因此其齿廓渐开线的形状也就不同，所以压力角α也是决定渐开线齿廓形状的一个基本参数。同样为了便于计算、制造、检验和互换使用的方便，现在也把分度圆上的压力角规定为标准值，一般取$\alpha = 20°$（或 15°）

现在给分度圆下一个完整的定义：分度圆就是齿轮上具有标准模数和标准压力角的圆。当齿轮的模数和齿数一定时，其分度圆的大小也一定。所以任何一个齿轮都有一个分度圆，而且只有一个。

（6）齿顶高、齿根高、全齿高。如图 6.5 所示，轮齿被分度圆分成两部分：介于分度圆与齿顶圆之间的部分称为齿顶，其径向高度称为齿顶高，用 h_a表示；介于分度圆与齿根圆之间的部分称为齿根，其径向高度称为齿根高，用 h_f表示；齿根圆至齿顶圆之间的径向距离称为全齿高，用 h 表示。显然

$$h = h_a + h_f \tag{6-6}$$

齿轮各部分的尺寸均以模数作为计算基准，按标准规定

$$h_a = h_a^* m$$

$$c = c^* m$$

$$h_f = h_a + c = (h_a^* + c^*)m \tag{6-7}$$

式中，h_a^*为齿顶高系数；c^*为顶隙系数；c 为顶隙，它是指一对齿轮啮合时，一轮的齿顶与另一轮的齿根圆之间按半径方向的间隙如图 6.7 所示，它是为了避免两轮啮合顶撞和储存润滑油。

GB 1356—87 规定齿顶高系数和顶隙系数分别为：

正常齿制　　$h_a^* = 1.0$，$c^* = 0.25$

短齿制　　$h_a^* = 0.8$，$c^* = 0.3$

由上所述，可推出齿顶圆直径和齿根圆直径的计算公式。

$$d_a = d + 2h_a = m(z + 2h_a^*) \tag{6-8}$$

$$d_f = d - 2h_f = (z - 2h_a^* - 2c^*) \tag{6-9}$$

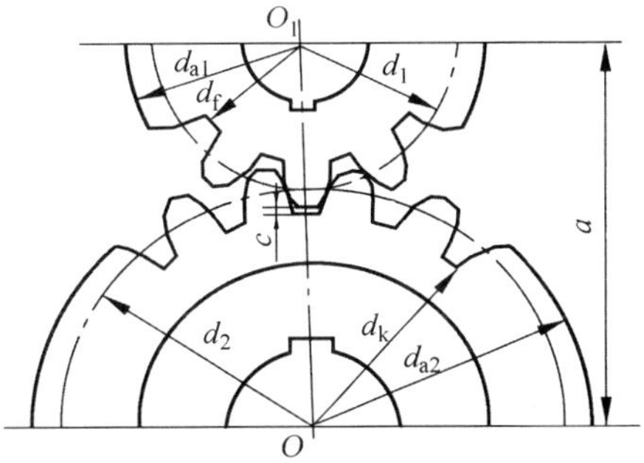

图 6.7　齿轮啮合与顶隙

一般情况下都采用标准齿轮。所谓的标准齿轮是指模数、压力角、齿顶高系数、顶隙系数都取标准值，且分度圆齿厚等于齿槽宽的齿轮。因此，对于标准齿轮来说

$$s = e = \frac{\pi m}{2} \tag{6-10}$$

对于一对模数相等的标准齿轮，由于分度圆上的齿厚与齿槽宽相等，故有

$$s_1 = e_1 = s_2 = e_2 = \frac{\pi m}{2} \tag{6-11}$$

所以，在安装时可使两轮分度圆相切作纯滚动，即节圆与分度圆重合，啮合角α'等于分度圆压力角α。

（7）标准中心距。一对标准齿轮啮合时，当分度圆与节圆重合时的中心距称为标准中心距，用 a 表示（见图 6.7）。即

$$a = r_1' + r_2' = r_1 + r_2 = \frac{m(z_1 + z_2)}{2} \tag{6-12}$$

需要说明的是：节圆和分度圆是两个不同的概念，节圆是在啮合中出现的，对单个齿轮而言，不存在节圆。

为了便于计算和设计，现将外啮合渐开线标准直齿轮几何尺寸的计算公式列于表 6.3 中。

表 6.3　标准直齿圆柱齿轮传动的参数和几何尺寸计算公式

名　称	代　号	公式与说明
齿数	z	根据工作要求确定
模数	m	由轮齿的承载能力确定，并按表 6.2 取标准值
压力角	α	$\alpha = 20°$
分度圆直径	d	$d_1 = mz_1$；$d_2 = mz_2$
齿顶高	h_a	$h_a = h_a^* m$
齿根高	h_f	$h_f = (h_a^* + c^*) m$
齿全高	h	$h = h_a + h_f$
齿顶圆直径	d_a	$d_{a1} = d_1 + 2h_a = m(z_1 + 2h_a^*)$ $d_{a2} = m(z_2 + 2h_a^*)$
齿根圆直径	d_f	$d_{f1} = d_1 - 2h_f = m(z_1 - 2h_a^* - 2c^*)$ $d_{f2} = m(z_2 - 2h_a^* - 2c^*)$
分度圆齿距	p	$p = \pi m$
分度圆齿厚	s	$s = \frac{1}{2}\pi m$
分度圆齿槽宽	e	$e = \frac{1}{2}\pi m$
基圆直径	d_b	$d_{b1} = d_1\cos\alpha = mz_1\cos\alpha$ $d_{b2} = mz_2\cos\alpha$

二、渐开线直齿圆柱齿轮的啮合传动

前面我们只对单个渐开线齿轮进行了研究，下面将讨论一对渐开线齿轮啮合传动的情况。

1. 一对渐开线齿轮正确啮合的条件

在前面的讲述中，我们已知，一对渐开线齿廓是能够保证传动比恒定的。但这并不说明任意两个渐开线齿轮都能搭配起来正确地传动。

如图 6.8 所示为一对渐开线齿轮同时有两对齿参与啮合，它们每对齿仅啮合一段时间便要分离，而由后一对齿接替。前一对齿在 K'点接触，后一对齿在 K 点接触。它们都在啮合线 N_1N_2 上，由图看出，只有前后相邻的两对齿廓间不发生重叠或脱开的不协调现象，即 $K_1K_1' = K_2K_2'$ 才能保证正确啮合。

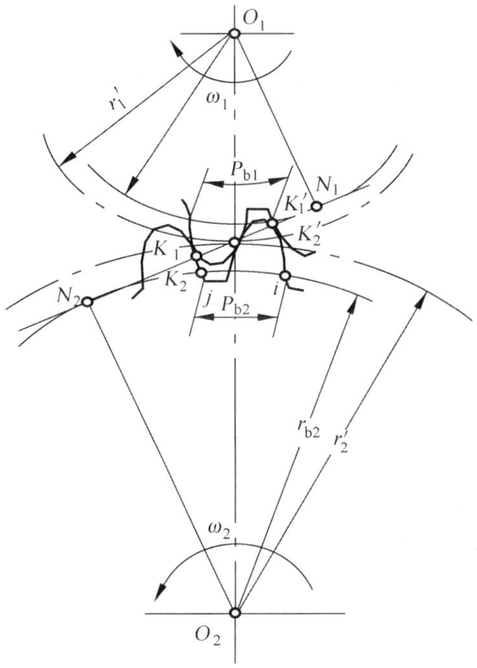

图 6.8　正确啮合条件

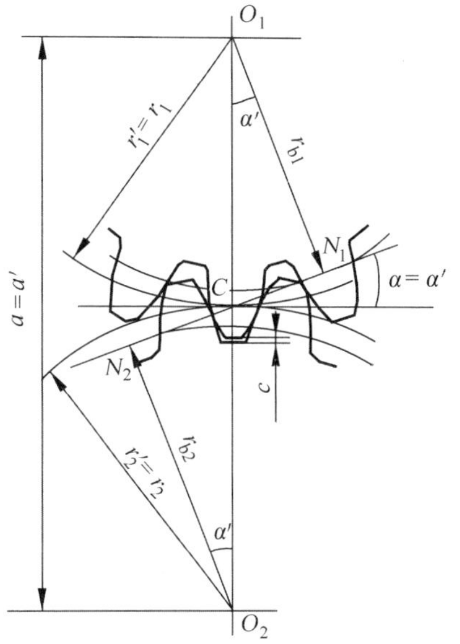

图 6.9　标准齿轮的中心距

按渐开线性质，可知

$$KK' = p_{b1} = p_{b2} \qquad (a)$$

又因

$$p_{b1} = p_1 \cos\alpha_1 = \pi m_1 \cos\alpha_1$$

$$p_{b2} = p_2 \cos\alpha_2 = \pi m_2 \cos\alpha_2$$

将 p_{b1}、p_{b2} 代入（a）式后，可得两齿轮的正确啮合条件为

$$m_1 \cos\alpha_1 = m_2 \cos\alpha_2 \qquad (6\text{-}13)$$

式中，m_1、m_2、α_1、α_2 分别为两轮的模数和压力角。如前所述，由于模数和压力角都已标准化，所以要满足式（6.13），应使 $m_1 = m_2$；$\alpha_1 = \alpha_2$。

这就是说：渐开线齿轮正确啮合的条件是：两轮的模数和压力角应分别相等。

2. 渐开线齿轮传动的重合度

齿轮传动是依靠两轮的轮齿依次接触来实现的。但是，由于轮齿的高度有限，故一对轮齿的啮合区间也是有限的。因此，为了使传动不至于中断，在轮齿交替工作时，就必须保证当前一对轮齿尚未脱离啮合时，后一对轮齿就应进入啮合，传动便能连续进行。

如图 6.10 所示为一对渐开线齿轮啮合的情况。设齿轮 1 为主动轮，以角速度ω_1顺时针方向回转；齿轮 2 为从动轮，以角速度ω_2逆时针方向回转，齿轮的一对轮齿在B_2点进入啮合，在B_1点脱离啮合，所以B_2点称为啮合起始点，B_1点称为啮合终止点。线段B_1B_2称为实际啮合线段，很明显，实际啮合线段越长，则一对轮齿的啮合过程越长，传动越平稳。如果将两齿轮的齿顶圆加大，则点B_1、B_2将分别趋近于啮合线与两基圆的切点N_1、N_2，因此实际啮合线段将加长。但是，基圆以内没有渐开线，所以两轮的齿顶圆与啮合线N_1N_2的交点不得超过点N_1及N_2。因此，啮合线N_1N_2是理论上可能的最长啮合线段，特称为理论啮合线段，而N_1、N_2点则称为啮合极限点。

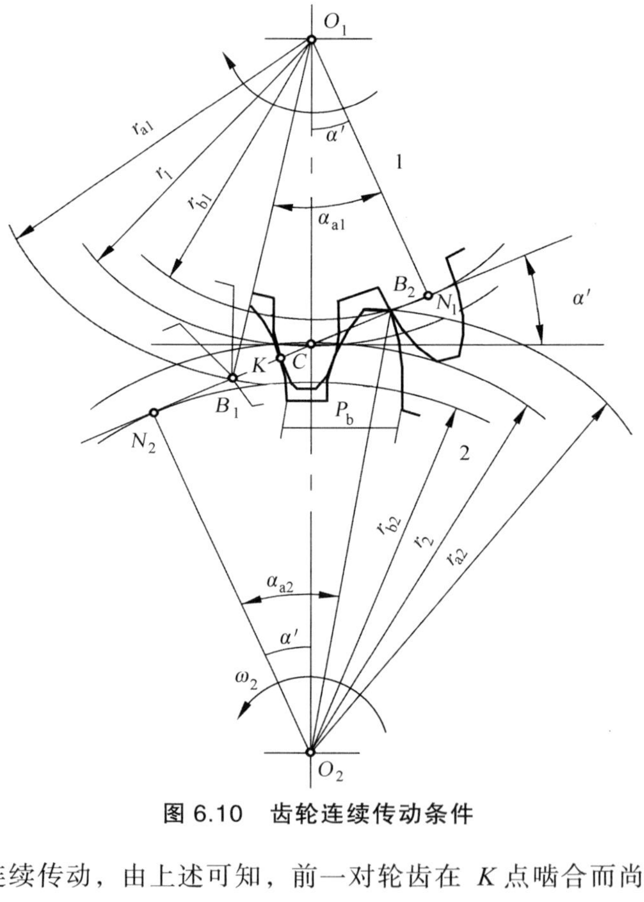

图 6.10 齿轮连续传动条件

要保证两轮能连续传动，由上述可知，前一对轮齿在K点啮合而尚未到达啮合终点B_1时，后一对轮齿已在啮合始点B_2点开始啮合。因此，连续传动条件是

$$B_1B_2 \geqslant B_2K$$

由渐开线的性质可知，线段B_2K等于基圆齿距p_b。由上述可知，齿轮的连续传动条件是：两齿轮的实际啮合线B_1B_2应大于或至少等于齿轮的基圆齿距。通常把这个条件用B_1B_2与p_b的

比值ε来表示，ε称为齿轮传动的重合度。所以可得齿轮连续传动条件是

$$\varepsilon=\frac{B_1B_2}{p_b}\geqslant 1 \tag{6-14}$$

一对齿轮传动时，其重合度的大小，实质上表明了同时参加啮合的轮齿的对数的多少。例如，当$\varepsilon=1$时，表明在齿轮传动的过程中，除了在点B_1、B_2和线段B_1B_2的中点这3点接触的瞬间外，始终只有一对轮齿参加啮合。如果，ε不是整数，例如，$\varepsilon=1.3$，指在啮合点走过一个基圆齿距时，有30%的时间为两对齿啮合，70%的时间为一对齿啮合。

齿轮传动的重合度越大，就意味着同时参与啮合的轮齿的数目越多。这样，每对轮齿的受载就小，因此提高了齿轮传动的承载能力。

第四节　渐开线齿廓的切制

一、齿廓切制的基本原理

近代齿轮的加工方法很多，有铸造、模锻、热轧、粉末冶金、切削加工等。但最常用的还是切削加工。切削加工就其原理来说，可概括分为仿形法、范成法（展成法），现分别介绍如下。

1. 仿形法

仿形法的特点是刀具的形状与被加工齿轮的齿廓形状完全相同。用仿形法加工齿廓时所采用的刀具一般为盘形铣刀和指状铣刀。指状铣刀常用于加工大模数（如 $m>20$ mm）的齿轮，并可以切制人字齿轮。图 6.11（a）为用盘形铣刀加工齿轮，图 6.11（b）为用指状铣刀加工齿轮。切制时，铣刀转动，同时毛坯沿自身的轴线方向移动，等切出一个齿槽，也就是切出一个齿槽的两侧齿廓，然后将毛坯退回到原来的位置，并用分度盘将毛坯转过 360°/z，再继续切削第二个齿槽。这样连续切削就可切出齿轮的所有轮齿。

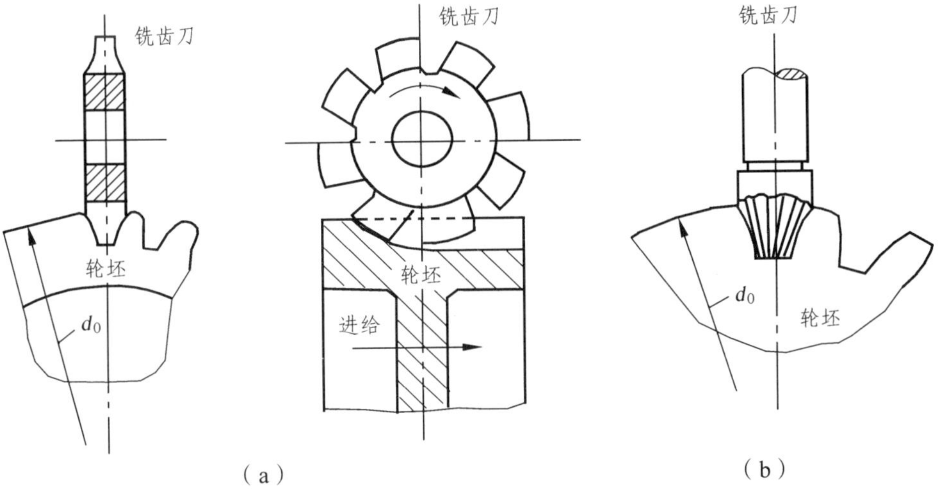

图 6.11　成形法加工齿轮

渐开线的形状是由基圆半径 r_b 的大小决定的。由 $r_b = r\cos\alpha = mz\cos\alpha/2$ 可知，在模数 m 和压力角 α 相同的情况下，不同的齿数 z 就有不同的齿形，即加工不同 m、α 和 z 的齿轮，理论上就应有不同的铣刀，这在实际上是做不到的。为了控制铣刀的数量，在工程上加工同样 m 和 α 的齿轮时，只备有 1 至 8 号八铣刀，每把铣刀可铣一定齿数范围的齿轮，根据被切齿轮的齿数，选择铣刀的号数。

由于仿形法是用一把铣刀加工不同齿数的齿轮，每把铣刀的齿形，都是按该号中最少齿数的齿轮齿形制成的。因此，加工时齿廓存在一定的误差，加工出的齿轮多数都不能达到理想的要求，同时，分度精度又会影响加工精度；又因切齿不连续，生产效率低。故不宜于成批生产。但是，它可以在普通铣床上加工，常用于齿轮修配和大模数齿轮的单件生产中。低精度的圆锥齿轮也常用仿形法来加工。

2. 展成法

展成法是目前齿轮加工中最常用的一种方法。它是利用一对齿轮（或齿轮与齿条）啮合时，其共轭齿廓互为包络的原理来切齿的。实质是在保证刀具和轮坯间按渐开线齿轮啮合关系而运动的同时对轮坯进行切削。如工厂里常用的插齿、滚齿、剃齿、磨齿等加工方法，都属展成法，其中剃齿和磨齿为精加工方法。

（1）插齿。图 6.12（a）为用齿轮插刀加工齿轮的情形。插刀的形状就像一个具有刀刃的外齿轮。将插刀和轮坯装在专用的插齿机床上，通过机床的传动系统使插刀与轮坯按恒定的传动比 $i = \frac{\omega_0}{\omega} = \frac{z}{z_0}$（$z_0$ 与 z 分别代表刀具与轮坯的齿数）回转。同时插刀沿轮坯的轴线作上下的切削运动，这样，插刀切削刃相对于轮坯的各个位置所组成的包络线[见图 6.12（b）]，即为被加工齿轮的齿廓。

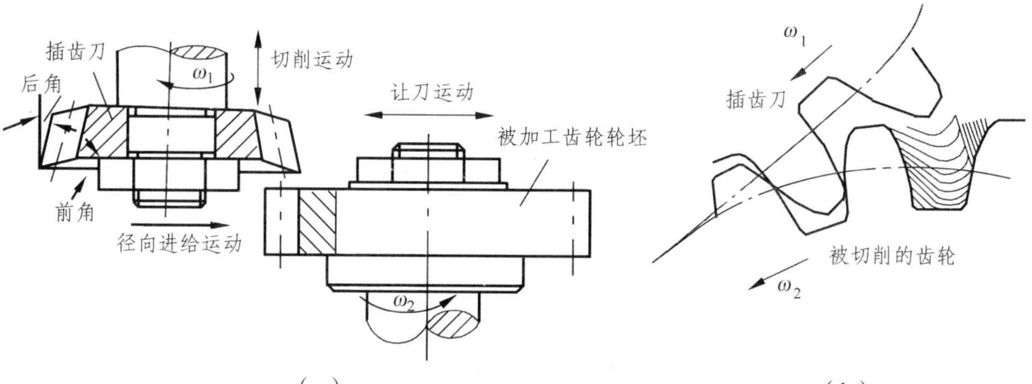

图 6.12 用插齿刀加工齿轮

当齿轮插刀的齿数增加到无穷多时，其基圆半径变为无穷大，则齿轮插刀演变成齿条插刀，如图 6.13 所示，在加工时，插刀沿轮坯轴线作上下的切削运动和让刀运动，轮坯作转动，齿条插刀的移动速度 $v = \frac{d\omega}{2} = \frac{mz\omega}{2}$。这样，齿条插刀切削刃相对于轮坯的各个位置所组成的包络线即为被加工齿轮的齿廓。

（2）滚齿。用齿条刀具加工齿轮为断续切削，生产效率较低。因此，在生产中更广泛地采用齿轮滚刀来加工齿轮。滚齿就是利用滚刀在滚齿机上加工齿轮的，如图 6.14 所示。滚刀的形状像一螺旋，在垂直于轮坯轴线并通过滚刀轴线的主剖面内，刀具与齿坯相当于齿条（刀具刃形）与齿轮的啮合，用滚刀加工齿轮的原理与齿条插刀切制齿轮的原理基本相同。滚齿加工过程接近于连续过程，故生产效率较高。

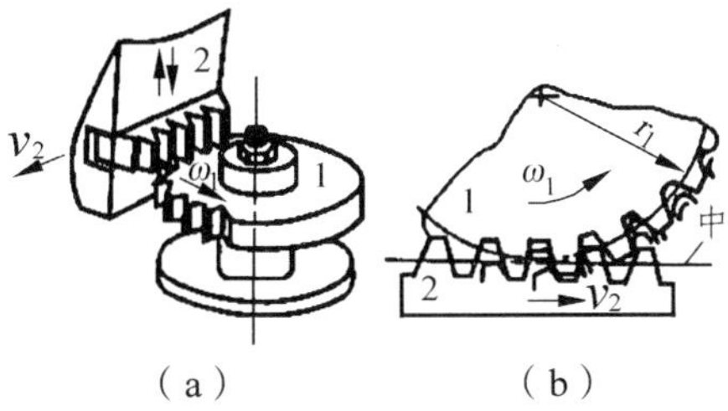

图 6.13　齿条加工齿轮

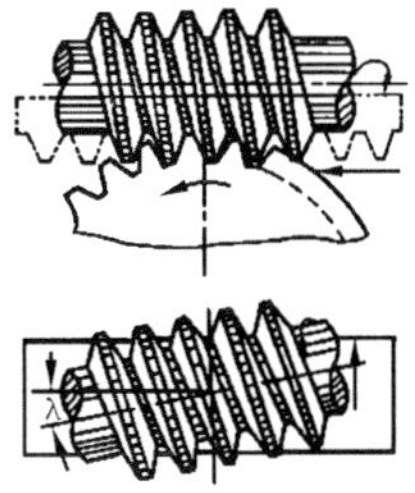
图 6.14　滚刀加工齿轮

用范成法加工齿轮时，只要刀具和被加工齿轮的模数 m 和压力角 α 相同，则不管被加工齿轮的齿数为多少，都可以用同一把刀具加工出来。而且生产率较高，所以在大批生产中多采用这种方法。但是，需要专用的机床。

二、根切现象与最少齿数

1. 齿廓的根切现象

当用范成法加工齿轮时，如果齿数太少，则刀具的齿顶会将轮坯的根部过多地切去。如图 6.15 所示，这种现象称为根切现象。产生严重根切的轮齿，轮齿的抗弯强度降低，还会切去齿根部分的渐开线，使一对轮齿的啮合过程缩短，降低重合度，从而影响传动的平稳性。因此，应尽量避免根切。

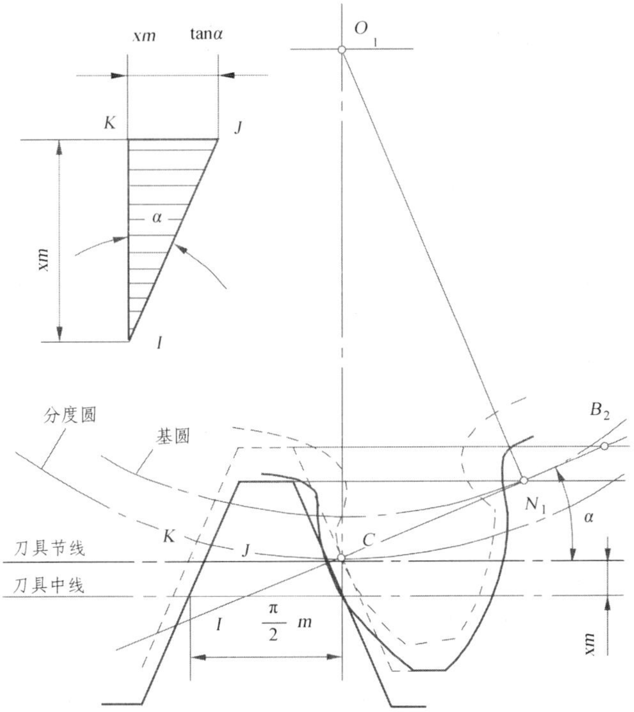

图 6.15　根切现象

2. 齿廓根切的原因

现以齿条刀具范成法加工渐开线齿廓的情况加以说明。

如图 6.15 所示，如果被加工齿轮的齿数过少，刀具齿顶线与啮合线的交点 B_2 将会超过极限啮合点 N_1，根据轮齿啮合过程可知，过了点 B_2，由于刀具的齿廓已离开了啮合线，所以就不能再继续切出渐开线齿廓了，而点 B_2 即为渐开线齿廓的起始点。这时刀具会把已加工好的齿根渐开线齿廓切削一部分。

综上所述，得出结论：在用范成法加工齿轮时，如果刀具的齿顶线超过了啮合线与轮坯基圆的切点 N_1，则被切齿轮的轮齿必然产生根切现象。

3. 渐开线齿轮不产生根切的最少齿数

要避免根切必须保证 $CB_2 \leqslant CN_1$，可得出

$$z_{\min} = \frac{2h_a^*}{\sin^2\alpha} \tag{6-15}$$

式中，对于正常齿制标准齿轮 $h_a^* = 1$，$\alpha = 20°$。代入式（6-15），可得

$$z_{\min} = \frac{2h_a^*}{\sin^2\alpha} = \frac{2\times1}{\sin^2 20°} \approx 17$$

三、变位齿轮简介

标准齿轮存在下列主要缺点：

（1）为了避免加工时发生根切，标准齿轮的齿数必须大于或等于最少齿数 $z_{\min}$。

（2）标准齿轮不适用于实际中心距小于标准中心距的场合。

（3）一对互相啮合的标准齿轮，小齿轮的抗弯能力比大轮齿低。

为了弥补这些缺点，在机械中出现了变位齿轮。

图 6.16 所示齿条刀具上与刀顶线平行而其齿厚等于齿槽宽的直线称为刀具的中线。中线以及与中线平行的任一直线，称为分度线。除中线外，其他分度线上的齿厚与齿槽宽不相等。

加工齿轮时，若齿条刀具的中线与轮坯的分度圆相切并作纯滚动，由于刀具中线上的齿厚与齿槽宽相等，则被加工齿轮分度圆上的齿厚与齿槽相等，其值为$\pi m/2$，因此被加工出来的齿轮为标准齿轮 [见图 6.16（a）]。

若刀具与轮坯的相对运动关系不变，但刀具相对轮坯中心离开或靠近一段距离 xm [见图 6.16（b）、（c）]，则轮坯的分度圆不能与刀具中线相切，而是与中线以上或以下的某一分度线相切。这时与轮坯分度圆相切并作纯滚动的刀具分度线上的齿厚与齿槽宽不相等，因此被加工的齿轮在分度圆上的齿厚与齿槽宽也不相等。当刀具远离轮坯中心移动时，被加工齿轮的分度圆齿厚增大。当刀具向轮坯中心靠近时，被加工齿轮的分度圆齿厚减小。这种由于刀具相对于轮坯位置发生变化而加工的齿轮，称为变位齿轮。齿条刀具中线相对于被加工齿轮分度圆所移动的距离，称为变位量，用 xm 表示，m 为模数，x 为变位系数。刀具中线远离轮坯中心称为正变位，这时的变位系数为正数，所切出的齿轮称为正变位齿轮。刀具靠近轮坯中心称为负变位，这时的变位系数为负数，所加工的齿轮称为负变位齿轮。

采用变位齿轮制成齿数少于 z_{min} 而不发生根切的齿轮，可以实现非标准中心距的无侧隙传动，可以使大小齿轮的抗弯能力接近相等。

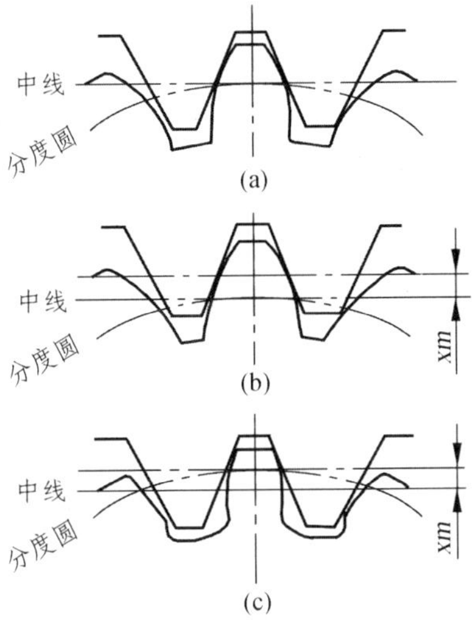

图 6.16　变化齿轮的切削原理

第五节　齿轮传动概述

一、轮齿的失效形式

由于齿轮传动是利用轮齿直接接触并传递运动和动力的，因此齿轮传动的失效常发生在齿轮的轮齿上。常见的轮齿失效形式有以下几种：

1. 轮齿折断

如图 6.17 所示，齿轮受载时，轮齿相当于一悬脊梁，在法向压力 F_n 的作用下，齿根部分弯曲应力最大；在运转过程中，弯曲应力循环变化；且轮齿根部应力集中。经过长时间的运行，便产生疲劳裂纹而逐渐扩展，最终导致轮齿疲劳折断。还有一种折断是在短时过载或强烈冲击下发生的突然折断，称为过载折断。

轮齿折断一般发生在轮齿根部。

防止轮齿折断的办法是：采用合适的材料，选择恰当的模数和齿宽，合理的热处理工艺，加大齿根圆角半径，改善齿面的粗糙度。

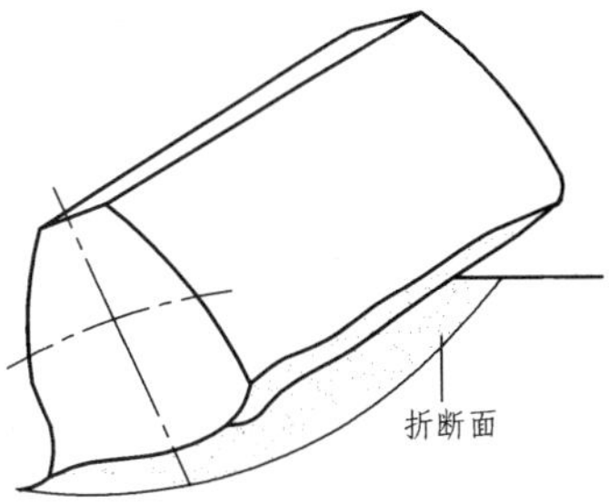

图 6.17　轮齿折断

2. 齿面点蚀

当齿轮的啮合次数增多，接触应力循环次数超过一定限度后，表层内形成裂纹，裂纹达到一定深度后以甲壳状的小片剥落，在齿面上形成一个个小麻点，这种现象称为疲劳点蚀。

齿面点蚀一般出现在齿根表面靠近节线处，如图 6.18 所示。

抗点蚀能力与齿面硬度有关，齿面硬度越高，抗点蚀能力越强，故常采用热处理方法提高齿面硬度。对于润滑良好，软齿面（HB≤350 HB）的闭式齿轮传动，齿面点蚀是轮齿传动的主要失效形式；在开式传动中，由于齿面磨损较快，点蚀尚未出现或扩展即被磨掉，所以看不到点蚀的破坏现象。

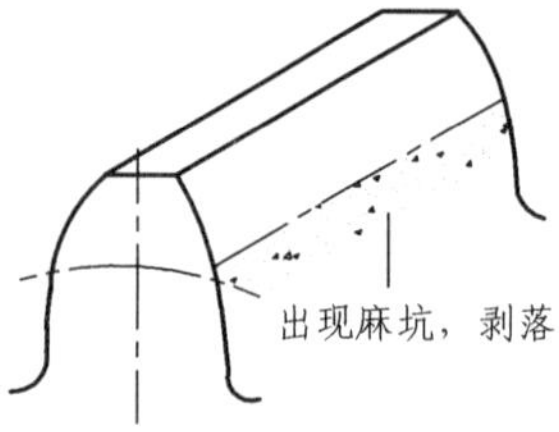

图 6.18 齿面点蚀

3. 齿面磨损

一对相啮合齿轮的齿面间，存在着法向压力和相对滑动，因此齿面有磨损，特别是有杂物落入齿间，会加剧磨损。当齿面严重磨损后，齿廓不准确，引起很大的附加动载荷和噪声，甚至因轮齿磨薄而发生弯曲折断。

在开式齿轮传动中，由于灰尘、铁屑等杂质落入齿面间成为磨料，因而加速齿面磨损。磨粒磨损是开式传动的主要失效形式。

采用闭式齿轮传动，保持良好的润滑和维护，提高齿面的硬度和改善粗糙度，都可以减轻齿面的磨损。

4. 齿面胶合

高速重载的传动中，由于齿面间的压力过大，啮合区局部温度过高，润滑油黏度降低，失去润滑作用，使齿面接触区熔化并黏结在一起。当齿面互相滑动时，将较软的金属表面沿滑动方向撕下一部分，而形成沟纹，这种现象称为胶合，如图 6.19 所示。出现胶合后，齿面温度升高，齿轮传动的振动、噪声增大，甚至导致轮齿的断裂。胶合是高速齿轮的主要危险。

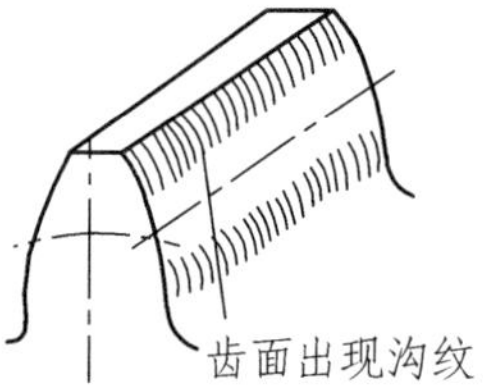

图 6.19 胶合

采用黏度较大或有添加剂的抗胶合润滑油（如硫化油）；加强散热措施；提高齿面硬度和改善粗糙度；尽可能采用不同成分的材料制造配对的齿轮等，都有助于防止齿面的胶合。

上面提出的几种轮齿失效形式，本应各自建立相应的计算准则，但胶合、磨损等目前尚无成熟的计算方法，因此，通常只能按齿面接触疲劳强度及轮齿弯曲疲劳强度进行条件性计算。

二、齿轮的材料及热处理

通过以上轮齿失效情况的分析，可知：在设计齿轮传动时，应使轮齿的齿面具有较高的抗磨损、抗点蚀、抗胶合的能力；而齿根则要求有较高的抗折断能力。因此理想的齿轮材料性能应是齿面硬，齿心韧。这些要求应通过适当的热处理方法达到。另一方面，齿轮的材料选择时，常使小齿轮的齿面硬度比大齿轮的齿面硬度高出 30 ~ 50 HB。这是因为小齿轮的受载次数较大齿轮多，并且由于小齿轮的齿根厚度较薄，弯曲应力较大。

常用的齿轮材料是锻钢，其次是铸钢和铸铁，有时也采用塑料制造齿轮。表 6.4 列出了常用的齿轮材料和热处理后的硬度。

表 6.4 常用的齿轮材料和热处理

类别	牌号	热处理	硬度	应用范围
优质碳素钢	35	正火	150～180HBS	一般传动
		调质	190～230HBS	
	45	正火	167～217HBS	
		调质	220～286HBS	
		整体淬火	40～45HRC	无冲击、要求结构紧凑
		表面淬火	45～50HRC	有冲击、要求结构紧凑
合金钢	35SiMn	调质	200～260HBS	一般传动
	40Cr 42SiMn 40MnB	调质	250～280HBS	
		整体淬火	45～50HRC	无冲击、要求结构紧凑
		表面淬火	50～55HRC	有冲击、要求结构紧凑
	20Cr 20SiMn	渗碳淬火	56～62HRC	冲击载荷
	20CrMnTi 20MnVB	渗碳淬火	56～62HRC	高速、大冲击
铸钢	ZG310-570 ZG340-640	正火	160～210HBS 180～210HBS	v<6 m/s 的一般传动
铸铁	HT300 HT350		190～250HBS 200～290HBS	v<3 m/s 的不重要传动
球墨铸铁	QT600-3 QT700-2	正火	190～270HBS 225～305HBS	v<4 m/s 的一般传动
塑料	MC 尼龙		20HBS	低速轻载

1. 锻 钢

钢材经过锻造后，改善了内部纤维组织，提高了强度，所以机械工业中大多数齿轮都是锻钢制造的，并通过适当热处理改善锻钢的机械性能。

对于载荷平稳、无剧烈冲击的传动齿轮，如车床变速箱中的齿轮，采用优质碳素钢和合金结构钢经正火、调质或表面淬火处理。当齿轮传动无特殊要求，强度与精度要求不高时，采用软齿面齿轮（齿面硬度 HB≤350 HBS），这类齿轮的常用材料为中碳钢或中碳含金钢。例如：35、45、40Cr 等经过正火或调质处理，其硬度不高，可在热处理后再切齿，精切时可达 7 级。当齿轮传动要求结构紧凑，特别是小齿轮，采用优质碳素钢和合金结构钢经表面淬火处理，其齿面硬度 HBS≥350 HBS，称为硬齿面齿轮传动。因表面硬度提高，故改善了接触强度与耐磨性能。而齿的芯部并未淬硬，仍保持了足够的韧性。

对于承受较大冲击载荷的齿轮，例如汽车、拖拉机变速箱中的齿轮，一般采用机械强度高、韧性好的低碳合金钢渗碳淬火，如 20Cr、20CrMnTi 等钢渗碳淬火后齿面硬度可达 HRC56～62。通常渗碳淬火后要进行磨齿。

轮齿采用氮化方法也可获得较高的表面硬度，如渗氮钢 38CrMoAlA 氮化后，齿面硬度可达 HV850 以上。表面氮化时温度不高，故轮齿变形小，适用于不能磨削的内齿圈。由于硬化层很薄（0.1～0.3 mm），其承载能力不及渗碳齿轮，不宜用于承受冲击载荷或有严重磨损的场合。

2. 铸 钢

当齿轮较大，一般直径大于 500 mm 时，轮坯不便锻造，可采用铸钢齿轮。铸钢的强度与耐磨性均较好，但由于铸钢件在铸造时收缩性大，内应力大，所以在加工前应进行正火处理，以消除其内应力及硬度的不均匀。

常用的铸钢材料为 ZG45、ZG55 等。

3. 铸 铁

铸铁齿轮的抗弯强度和耐冲击性能较差，但价格低廉，浇铸简单，加工方便。一般用于低速和受力不大的场合。在润滑不良的情况下，灰铸铁本身所含的石墨能起润滑作用，所以在开式齿轮传动中常采用铸铁齿轮。

常用的铸铁牌号为 HT300、HT350 等。

球墨铸铁有时可代替铸钢。常用的球墨铸铁牌号为 QT600-3、QT700-2。

4. 非金属材料

对高速、轻载及精度要求不高的齿轮传动，为了减少噪声，可用非金属材料（如尼龙、夹布胶木）做小齿轮，而大齿轮仍用钢或铸铁制造。

三、齿轮传动的精度简介

1. 齿轮传动要求

根据齿轮传动的使用要求，对齿轮制造精度提出以下 3 方面的要求：传递运动的准确性、传动的平稳性、载荷分布的均匀性。由于齿轮传动应用场合不同，对上述 3 方面的要求有主次之分。例如仪表及机床分度机构中的齿轮传动，主要要求传递运动的准确性；汽车、机床变速箱中的齿轮传动，主要要求传动的平稳性；而轧钢机、起重机中的低速重载齿轮传动则主要要求齿面载荷分布的均匀性。

2. 公差组

按齿轮各项误差对齿轮传动使用性能的主要影响，将齿轮误差划分为 3 组，影响传递运动准确性的误差为第Ⅰ组，影响传动平稳性的误差为第Ⅱ组，影响载荷分布均匀性的误差为第Ⅲ组。控制这些误差的公差，也相应地分为第Ⅰ、第Ⅱ、第Ⅲ公差组，如表 6.5 所示。

表 6.5 公差分组表

公差组	公差及极限偏差	对传动的影响
Ⅰ	F_i'、F_i''、F_p、F_r、F_w	传递运动的准确性
Ⅱ	f_i'、f_i''、f_f、f_{pt}、f_{pb}、$f_{f\beta}$	传动的平稳性
Ⅲ	f_β、f_{px}	载荷分布的均匀性

3. 精度等级

我国国标 GB 10095—2008 规定齿轮及齿轮副的精度等级为 12 个等级，从 1 级到 12 级，精度依次降低，其中 1、2 级是待发展的精度等级，12 级为精度最低的等级。

精度等级的选择应考虑传动的用途、使用条件、传动功率、圆周速度以及其他技术要求。表 6.6 列出不同应用场合齿轮精度等级供参考。第Ⅱ公差组的精度主要根据圆周速度而定，如表 6.7 所示。

表 6.6　不同应用场合齿轮精度等级

应用场合	精度等级	应用场合	精度等级
测量齿轮	2～5	航空发动机	4～7
精密切削机床	3～7	拖拉机	6～10
一般机床	4～8	一般用途减速器	6～8
轻型汽车	5～8	起重机	6～9
载重汽车	6～9	农业机械	7～11

表 6.7　第Ⅱ公差组的精度与圆周速度关系

齿轮传动形式	第Ⅱ公差组精度等级					
	5	6	7	8	9	10
	圆周速度/m·s^{-1}					
直齿（软齿面）	>15	18	12	6	4	1
直齿（硬齿面）	>15	15	10	5	3	1
斜齿（软齿面）	>30	36	25	12	8	2
斜齿（硬齿面）	>30	30	20	9	6	1.5

4. 齿轮传动的侧隙

为了保证齿轮传动正常运转，同时也为了储存润滑油，所以齿轮副需要一定的侧隙。影响齿轮副侧隙的因素是中心距偏差和齿厚偏差。它们都可以从有关手册中查取。

5. 齿轮精度在图样上的标注

在齿轮零件图样上应标注齿轮的精度等级和齿厚偏差的字母代号。

例如：齿轮第Ⅰ公差组精度等级为 8 级，第Ⅱ、第Ⅲ公差组精度等级为 7 级，齿厚上、下偏差代号分别为 G、M。其代号为 8-7-7GM　GB10095—88。

第六节　直齿圆柱齿轮传动

一、直齿圆柱齿轮传动的受力分析

为了计算齿轮的强度，设计齿轮、轴和轴承，首先应分析轮齿上的受力大小和方向。图

6.20 所示为一对标准直齿圆柱齿轮啮合时的受力情况，其齿廓在节点接触，轮齿间的相互作用力分别作用在主、被动齿轮上，其大小相等，方向相反。略去轮齿间的摩擦力，该力垂直指向齿廓，这个力称为法向力 F_n。

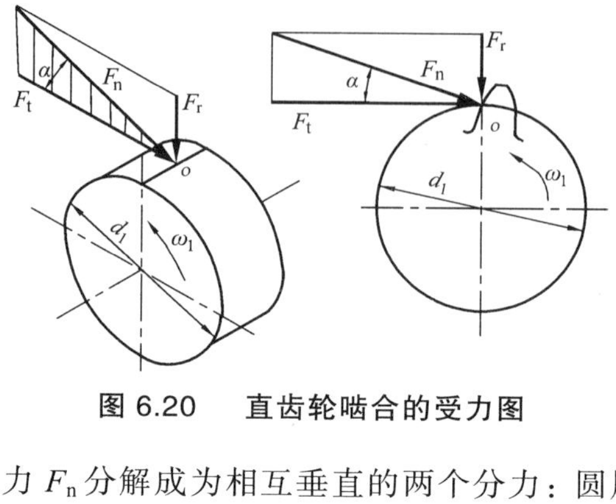

图 6.20　直齿轮啮合的受力图

为计算方便，将法向力 F_n 分解成为相互垂直的两个分力：圆周力 F_t 和径向力 F_r。圆周力 F_t 方向：在主动轮上与受力点的线速度方向相反，在从动轮上与受力点的线速度方向相同。径向力 F_r 的方向：不论主、从动齿轮都是由作用点垂直指向各自轮心。力的大小由公式计算：

$$圆周力\ F_t = 2T_1/d_1 \qquad 径向力\ F_r = F_t\tan\alpha \qquad 法向力\ F_n = F_t/\cos\alpha$$

式中，T_1 为小齿轮的理论转矩 N·mm；d_1 为小齿轮的分度圆直径 mm；α 为分度圆的压力角，$\alpha = 20°$。

如果已知小齿轮传递的功率 P_1（kW）及其转速 n_1（r/min），则小齿轮上的理论转矩为

$$T_1 = 9.55 \times 10^6 \times P_1/n_1 \quad \text{N} \cdot \text{mm}$$

上述的作用力计算是在理想的平稳工作条件下求出的，未考虑影响齿轮实际载荷的许多因素。例如原动机及工作机的载荷特性，齿轮精度、圆周速度等引起的附加载荷，齿轮的布置等因素。用载荷系数 K 考虑所有这些因素的影响。因此在齿轮强度计算时，需乘以载荷系数 K。载荷系数 K 如表 6.8 所示。

表 6.8　载荷系数 **K**

工作机的载荷特性	动力机		
	平稳（如：电动机、汽轮机）	轻微冲击（如：多缸内燃机）	中等冲击（如：单缸内燃机）
均匀平稳（如：发电机、运输机、通风机）	1 ~ 1.2	1.2 ~ 1.6	1.6 ~ 1.8
中等冲击（如：搅拌机、重型升降机、多缸柱塞泵）	1.2 ~ 1.6	1.6 ~ 1.8	1.8 ~ 2.0
严重冲击（如：冲床、剪床、轧机）	1.6 ~ 1.8	1.9 ~ 2.1	2.2 ~ 2.4

二、直齿圆柱齿轮传动的强度计算

1. 齿面接触疲劳强度计算

轮齿齿面发生疲劳点蚀主要与齿面的接触应力大小有关，接触应力越大，工作时间越长，越容易发生点蚀。渐开线齿轮齿面的接触应力相当于在接触处以两齿廓曲面当量半径确定当量接触应力，因疲劳点蚀常发生在节线附近，取节点处的接触应力为计算依据。根据弹性力学的赫兹公式，导出一对钢制标准直齿圆柱齿轮在节点处最大接触应力的验算公式：

$$\sigma_{\mathrm{H}} = 671\sqrt{\frac{KT_1}{bd_1^2} \times \frac{i \pm 1}{i}} \leqslant [\sigma_{\mathrm{H}}] \tag{6-16}$$

设 $b = \psi_{\mathrm{d}} \times d_1$，可导出设计公式：

$$d_1 \geqslant \sqrt[3]{\left(\frac{671}{[\sigma_{\mathrm{H}}]}\right)^2 \frac{KT_1}{\psi_{\mathrm{d}}} \frac{i \pm 1}{i}} \tag{6-17}$$

式中，K 为载荷系数；T_1 为作用在小齿轮上的转矩；d_1 为小齿轮的分度圆直径；b 为齿轮的宽度，在设计时小齿轮的齿宽值 b_1 比大齿轮的齿宽值 b_2 大 5 ~ 10 mm，因此取 $b = b_2$；i 为齿轮传动比，$i = z_2/z_1$。

公式使用说明：

（1）齿宽系数 ψ_{d}，$\psi_{\mathrm{d}} = b/d_1$，根据使用情况查表 6.9。

表 6.9　齿宽系数 ψ_{d}

小齿轮的位置	软齿面齿轮	硬齿面齿轮
对称布置	0.8 ~ 1.4	0.4 ~ 0.9
非对称布置	0.6 ~ 1.2	0.3 ~ 0.6
悬臂布置	0.3 ~ 0.4	0.2 ~ 0.25

（2）许用接触应力 $[\sigma_{\mathrm{H}}]$。

齿轮的许用接触应力 $[\sigma_{\mathrm{H}}] = \dfrac{\sigma_{\mathrm{H\,lim}}}{S_{\mathrm{H}}}\ \mathrm{N/mm^2}$

式中，$\sigma_{\mathrm{H\,lim}}$ 为接触疲劳极限，由实验获得，按图 6.5 查取；S_{H} 为接触强度的安全系数，按表 6.10 选取。

表 6.10　安全系数 S_{Hmin} 和 S_{Fmin}

安全系数	一般传动	重要传动
S_{Hmin}（接触强度）	1	1.25
S_{Fmin}（弯曲强度）	1	1.5

（3）一对啮合的齿轮齿面接触应力相等，$\sigma_{H1}=\sigma_{H2}$，但是$[\sigma_{H1}]$与$[\sigma_{H2}]$可能不等，因为两齿轮的材料或热处理方法可能不同。因此，在使用（6-16）和（6-17）公式进行计算时，应取二者中较小的一个值。

（4）若一对齿轮的材料组合不是钢对钢，则式中常数 671 应修正为 $671\times Z_E/189.8$，Z_E 为材料系数，如表 6.11 所示。

（5）式中正号用于外啮合，负号用于内啮合。

表 6.11　材料系数 Z_E

大齿轮材料	小齿轮材料			
	钢	铸钢	球墨铸铁	铸铁
钢	189.8	188.9	181.4	162.0
铸钢		188.0	180.5	161.4
球墨铸铁			173.9	156.6
铸铁				143.7

2. 齿根弯曲疲劳强度的计算

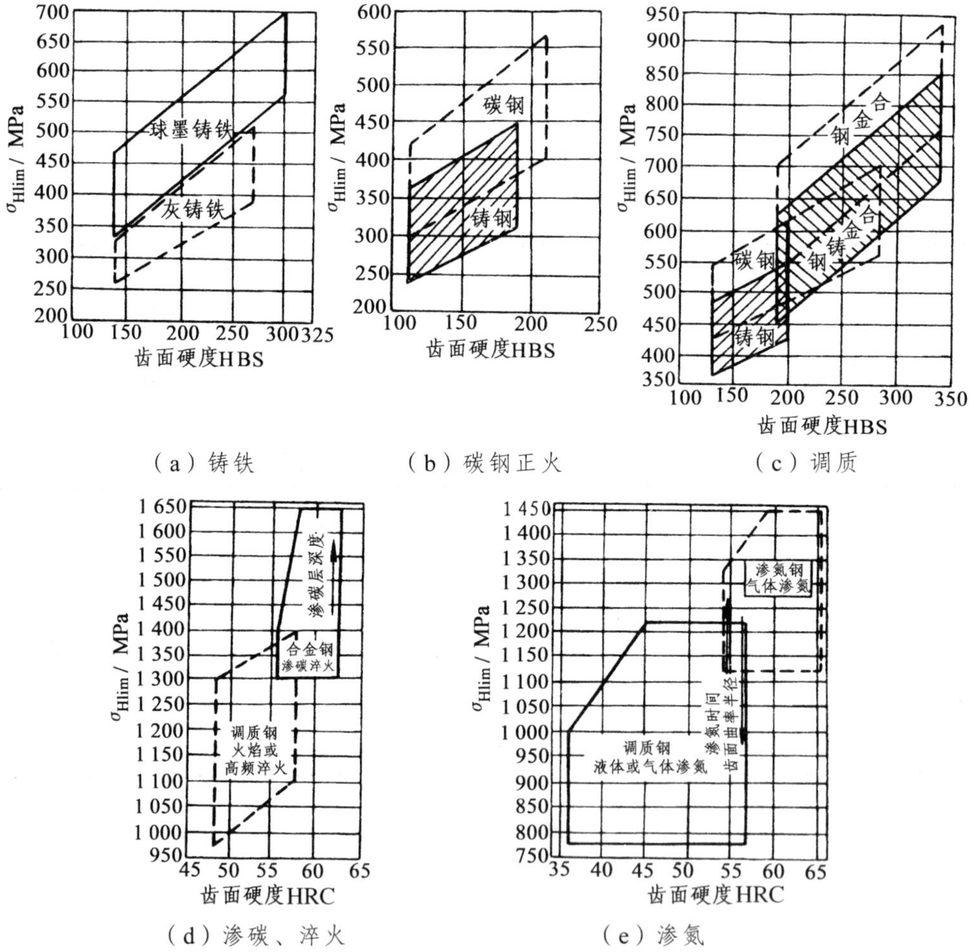

图 6.21　齿轮材料的接触疲劳极限 σ_{Hlim}

轮齿的疲劳折断主要与弯曲应力有关，弯曲应力越大，工作时间越长，越容易发生轮齿的疲劳折断。理论和实践表明，疲劳折断一般都发生在齿轮的根部。最危险的截面位置可用30°切线法确定（见图6.22），作与轮齿对称线成30°角并与齿根圆弧相切的两根直线，圆弧上所得两切点的连线所确定的截面为齿根危险截面。同时假设载荷全部作用在一个轮齿的齿顶上，并近似地将轮齿看成宽度为 b 的悬臂梁。

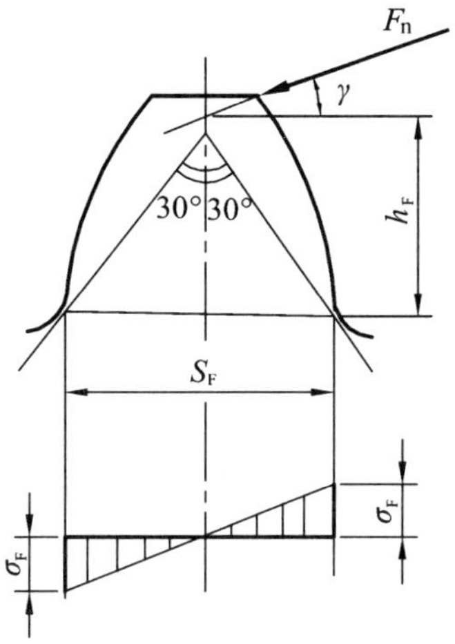

图 6.22

经推导简化可得：齿根弯曲强度的验算公式

$$\sigma_F = \frac{M}{W} \approx \frac{KF_tY_{FS}}{bm} = \frac{2KT_1Y_{FS}}{d_1bm} \leqslant [\sigma_F] \tag{6-18}$$

引入齿宽系数 $\psi_d = b/d$，可导出简化的设计公式

$$m \geqslant \sqrt[3]{\frac{2KT_1}{\psi_d z_1^2} \frac{Y_{FS}}{[\sigma_F]}} \tag{6-19}$$

式中，M 为危险截面的最大弯矩；W 为危险截面的抗弯截面系数；σ_F 为齿根弯曲应力；m 为齿轮模数。

公式使用说明：

① 齿宽系数 ψ_d，$\psi_d = b/d$，根据使用情况查表6.9。

② 齿轮的许用弯曲应力 $[\sigma_F] = \dfrac{\sigma_{F\lim}}{S_F}$ N/mm^2。

其中，$\sigma_{F\lim}$ 为弯曲疲劳极限，N/mm^2，由实验获得，按图6.23查取；S_F 为弯曲强度的安全系数，按表6.10选取。

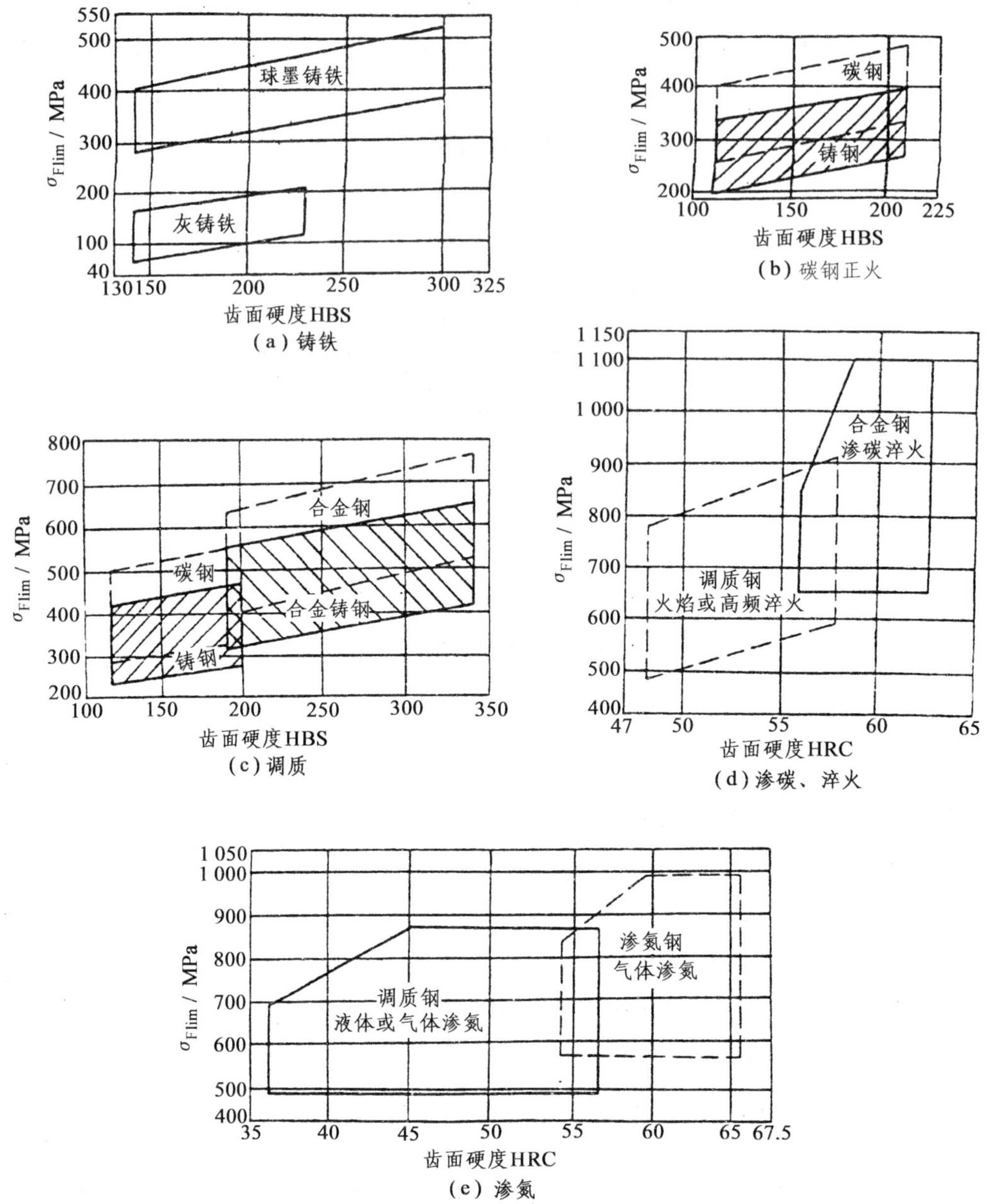

图 6.23 齿轮材料的弯曲疲劳极限 σ_{Flim}

③ 一对啮合的齿轮齿面弯曲应力不相等，$\sigma_{F1} \neq \sigma_{F2}$，且$[\sigma_{F1}]$与$[\sigma_{F2}]$可能不等，因为两齿轮的材料或热处理方法可能不同。因此，在使用验算公式进行计算时，分别验算大小齿轮的弯曲疲劳强度。

④ 复合齿形系数 Y_{FS}，考虑齿形、齿根应力集中和压应力、切应力对弯曲应力的影响而引入的系数，可查图 6.24。

⑤ 在使用设计公式计算齿轮模数时，应以 $Y_{FS1}/[\sigma_{F1}]$和 $Y_{FS2}/[\sigma_{F2}]$中的大值代入公式计算。

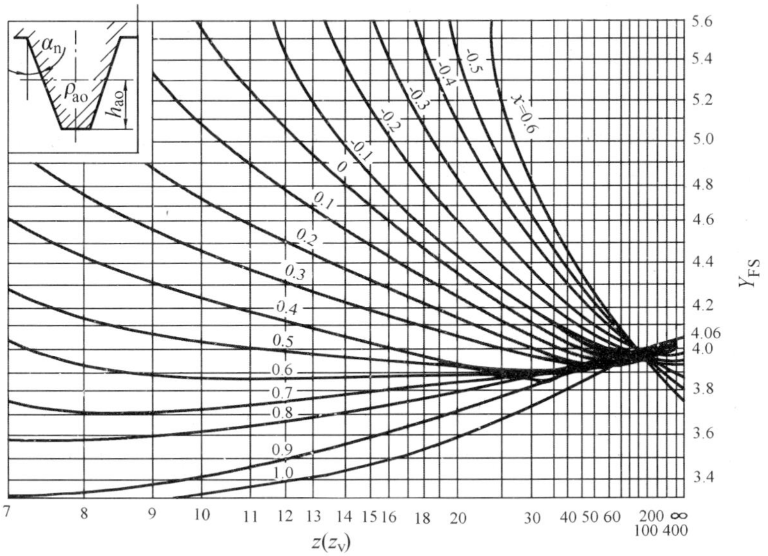

图 6.24　外齿轮的复合齿形系数 Y_{FS}

三、圆柱齿轮传动的参数选择和设计步骤

1. 设计思路

由于不同场合下齿轮传动的主要失效形式不同，因此其设计思路不完全相同。对于闭式硬齿面的齿轮传动，由于其主要失效形式为疲劳折断，因此应先按齿根弯曲疲劳强度进行设计，然后按齿面接触疲劳强度进行验算；对于闭式软齿面的齿轮传动，由于其主要失效形式为疲劳点蚀，因此应先按齿面接触强度进行设计，然后按齿根弯曲疲劳强度进行验算；对于开式齿轮传动，由于其主要失效形式为齿面磨损，但由于磨损没有成熟的计算公式，因此通常按齿根弯曲疲劳强度进行条件性计算，再将其模数增大 10%～20%。

2. 主要参数选择原则

（1）齿数 z_1。

对于闭式软齿面的齿轮传动，容易产生点蚀，在中心距不变时，增加齿数，能加大重合度，对传动的平稳性有利，推荐 $z_1 = 20 \sim 30$；对于闭式硬齿面的齿轮传动和开式齿轮传动，容易出现断齿，应适当减少齿数，以增大模数，增大齿根厚度。但标准齿轮的齿数不得小于 17。

（2）模数 m。

模数 m 为标准值，因此通过设计公式得到的模数 m 应圆整成标准值。对于传递动力的齿轮，应保证模数 $m \geqslant 2$ mm。

3. 设计步骤

（1）根据齿轮传动的使用场合和经济性原则，选择齿轮材料、热处理方法，齿轮传动的精度等级。

（2）按齿轮设计思路，用齿面接触疲劳强度或齿根弯曲疲劳强度的设计公式，确定出小齿轮的分度圆直径 d_1 或齿轮的模数 m。必要时，按齿根弯曲疲劳强度或齿面接触疲劳强度的验算公式进行校核。

（3）选择小齿轮的齿数 z_1，通过传动比计算出大齿轮的齿数 z_2，尽可能使大、小齿轮的齿数互为质数，以保证各轮齿的均匀磨损。

（4）计算齿轮的几何尺寸。

（5）根据齿轮的尺寸大小，确定齿轮的结构。

（6）绘制齿轮工作图。

4. 应用举例

【例 6-1】 设计一运输机中一级减速器的高速级圆柱齿轮传动。已知原动机为电动机，$n_1 = 1\,440$ r/min，功率 $P = 7.5$ kW，传动比 $i = 5.3$，两班工作制，每班工作 8 h，工作期限 8 年，载荷平稳，单方向传动。

解：

（1）选择齿轮材料和热处理方法。要设计的齿轮传动无特殊要求，故考虑用闭式软齿面齿轮。小齿轮选用 45 钢，调质处理，硬度为 255HBS，大齿轮材料为 45 钢，正火处理，硬度为 220HBS。$[\sigma_{H1}] = 610$ MPa，$[\sigma_{H2}] = 490$ MPa；$[\sigma_{F1}] = 470$ MPa，$[\sigma_{F2}] = 345$ MPa。

（2）选择精度等级。运输机为一般机械，速度较低，因此选择 8 级精度。

（3）强度计算。由于是闭式软齿面齿轮，因此按齿面接触疲劳强度的设计公式计算。

$$T_1 = 9.55 \times 10^6 \times P_1/n_1 = 9.55 \times 10^6 \times 7.5/1\,440 = 4.97 \times 10^4 \text{（N·mm）}$$

$$d_1 \geqslant \sqrt[3]{\left(\frac{671}{[\sigma_H]}\right)^2 \frac{KT_1}{\psi_d} \frac{i \pm 1}{i}} = \sqrt[3]{\left(\frac{671}{490}\right)^2 \frac{1.2 \times 49\,700}{1} \frac{5.3+1}{5.3}} = 51.04 \text{（mm）}$$

（4）选择小齿轮的齿数 z_1。取 $z_1 = 23$，$z_2 = z_1 \times i = 23 \times 5.3 = 121.9$，取 $z_2 = 123$。

确定模数　$m = 51.04/23 = 2.22$，取 $m = 2.5$ mm

中心矩　$a = m(z_1 + z_2)/2 = 182.5$ mm

主要尺寸　分度圆直径 $d_1 = mz_1 = 2.5 \times 23 = 57.5$ mm　　$d_2 = mz_2 = 2.5 \times 123 = 307.5$ mm

齿轮宽度 $b_2 = \psi_d \times d_1 = 1 \times 57.5 = 57.5$ mm，取 $b_2 = 58$ mm，$b_1 = b_2 + 5 \sim 10$ mm $= 65$ mm

（5）验算齿根的弯曲疲劳强度。

按图查得复合齿形系数 $Y_{FS1} = 4.18$，$Y_{FS2} = 3.98$

$$\sigma_{F1} = \frac{M}{W} \approx \frac{KF_t Y_{FS}}{bm} = \frac{2KT_1 Y_{FS}}{d_1 bm} = \frac{2 \times 1.2 \times 49\,700 \times 4.18}{57.5 \times 58 \times 2} = 74.8 \text{ MPa} \leqslant [\sigma_{F1}]$$

$$\sigma_{F2} = \sigma_{F1} \frac{Y_{FS2}}{Y_{FS1}} = 71.2 \text{ MPa} \leqslant [\sigma_{F2}]$$

强度符合要求。

（6）结构设计（略）

第七节　斜齿圆柱齿轮传动

一、斜齿齿廓的形成及啮合

前面在研究直齿圆柱齿轮时，只就齿轮的端面（垂直于齿轮轴线的平面）来进行讨论。但齿轮总是有一定宽度的，所以两齿廓的啮合实际上是沿一条平行于齿轮轴的直线相接触，如图 6.25（a）所示。两个直齿轮在啮合时，其轮齿是沿整个齿宽同时进入接触或同时分离的，轮齿承载和卸荷都是突发性的，因此，容易引起冲击、振动和噪声。而且，直齿轮传动的重合度小，也就是同时啮合的轮齿对数少，因此每对轮齿的负荷大，而且交替啮合时，轮齿负荷的变动也大，所以传动不够平稳，所以直齿轮不适用于高速重载的传动。为了克服直齿轮的上述缺点，从而采用斜齿圆柱齿轮传动。

斜齿齿廓曲面的形成原理与直齿的形成原理 [见图 6.26（a）]基本相同，只是 S 发生面上的直线 KK 不与母线 NN 平行，而与它成一交角 β_b [见图 6.26（b）]。当 S 发生面绕基圆柱作纯滚动时，直线 KK 就展出一螺旋形的渐开螺旋面，即为斜齿轮齿廓曲面。而斜齿轮的端面齿廓为精确的渐开线。角 β_b 称为基圆柱上的螺旋角。

由斜齿轮齿廓曲面的形成原理可知，平行轴斜齿轮的一对轮齿在啮合过程中，当轮齿的一端进入啮合时，轮齿的另一端要滞后一个角度才能进入啮合。因此轮齿从开始啮合至脱离啮合，其齿面上接触线的痕迹如图 6.25（b）所示。既各接触线的长度是变化的，从开始啮合至脱离啮合的过程中，接触线的长度从零逐渐增加到最大值，然后又最大值逐渐减小到零。这样的啮合方式不但延长了每对轮齿的啮合时间，增加了重合度，承载能力增大；而且两轮轮齿是逐渐进入啮合、逐渐脱离啮合的，因此减小了传动时的冲击、振动和噪声，从而提高了传动的平稳性。当然，斜齿轮传动也有其自身的缺点，我们将在后面介绍。

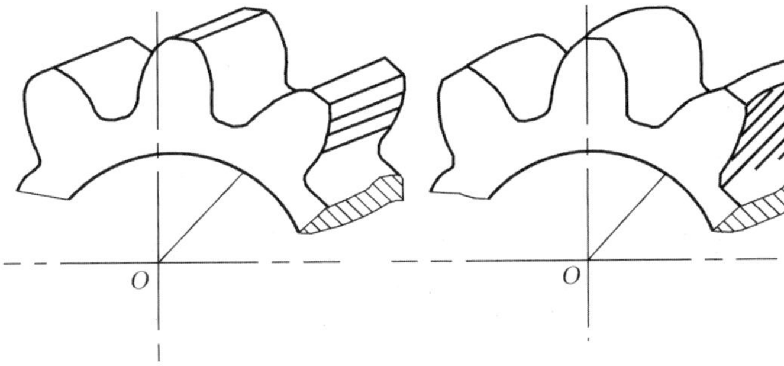

（a）直齿轮　　（b）斜齿轮

图 6.25　圆柱齿轮齿面接触线

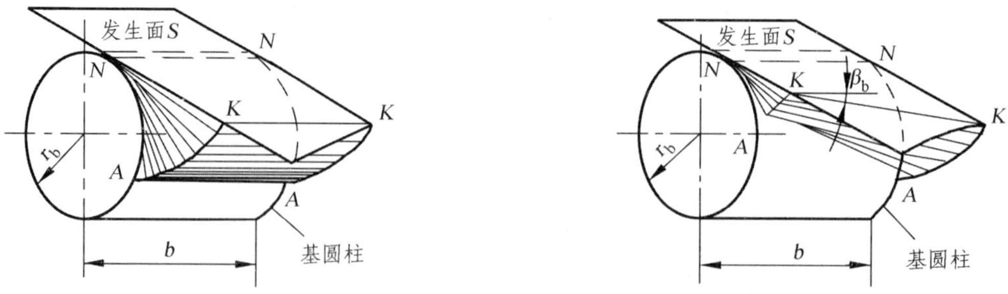

（a）圆柱直齿轮齿廓曲面的形成　　（b）圆柱斜齿轮齿廓曲面的形成

图 6.26　直齿、斜齿圆柱齿轮齿廓曲面的形成

二、斜齿轮的主要参数和几何尺寸

因为斜齿轮的齿面为一渐开线螺旋面，所以其端面的齿形和垂直于螺旋线方向的法面齿形是不相同的。因此斜齿轮的端面参数与法面参数也不相同。而在制造齿轮时，斜齿轮通常采用切制正齿轮的铣刀和滚刀切齿。由于刀具是沿着齿轮的螺旋线方向进刀的。所以就必须按齿轮的法面参数来选择刀具，因此在生产上规定斜齿轮法面上的参数（m_n、α_n、h_{an}^*、c_n^*）为标准值，c 采用直齿轮的标准值和齿制。但是在计算斜齿轮的几何尺寸时应该按端面的参数进行计算，下面作一些介绍。

1. 螺旋角 β

将斜齿轮沿分度圆柱面展开（见图 6.27），这时分度圆柱面与轮齿相贯的螺旋线展开成一条斜直线，它与轴线的夹角为β，称为斜齿轮分度圆柱上的螺旋角，简称斜齿轮螺旋角。通常就用这个螺旋角β来表示斜齿轮的倾斜程度。一般取$\beta = 8° \sim 20°$。

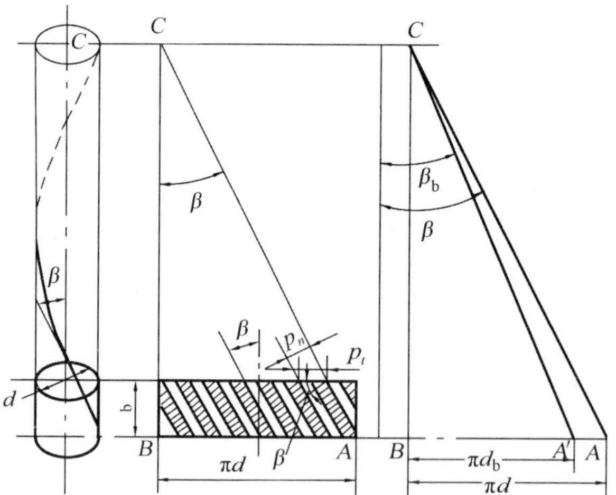

图 6.27　斜齿轮的分度圆柱及展开图

由图 6.27 所示的几何关系，可得

$$\tan\beta = \frac{\pi d}{l}$$

式中，l 为螺旋线的导程，即螺旋线绕分度圆柱上升一整圈后上升的高度。

斜齿轮按其轮齿的旋向可分为右旋和左旋两种，如图 6.28 所示。斜齿轮旋向的判定与螺旋相同：面对轴线，若齿轮螺旋线左低右高为右旋；反之则为左旋。

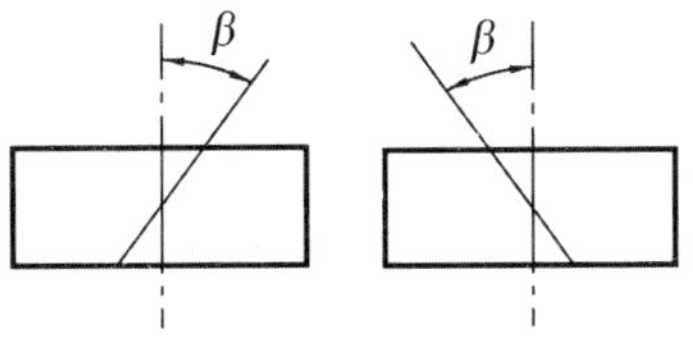

图 6.28　斜齿轮旋向

2. 模　数

设 p_n 为法面齿距，p_t 为端面齿距，由图 6.27（b）可知

$$p_n = p_t \cos\beta$$

以 m_n 和 m_t 分别表示法面和端面模数，则 $m_n = p_n/\pi$ 、$m_t = p_t/\pi$，所以

$$m_n = m_t \cos\beta$$

3. 压力角

用 α_n 和 α_t 分别表示法面和端面压力角，则它们的关系为

$$\tan\alpha_n = \tan\alpha_t \cos\beta$$

因为 $\cos\beta<1$，所以 α_n 一定小于 α_t。

4. 齿顶高系数和顶隙系数

斜齿轮的齿顶高和齿根高，不论从法面或端面来看都是相同的，而且同直齿轮的计算方法相同，即

$$h_a = h_{an}^* m_n$$
$$h_f = (h_{an}^* + c_n^*) m_n$$

式中 $h_a^* = 1.0$，$c^* = 0.25$。

5. 斜齿轮的几何尺寸

平行轴斜齿轮机构在端面上相当于直齿轮机构，所以将直齿轮的几何尺寸计算公式应用于斜齿轮端面尺寸计算。

分度圆直径　$d = m_t z = \dfrac{m_n}{\cos\beta} z$

齿顶圆直径　$d_a = d + 2h_{an}^* m_n = m_n\left(\dfrac{z}{\cos\beta} + 2h_{an}^*\right)$

齿根圆直径　$d_a = d - (2h_{an}^* + c_n^*) m_n = m_n\left(\dfrac{z}{\cos\beta} - 2h_{an}^* - 2c_n^*\right)$

基圆直径　　$d_b = d\cos\alpha_t$

中心距　　$a = \dfrac{m_t(z_1+z_2)}{2} = \dfrac{m_n(z_1+z_2)}{2\cos\beta}$

斜齿轮的公法线长度与分度圆弦齿厚一律在法面测量。

三、一对斜齿圆柱齿轮的正确啮合条件

一对斜齿圆柱齿轮的正确啮合条件，除了同直齿轮一样，两个齿轮的模数及压力角应分别相等外，它们的螺旋角还必须相匹配，否则两啮合轮齿的齿向不同，仍然不能啮合。一对斜齿圆柱齿轮正确啮合条件为：

（1）为了使两斜齿轮传动时，其相互啮合的两齿廓螺旋面必须相切，当为外啮合时，两齿轮的螺旋角β应大小相等，方向相反，即

$$\beta_1 = -\beta_2$$

当为内啮合时，两齿轮的螺旋角β应大小相等，方向相同，即

$$\beta_1 = \beta_2$$

（2）相互啮合的两斜齿轮的法面模数m_n、α_n应分别相等，即

$$m_{n1} = m_{n2}$$
$$\alpha_{n1} = \alpha_{n2}$$

因为β值大小相等，所以m_t、α_t也肯定相等。

四、斜齿圆柱齿轮的当量齿数

用仿形法切制斜齿轮时，刀刃位于轮齿的法面内。显然，这样加工出的斜齿轮，其法面齿形与刀刃齿形相同，齿轮的法面模数和压力角也与刀具相同。因此，在选择铣刀时，刀具的模数和压力角是取决于齿轮的法面模数及法面压力角的，那么铣刀的号数又是根据什么选择的呢？

很明显，根据前面的讲述，应该找出一个于斜齿轮法面齿形相当的直齿轮来，然后按照这个直齿轮的齿数来决定刀具的刀号。这个虚拟的直齿轮就称为斜齿轮的当量齿轮，其齿数就称为斜齿轮的当量齿数z_v，仿形铣刀的号数应根据这个当量齿数来选取。

如何确定当量齿数呢？如图 6.29 所示，过斜齿轮分度圆上一点P作齿的法面n-n，该平面与分度圆柱面的交线为一椭圆，其长半轴$a = d/(2\cos\beta)$，短半轴$b = d/2$。此时，椭圆在P点的曲率半径为

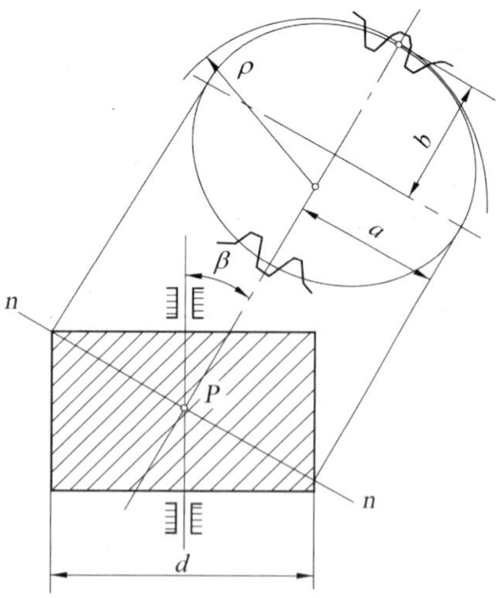

图 6.29　斜齿轮当量齿数

$$\rho = \frac{a^2}{b} = \frac{d}{2\cos^2\beta}$$

以ρ为半径作一圆，作为虚拟直齿轮的分度圆，以斜齿轮的法面模数 m_n 为模数，取标准压力角α_n作一直齿圆柱齿轮，显然，此虚拟的直齿轮的齿形与该斜齿轮的法面齿形十分相近，所以虚拟的直齿轮即为上述斜齿轮的当量齿轮而其齿数即为当量齿数。故

$$z_v = \frac{2\rho}{m_n} = \frac{d}{m_n\cos^2\beta} = \frac{z}{\cos^3\beta}$$

五、斜齿轮传动的优缺点

（1）重合度大。斜齿轮的重合度为

$$\varepsilon = \varepsilon_a + \varepsilon_\beta$$

式中，ε_a为端面重合度，其大小与同齿数的直齿圆柱齿轮传动相同；ε_β为纵向重合度，$\varepsilon_\beta = b\tan\beta / p_t$，$b$ 为齿轮宽度，很明显，斜齿轮的重合度随着β的增大而增大。这样，降低了每对轮齿的载荷，从而相对地提高了载荷的承载能力，延长了齿轮的使用寿命，并使传动平稳。

（2）啮合性能好。如前所说，斜齿轮传动平稳，噪声小，而且与直齿轮相比较，斜齿轮的啮合方式减小了制造误差对传动的影响。

（3）对于斜齿圆柱齿轮，由于其当量齿数 $z_v = z/\cos^3\beta$，因此在当量齿轮不发生根切的最少齿数 $z_{min} = 17$ 时，$z_{min} = 17/\cos^3\beta < 17$，即只要取适当的$\beta$角，就可使斜齿轮不发生根切的最少齿数减少。所以采用斜齿轮传动可以得到更为紧凑的机构。

（4）斜齿轮的主要缺点就是在运转时会产生轴向推力。且轴向推力会随着β值的增大而增大。若要完全消除轴向推力，可将斜齿轮轮齿作成左右对称的形状，这种齿轮就是人字齿轮。因为人字齿轮左右完全对称，所以产生的轴向推力可以完全抵消，但人字齿轮制造比较麻烦，且精度不高。

六、斜齿圆柱齿轮传动受力分析

如图 6.30 所示为斜齿圆柱齿轮受力分析立体图。法向力 F_n 可分解成互相垂直的 3 个分力，圆周力 F_t、径向力 F_r 和轴向力 F_a。

圆周力 F_t、径向力 F_r 的方向判断与直齿圆柱齿轮的方法相同；轴向力 F_a 的方向用左、右手定则来判断。如图 6.31 所示，主动轮为右旋齿轮时，用右手握轴，四指弯曲方向为主动轴的旋转方向，伸直的大拇指指向为主动轮的轴向力 F_a 的方向；主动轮为左旋齿轮时，左手握轴，判断方法相同。从动轮的轴向力 F_a 的方向，与主动轮的相反。

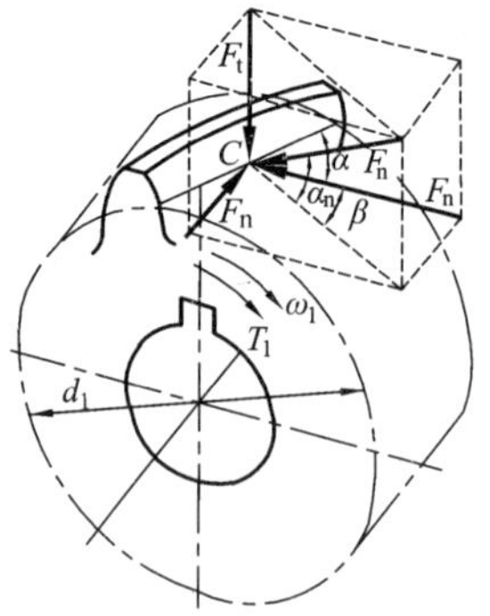

图 6.30 斜齿轮受力立体图

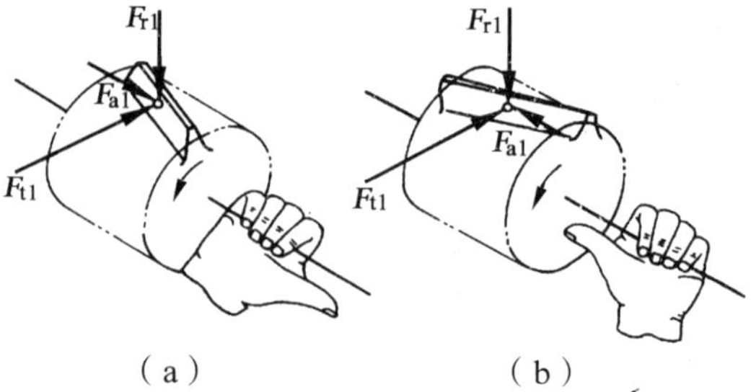

图 6.31 轴向力方向的判断

圆周力 F_t、径向力 F_r 和轴向力 F_a 的大小用下面的公式进行计算：

圆周力 $F_{t1} = -F_{t2} = 2T_1/d_1$

径向力 $F_{r1} = -F_{r2} = F_{t1}\tan\alpha_n/\cos\beta$

轴向力 $F_{a1} = -F_{a2} = F_{t1}\tan\beta$

式中，α_n 为法面压力角（$\alpha_n = 20°$）；β 为斜齿轮螺旋角，一般取 8°～20°；其他代号含义与直齿轮传动相同。

七、斜齿圆柱齿轮传动强度计算

斜齿圆柱齿轮传动强度计算与直齿圆柱齿轮传动强度计算基本相似。

（1）一对钢制斜齿轮，齿面接触疲劳强度的验算公式为

$$\sigma_H = 590\sqrt{\frac{KT_1}{bd_1^2}\times\frac{i\pm1}{i}} \leqslant [\sigma_H] \tag{6-19}$$

齿面接触疲劳强度的设计公式：

$$d_1 \geqslant \sqrt[3]{\left(\frac{590}{[\sigma_H]}\right)^2 \frac{KT_1}{\psi_d}\,\frac{i\pm1}{i}} \tag{6-20}$$

式中，当配对齿轮材料不是钢对钢时，常数 590 可根据齿轮材料的 Z_E 值，修正为 $590\times Z_E/189.8$，其他符号的含义、单位和确定方法与直齿传动相同。

（2）齿根弯曲强度的验算公式为

$$\sigma_F = \frac{1.6KT_1Y_{FS}}{d_1bm_n} = \frac{1.6KT_1Y_{FS}\cos\beta}{bm_n^2z_1} \leqslant [\sigma_F] \tag{6-21}$$

齿根弯曲强度的设计公式为

$$m_n \geqslant \sqrt[3]{\frac{2KT_1}{\psi_d z_1^2}\,\frac{Y_{FS}\cos^2\beta}{[\sigma_F]}} \tag{6-22}$$

式中，复合齿形系数 Y_{FS} 应根据当量齿数 z_v（$z_v = z/\cos^3\beta$）由图 6.24 查出。其他符号的含义、单位和确定方法与直齿传动相同。

（3）应用举例。

【例 6-2】 将例 6-1 的设计标准直齿圆柱齿轮传动改为设计标准斜齿圆柱齿轮传动，已知条件、材料、热处理及精度等级不变。

解：

（1）强度计算。由于是闭式软齿面齿轮，因此按齿面接触疲劳强度的设计公式计算。

$$T_1 = 9.55\times10^6\times P_1/d_1 = 9.55\times10^6\times7.5/1\ 440 = 4.97\times10^4\ (\text{N}\cdot\text{mm})$$

$$d_1 \geqslant \sqrt[3]{\left(\frac{590}{[\sigma_H]}\right)^2 \frac{KT_1}{\psi_d}\frac{i\pm1}{i}} = \sqrt[3]{\left(\frac{590}{490}\right)^2 \frac{1.2\times49\ 700}{1}\frac{5.3+1}{5.3}} = 46.84\ (\text{mm})$$

（2）选择小齿轮的齿数 z_1　取 $z_1 = 23$，$z_2 = z_1\times i = 23\times5.3 = 121.9$，取 $z_2 = 123$

选取　$\beta = 15°$

确定模数　$m_n = 46.84\times\cos15°/23 = 1.96$，取 $m_n = 2$ mm

中心矩　$a = m_n(z_1+z_2)/(2\times\cos15°) = 151.15$ mm，取 $a = 152$ mm，则 $\beta = 15°1''$

主要尺寸　分度圆直径 $d_1 = m_n z_1/\cos15°1'' = 46.23$ mm　$d_2 = m_n z_2/\cos15°1'' = 252.22$（mm）

齿轮宽度　$b_2 = \psi_d\times d_1 = 1\times46.23 = 46.23$ mm　取 $b_2 = 46$，$b_1 = b_2+(5\sim10) = 55$ mm

（3）验算齿根的弯曲疲劳强度。

按当量齿数查得复合齿形系数：$z_{v1} = z_1/\cos\beta = 29.96$，$z_{v2} = z_2/\cos\beta = 158.69$；$Y_{FS1} = 4.10$，$Y_{FS2} = 3.92$

$$\sigma_{F1} = \frac{M}{W} \approx \frac{KF_tY_{FS}}{bm_n} = \frac{1.6KT_1Y_{FS}\cos\beta}{z_1bm_n^2} = \frac{1.6\times1.2\times49\ 700\times4.10\times\cos15°1''}{27\times56\times2^2} = 62.48 \leqslant [\sigma_{F1}]$$

$$\sigma_{F2} = \sigma_{F1}\frac{Y_{FS2}}{Y_{FS1}} = 59.74 \leqslant [\sigma_{F2}]$$

强度符合要求。

第八节　直齿圆锥齿轮传动

一、圆锥齿轮传动的特点和应用

圆锥齿轮传动是用来传递两相交轴之间的运动和动力的，两轴交角可以由传动要求决定，常用的轴交角为 90°。圆锥齿轮的齿轮分布在一个圆锥体上（见图 6.32），这是圆锥齿轮区别于圆柱齿轮的特殊点之一。正是由于这个特点，所以相应于圆柱齿轮中的各有关“圆柱”，在这里都变成“圆锥”，例如分度圆锥、齿顶圆锥和齿根圆锥等。圆锥齿轮的齿形从大端到小端逐渐缩小。由于大端轮齿尺寸大，计算和测量时，相对误差小，同时也便于确定齿轮外部尺寸，所以直齿圆锥齿轮的几何尺寸以大端为标准。圆锥齿轮的轮齿，有直齿、斜齿和曲齿（圆弧齿、螺旋齿）3 种类型。其中直齿圆锥齿轮由于设计、制造和安装均较简便，所以应用最为广泛。而曲齿圆锥齿轮由于传动平稳，承载能力较高，故常用于高速重载的传动，如汽车、拖拉机中的差速齿轮机构等。

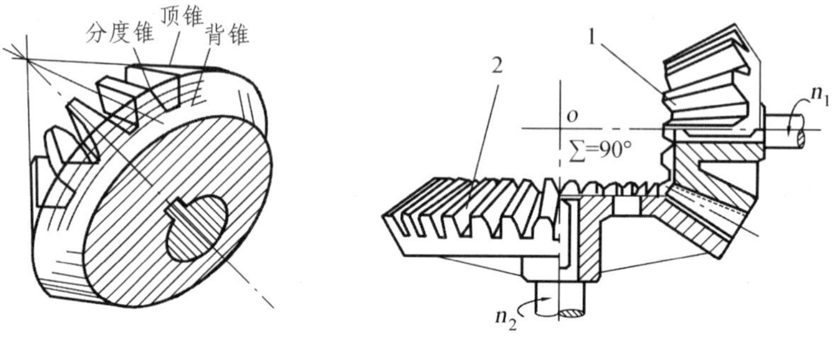

（a）单个直齿圆锥齿轮　　（b）直齿圆锥齿轮传动

图 6.32　直齿圆锥齿轮

二、圆锥齿轮齿廓曲面的形成和当量齿数

1. 圆锥齿轮齿廓曲面的形成原理

如图 6.33 所示，当扇形发生平面 S 在基圆锥上作纯滚动时，平面 S 上任一径向直线 $K'K$ 在空间形成球面渐开线曲面（因为直线上 K'、…、K 等各点与锥顶 O 点之间的距离不变，所以 K'、…、K 等各点轨迹都是不同球面半径

OK'、…、OK 的球面上的渐开线 AK'、…、AK，这些球面渐开线组成球面渐开线曲面）。用该曲面作直齿圆锥齿轮的齿廓曲面，能满足瞬时传动比不变的要求。

2. 背锥和当量齿数

如上所述，圆锥齿轮的齿廓曲面为球面曲线，而球面无法展开成平面，致使圆锥齿轮的设计计算产生了很多困难，因此不得不采用近似的计算方法。必须用既能展为平面又能与原球面渐开线齿廓接近的齿轮作为直齿圆锥齿轮的当量齿轮。

如图 6.34 所示为圆锥齿轮的轴向剖视图，大端齿廓球面与轴向剖面的交线为圆弧 acb，与在 C 点相切的直线 $a'cb'$近似。以直线 $a'cb'$的延长线 CO'为母线，绕轴线 OO'旋转所得一与大端齿廓曲面相切的锥面，称为背锥。投影在背锥面上的齿形可近似代替大端球面上的齿形。将背锥展开成平面，形成一个平面扇形齿轮；如将此扇形齿轮补足成完整的齿轮，则该虚拟的平面齿轮成为直齿圆锥齿轮的当量齿轮，该齿轮以 r_v 为分度圆半径，以大端模数为模数，压力角取标准值，所得齿轮齿数 z_v，称为当量齿数。

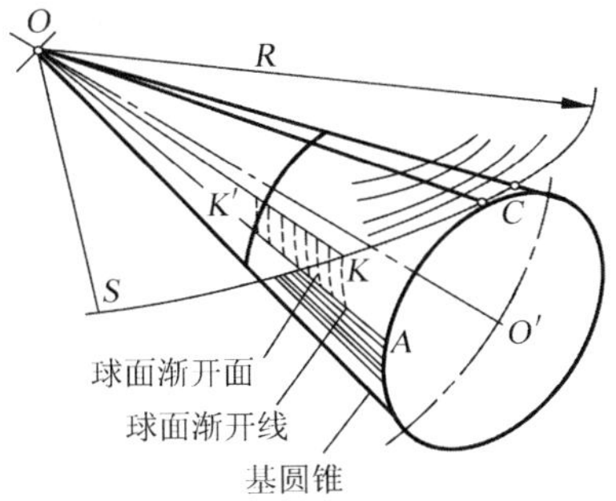

图 6.33　直齿圆锥齿轮齿廓曲面形成

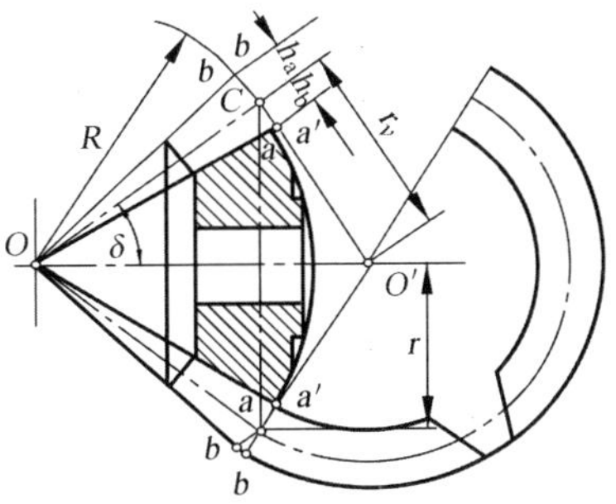

图 6.34　圆锥齿轮的背锥

由图 6.34 可知 $r_{\mathrm{v}}=\dfrac{r}{\cos\delta}$

式中 r、r_{v} 分别为直齿圆锥齿轮分度圆半径和当量齿轮分度圆半径，即

$$\frac{mz_{\mathrm{v}}}{2}=\frac{mz}{2\cos\delta}$$

得

$$z_{\mathrm{v}}=\frac{z}{\cos\delta}$$

标准直齿圆锥齿轮不产生根切的最少齿数为

$$z_{\min}=z_{\mathrm{v}\min}\cos\delta=17\cos\delta$$

一对直齿圆锥齿轮的啮合过程，可近似看作一对当量齿轮的啮合过程，它们的正确捏合条件是：两轮的模数、压力角分别相等。

三、基本参数和几何尺寸的计算

上面已经指出，在计算圆锥齿轮的几何尺寸时，是以其大端为基准的。

如图 6.35 所示为一对标准直齿圆锥齿轮，其节圆锥和分度圆锥重合，轴交角

$$\sum=\delta_1+\delta_2=90°$$

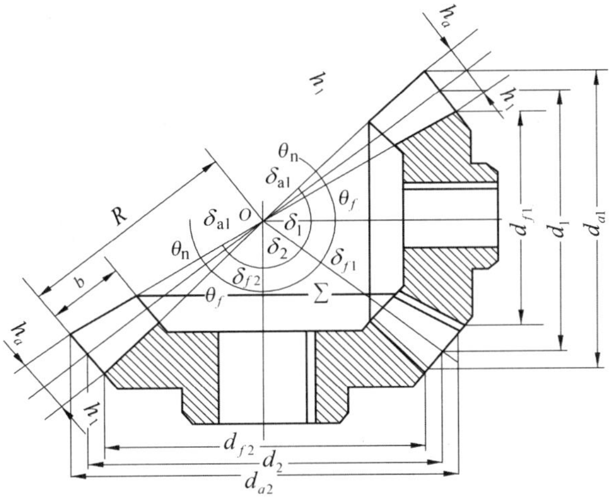

图 6.35　直齿圆锥齿轮传动的基本尺寸

圆锥齿轮与圆柱齿轮在外形上的主要区别是，一个是圆锥体，一个是圆柱体。可见圆锥齿轮引入的新的基本参数是分度圆锥角δ。

圆锥齿轮几何尺寸计算公式如下：

分度圆直径

$$d_1 = mz_1$$
$$d_2 = mz_2$$

齿顶圆直径

$$d_{a1} = d_1 + 2h_a^* m\cos\delta_1$$
$$d_{a2} = d_2 + 2h_a^* m\cos\delta_2$$

齿根圆直径

$$d_{f1} = d_1 - 2(h_a^* + c^*)m\cos\delta_1$$
$$d_{f2} = d_2 - 2(h_a^* + c^*)m\cos\delta_2$$

外锥距

$$R = \frac{d_1}{2\sin\delta_1} = \frac{d_2}{2\sin\delta_2}$$

齿宽

$b \leqslant R/3$，最佳范围 $b = (0.25 \sim 0.3)R$

分度圆锥角

$$\delta_2 = \arctan\frac{r_2}{r_1} = \arctan\frac{z_2}{z_1}$$
$$\delta_1 = 90° - \delta_2$$

齿顶圆锥角

$$\delta_{a1} = \delta_1 + \arctan\frac{h_a^* m}{R}$$
$$\delta_{a2} = \delta_2 + \arctan\frac{h_a^* m}{R}$$

齿根圆锥角

$$\delta_{f1} = \delta_1 - \arctan\frac{(h_a^* + c^*)m}{R}$$
$$\delta_{f2} = \delta_2 - \arctan\frac{(h_a^* + c^*)m}{R}$$

四、直齿圆锥齿轮传动的受力分析

直齿圆锥齿轮齿廓曲面上作用的法向力 F_n 可简化成集中作用在平均分度圆直径 d_m 上的一集中力。如图 6.36 所示为直齿圆锥齿轮受力分析立体图。法向力 F_n 可分解成互相垂直的 3 个分力，圆周力 F_t、径向力 F_r 和轴向力 F_a。

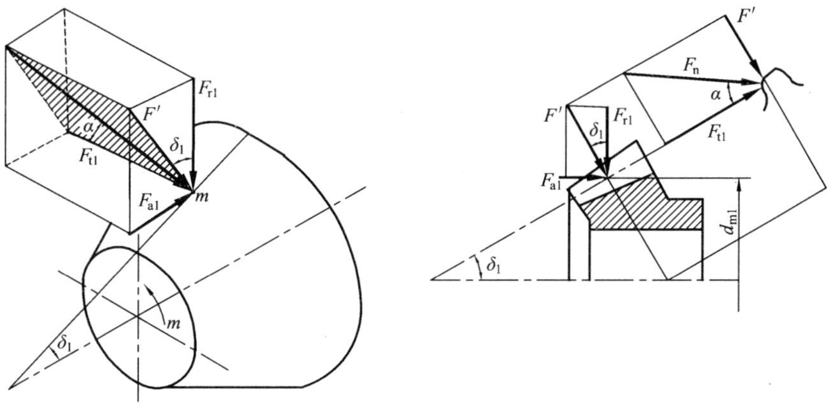

图 6.36 直齿锥齿轮受力图

圆周力 F_t、径向力 F_r 的方向判断与直齿圆柱齿轮的方法相同；轴向力 F_a 的方向指向齿轮的大端。

圆周力 F_t、径向力 F_r 和轴向力 F_a 的大小用下面的公式进行计算：

圆周力 $F_{t1} = -F_{t2} = 2T_1/d_{m1}$

径向力 $F_{r1} = -F_{a1} = F_{t1}\tan\alpha \times \cos\delta$

轴向力 $F_{a1} = -F_{r2} = F_{t1}\tan\alpha \times \sin\delta$

式中，α 为大端压力角，为 20°；δ 为圆锥角；d_{m1} 为分度圆锥平均直径，由分度圆直径 d_1、锥距 R 和齿宽 b 确定，$d_{m1} = (R - 0.5b) \times d_1/R = (1 - 0.5\psi_R)d_1$，式中 ψ_R 为齿宽系数，通常取 $\psi_R \approx 0.3$。

五、直齿圆锥齿轮传动的强度计算

直齿圆锥齿轮的失效形式及强度计算依据与直齿圆柱齿轮传动基本相同，可近似地按齿宽中点的一对当量直齿圆柱齿轮的啮合来考虑。

（1）一对轴交角 $\sum = 90°$ 的钢制标准直齿圆锥齿轮传动，齿面接触疲劳强度的验算公式：

$$\sigma_H = \sqrt{\left(\frac{195.1}{d_1}\right)^3 \frac{KT_1}{i}} \leqslant [\sigma_H] \tag{6-23}$$

齿面接触疲劳强度的设计公式：

$$d_1 \geqslant 195.1\sqrt[3]{\frac{KT_1}{i[\sigma_H]^2}} \tag{6-24}$$

式中，当配对齿轮材料不是钢对钢时，常数 195.1 可根据齿轮材料修正，例如：钢对铸铁修正为 175.6；铸铁对铸铁修正为 163.9，其他符号的含义、单位和确定方法与直齿传动相同。

（2）齿根弯曲强度的验算公式：

$$\sigma_F=\left(\frac{3.2}{m}\right)^3\frac{KT_1Y_{FS}}{z_1^2\sqrt{i^2+1}}\leqslant[\sigma_F] \tag{6-25}$$

齿根弯曲强度的设计公式：

$$m\geqslant 3.2\sqrt[3]{\frac{KT_1Y_{FS}}{z_1^2\sqrt{i^2+1}[\sigma_F]}} \tag{6-26}$$

式中，复合齿形系数 Y_{FS} 应根据当量齿数 z_v（$z_v=z/\cos\delta$）由图 6.24 查出。其他符号的含义、单位和确定方法与直齿传动相同。

第九节　齿轮的结构设计

在齿轮的强度设计计算中，计算了齿轮的主要尺寸，要确定出齿轮的结构还需要进行结构设计。通常先按齿轮的直径大小和齿轮材料确定结构形式，再根据经验公式或经验数据确定齿轮各部分尺寸，即完成齿轮的结构设计。

一、齿轮结构

1. 齿轮轴

如图 6.37 所示，当钢制圆柱齿轮的直径与轴的直径相差不大或齿根圆到键槽底部的距离小于 2.5 m_n 时，或锥齿轮其小端齿根圆至键槽底部的距离小于（1.6 ~ 2）m（m 为大端模数）时，将齿轮和轴作成整体，即齿轮轴。这时轴和齿轮必须用同一种材料制造，常用锻造毛坯。由于更换齿轮时，轴也得更换，因此齿轮和轴尽可能作成分开式的。

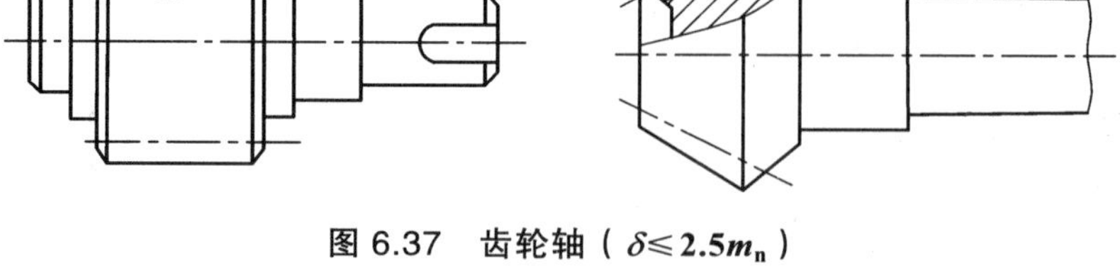

图 6.37　齿轮轴（$\delta\leqslant 2.5m_n$）

2. 实体式齿轮

当齿轮齿圆直径 $d_a \leqslant 200$ mm 时，齿轮可采用实心式结构，如图 6.38 所示。

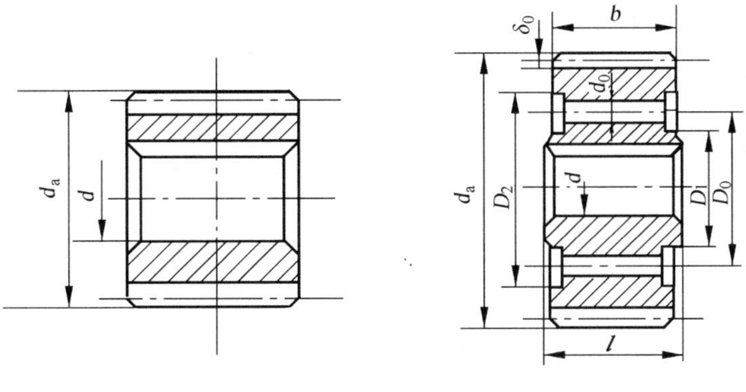

图 6.38　实心式齿轮

3. 腹板式齿轮

当齿轮齿圆直径 $d_a \leqslant 500$ mm 时，为减轻重量和节约材料，齿轮采用腹板式结构，如图 6.39 所示。此种齿轮常采用锻钢制造，也可采用锻造毛坯。

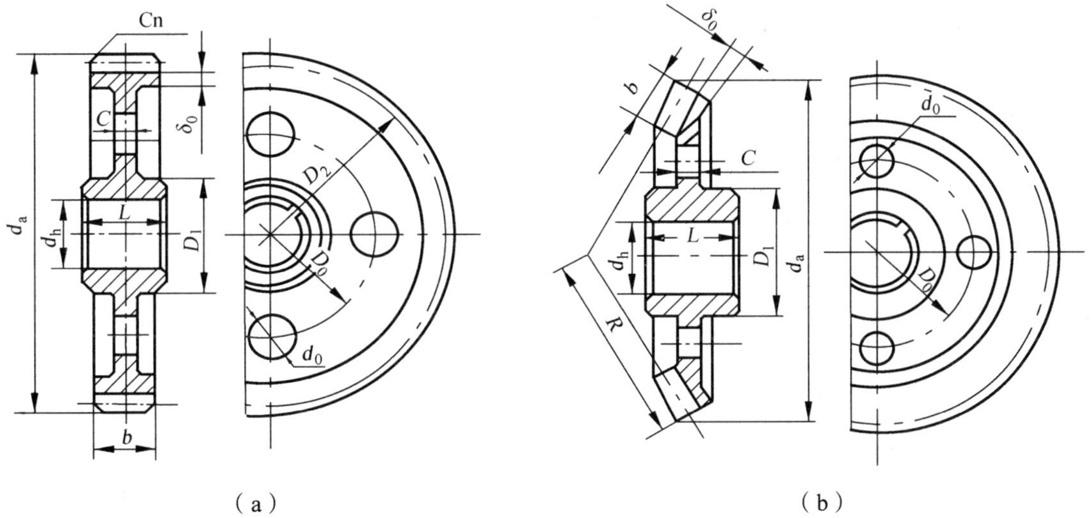

$D_1 = 1.6d$；$d_0 = 0.25(D_2 - D_1)$；$D_0 = 0.5(D_1 + D_2)$；$c = (0.2 \sim 0.3)b$，且 $c \geqslant 10$ mm

$l = (1.2 \sim 1.5)d$，且 $l \geqslant b$；$\delta_0 = (2.5 \sim 4)m_n$，且 $\delta_0 \geqslant 8 \sim 10$ mm

图 6.39　腹板式齿轮

4. 轮辐式齿轮

当齿轮齿圆直径 $d_a > 500$ mm 时，齿轮的毛坯制造因受设备限制，常用铸铁和铸钢浇注而成，此时齿轮采用轮辐式结构，如图 6.40 所示。

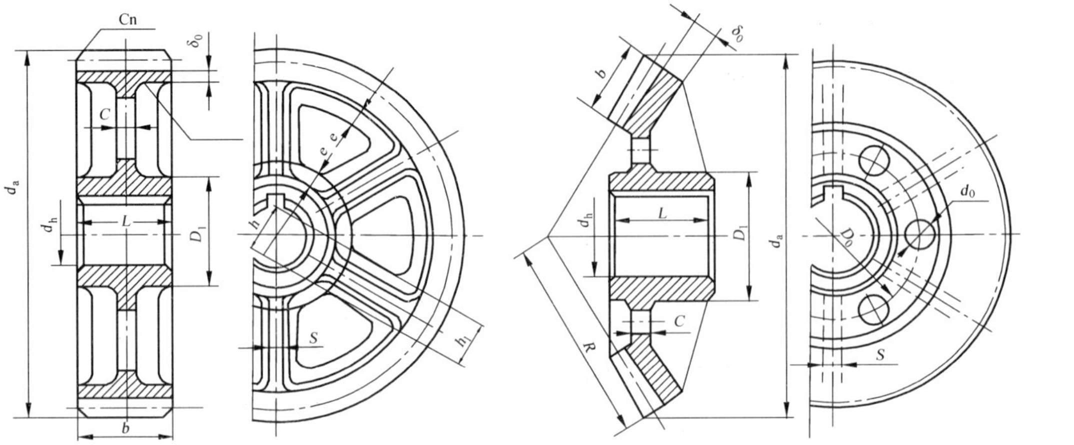

$D_1=1.6d$（铸钢）；$D_1=1.8d$（铸铁）；$b\leqslant 200$ mm；$h=0.8d$；$h_1=0.8h$；$c=h/5$；$e=0.8\delta_0$

$s=h/6$，且 $h\geqslant 10$ mm；$l=(1.2\sim1.5)d$，且 $l\geqslant b$；$\delta_0=(2.5\sim4)m_n$，且 $\delta_0\geqslant 8\sim10$ mm

图 6.40 轮辐式齿轮

二、工作图

由齿轮的强度设计，确定出齿轮的基本参数，从而计算出齿轮的主要尺寸和轮齿的全部尺寸；由齿轮的结构设计，确定出齿轮的结构形式，各部分具体的结构尺寸；然后按机械制图标准规定的画法画出工作图。在图样的右上角要用表格的形式列出模数 m，齿数 z，压力角，齿顶高系数，变位因数，齿厚（或公法线平均长度）公称值及其上、下偏差，精度等级，齿轮副中心距及其极限偏差，配对齿轮，公差组的检测项目及公差值等。图 6.41 为齿轮工作图示例。

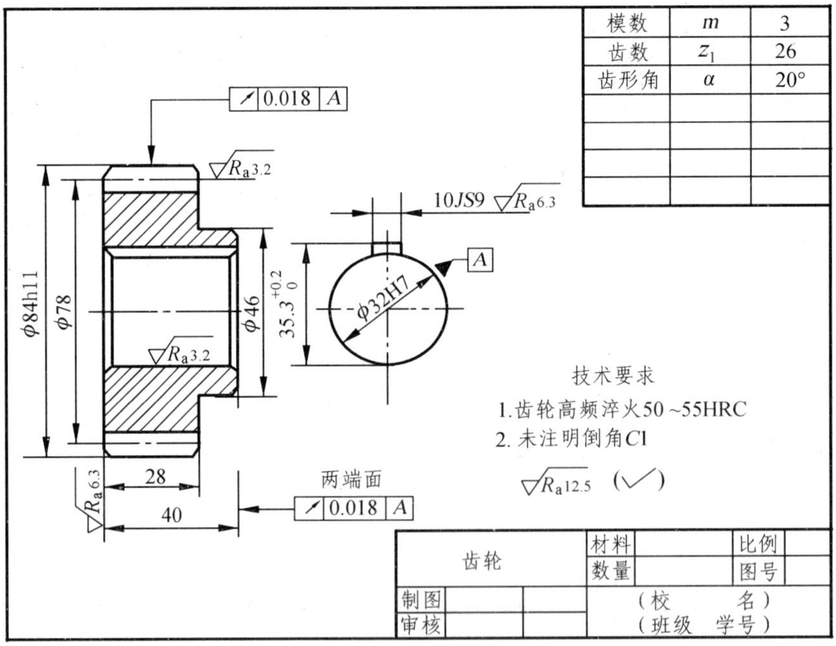

图 6.41 齿轮工作图

思考题与习题

6-1　齿轮传动有何特点？

6-2　渐开线的 5 个基本性质是什么？渐开线齿廓的 3 个啮合特点是什么？

6-3　渐开线直齿圆柱齿轮正确啮合传动的条件是：两啮合齿轮的________和________分别相等。

有两个正常齿制渐开线标准直齿圆柱齿轮，它们的齿数分别为 $z_1=24$、$z_2=80$，齿根圆直径分别为 $d_{f1}=64.5$ mm、$d_{f2}=232.5$ mm。问这两个齿轮能否组成正确传动，为什么？

6-4　有一对正常齿制渐开线外啮合标准直齿圆柱齿轮传动。已知模数 $m=3$，传动比 $i=2.5$，$z_1=40$。试求：z_2，d_2，d_{a2}，d_{f2}，s，h，a 的大小。

6-5　有两个正常齿制渐开线标准直齿圆柱齿轮，它们的齿数分别为 $z_1=22$、$z_2=77$，齿顶圆直径分别为 $d_{a1}=54$ mm、$d_{a2}=158$ mm。问这两个齿轮能否组成传动，为什么？

6-6　从原理上看，齿轮的加工方法分成哪两类？各有何特点？

将齿轮的失效形式、产生原因及采取的措施归纳总结，填入下表中：

序号	失效形式	产生原因	采取的措施
1			
2			
3			
4			

6-7　作出图 6.42 所示的 3 对齿轮的受力图。

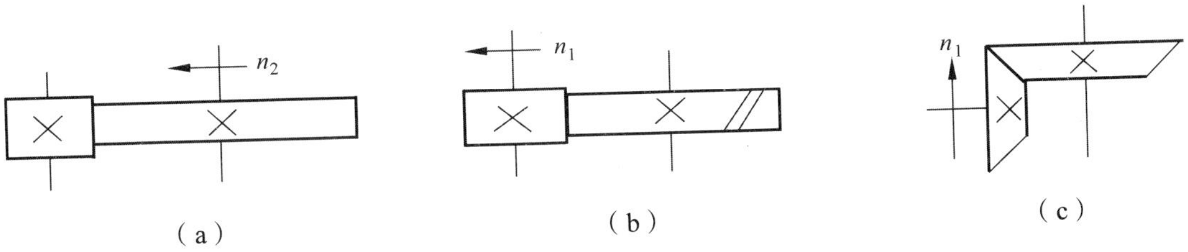

图 6.42

6-8　一标准直齿圆柱齿轮传动，小齿轮为主动，已知其转速 $n_1=1\,440$ r/min，顺时针转动。输出功率 $P=10$ kW，齿轮模数 $m=3$ mm，齿数 $z_1=23$，$z_2=76$。不计摩擦损耗，求作用在大齿轮上力的大小，并用图表示出各力的方向。

6-9　设计一带式运输机用减速器中的直齿圆柱齿轮。已知小齿轮传递的功率 $P=7.5$ kW，其转速 $n_1=960$ r/min。要求齿轮材料经热处理后的硬度小于 350 HB，大齿轮输出转速 $n_2=300$ r/min。齿轮相对于轴承对称布置，单向回转。

6-10　图 6.43 所示二级斜齿轮减速器。已知第一级齿轮的模数 $m=4$ mm，齿数 $z_1=23$，$z_2=58$。螺旋角 $\beta=12°39'36''$，输入功率 $P=10$ kW，转速 $n_1=1\,440$ r/min。求：

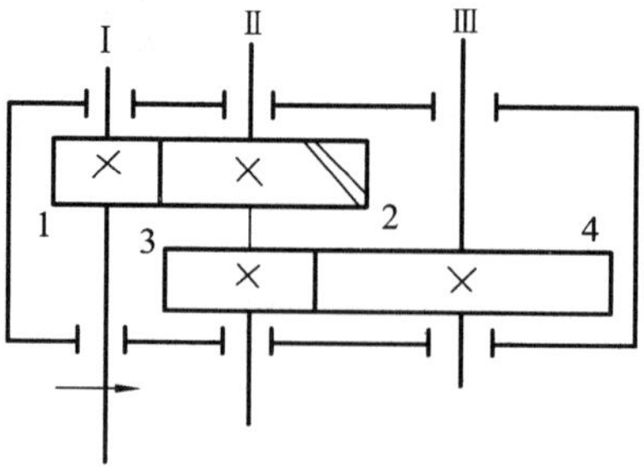

图 6.43

（1）使中间轴所受的轴向力最小，确定第二级齿轮的螺旋线方向。

（2）计算齿轮 2 所受力的大小及方向。

6-11　设计一单级减速器中的斜齿圆柱齿轮传动。已知小齿轮传递功率 $P=15$ kW，转速 $n_1=1\ 450$ r/min，传动比 $i=3.5$，载荷平稳，单向回转；小齿轮材料为 35SiMn、调质处理，大齿轮材料为 45 钢，正火处理；齿数 $z_1=21$。

6-12　如图 6.44 所示，一直齿圆锥-斜齿圆柱齿轮减速器。Ⅰ轴为主动，齿轮 4 为输出。

（1）使中间轴所受的轴向力最小，试确定斜齿轮的螺旋线方向。

（2）在图上画出齿轮 2、3 的受力方向。

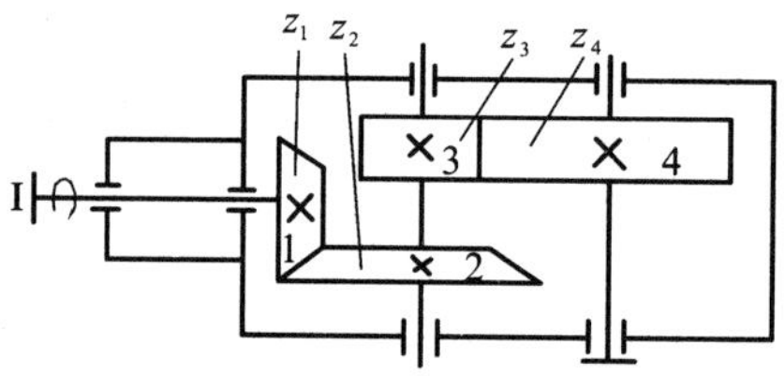

（a）

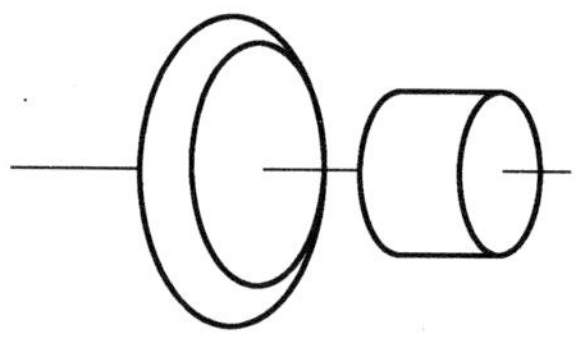

（b）

图 6.44

第七章　蜗杆传动

第一节　概　述

一、蜗杆传动的特点和应用

蜗杆传动用于传递空间交错轴之间的运动和转矩，通常两轴线在空间交错成 90°，一般情况下，蜗杆为主动件，蜗轮为从动件。

与齿轮传动相比，蜗杆传动的特点有：① 结构紧凑、传动比大；② 传动平稳无噪声；③ 可以实现自锁（$\gamma<\rho_v$）；④ 摩擦发热大，传动效率低；⑤ 传递功率较小，一般 $P\leqslant 50$ kW；⑥ 蜗轮需用有色金属材料制造，成本高。

蜗杆传动广泛用于各类机床、矿山机械、起重运输机械等传动系统中，但因其效率低，通常用于功率不大或不连续工作的场合。

二、蜗杆传动的类型

按蜗杆形状不同可分为圆柱蜗杆[见图 7.1（a）]、环面蜗杆[见图 7.1（b）]和锥蜗杆[见图 7.1（c）] 3 种传动类型。在圆柱蜗杆中，根据螺旋面形状的不同又可分为：阿基米德蜗杆[图 7.2（a）]；渐开线蜗杆[见图 7.2（b）]；法向直廓蜗杆[见图 7.2（c）]等。按螺旋线的方向不同，蜗杆又分为右旋与左旋蜗杆。

下面介绍应用广泛的阿基米德蜗杆传动。

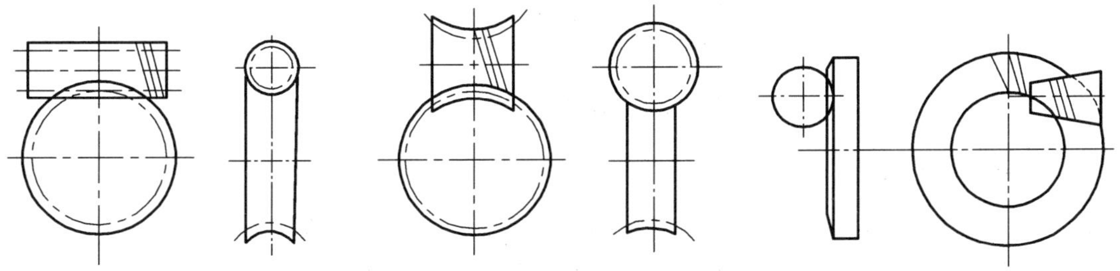

（a）　（b）　（c）

图 7.1　蜗杆传动的类型

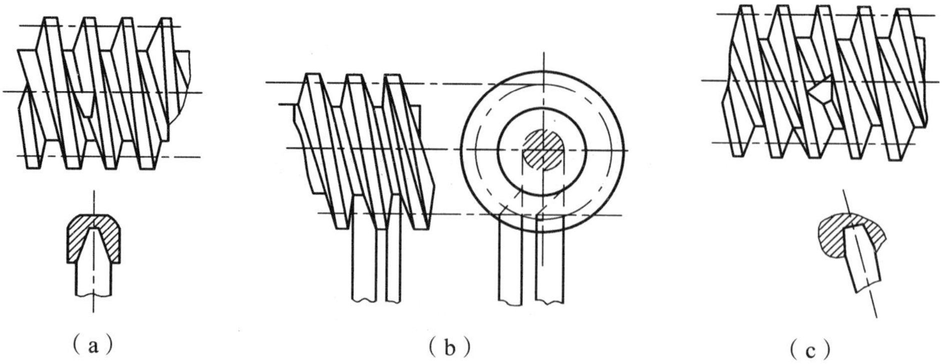

图 7.2　圆柱蜗杆的主要类型

三、蜗杆传动的主要参数和几何尺寸计算

如图 7.3 所示，通过蜗杆轴线并垂直蜗轮轴线的平面称为中间平面。在中间平面内，蜗杆传动的啮合情况，如同齿条和齿轮啮合一样，因此，蜗杆传动的主要参数和几何尺寸计算均以中间平面上的参数和尺寸为基准。

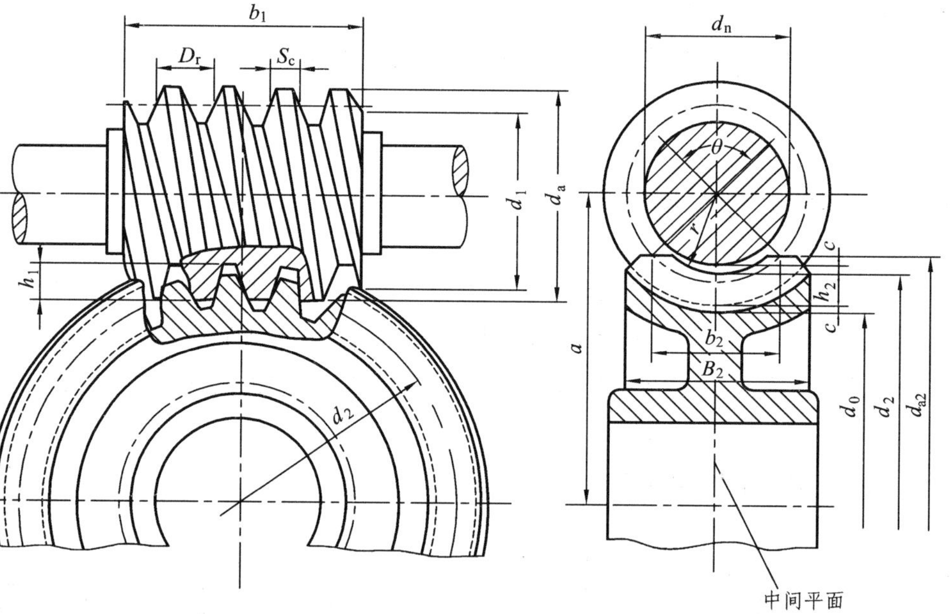

图 7.3　蜗杆传动的几何尺寸

1. 模数 m 与压力角 α

因蜗杆的轴向齿距 P_α 应与蜗轮端面齿距 P_t（中间平面内的齿距）相等，所以蜗杆的轴向模数 m_α 应与蜗轮的端面模数 m_t 相等，并为标准值，如表 7.1。蜗杆的轴向压力角 α_α 等于蜗轮的端面压力角 α_t，并为标准值。

表 7.1　标准模数 m 和蜗杆分度圆直径 d_1

模数 m/mm	分度圆直径 d_1/mm	蜗杆头数 z_1	蜗杆直径系数 q	m^2d_1 /mm^3	模数 m/mm	分度圆直径 d_1/mm	蜗杆头数 z_1	蜗杆直径系数 q	m^2d_1 /mm^3
1	18	1	18.000	18	4	40	1，2，4，6	10.000	640
1.25	20	1	16.000	31.25		71	1	17.750	1 136
	22.4	1	17.920	35	5	50	1，2，4，6	10.000	1 250
1.6	20	1，2，4	12.500	51.2		90	1	18.000	2 250
	28	1	17.500	71.68	6.3	63	1，2，4，6	10.000	2 500
2	22.4	1，2，4，6	11.200	89.6		112	1	17.778	4 445
	35.5	1	17.750	142	8	80	1，2，4，6	10.000	5 376
2.5	28	1，2，4，6	11.200	175		140	1	17.500	8 960
	45	1	18.000	281	10	90	1，2，4，6	9.000	9 000
3.15	35.5	1，2，4，6	11.270	352.2		160	1	16.000	16 000
	56	1	17.778	556	12.5	112	1，2，4	8.960	17 500

2. 蜗杆分度圆（中圆）直径 d_1 与蜗杆直径系数 q

为了降低成本，加工蜗轮时，要求实现刀具的标准化、系列化。将蜗杆分度圆直径 d_1 定为标准值（见表 7.1），蜗杆分度圆直径 d_1 和 m 有一定的匹配，d_1 与 m 之比称为蜗杆直径系数 q，即

$$q=\frac{d_1}{m} \tag{7-1}$$

式中，因为 d_1 和 m 均为标准值，则 q 为导出值，不一定是整数，它是蜗杆刚度的表征。

3. 蜗杆分度圆导程角 γ

分度圆柱螺旋线上任一点的切线与端平面间所夹的锐角称为蜗杆分度圆导程角，简称导程角，用 γ 表示。由图 7.4 可得

$$\tan\gamma=\frac{z_1P_\alpha}{\pi d_1}=\frac{z_1\pi m}{\pi d_1}=\frac{z_1m}{d_1}=\frac{z_1}{q} \tag{7-2}$$

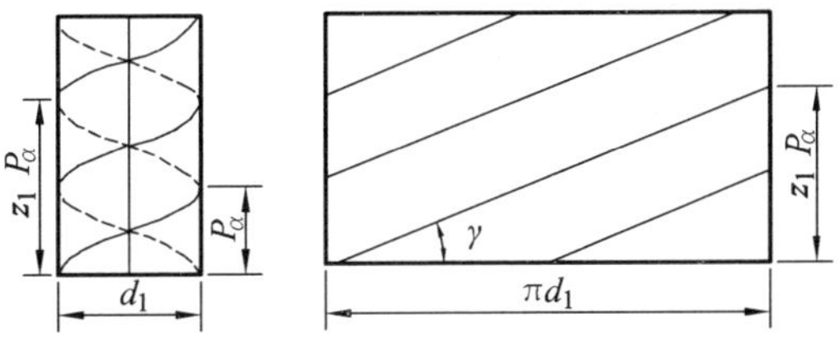

图 7.4　蜗杆导程角 γ

4. 蜗杆头数 z_1，蜗轮齿数 z_2 和传动比 i（见表 7.2）

由传动比公式可得

$$i_{12}=\frac{n_1}{n_2}=\frac{z_2}{z_1}=\frac{d_2}{d_1\tan\gamma} \tag{7-3}$$

应当指出，蜗杆传动的传动比不等于蜗轮与蜗杆两个分度圆直径之比。蜗杆头数通常取 $z_1=1\sim4$。蜗轮齿数根据传动比和蜗杆头数决定：$z_2=i\cdot z_1$。

表 7.2　蜗杆头数 z_1 与蜗轮齿数 z_2 的推荐值

$i=z_2/z_1$	5 ~ 6	7 ~ 8	9 ~ 13	14 ~ 24	25 ~ 27	28 ~ 40	>40
z_1	6	4	3 ~ 4	2 ~ 3	2 ~ 3	1 ~ 2	1
z_2	29 ~ 36	28 ~ 32	27 ~ 52	28 ~ 72	50 ~ 81	28 ~ 80	>40

第二节　蜗杆传动的失效分析及材料选择

一、蜗杆传动的失效分析

蜗杆传动的失效形式与齿轮传动类似，有齿面点蚀、轮齿折断、齿面磨损和胶合。由于齿面间相对滑动速度大，如图 7.5 所示（$v_s=v_1/\cos\gamma=v_2/\sin\gamma$ m/s），摩擦发热严重，所以主要失效形式是磨损和胶合。而蜗杆齿是连续的螺旋，且材料强度又高，故蜗杆副的失效总出现在蜗轮上。

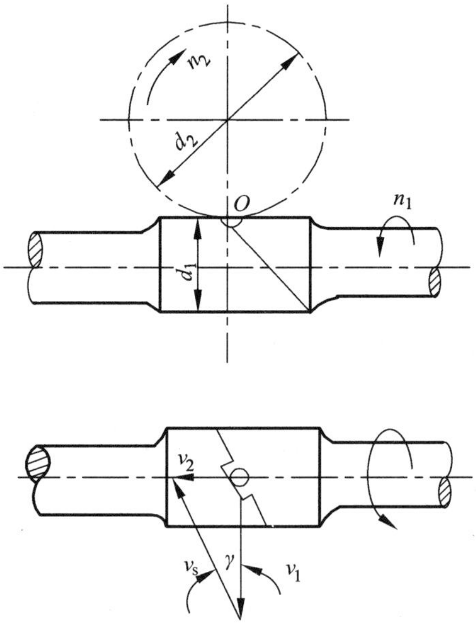

图 7.5　蜗杆传动的失效分析

为了防止胶合和磨损，除选用减摩性材料副和采用适当润滑外，还必须限制接触应力。因此，齿面接触强度计算是蜗杆传动的基本计算准则，蜗杆传动效率较低，发热量大，对闭式传动还应进行热平衡计算。

二、蜗杆传动的材料选择

蜗杆传动因有较大的滑动速度，因此在选择材料时，不仅要求有足够的强度，而且还要求有良好的减磨性、耐磨性和抗胶合的能力。实践证明，比较理想的材料组合是淬硬磨削的钢制蜗杆与青铜蜗轮匹配。

蜗杆常用优质碳素钢或合金钢制造，一般经淬火或渗碳淬火等表面热处理，硬度达 45～50HRC 以上，再经磨削达到较小的表面粗糙度，以提高承载能力。

蜗轮（或轮缘）多由青铜制造。锡青铜耐磨及抗胶合性能好，用于滑动速度 $v_s = 5 \sim 25$ m/s 的重要传动中，但强度低、价格贵。铸铝铁青铜机械性能好，但抗胶合性略差，用于滑动速度 $v_s = 6 \sim 10$ m/s 传动中。灰铸铁用于 $v_s \leqslant 2$ m/s 的不重要传动中。蜗杆传动常用材料见表 7.3。

表 7.3　蜗杆蜗轮常用材料

相对滑动速度 v_s/m·s^{-1}	蜗轮材料	蜗杆材料		
≤25	ZCuSn10Pb1	20CrMnTi 20Cr	渗碳淬火，	56～62HRC
≤12	ZCuSn5Pb5Zn5	45 40Cr	高频淬火	40～50HRC 50～55HRC
≤10	ZCuAl9Fe3	45 40Cr	高频淬火	45～50HRC 50～55HRC
≤2	HT150 HT200	45	调质	220～250HBS

第三节　蜗杆传动强度计算

一、蜗杆传动受力分析

1. 力的大小（见图 7.6）

主动蜗杆按图示方向旋转，若忽略摩擦力的影响，蜗轮作用在节点 C 处的是法向载荷 F_n。为了便于分析计算，将 F_n 分解为三个互相垂直分力：切向力 F_t，径向力 F_r 和轴向力 F_a。由于蜗杆与蜗轮轴线相互垂直交错，根据作用力与反作用力大小相等，方向相反可得

$$
\begin{aligned}
F_{t1} &= -F_{a2} = 2\,000 T_1 / d_1 \\
F_{t2} &= -F_{a1} = 2\,000 T_2 / d_2 \\
F_{r2} &= -F_{r1} = F_{t2} \tan \alpha
\end{aligned} \qquad (7\text{-}4)
$$

$$
T_2 = T_1 i_{12} \eta \quad 或 \quad T_2 = 9\,550 P_2 / n_2 = 9\,550 P_1 \eta / n_2 \qquad (7\text{-}5)
$$

式中，F_{t1}、F_{r1}、F_{a1} 分别是蜗杆上所受的切向力、径向力、轴向力，单位 N；F_{t2}、F_{r2}、F_{a2} 分别是蜗轮上所受的切向力、径向力和轴向力，单位 N；T_1、T_2 分别为蜗杆、蜗轮传递的名义转矩，单位 N·mm；P_1、P_2 分别为蜗杆、蜗轮传递的功率，单位 kW；n_1、n_2 分别为蜗杆、蜗轮的转速，单位 r/min；η 蜗杆传动的效率；α 为轴向（端面）压力角。

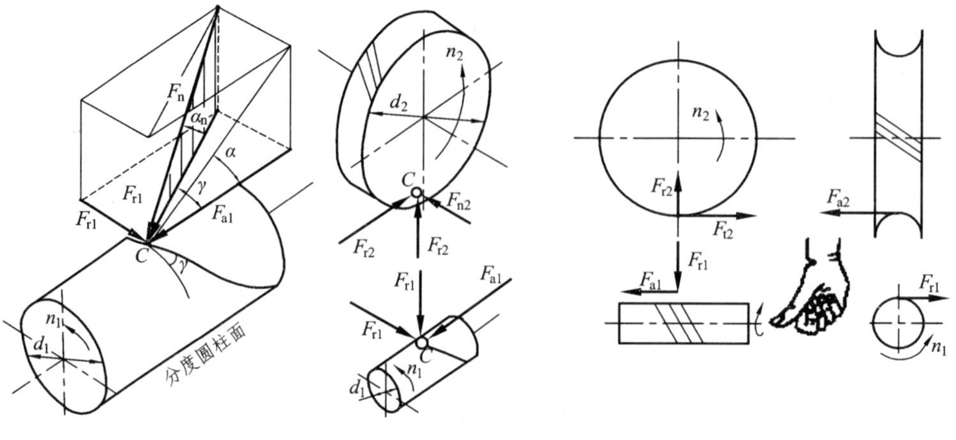

图 7.6 蜗杆传动受力分析

2. 力的方向

（1）切向力。主动蜗杆切向力的方向与其运动方向相反，从动蜗轮上切向力的方向与其运动方向相同。

（2）径向力。沿作用点的半径方向，各自指向自己的轮心。

（3）轴向力。蜗杆轴向力方向：右旋蜗杆采用右手法则，左旋蜗杆采用左手法则。其方法是：四指弯曲表示蜗杆转向，拇指就代表蜗杆所受轴向力的方向，而蜗轮的旋转方向与拇指所指的方向相反，如图 7.6（c）所示。

二、蜗轮接触强度计算

蜗杆传动近似当作斜齿轮传动，并将其特性引入到齿轮传动公式中，可得到蜗轮齿面接触强度的设计与验算公式分别为

设计式 $$m^2d_1 \geqslant \left(\frac{15\ 000}{[\sigma_H]z_2}\right)^2 KT_2\ (\text{mm}^3) \tag{7-6}$$

验算式 $$\sigma_H = \frac{15\ 000}{mz_2}\sqrt{\frac{KT_2}{d_1}} \leqslant [\sigma_H]\ (\text{MPa}) \tag{7-7}$$

式中，m 为模数，单位 mm；d_1 为蜗杆分度圆直径，单位 mm；$[\sigma_H]$为蜗杆的许用接触应力，单位 MPa（查表 7.4）；z_2 为蜗轮齿数；K 为载荷系数，一般 $K = 1 \sim 1.4$，当载荷平稳，滑动速度 $v_s \leqslant 3$ m/s 和 7 级以上传动精度时取小值；T_2 为作用于蜗轮轴上的转矩，单位 N · m。

根据算出的 m^2d_1 值，查表 7.1 确定标准的 m 和 d_1。

表 7.4 蜗轮常用材料及许用应力

材料牌号	铸造方法	适用的滑动速度 $v/\text{m}\cdot\text{s}^{-1}$	许用接触应力 σ_H/MPa						
			滑动速度 $v/\text{m}\cdot\text{s}^{-1}$						
			0.5	1	2	3	4	6	8
ZCuSn10Pb1	砂模 金属模	≤25				134 200			
ZCuSn5Pb5Zn5	砂模 金属模 离心浇铸	≤12				128 134 174			
ZCuAl9Fe3	砂模 金属模 离心浇铸	≤10	250	230	210	180	160	120	90
ZCu Zn38Mn2Pb2	砂模 金属模	≤10	215	200	180	150	135	95	75
HT150 HT200	砂模	≤2	130	115	90	—	—	—	—

注：① 表中$[\sigma_H]$是蜗杆齿面硬度＞350 HBS 条件下的值；若硬度≤350 HBS 时需降低 15%～20%。
② 当用于短时工作的传动装置时，可将表中锡青铜的$[\sigma_H]$值增加 40%～50%。

三、蜗杆传动的热平衡计算

1. 蜗杆传动的效率

闭式蜗杆传动的总效率包括 3 部分：轮齿啮合效率，轴承效率和搅油、溅油效率。其中主要的是啮合效率，可以近似地按螺旋副效率计算。蜗杆传动的总效率公式

$$\eta=(0.95-0.97)\frac{\tan\gamma}{\tan(\gamma+\rho_v)} \tag{7-8}$$

式中，γ为蜗杆导程角；ρ_v为当量摩擦角（查表 7.5）。当量摩擦角ρ_v除了决定于蜗轮副材料外，还取决于滑动速度 v_s。随着 v_s的增大，易于形成油膜，从而使摩擦系数下降。为了提高传动效率，可将蜗杆传动布置在高速级。在设计计算中，蜗杆传动的总效率估算值可参考表 7.6。

2. 热平衡计算

蜗杆传动效率低、发热量大，产生的热量若不及时散发，会引起箱内油温升高、润滑失效，导致齿面胶合。所以在连续运转或散热条件差的闭式蜗杆传动设计中，要求进行热平衡计算。

设 Q_1 为 1 s 摩擦消耗的功所转化的热量，Q_2 为 1 s 通过箱体表面散发的热量，则：

$$Q_1 = 1\,000P_1(1-\eta)\ (\text{J/S})$$

$$Q_2 = K_t A(t-t_0)\ (\text{J/S})$$

表 7.5 普通圆柱蜗杆传动的当量摩擦角 ρ_v

蜗轮材料	锡青铜		无锡青铜	灰铸铁	
蜗杆齿面硬度	≥45 HRC	其他	≥45 HRC	≥45 HRC	其他
滑动速度 $v/\text{m}\cdot\text{s}^{-1}$	ρ_v	ρ_v	ρ_v	ρ_v	ρ_v
0.01	6°17′	6°51′	10°12′	10°12′	10°45′
0.05	5°09′	5°43′	7°58′	7°58′	9°05′
0.10	4°34′	5°09′	7°24′	7°24′	7°58′
0.25	3°43′	4°17′	5°43′	5°43′	6°51′
0.5	3°09′	3°43′	5°09′	5°09′	5°43′
1.0	2°35′	3°09′	4°00	4°00	5°09′
1.5	2°17′	2°52′	3°43′	3°43′	4°34′
2.0	2°00	2°35′	3°09′	3°09′	4°00
2.5	1°43′	2°17′	2°52′		
3.0	1°36′	2°00	2°35′		
4.0	1°22′	1°47′	2°17′		
5.0	1°16′	1°40′	2°00		
8.0	1°02′	1°29′	1°43′		

表 7.6 蜗杆传动总效率 η

闭式传动			开式传动	自锁传动 $\gamma \le \rho_v$
z_1			0.60 ~ 0.71	< 0.50
1	2	4		
0.70 ~ 0.75	0.75 ~ 0.82	0.87 ~ 0.92		

达到热平衡时，$Q_1 = Q_2$ 则有：

$$t = \frac{1\,000P_1(1-\eta)}{K_t A} + t_0 \le [t] \qquad (7\text{-}9)$$

式中，P_1 为蜗杆传递功率（输入功率），单位 kW；η 为蜗杆传动的效率；K_t 为散热系数，J/（m^2·s·°C），表示温度差为 1 °C 时，箱体每平方米表面积在 1 s 内所散发的热量。一般取 $K_t = 8.7 \sim 17.5$ J/（m^2·s·°C），空气流通良好时取大值。A 为散热面积，单位 m^2，指箱内油能溅到箱外空气可冷却的表面积。凸缘及散热片面积按 50%计算。t_0 为周围空气的温度，通常取 $t_0 = 20$ °C；t 为热平衡时润滑油的温度，单位°C；$[t]$为允许的热平衡温度，单位°C。对于蜗杆传动一般取$[t] = 95$ °C。

若 $t > [t]$时，可采取下述冷却措施：在箱壳外表面加散热片；在蜗杆轴上装置风扇[见图 7.7（a）]；在油池内装置蛇形冷却水管[见图 7.7（b）]；或用压力喷油润滑[见图 7.7（c）]。

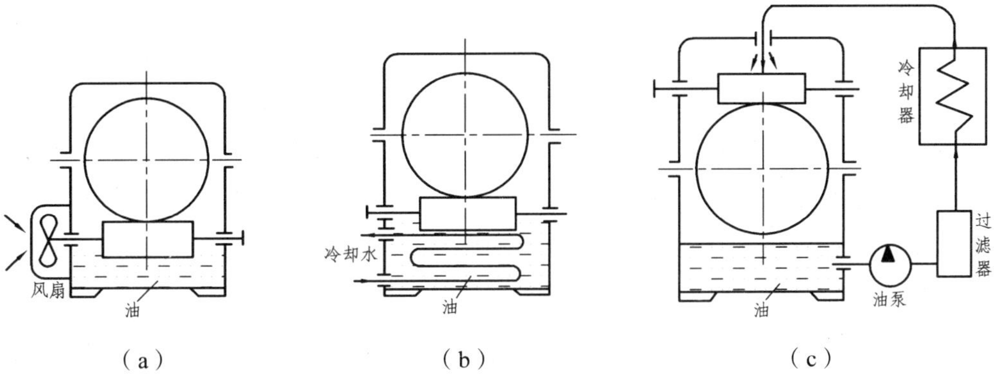

图 7.7　蜗杆传动的散热措施

第四节　蜗杆和蜗轮的结构

一、蜗杆结构

由于蜗杆螺旋部分直径不大，所以常和轴做成一体，称为蜗杆轴，如图 7.8 所示。其中（a）图为铣制蜗杆，无退刀槽，刚性较好，（b）图为车制蜗杆，有退刀槽。当蜗杆直径较大时，可将蜗杆齿圈与轴分开制造。

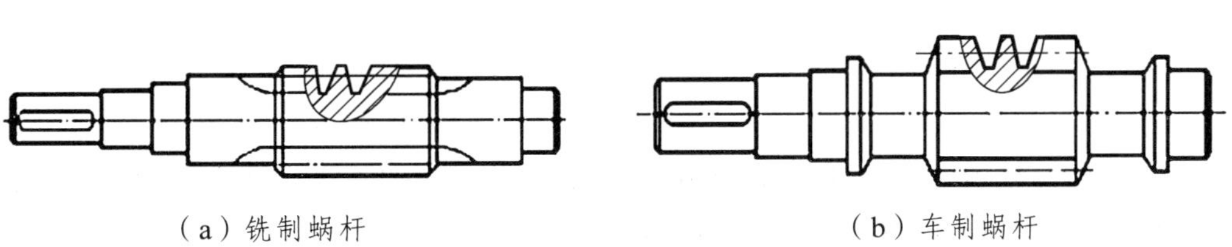

图 7.8　蜗杆结构形式

二、蜗轮结构（见图 7.9）

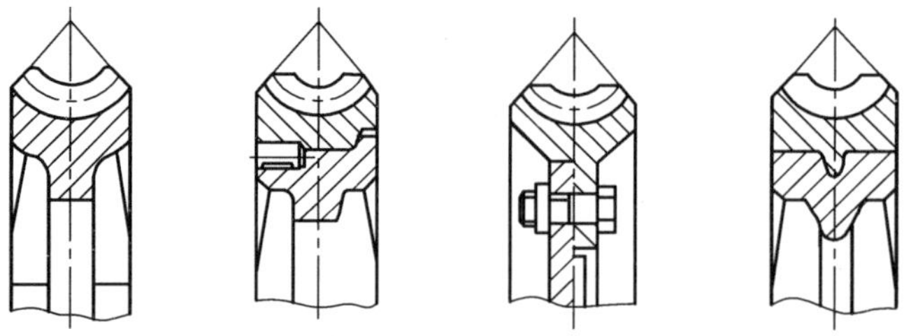

（a）整体式　（b）轮箍式　（c）螺栓联接式　（d）镶铸式

图 7.9　蜗轮的结构

（1）整体式。适用于直径小于 100 mm 的青铜蜗轮和任意直径的铸铁蜗轮。

（2）轮箍式。青铜齿圈与铸铁（或铸钢）轮心的组合结构，通常采用 H_7/r_6 或 H_7/s_6 的配合，为了增加其可靠性，在配合面上加 4 ~ 6 个紧定螺钉；为了便于钻孔，螺孔中心线应向材料较硬的铸铁一边偏 2 ~ 3 mm。轮箍式适用于尺寸不大，工作温度变化较小的场合。

（3）螺栓联接式。用于铰制孔螺栓联接，配合为 H_7/m_6，该结构工作可靠，装拆方便，成本较高，用于尺寸较大或齿面容易磨损的场合。

（4）镶铸式。青铜轮缘镶铸在铸铁（或铸钢）的轮心上，并且轮心上有预制样槽，以防滑动，此结构用于大批量生产。

第五节　蜗杆传动的使用维护

一、实现合理的啮合部位

装配时应使蜗杆轴线位于中间平面上，中心距应准确，应有适当的啮合间隙，以防止卡滞。对于单向运转的蜗轮传动，可调整蜗轮的位置，使蜗杆蜗轮在啮合侧接触，使入口自然形成油楔，对于双向传动，轮齿的接触斑点面积应占全齿面的 30% ~ 40%。

二、蜗杆传动的维护

蜗杆传动中，可能因磨损而使齿侧间隙过大，导致空回程过大，甚至不能自锁；也可能因胶合而转动困难，此时应检查修理。如果蜗轮齿厚因磨损而超过许用范围，则应更换蜗轮齿圈。图 7.10 蜗轮轴向位置可以通过垫片厚度进行的调整。

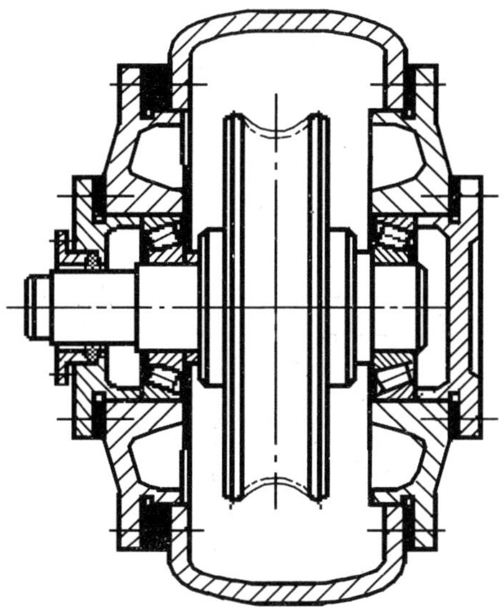

图 7.10　蜗轮轴向位置的调整

思考题与习题

7-1　与齿轮传动相比，蜗杆传动有哪些特点？适用于什么场合？

7-2　如何理解蜗杆分度圆概念，其计算公式与齿轮分度圆计算公式有何不同？

7-3　蜗杆传动为什么有较大的滑动速度？对传动性能有何影响？

7-4　设计蜗杆传动时，除强度计算外，为何还要进行热平衡计算？若温度过高，可采取什么措施？

7-5　蜗杆、蜗轮有哪些结构形式？各适用于什么场合？

7-6　如图 7.11 所示为几种不同布置的蜗杆传动简图（蜗杆为主动件），试绘出：① 蜗杆的螺旋方向；② 蜗轮啮合处 3 个分力的方向。

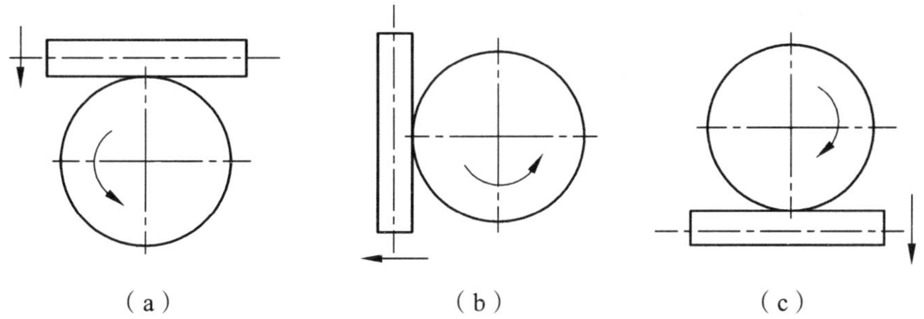

图 7.11

7-7　设计一起重机械中的闭式蜗杆传动，由电机驱动蜗杆传动，已知输入功率 $P=7.5$ kW，转速 $n_1=1\,440$ r/min，传动比 $i=18$，载荷平稳，双向回转，间隙工作。

7-8 如图 7.12 所示为一手动铰车采用蜗杆传动，已知 $m=8$ mm，$z_1=1$，$d_1=80$ mm，$z_2=40$，卷筒直径 $D=200$ mm，试求：

① 使重物 G 上升 1 m 时蜗杆转动多少圈？

② 蜗杆与蜗轮间的当量摩擦系数 $f_v=0.18$，该机构能否自锁？（注：$\tan\rho_v=f_v$）

③ 若 $G=5$ kN，手摇时施加的力 $F=100$ N，手柄转臂的长度 L 是多少？

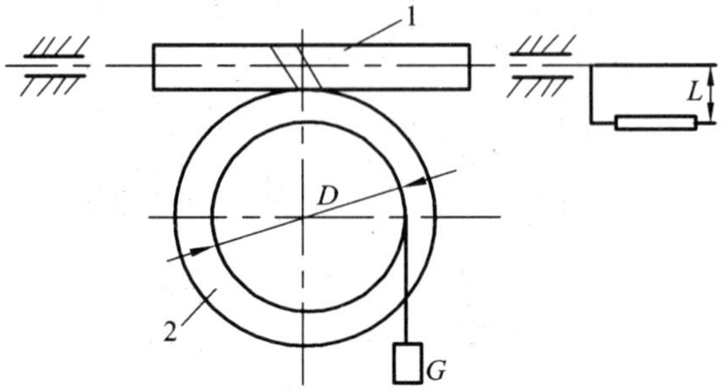

图 7.12

第八章 轴

第一节 概 述

轴是直接支承传动零件（如齿轮、带轮、链轮等）和其他轴上零件以传递运动和动力的重要零件。

一、轴的分类及应用

1. 按所受载荷分类

（1）心轴。主要承受弯矩的轴称为心轴。工作时不转动的，称为固定心轴 [例如自行车前轮轴，见图 8.1（a）]；工作时转动的称为转动心轴 [例如机车轮轴，见图 8.1（b）]。

（2）传动轴。主要承受转矩的轴称为传动轴。图 8.1（c）所示为汽车从变速箱到后桥的传动轴。

（3）转轴。既承受弯矩又承受转矩的轴称为转轴。图 8.1（d）所示为单级齿轮减速器中的转轴。

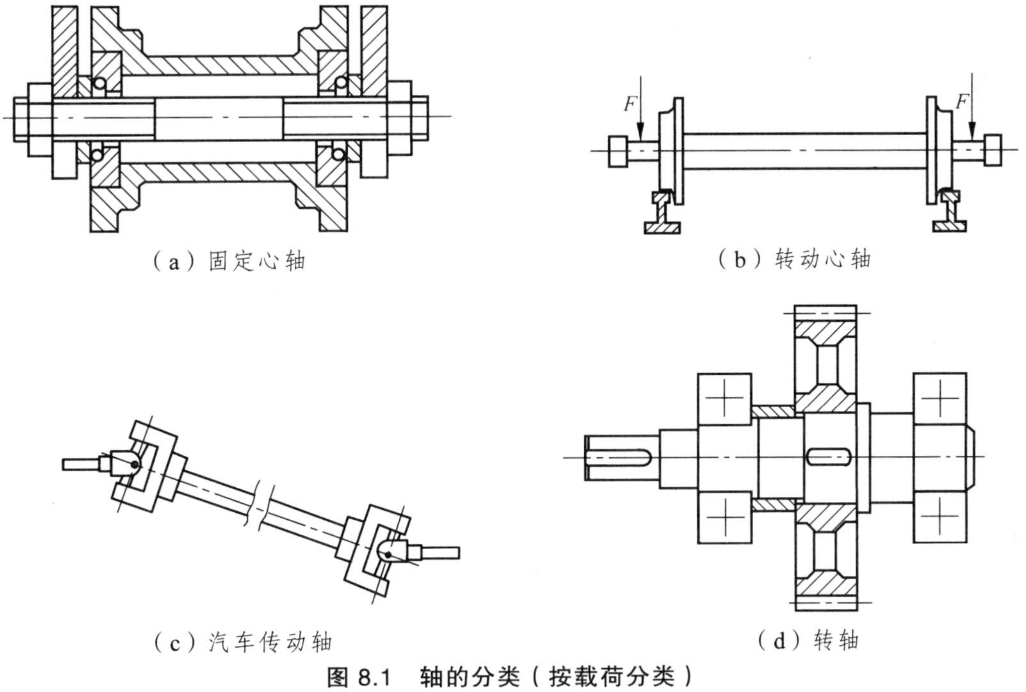

（a）固定心轴　（b）转动心轴　（c）汽车传动轴　（d）转轴

图 8.1　轴的分类（按载荷分类）

2. 按轴线的几何形状分类

（1）曲轴。[见图 8.2（c）]常用于往复式机械（如曲柄压力机、内燃机）中，以实现运动的转换和动力的传递。

（2）挠性轴。由几层紧贴在一起的钢丝层构成的[见图 8.2（d）]，它能把旋转运动和转矩灵活地传递到任何位置，但它不能承受弯矩，多用于转矩不大、以传递运动为主的简单传动装置中。

（3）直轴。按形状又可分为光轴、阶梯轴和空心轴 3 类。

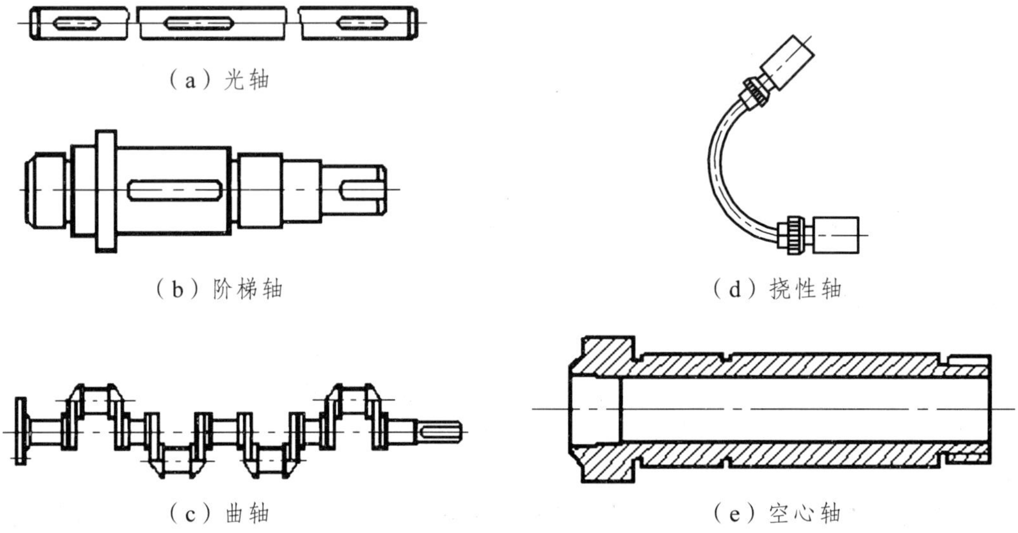

（a）光轴　（b）阶梯轴　（c）曲轴　（d）挠性轴　（e）空心轴

图 8.2　轴按几何形状分类

① 光轴。光轴的各截面直径相同。它加工方便，但零件轴向不易定位[见图 8.2（a）]。

② 阶梯轴。这种轴的各截面直径不同，轴上零件定位容易、装拆方便，并且轴的各段截面接近于等强度，故在一般机械中较常用[见图 8.2（b）]。

③ 空心轴。如图 8.2（e）所示，它可以减轻重量、增加刚度，还可以利用轴的中空来输送润滑油、切削液或便于放置待加工的材料。车床主轴就是典型的空心轴。

机械中最常用的是直轴，它是本章主要研究的对象。

二、轴的材料及其选择

轴的材料是决定轴承载能力的重要因素。轴的材料除应具有足够的强度外，还应具备足够的塑性、冲击韧度、抗磨损性和抗腐蚀性；对应力集中的敏感性较小；具有良好的工艺性和经济性；能通过不同的热处理方式提高轴的疲劳强度。

轴的材料主要采用碳素钢和合金钢。碳素钢比合金钢价廉，对应力集中的敏感性小，并可通过热处理提高疲劳强度和耐磨性，故应用较广泛。常用的碳素钢为优质碳素钢，为保证轴的力学性能，一般应对其进行调质或正火处理。不重要的轴或受载荷较小的轴，也可用 Q235 等普通碳素钢。

合金钢比碳素钢的机械强度高，热处理性能好，但对应力集中的敏感性强，价格也较贵，主要用于对强度或耐磨性要求较高以及处于高温或腐蚀等条件下工作的轴。

高强度铸铁和球墨铸铁有良好的工艺性，并具有价廉、吸振性和耐磨性好以及对应力集中敏感性小等优点，适用于制造结构形状复杂的轴（如曲轴、凸轮轴等）。

轴的毛坯选择：当轴的直径较小而又不太重要时，可采用轧制圆钢；重要的轴应采用锻造毛坯；对于大型的低速轴，也可采用铸件。

轴的常用材料及其主要机械性能见表 8.1。

表 8.1 轴的常用材料及其主要机械性能

材料牌号	热处理	毛坯直径/mm	硬度/HBS	抗拉强度 σ_b	屈服点 σ_s	弯曲疲劳极限 σ_{-1}	扭剪疲劳极限 τ_{-1}	应用说明
				（不小于）/MPa				
Q235				440	240	200	110	用于不重要或载荷不大的轴
35	正火		143 ~ 187	520	270	250	113	用于一般的轴
45	正火	25	<241	600	360	260	150	用于较重要的轴，应用最广泛
	正火回火	≤100 >100 ~ 300 >500 ~ 750	170 ~ 217 162 ~ 217 156 ~ 217	600 580 400	300 290 270	275 270 250	140 135 125	
	调质	≤200	217 ~ 255	650	360	300	155	
40 Cr	调质	25 ≤100 >100 ~ 300 >300 ~ 500	241 ~ 266	1000 750 700 650	800 550 500 450	500 350 340 310	280 200 185 172	用于载荷较大无大冲击的轴
35SiMn 42SiMn	调质	25 ≤100 >100 ~ 300	229 ~ 286 217 ~ 269	900 800 750	750 520 450	460 400 350	255 205 185	性能接近 40Cr，用于中小型轴
40MnB	调质	25 ≤200	241 ~ 286	1000 750	800 500	485 335	280 195	性能接近 40Cr，用于重要的轴
40CrNi	调质	25 ≤100	300 ~ 320 270 ~ 300	1000 900	800 750	485 470	280 280	用于很重要的轴，低温性能好
20Cr	渗碳淬火回火	15 ≤60	表面 50 ~ 60HRC	850 650	550 440	375 280	215 160	用于强度、韧度均较高的轴（如齿轮轴）
20CrMnTi		15	表面 56 ~ 62HRC	1 100	850	525	300	
QT400-18			156 ~ 197	400	300	145	125	用于铸造外型复杂的曲轴、凸轮轴等
QT450-10			170 ~ 207	450	330	160	140	
QT500-07			187 ~ 255	500	380	180	155	

第二节　轴的结构设计

一、直径的初步估算

轴的设计主要确定是轴的结构形状及尺寸。

开始设计轴时，通常轴上零件的位置及支点位置还未确定，无法求出轴所受的弯矩，只有待轴的结构设计基本完成后，才能进行轴的强度及刚度等校核计算。因此，一般在结构设计前，先按纯扭转情况对轴的直径进行初步估算。

按扭转强度进行直径估算，就是只按转矩 T 来计算轴，而弯矩的影响则用降低许用扭转切应力[τ]的方法予以考虑。由材料力学可知，圆截面轴扭转时的扭转强度条件为

$$\tau=\frac{T}{W}=\frac{T}{0.2d^3}\leqslant[\tau] \tag{8-1}$$

轴的设计计算公式为

$$d\geqslant\sqrt[3]{\frac{T}{0.2[\tau]}}=\sqrt[3]{\frac{9.55\times10^6P}{0.2[\tau]n}}=C\sqrt[3]{\frac{P}{n}} \tag{8-2}$$

式中，T 为工作转矩，单位 N·mm；P 为轴传递的功率，单位 kw；n 为轴的转速，单位 r/min；C 为与许用扭转切应力[τ]有关的系数，其值见表 8.2；d 为轴的估算直径，单位 mm。估算时如有一个键槽，可将算得的最小直径增大 3%～5%，有两个键槽时可增大 7%～10%。

表 8.2　几种常用轴材料的[τ]及 C 值

轴的材料	Q235 20	Q275 35	45	40Cr，35SiMn，42SiMn，40MnB	1Cr18Ni9Ti
[τ]/MPa	12～20	20～30	30～40	40～52	15～25
C	158～135	135～118	118～106	106～97	148～125

二、轴的结构设计

轴的结构设计主要是确定轴的结构形状和尺寸。由于影响轴结构的因素很多，故其结构设计具有较大的灵活性和多样性，但一般来说需满足以下要求：① 为节省材料、减轻重量，应尽量采用等强度外形和高刚度的剖面形状；② 应具有良好的加工工艺性；③ 要便于轴上零件的定位、固定、装配、拆卸和位置调整；④ 轴上安装有标准零件（如轴承、联轴器、密封圈等）时，轴的直径要符合相应的标准或规范；⑤ 轴上结构要有利于减小应力集中以提高疲劳强度。

从强度和节约材料的观点来看，轴的形状最好是空心或等强度轴，但这样轴的形状往往不利于加工；从加工观点来看，则最好是光轴，但光轴不利于轴上零件的装拆、定位和固定。

综合考虑各种要求，多数情况采用阶梯轴，因为它既接近于等强度，加工也不复杂，而且有利于轴上零件的定位、固定和装拆。

图 8.3 为阶梯轴的典型结构。轴上安装轮毂部分的轴段称为轴头，安装轴承的轴段称为轴颈，连接轴头和轴颈部分的轴段称为轴身。

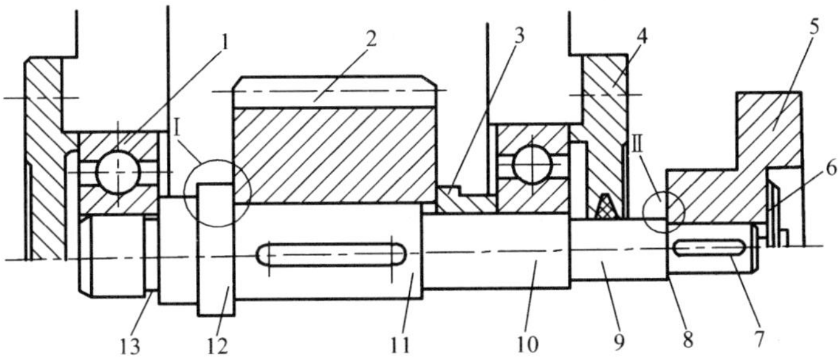

图 8.3　阶梯轴的结构

1—滚动轴承；2—齿轮；3—套筒；4—轴承端盖；5—联轴器；6—轴端挡圈；7—轴头 1；8—轴肩；9—轴身；10—轴颈；11—轴头 2；12—轴环；13—砂轮越程槽

设计轴的结构时，主要考虑下述几个方面：

1. 轴上零件的定位和固定

（1）轴上零件的周向固定。

轴上零件必须可靠地周向固定，才能传递运动与动力。周向固定可采用键、花键、成形联接、销等联接或过盈配合。其结构可参考第四章。

采用何种周向固定方式。要根据载荷的大小和性质、承载与轴的对中性要求和重要性等因素来决定。如对齿轮与轴，一般可采用平键联接；对过载、冲击或振动大的情况，可用过盈配合加键联接；在传递较大转矩、轴上零件需作轴向移动或对中要求较高的情况下，可采用花键联接；对轻载或不重要的场合，可采用销或紧定螺钉联接。

（2）轴上零件的轴向固定（见表 8.3）。

表 8.3　轴上零件的轴向固定方法

固定方式	简　图	应用特点
轴肩、轴环	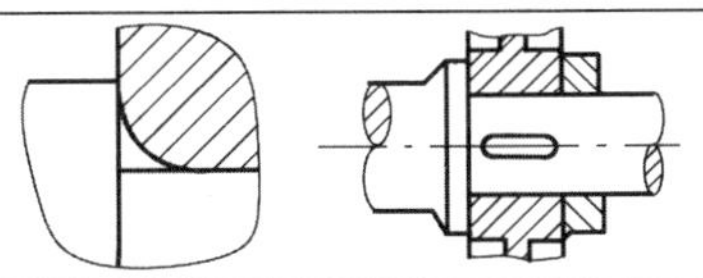	轴肩、轴环由定位面和过渡圆角组成，常用在齿轮、轴承等的轴向固定
套　筒	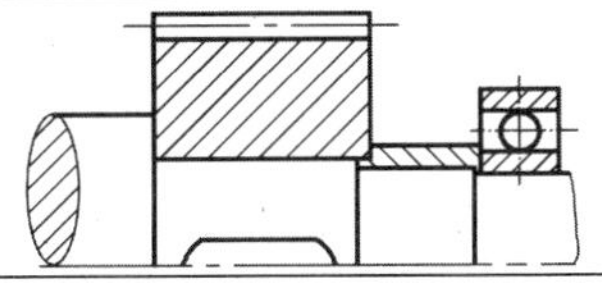	定位可靠，不需开槽、钻孔，不影响轴的疲劳强度，但质量有所增加，常用在两零件间作轴向固定
螺　母	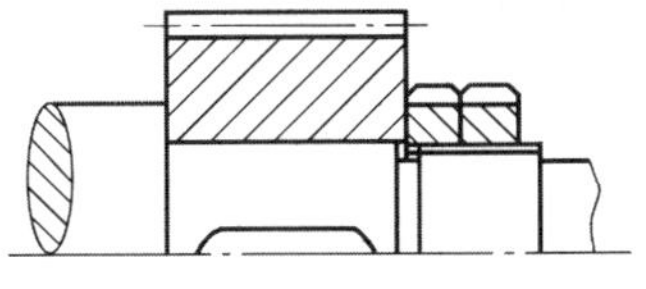	为避免削弱轴的疲劳强度，多用细牙螺纹。常用双螺母或带翅垫圈防松。常用在无法采用套筒或零件与轴承距离较大，轴上允许车螺纹的轴段作轴向固定

续表 8.3

固定方式	简　图	应用特点
轴端挡圈	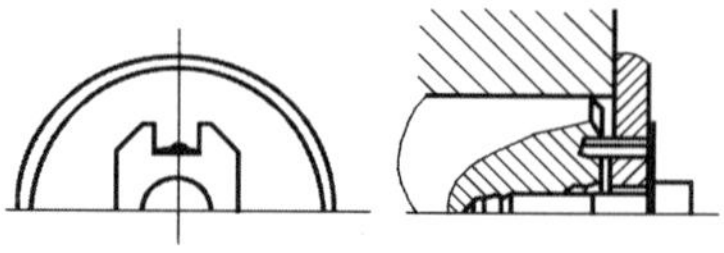	常用在轴端零件的固定，可承受较大的轴向力
弹性挡圈	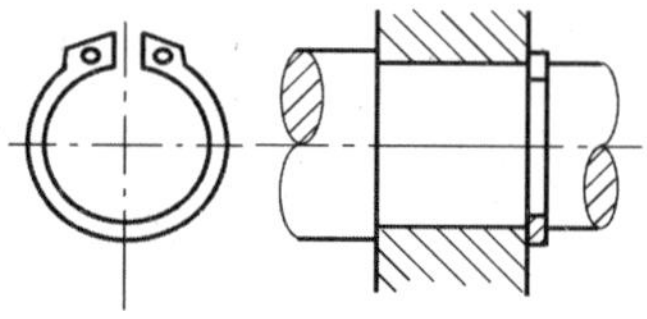	轴结构简单，但应力集中较严重，易削弱轴的疲劳强度。用在轴向力较小，或仅为防止轴向移动时，常用来固定滚动轴承
紧定螺钉	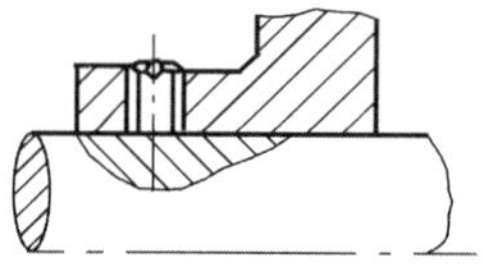	可兼作轴向和周向固定。常用于光轴及轴向力较小的零件的固定
圆锥面	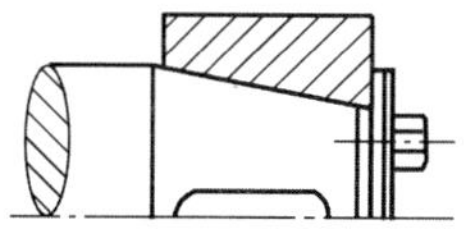	常与轴端挡圈一起使用，根据同轴度要求，考虑是否带键。常用在高速轴、受冲击载荷、同轴度要求较高的轴端零件固定

轴上零件的轴向位置必须固定，以承受轴向力或不产生轴向移动。轴向定位和固定主要有两类方法：① 利用轴本身部分结构，如轴肩、轴环、圆锥面、过盈配合等，这类方法可承受较大的轴向力；② 采用附件，如套筒、圆螺母、弹性挡圈、轴端挡圈、紧定螺钉、楔键和销等。

（3）轴上零件的定位。

轴上零件利用轴肩或轴环来定位是最方便而有效的方法，如图 8.3 齿轮、联轴器左侧的定位。为了保证轴上零件紧靠定位面，轴肩或轴环处的圆角半径 r 必须小于零件毂孔的圆角 R 或倒角 C_1（见图 8.4）。定位轴肩的高度 h 一般取（2 ~ 3）C_1 或 $h=$（0.07 ~ 0.1）d（d 为配合处的轴径）。轴环宽度 $b \approx 1.4h$。

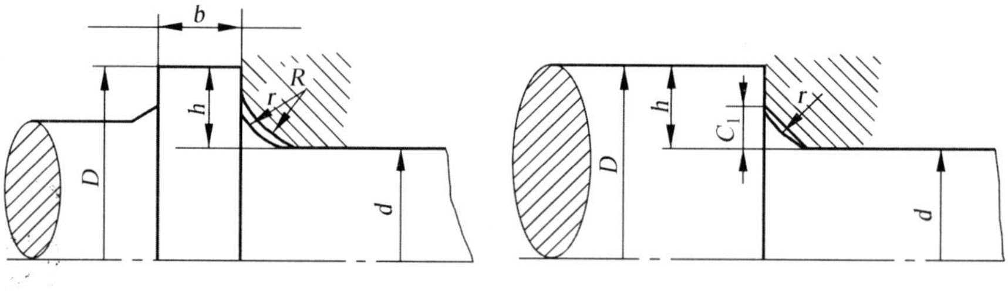

图 8.4　定位轴肩的结构尺寸

图 8.3 中齿轮另一端靠套筒作轴向定位。为了定位可靠，应使齿轮轮毂宽度 b 大于相配轴段的长度 l，一般取 $b-l=1 \sim 3$ mm。

2. 轴的加工和装配工艺性

轴的形状应力求简单，阶梯级数尽可能少，键槽、圆角半径、倒角、中心孔等尺寸尽可能统一，以利于加工和检验。轴上需磨削的轴段应设计砂轮越程槽（见图 8.3 中的 13 处）。车制螺纹的轴段应有退刀槽。当轴上有多处键槽时，应使各键槽位于同一圆轴母线上（见图 8.3）。为便于装配，轴端均应有倒角。阶梯轴常设计成两端小中间大，以便于零件从两端装拆；各零件装配应尽量不接触其他零件的配合表面；轴肩高度不应妨碍零件的拆卸。

3. 提高轴的疲劳强度和改善受力情况

（1）提高轴疲劳强度的措施。

尽量减少应力集中。轴径变化不要过大，剖面变化处应平缓过渡，圆角半径尽可能取大，尽量避免在轴上开孔、槽，必要时可采用减载槽、中间环或凹切圆角等结构（见图 8.5）来减少应力集中。

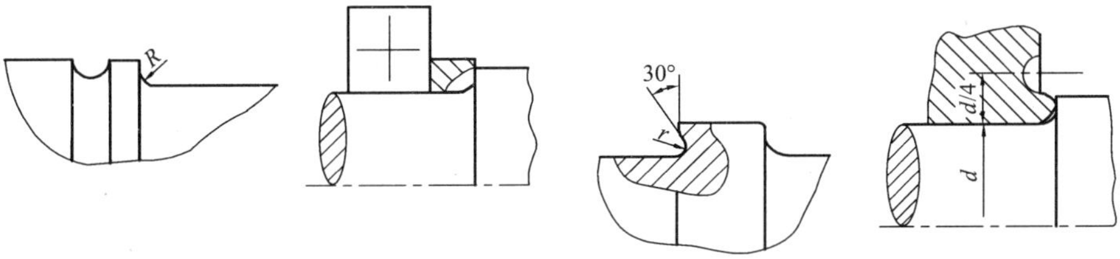

（a）卸载槽　（b）过渡肩环　（c）凹切圆角　（d）轮毂上卸载槽

图 8.5　减少应力集中的措施

（2）改善受力情况。

① 合理布置轴上零件的位置。如图 8.6 所示的轴，其最大转矩为 $T_1 + T_2$；如把输入轮布置在两输出轮之间[见图 8.6（b）]，则轴所受的最大转矩为 T_1（设 $T_1 > T_2$）。

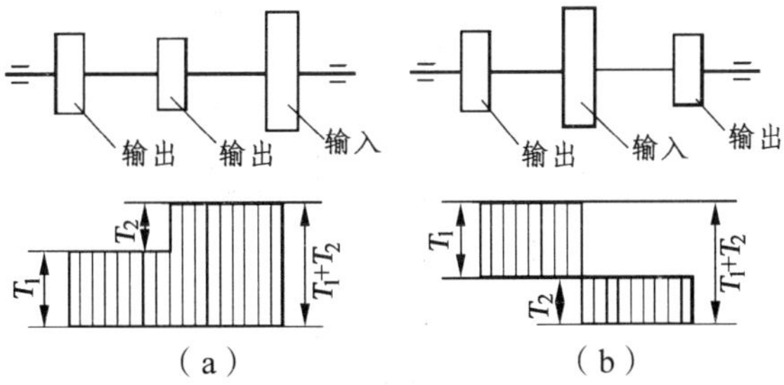

图 8.6　轴上零件的合理布置

② 改进轴上零件的结构。如图 8.7 所示的卷筒轴，若把卷筒轮毂改进后，则最大弯矩将减小很多。

图 8.7　轴上零件的合理结构

4. 轴各段直径和长度的确定

轴的结构设计是在初步估算最小直径的基础上进行的，根据工作要求确定轴上零件的布置和轴与相关零件间的相互位置，定出各段轴的长度。根据轴上主要零件的固定方法、装拆顺序等定出各轴段的基本直径，并根据有关设计手册确定轴的结构细节（如圆角、倒角、退刀槽等）尺寸。

（1）直径尺寸的确定。

① 凡用作固定和定位的轴肩或轴环，应保证一定的轴肩高度（其尺寸见本节前面内容）。

② 非定位轴肩高度，一般取 $h \approx 1 \sim 2$ mm。

③ 配合处的直径应取标准直径系列中的值。安装标准零、部件（如轴承、联轴器等）处的直径，必须符合相应的标准尺寸系列。

④ 有利于轴上零件的装拆和加工。

（2）长度尺寸的确定。

① 轴的长度与轴上零件的多少、各零件的尺寸位置以及轴向固定方法等有关（详见《机械零件设计手册》或《机械零件课程设计》）。

② 为使轴上零件可靠地固定，应使配合段轴的长度稍小于轮毂宽度 2 ~ 3 mm。

【例 8-1】 图 8.8 所示为一级齿轮减速器的传动简图。已知从动轴传递的功率 $P = 13$ kW，转速 $n = 200$ r/min，齿轮的宽度 $b = 100$ mm，齿数 $z = 40$，$m = 5$，轴端装联轴器。试设计此从动轴。

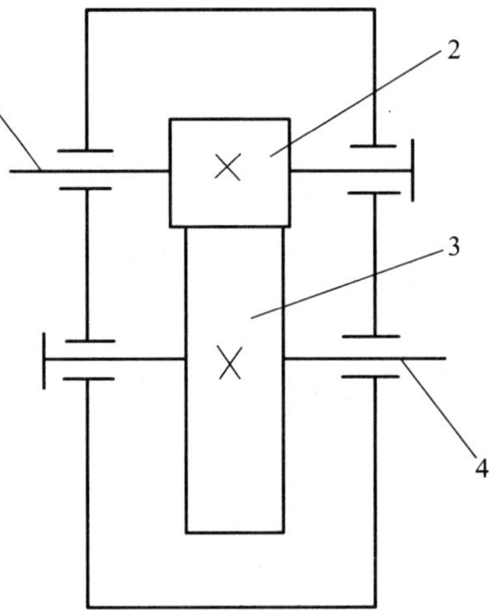

图 8.8 一级齿轮减速器

1—主动齿轮；2—主动轴；3—从动齿轮；4—从动轴

解：

（1）选择轴的材料。

因该轮无特殊要求，故选用 45 号钢，正火处理。

（2）初估轴的外伸端直径。

根据式（8-2），查表 8.2 得 $C = 106 \sim 118$，于是得

$$d \geqslant C\sqrt[3]{\frac{P}{n}} = (106 \sim 118)\sqrt[3]{\frac{13}{200}} = 43 \sim 47 \text{（mm）}$$

考虑轴上有一键槽，将轴径增大 4%，即 $d = (43 \sim 47) \times 1.04\ \text{mm} = 44.72 \sim 48.88\ \text{mm}$；轴头安装联轴器，应取相应的标准值，故取 $d = 48\ \text{mm}$。

（3）轴的结构设计并绘制草图。

① 轴的结构分析。要确定轴的结构形状，必须先确定轴上零件的装拆顺序和固定方式，因为不同的装拆顺序和固定方式对应着不同的轴的形状。本题考虑齿轮从轴的左端装入，齿轮的右端用轴肩（或轴环）定位和固定，左端用套筒固定；两轴承相对齿轮对称布置，并取相同的内径，最后确定轴的形状如图 8.9 所示。

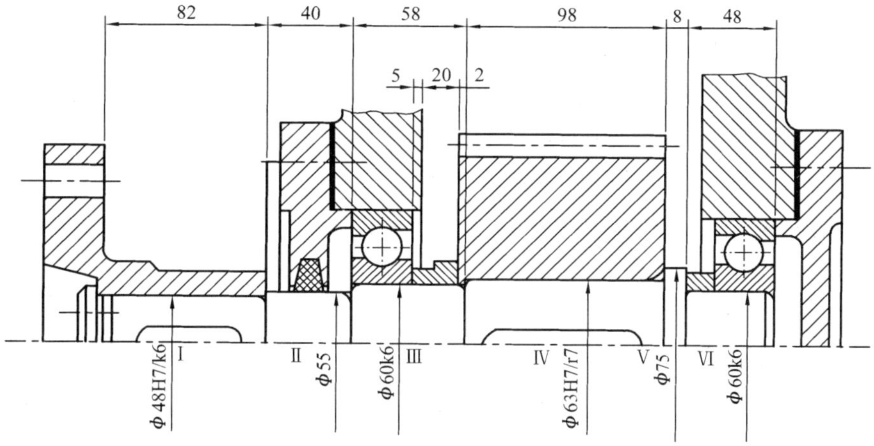

图 8.9　轴系部件结构简图

② 确定轴各段的直径。根据轴各段直径确定的原则，本题中各段直径选取如下：轴段Ⅰ为轴的最小直径，已取定 $d_1 = 48\ \text{mm}$；轮段Ⅱ要考虑联轴器的定位和安装密封圈的需要，取 $d_2 = 55\ \text{mm}$[取定位轴肩高 $h = (0.07 \sim 0.1)d_1$]；轴段Ⅲ安装轴承，为便于装拆应取 $d_3 > d_2$，且与轴承内径标准系列符合，故取 $d_3 = 60\ \text{mm}$（轴承型号为 6312）；轴段Ⅳ安装齿轮，此直径尽可能采用推荐的标准系列值，但轴的尺寸不宜取得太大，故取成 $d_4 = 63\ \text{mm}$；轴段Ⅴ为轴环，考虑左面轴承的拆卸和右面齿轮的定位和固定，取轴径 $d_5 = 75\ \text{mm}$，轴段Ⅵ取与轴段Ⅲ同样的直径，即 $d_6 = 60\ \text{mm}$。

③ 确定轴各段的长度。为保证齿轮固定可靠，轴段Ⅳ的长度应略短于齿轮轮毂长度（设齿轮轮毂长与齿宽 b 相等，为 100 mm），取 $L_4 = 98\ \text{mm}$；为保证齿轮端面与箱体内壁不相碰，应留一定间隙，取两者间距为 20 mm；轴段Ⅵ长 $L_6 = 44\ \text{mm}$；因轴段的长度由滚动轴承宽度 B，轴承与箱体内壁距离 $s = 5 \sim 10\ \text{mm}$，齿轮端面与箱体内壁之间的距离 $a = 10 \sim 20\ \text{mm}$ 及大齿轮轮毂与其装配轴段的长度差等尺寸决定 $L_3 = B + s + a + 2 = 31 + 5 + 20 + 2 = 58\ \text{mm}$；为保证联轴器不与轴承端盖联接螺钉相碰，并使轴承端盖拆卸方便，联轴器右端面与端盖间应留适当间隙，再根据箱体和轴承端盖的尺寸取定轴段Ⅱ长度，经查《机械零件设计手册》，取 $L_2 = 40\ \text{mm}$；根据联轴器轴孔长度 $L = 84\ \text{mm}$（见《机械零件设计手册》，本题选用弹性套柱销联轴器，型号为 TL7，J 型轴孔），取 $L_1 = 82\ \text{mm}$。

④ 按扭转和弯曲组合进行强度校核（略）

⑤ 轴的工作图绘制（略）

第三节　轴的使用与维护

一、轴的使用

轴在使用前，应检查轴上零件的安装质量，轴和轴上零件固定应可靠，有相对运动的零件应有适当的间隙，保证轴颈的润滑要求。

轴系修理时，应检验轴有无裂纹、弯曲及轴颈磨损等，如不符合要求应进行修复和更换。轴上裂纹可用放大镜和磁力探伤器检查。轴颈最大磨损量超过规定时应进行修磨。轴上花键的磨损可通过检查齿侧间隙或用标准花键套检查。

二、轴的维修

1. 轴弯曲变形的校正

对变形过大的轴，可进行冷压校正或局部火焰加热校正。如图 8.10 所示，这时选择支点很重要（图中实线所示为正确支承位置），否则会使阶梯轴断面变化处产生应力集中。

2. 轴颈磨损的修复

先通过磨削消除轴的几何形状误差，然后用电镀或金属喷涂或刷镀修复，严重时可堆焊或镶套修理（如图 8.11 所示）。

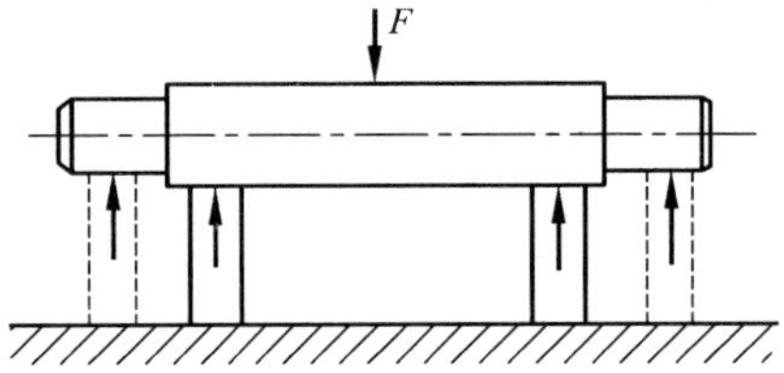

图 8.10　轴弯曲变形的校正

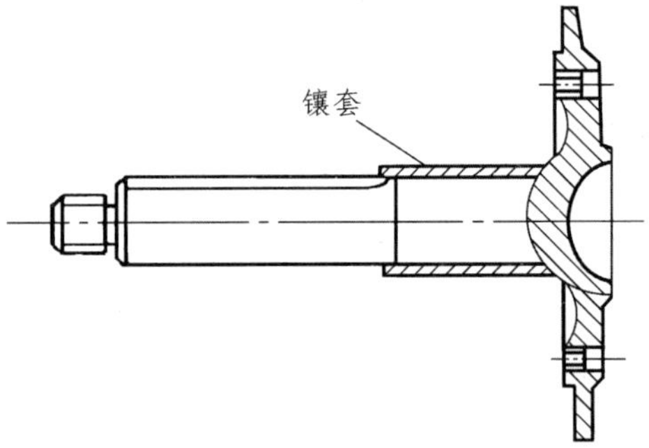

图 8.11　轴颈磨损的镶套修复

3. 轴上花键、键槽和螺纹的修复

用气焊或堆焊法修复磨损的齿侧面，然后铣出花键，如图 8.12（a）所示。键槽损伤，可适当加大键槽或将键槽焊堵，另配新键，如图 8.12（b）所示。

轴上螺纹损坏，可加焊一层金属重车螺纹。

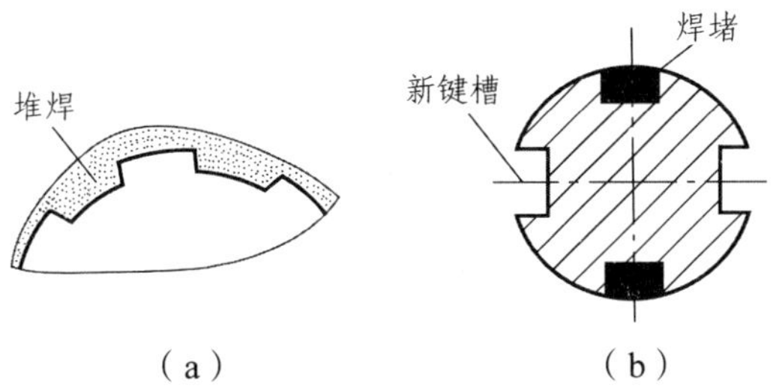

图 8.12　花键、键槽的修复

思考题与习题

8-1　根据所受载荷不同，直轴可分为哪几类？并举例说明。

8-2　转轴的主要失效形式是什么？如何防止过早地出现失效现象？

8-3　在齿轮减速器中，为什么低速轴的直径比高速轴的直径粗很多？

8-4　如图 8.13 所示，轴的结构有哪些地方需要改进，为什么？如何改进？

8-5　检查图 8.14 中轴的结构是否合理，如不合理应如何改进？

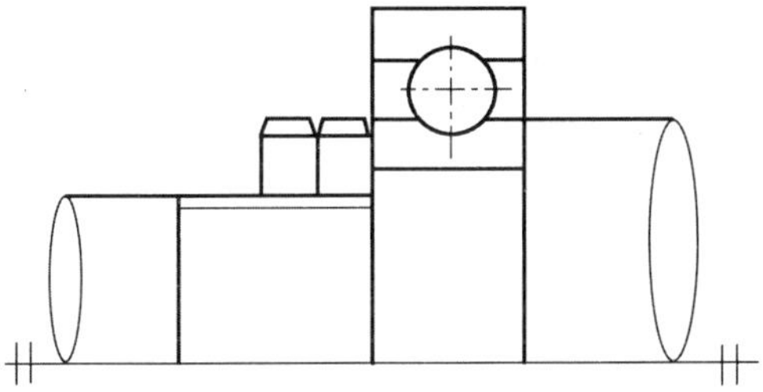

图 8.13

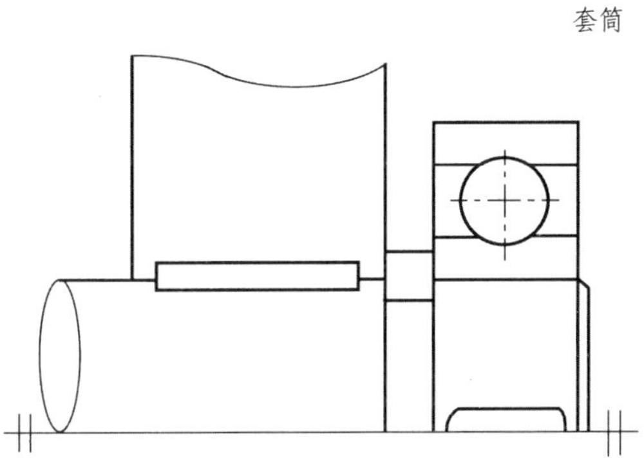

图 8.14

8-6　指出图 8.15 中轴的结构错误，说明理由，如何改正？画出正确的结构。

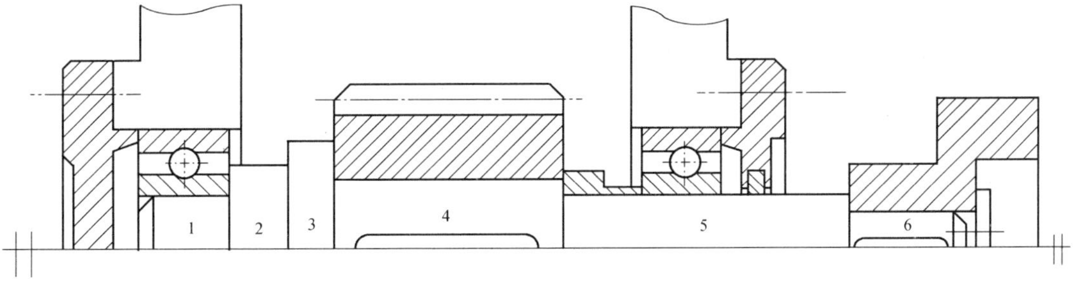

（a）

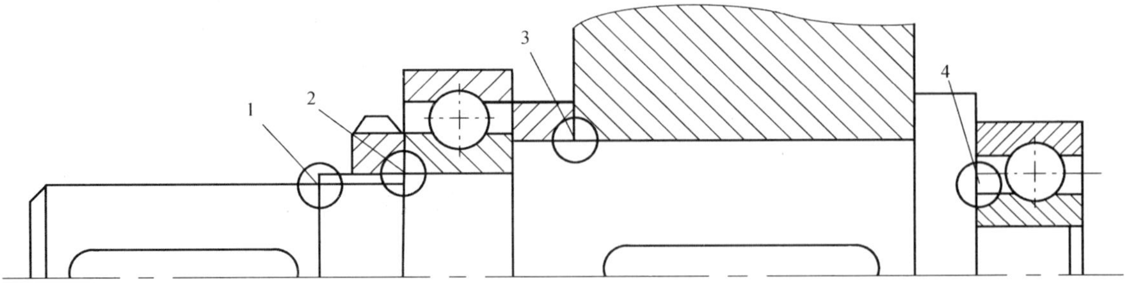

（b）

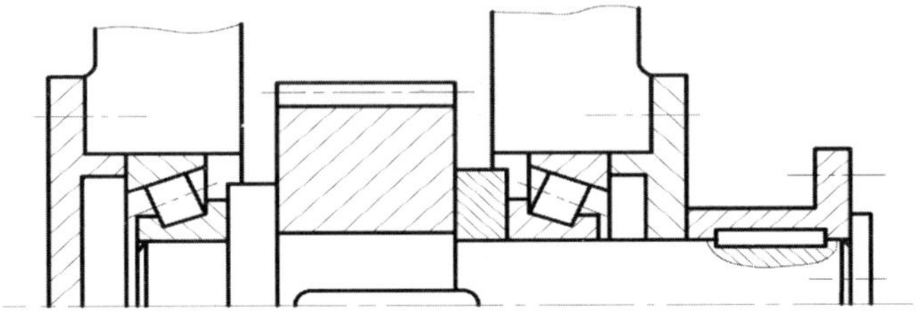

（c）

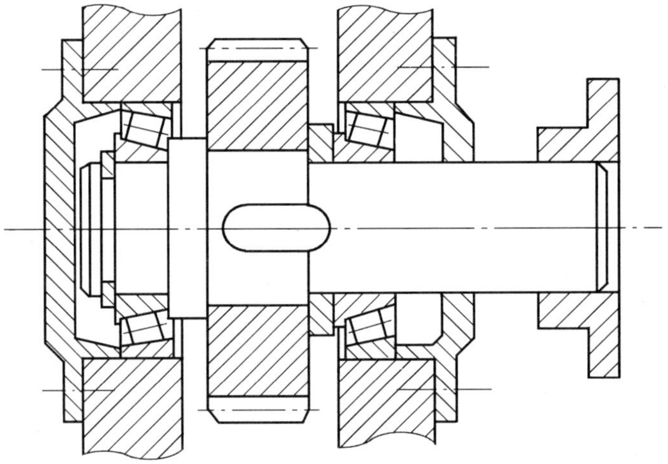

（d）

图 8.15

8-7 综合题：

（1）如图 8.16 轴的结构不合理，在图中改正，不要的在该线上打×。

（2）轴段中间安装有齿轮，齿轮内孔直径为 53 mm，齿轮宽度为 75 mm，该处轴毂联接应使用__________键联接，键的公称尺寸 $b \times h$ 是____________，键的长度是_________，这种键的轴上键槽通常用____________铣刀加工，轮毂键槽通常用____________刀加工。

（3）已知此轴传递的功率 $P = 8$ kW，转速 $n = 240$ r/min，材料为 45 钢，轴段左端安装联轴器，一个键槽，初估此轴段直径：外伸轴段估算公式为 $d =$ _______________，其中 45 钢的 C 值为____________，根据公式计算出此轴段直径范围为____________，因为轴端开有一个键槽，所以该直径应________3%～4%，由于该轴段安装的联轴器为标准件，所以最后还要按联轴器轴孔直径（联轴器轴孔系列为 28，30，32，35，38，40，42，45，48，50，55，60，63，65，70）标准协调轴径，协调后的轴段直径取值为__________。

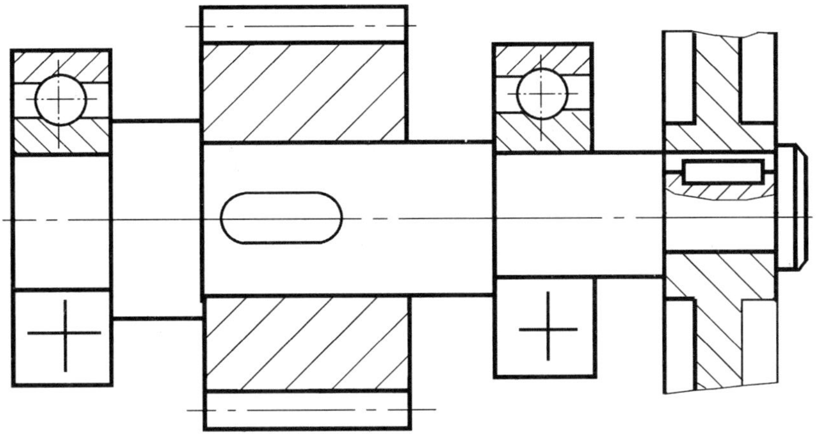

图 8.16

第九章　轴　承

第一节　概　述

一、轴承的功用

轴承是机器中用来支承轴和轴上零件的重要零部件。它能保证轴的回转精度，减少回转轴与支承间的摩擦和磨损。

二、轴承的类型和特点

按摩擦性质，轴承可分为滑动轴承与滚动轴承。按所受载荷方向的不同，又可分为受径向载荷的向心轴承和受轴向载荷的推力轴承。

滚动轴承具有摩擦力矩小，易起动，载荷、转速及工作温度的适用范围较广，轴向尺寸小，润滑、维修方便等优点。滚动轴承已标准化，由专业工厂大批生产，在机械中应用非常广泛。

滑动轴承结构简单，易于制造，可以剖分，便于安装。对于大直径和很小直径的滑动轴承，其价格比滚动轴承便宜。润滑良好的滑动轴承在高速、重载，高精密度和结构要求剖分的场合，显出比滚动轴承更大的优越性，因而在汽轮机、大型电机、机床及铁路机车等机械中被广泛应用。此外，在低速、有较大冲击的机械（如水泥搅拌机、破碎机等）中也常采用滑动轴承。滑动轴承的不足之处是：润滑的建立和维护要求较高（尤其是液体摩擦滑动轴承），润滑不良会使滑动轴承迅速失效，且轴向尺寸较大。

第二节　滚动轴承的类型、代号及选择

一、滚动轴承的构造及类型

如图 9.1 所示，滚动轴承一般由内圈、外圈、滚动体及保持架等部分组成。通常内圈用过盈配合与轴颈装配在一起，外圈则以较小的间隙配合装在轴承座孔内，内、外圈的一侧均有滚道，工作时，内、外圈作相对转动，滚动体可在滚道内滚动。为防止滚动体相互接触而增加摩擦，常用保持架将滚动体均匀地分开。滚动轴承构造中，有的无外圈或无内圈，亦可无保持架，但不能没有滚动体。滚动体的形状有球形、圆柱形、圆锥形、鼓形、滚针形等多种（见图 9.2）。

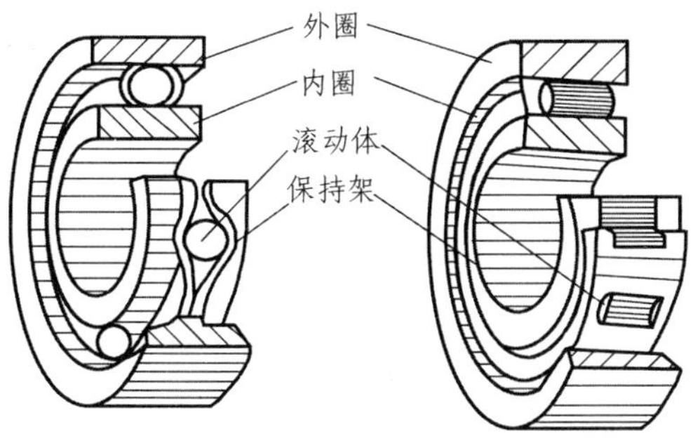

图 9.1　滚动轴承结构

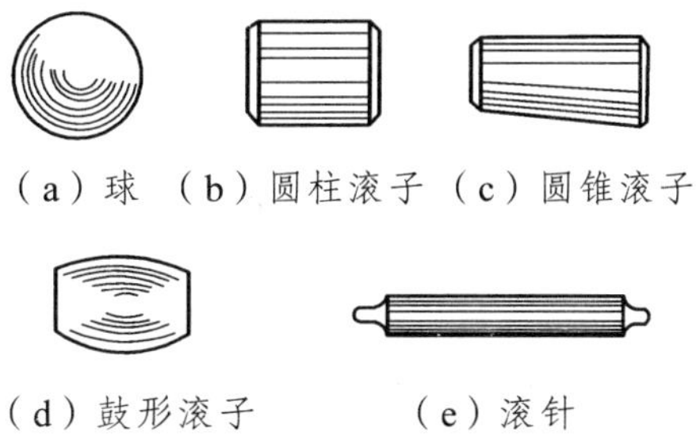

图 9.2　滚动体形状

滚动轴承的内、外圈和滚动体均采用强度高、耐磨性好的铬锰高碳钢制造。常用材料有 GCr15、GCr15SiMn 等。淬火后硬度可达 60 HRC 以上。保持架可用低碳钢、铜合金、塑料或其他材料制作。

（1）按滚动体形状，滚动轴承可分为球轴承和滚子轴承两大类。

（2）按滚动轴承所承受载荷的方向不同，滚动轴承可分为向心轴承（承受径向载荷为主）和推力轴承（承受轴向载荷为主）两类。

（3）接触角是滚动轴承的一个重要参数。如图 9.3 所示，轴承的径向平面（垂直于轴承轴心线的平面）与经轴承套圈传递给滚动体的合力作用线（一般为滚动体与外圈滚道接触点的法线）所夹锐角为接触角，用α表示。接触角越大，承受轴向载荷的能力也越大。按接触角分，公称接触角$\alpha=0°$的称为径向接触向心轴承（如深沟球轴承、圆柱滚子轴承）；公称接触角 $0<\alpha\leqslant 45°$的称为角接触向心轴承（如角接触向心球轴承、圆锥滚子轴承）。公称接触角 $45°<\alpha<90°$的称为角接触推力轴承；公称接触角$\alpha=90°$的称为轴向推力轴承。

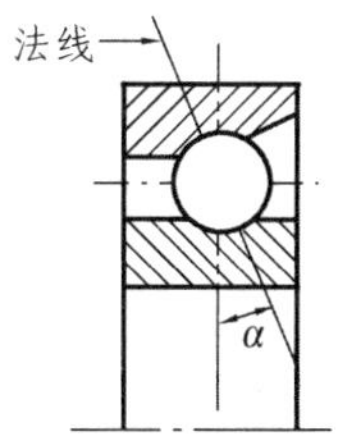

图 9.3　接触角

（4）由于轴的安装误差或轴的变形等都会引起内、外圈轴心线发生相对倾斜，轴承内、外圈相对倾斜后轴线所夹的锐角叫偏移角，也叫角偏差。各类轴承的允许角偏差见表 9.2。当内、外圈倾斜角过大时，可采用外轨道为球面的调心轴承（见图 9.4），这类轴承能自动适应两套轴心线的偏斜。

表 9.1　各种接触角轴承

轴承种类	向心轴承		推力轴承	
	径向接触	角接触	角接触	轴向接触
公称接触角α	$\alpha=0°$	$0°<\alpha\leqslant 45°$	$45°<\alpha<90°$	$\alpha=90°$
图　例（以球轴承为例）	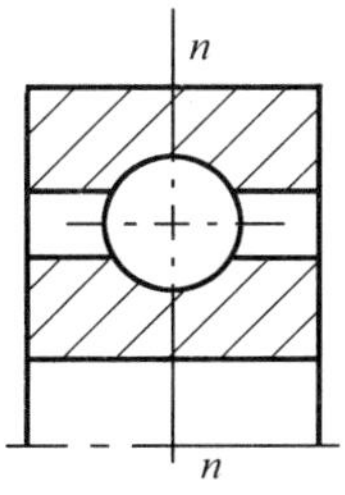	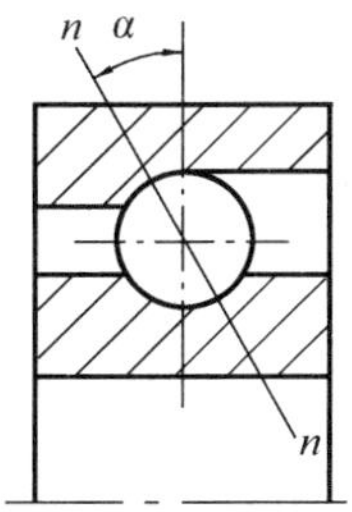	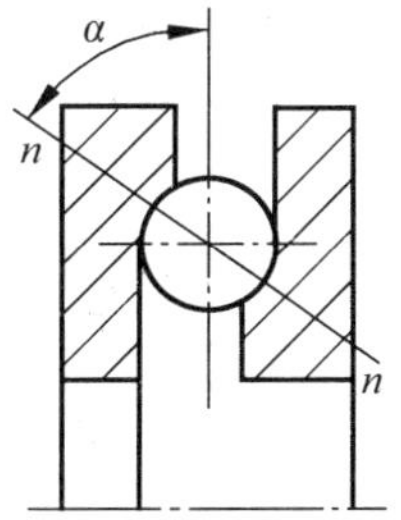	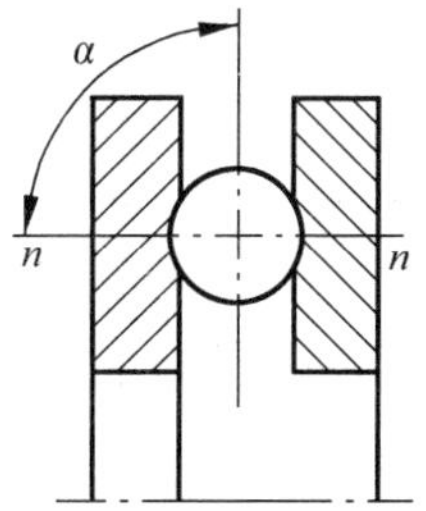

滚动轴承已完全标准化，由专业化工厂生产，故本章只介绍滚动轴承的类型、代号、选择方法等问题

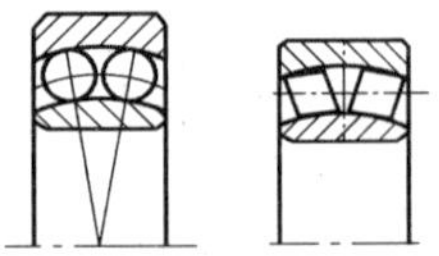

图 9.4 调心轴承

二、滚动轴承的代号

为了表示各类滚动轴承的结构、尺寸、公差等级、技术性能等特征，GB/T 272—93 规定了滚动轴承代号。滚动轴承代号由基本代号、前置代号及后置代号构成，其排列顺序如下：

前置代号　基本代号　后置代号

1. 基本代号

基本代号是轴承代号的基础，用来表示轴承的基本类型、结构和尺寸。基本代号由 3 部分组成，其排列顺序如下：

类型代号　尺寸系列代号　内径代号

（1）类型代号。类型代号用数字或字母表示，如表 9.2 所示。

表 9.2 滚动轴承的类型、特点及应用

类型代号	类型名称	结构简图	允许角偏差 θ	极限转速	结构特点及应用
00000	双列角接触球轴承	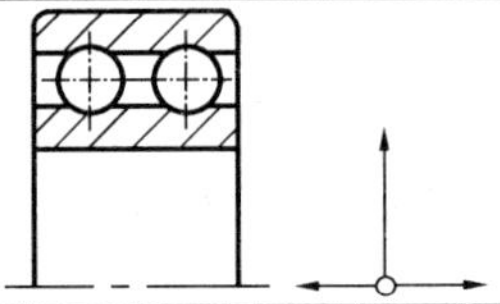		中等	相当于一对角接触球轴承背对背安装。能同时承受径向载荷和双向轴向载荷
10000	调心球轴承	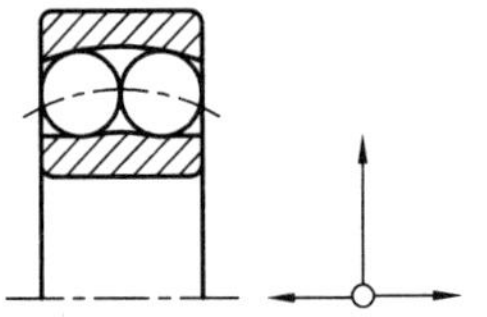	2° ~ 3°	中等	主要承受径向载荷，也可以承受不大的双向轴向载荷，能自动调心。适用于刚性较小及难于对中的轴
20000	调心滚子轴承	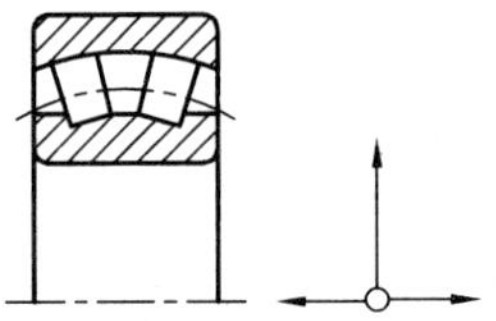	1° ~ 2.5°	低速	调心性能好，能承受很大的径向载荷，但不宜承受纯轴向载荷。适用于重载及冲击载荷的场合
	推力调心球轴承	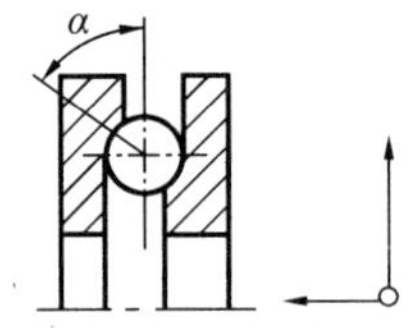	2° ~ 3°	低速	能承受很大的轴向载荷和不大的径向载荷。适用于重载和要求调心的场合
30000	圆锥滚子轴承	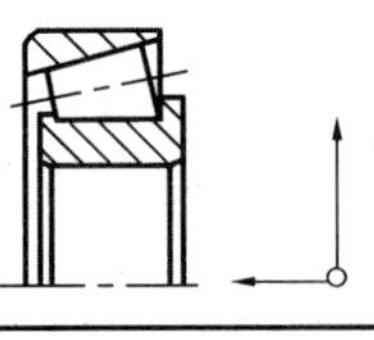	2′	中等	能同时承受单向轴向载荷和径向载荷，承载能力大，内外圈可分离，间隙易调整，安装方便，一般适用于成对使用的场合

续表 9.2

类型代号	类型名称	结构简图	允许角偏差θ	极限转速	结构特点及应用
40000	双列深沟球轴承	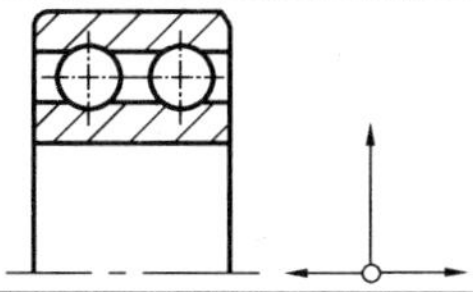	不允许	高速	除具有深沟球轴承的特性外，还具有承受更大双向载荷及刚性更大的特性，可用于比深沟球轴承要求更高的场合
50000	推力球轴承	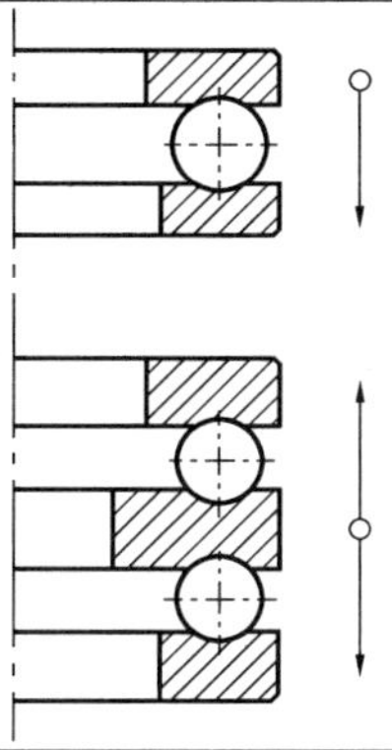	不允许	低速	只能承受轴向载荷，51000（单列）用于承受单向轴向载荷，52000（双列）用于承受双向轴向载荷；不宜在高速下工作，常用于起重机吊钩、蜗杆轴和立式车床主轴的支承等
60000	深沟球轴承	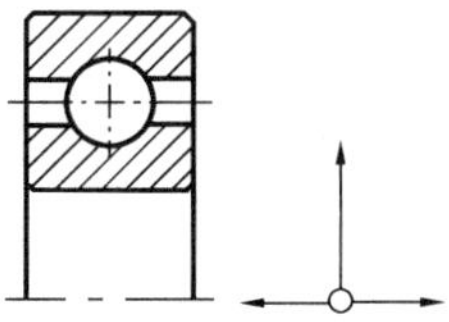	$8'\sim16'$	高速	主要承受径向载荷，也能承受一定的双向轴向载荷；极限转速较高；高转速时可用来承受不大的纯轴向载荷，承受冲击能力差，适用于刚性较大的轴，常用于机床齿轮箱、小功率电机等
70000	角接触球轴承	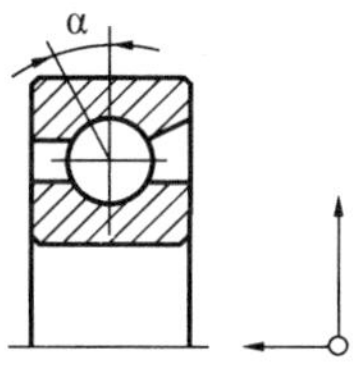	$2'\sim10'$	高速	可承受径向载荷和单向轴向载荷，接触角越大，承受轴向载荷能力也越大，通常成对使用，高速时用它代替推力球轴承较好，适用于刚性较大、跨距较小的轴，如斜齿轮减速器和蜗杆减速器中的支承等
80000	推力圆柱滚子轴承	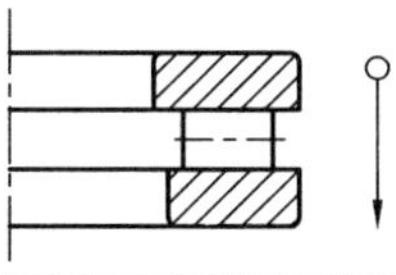	不允许	低速	只能承受单向轴向载荷，承载能力比推力球轴承大很多，不允许有角偏差，常用于承受轴向较大载荷而又不需要调心的场合
N0000	圆柱滚子轴承	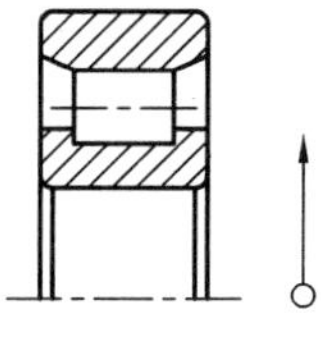	$2'\sim4'$	较高	内、外圈可以分离；内、外圈允许少量轴向移动；能承受较大冲击载荷，承载能力比深沟球轴承大，适用于刚性较大、对中性良好的轴，常用于大功率电动机、人字齿轮减速器
NA0000	滚针轴承	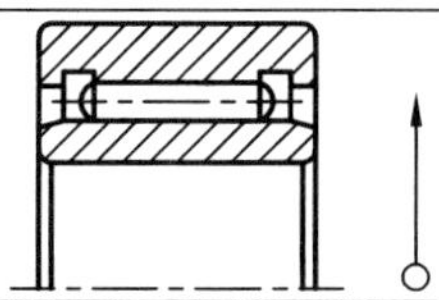	不允许	低	只能承受径向载荷，承载能力大，径向尺寸特别小，一般无保持架，工作时允许内、外圈有少量轴向错动

（2）尺寸系列代号。尺寸系列代号由轴承的宽（高）度系列代号和直径系列代号组合而成。

宽（高）度系列代号表示内径、外径相同而宽（高）度不同的轴承系列。

滚动轴承基本代号一般由 5 个数字或字母加 4 个数字组成，当宽度系列为“0”时，可省略，例如轴承代号 7210：7 表示角接触球轴承，2 表示 02 系列，10 表示内径 50 mm。

（3）内径代号。用基本代号右起第一、二位数字表示，表示轴承内径尺寸的大小，见表 9.3。

表 9.3　滚动轴承常用内径代号

轴承公称内径（mm）		内径代号	示例
10～17	10 12 15 17	00 01 02 03	深沟球轴承 6200 $d=10$mm
20～480（22，28，32 除外）		公称内径除以 5 的商数，商数为个位数，需在商数左边加“0”，如 08	调心滚子轴承 23208 $d=40$mm
大于和等于500以上及22，28，32		用公称内径毫米数直接表示，但在与尺寸系列之间用“/”分开	调心滚子轴承 230/500 $d=500$mm 深沟球轴承 62/28 $d=28$mm

2. 前置和后置代号

（1）前置代号表示成套轴承分部件，用字母表示，例如：L 表示可分离轴承的可分离内圈或外圈，K 表示滚子和保持架组件等。

（2）后置代号是轴承在结构形状、尺寸公差、技术要求等方面有改变时，在基本代号右侧添加的补充代号。一般用字母（或加数字）表示，与基本代号相距半个汉字距离。后置代号共分 8 组，例如，第一组是内部结构，表示内部结构的变化情况，现以角接触球轴承的接触角变化为例，说明其标注含义：

① 角接触球轴承，公称接触角 $\alpha=40°$，代号标注：7210B

② 角接触球轴承，公称接触角 $\alpha=25°$，代号标注：7210AC

③ 角接触球轴承，公称接触角 $\alpha=15°$，代号标注：7005C

又如，后置代号中第五组为公差等级，滚动轴承的公差等级分为 0、6、6X、5、4、2 等 6 级，其中 2 级精度最高，0 级精度最低。标记方法为在轴承代号后写/P0，/P6，/P6X，/P5，/P4，/P2 等，如：6208/P6。0 级精度为普通级，应用最广，其代号通常可不标。还有一组后置代号是游隙代号，分 1、2、0、3、4、5 六个等级，标记方法为在轴承代号后写/C1，/C2，/C0，/C3，/C4，/C5，游隙量自小到大，0 组不注。前、后置代号及其他有关内容，详见《滚动轴承产品样本》或有关标准手册。如轴承代号 6213：6 表示深沟球轴承，2 表示 02 系列，13 表示轴承内径 65 mm。

三、滚动轴承类型、特点及选择

滚动轴承的常用类型、特点参见表 9.2。

1. 选择轴承类型应考虑的因素

（1）轴承工作载荷的大小、方向和性质。

（2）轴承转速的高低。

（3）轴颈和安装空间允许的尺寸范围。

（4）对轴承提出的特殊要求。

2. 滚动轴承选择的一般原则

（1）球轴承与同尺寸和同精度的滚子轴承相比，它的极限转速和旋转精度较高，因此更适用于高速或旋转精度要求较高的场合。

（2）滚子轴承比同尺寸的球轴承的承载能力大，承受冲击载荷的能力也较高，因此适用于重载及有一定冲击载荷的地方。

（3）非调心的滚子轴承对于轴的挠曲敏感，因此这类轴承适用于刚性较大的轴和能保证严格对中的地方。

（4）各类轴承内、外圈轴线相对偏转角不能超过许用值，否则会使轴承寿命降低，故在刚度较差或多支点轴上，应选用调心轴承并成对使用。

（5）推力轴承的极限转速较低，因此在轴向载荷较大和转速较高的装置中，应采用角接触球轴承且应成对使用。

（6）当轴承同时受较大的径向和轴向载荷且需要对轴向位置进行调整时，宜采用圆锥滚子轴承并成对使用。

（7）当轴承的轴向载荷比径向载荷大很多时，采用向心和推力两种不同类型轴承的组合来分别承担轴向和径向载荷，其效果和经济性都比较好。

（8）考虑经济性，球轴承比滚子轴承价格便宜，调心轴承最贵；公差等级越高，价格越贵。

第三节 滚动轴承的失效

以深沟球轴承为例（见图 9.5），轴承承受径向载荷 F_r 时，各滚动体承受载荷的大小是不同的，处于最低位置的滚动体承受的载荷最大。又由于轴承内圈相对于外圈转动，因此滚动体也会随着运动，故轴承内、外圈和滚动体所受的载荷都呈周期性变化。

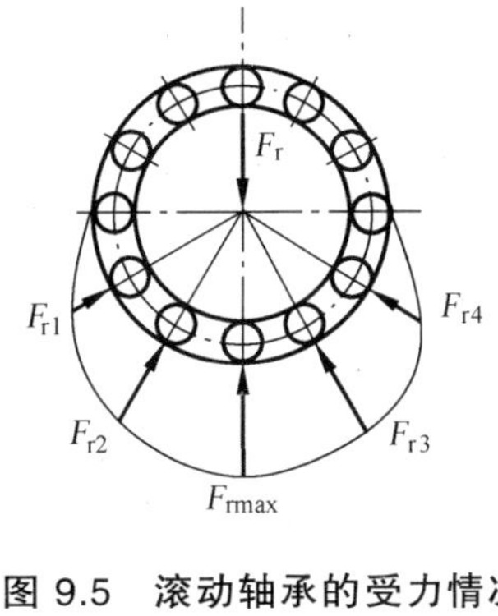

图 9.5 滚动轴承的受力情况

滚动轴承的主要失效形式有：

（1）疲劳点蚀。

对于转速较高的滚动轴承（n>10 r/min），承载时滚动体与内、外圈的接触处将产生变化的接触应力。在此变应力作用下，经过一段时间后，在滚动体和内、外圈滚道表面将产生疲劳点蚀，故应对轴承进行疲劳强度计算（即寿命计算）。

（2）塑性变形。

对于转速很低、低速摆动或在大的静载荷、冲击载荷作用下的轴承，其滚道和滚动体接触处的局部将产生塑性变形，导致轴承摩擦力矩加大，振动和噪声增加，从而使运转精度降低而失效，为此应进行静强度计算。

（3）磨损。

对于滚动轴承而言，若维护不好、密封不良或在多尘条件下工作，则滚动体与滚道之间将会出现严重的磨损，此外，因安装不当还会引起元件的断裂等。对于上述失效形式，一般只能采取一定的措施予以避免。

第四节　滚动轴承的组合设计

为了保证滚动轴承在预期寿命内正常工作，除了正确地选择轴承类型和型号以外，还应合理地进行轴承组合的结构设计。一般应考虑轴承组合的轴向固定、支承结构形式、轴承的组合调整以及轴承的润滑密封等问题。

一、滚动轴承的轴向固定

轴承内、外圈都应可靠地固定，固定方法取决于载荷大小、方向及性质，以及轴承类型及其在轴上的位置等。

1. 轴承内圈轴向固定的常用方法（见图 9.6）

（1）轴肩固定[见图 9.6（a）]。内圈靠轴肩定位，结合过盈配合固定。这种方法结构简单，装拆方便，主要用于全固式支承结构或承受单向轴向载荷的场合。

（2）弹性挡圈和轴肩固定[见图 9.6（b）]。这种方法结构简单，轴向尺寸小，但挡圈只能承受较小的轴向载荷，一般用于游动支承处。

（3）轴端挡圈和轴肩固定[见图 9.6（c）]。用于直径较大，且在轴端切削螺纹有困难的情况下，可在较高转速下承受较大的轴向载荷，轴承游隙不能调整。

（4）锁紧螺母与轴肩固定[见图 9.6（d）]。这种固定方法装拆方便，紧固可靠，适用于轴向载荷大，转速高的场合。

（5）开口圆锥紧定套和紧锁螺母在光轴上固定锥孔轴承内圈[见图 9.6（e）]。这种固定方法装拆方便，适用于轴向载荷不大，转速不高的场合。

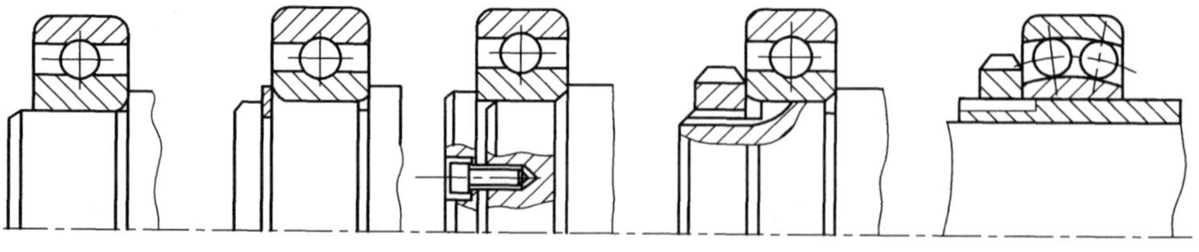

图 9.6　滚动轴承内圈与轴的固定

2. 轴承外圈轴向固定的常用方法（见图 9.7）

（1）用轴承端盖固定[见图 9.7（a）]。主要用于全固式支承结构或承受单向轴向载荷的场合，特点是结构简单，紧固可靠，调整方便。

（2）用弹性挡圈和机座凸台固定[见图 9.7（b）]。这种方法轴向尺寸小，适用于轴向载荷不大的场合，特点是结构简单装拆方便，占用空间小，多用于向心类轴承。

（3）用止动环嵌入轴承外圈的止动槽内固定[见图 9.7（c）]。这种方法适用于机座不便制作凸台且轴承外圈带有止动槽的深沟球轴承。

（4）用轴承端盖和机座凸台固定[见图 9.7（d）]，这种方法适用于高速并承受很大的轴向载荷的情况，利用垫片可调整轴系的轴向位置，装配工艺性好。

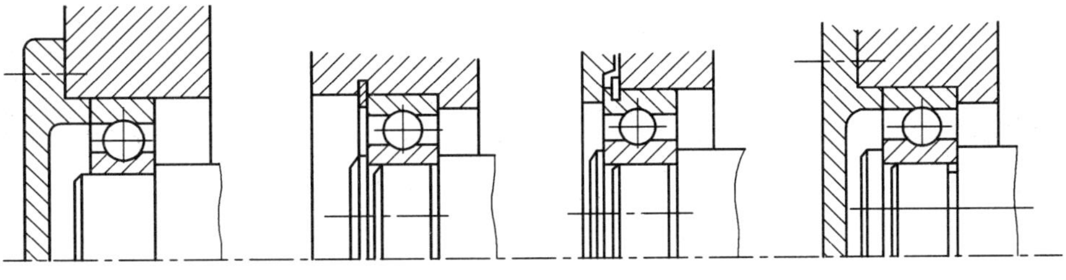

（a）　（b）　（c）　（d）

图 9.7　滚动轴承外圈与座的固定

二、滚动轴承轴系的支承结构类型

轴系固定的目的是为了使轴在工作时保持正确位置，防止轴向窜动，常见的轴向固定方式有以下 3 种基本形式。

1. 两端单向固定（全固式）

如图 9.8 所示，利用轴肩顶住轴承内圈，端盖压住外圈，两端成对称配置，各限制一个方向的轴向移动，这样两个轴承联合作用就能限制轴的双向移动，保证轴系的轴向位置固定。这种结构适用于工作温度不高（$t \leq$ 70 °C）的短轴。这种情况下，轴的热伸长量一般极小。当采用深沟球轴承时，在轴承外圈与轴承盖之间留有一定间隙δ= 0.25 ~ 0.4 mm 作为热膨胀补偿。当采用角接触轴承时，轴的热伸长量只能由轴承的游隙补偿。间隙δ和轴承游隙的大小可由垫片或调整螺钉等调节。这种固定方式结构简单，便于安装，调整容易。

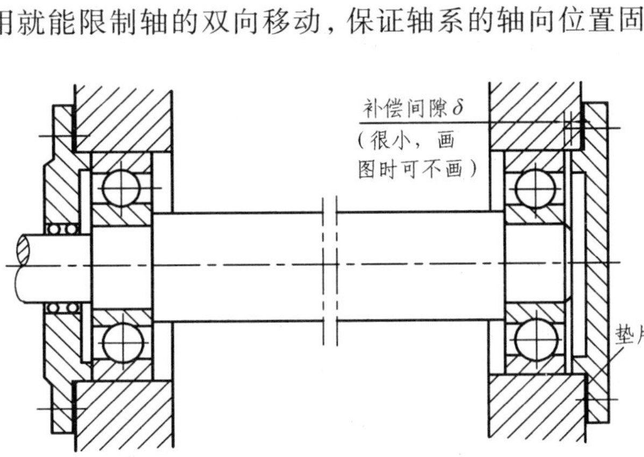

图 9.8　两端单向固定支承

2. 一端双向固定，一端游动（固游式）

如图 9.9（a）所示，右端为固定支承，轴承内、外圈均双向固定，而内圈锁紧在轴颈上，以承受双向轴向载荷。左端为游动支承，轴承外圈和机座孔采用间隙配合，以便当轴由于温度变化而伸缩时能在机座孔中自由游动。一般将载荷小的一端做成游动墙，游动支承与轴承盖之间应该留有足够大的间隙，$\delta = 3 \sim 8$ mm。

在图 9.9（b）中，游动支承是外圈无挡边的圆柱滚子轴承，当轴因温度变化发生伸缩时，内圈连同滚子可相对于外圈沿轴向移动。为避免过大的错位。外圈作双向固定。一端固定、一端游动适用于轴的热伸长量较大的场合。

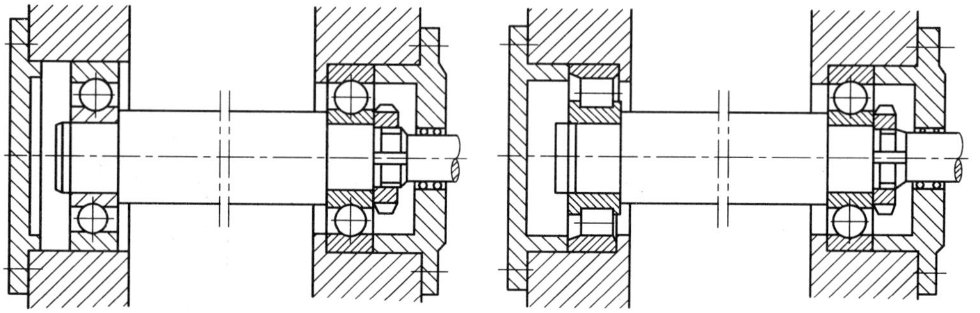

（a）　　（b）

图 9.9　固游式支承

3. 两端游动（全游式）

图 9.10 所示为人字齿轮传动的高速轴，其两端均采用外圈无挡边的圆柱滚子轴承，轴承内、外圈都双向固定，属于典型的两端游动支承。当低速轴（较笨重）的轴向位置固定后，由于人字齿轮的啮合作用，高速轴上的人字齿轮在轴向载荷作用下能自动调位，使两轮轮齿均匀接触。

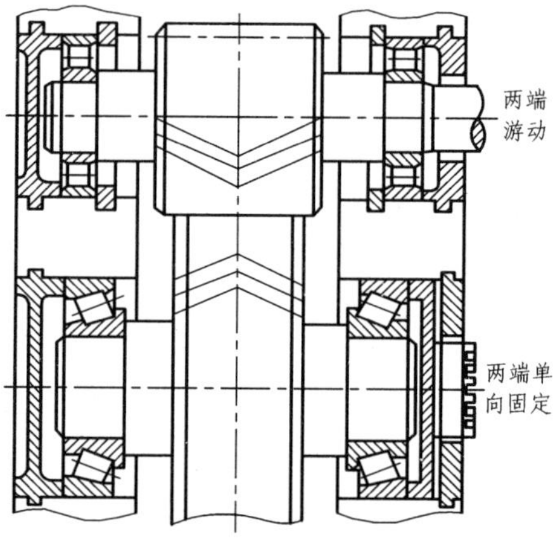

图 9.10　全游式支承

三、滚动轴承组合的调整

其目的是使滚动轴承获得合理的游隙，使轴上零件得到准确的工作位置。它包括轴承游隙的调整和轴系的轴向位置的调整。

1. 轴承游隙的调整

滚动轴承游隙的大小对轴承旋转精度、工作效率、使用寿命等都有很大影响，因此安装时应将轴承游隙调整好。调整游隙的方法有：

（1）加厚或减薄轴承端盖与箱体间的垫片厚度。

（2）采用调节螺钉和蝶形垫圈调节游隙。

（3）采用具有外螺纹的端盖进行调整。

2. 轴上零件轴向位置的调整

轴系位置的调整是为了保证轴上零件获得正确的工作位置。当轴上有蜗轮或圆锥齿轮等零件时，为了获得正确的啮合位置以及良好的工作状态，轴承游隙和齿轮的位置应可以调整。图9.11所示的结构有两组调整垫片：套杯和箱体之间的垫片1可以调整轴承组合的位置，以保证圆锥齿轮获得正确的啮合；套杯和端盖之间的垫片2可以调整轴承游隙，保证轴承的工作性能。

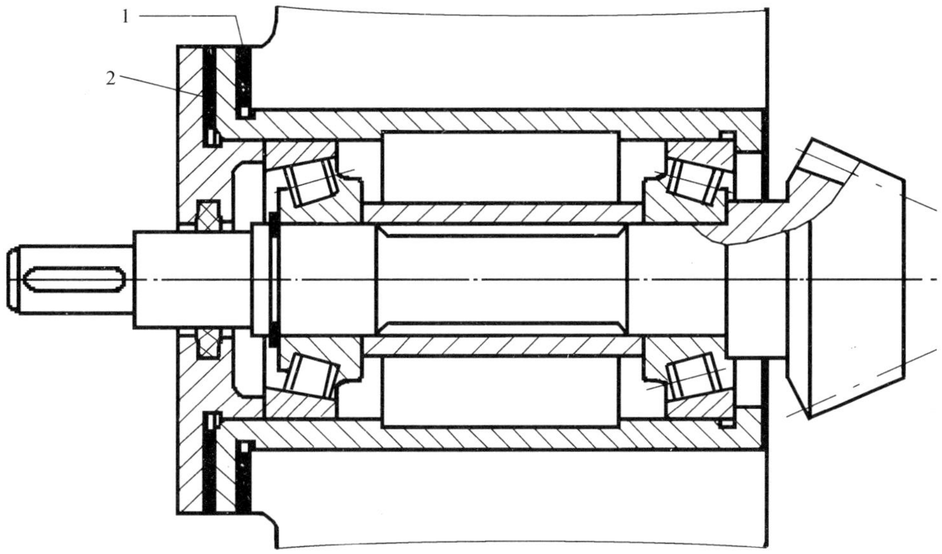

图 9.11　采用套杯的轴承组合结构

四、滚动轴承的配合

为了防止工作时轴承内圈与轴颈之间以及外圈与轴承座孔之间的相对运动，必须选用适当的配合。滚动轴承是标准件，其内圈与轴颈的配合为基孔制，如图9.12所示；外圈与轴承座孔的配合为基轴制，如图9.13所示。配合的选择与很多因素有关，主要有载荷的类型、大小，工作温度和轴承的旋转精度等。

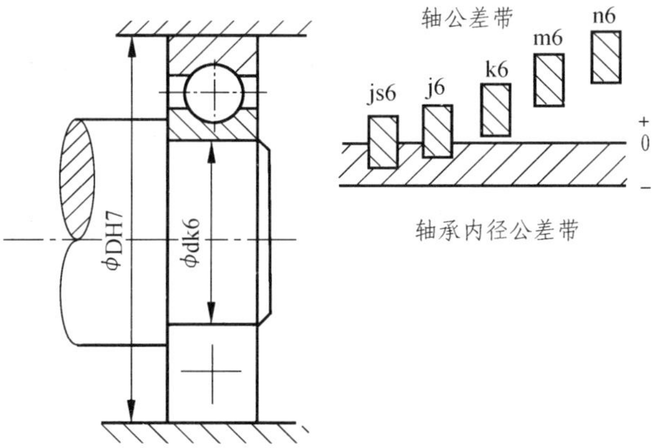

图 9.12　轴承内圈与轴颈的配合为基孔制

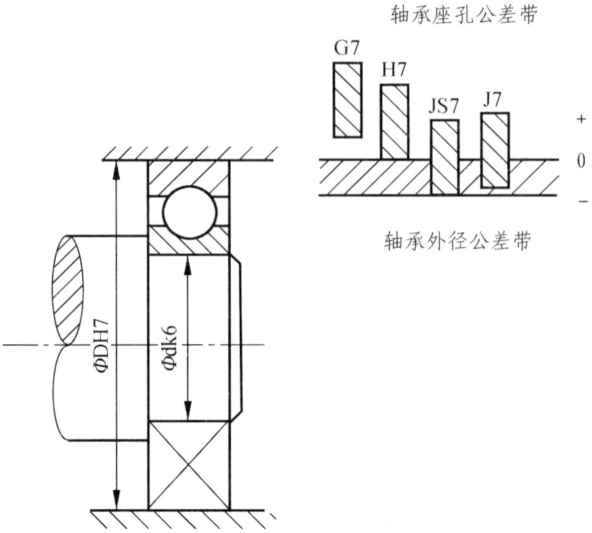

图 9.13 外圈与轴承座孔的配合为基轴制

一般来说，转动的套圈常采用过盈配合；固定的套圈常采用间隙配合或过渡配合。转速高、载荷及振动大、旋转精度要求高时，应采用紧一些的配合；游动的套圈和经常拆装的轴承，则宜采用松一些的配合。具体配合的选择可参考《机械零件设计手册》。

第五节 滑动轴承

滑动轴承一般由轴承座、轴瓦（或轴套）、润滑装置和密封装置等部分组成。

一、滑动轴承结构、类型

1. 向心滑动轴承

向心滑动轴承主要承受径向载荷。它有整体式和剖分式两种形式。

（1）整体式滑动轴承。

图 9.14 所示为典型的整体式滑动轴承，用螺栓与机架连接。它由轴承座和轴套组成，为了润滑，在轴承座顶部可装油杯，轴套上有进油孔，并在内表面开轴向油沟以分配润滑油。这种轴承已标准化，具体结构和尺寸可查 JB/2560-91。实际上，将轴直接穿入在机架上加工出的轴承孔，即构成了最简单的整体式滑动轴承。

整体式滑动轴承结构简单，制造容易，成本低，常用于低速、轻载、间歇工作而不需要经常装拆的场合。它的缺点是轴只能从轴承的端部装入，给安装造成不便；轴瓦磨损后，轴与孔之间的间隙无法调整。

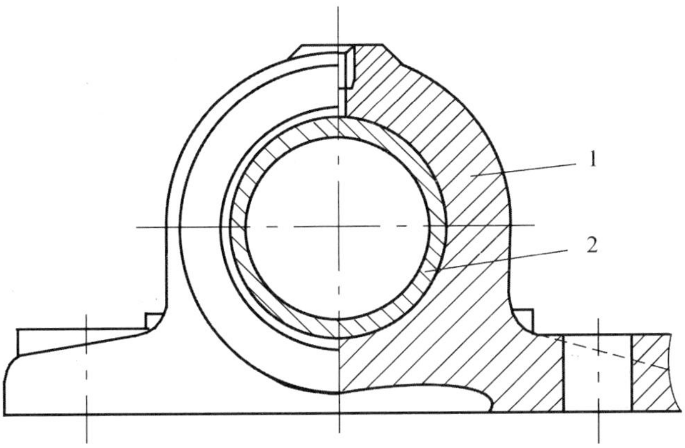

图 9.14　整体式滑动轴承

（2）剖分式滑动轴承。

图 9.15 所示为典型的剖分式滑动轴承。它由轴承座、轴承盖、剖分轴瓦以及联接螺栓等组成。为了保证轴承的润滑，可在轴承盖顶部注油孔处加润滑油。为便于装配时对中和防止横向移动，轴承盖和轴承座的分合面做成阶梯形定位止口。当载荷方向倾斜时，可将中分面相应斜置如图 9.15（b）所示，但使用时应保证径向载荷的实际作用线与中分面垂直线摆幅不超过 35°。

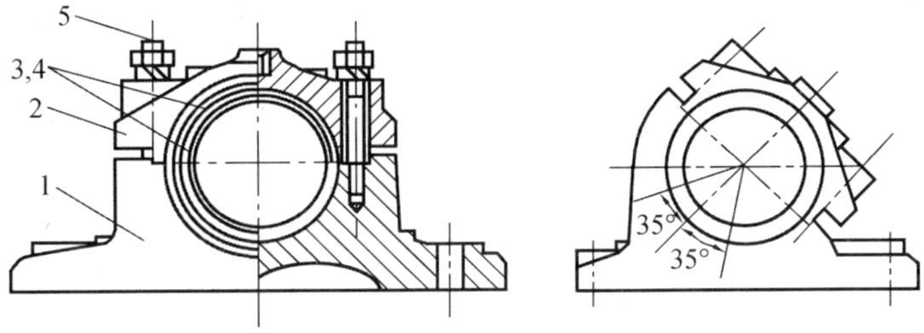

（a）水平式　　（b）斜置式

图 9.15　剖分式滑动轴承

这种轴承的轴瓦采用剖分式，在分合面上配置有调整垫片。当轴瓦磨损后，可适当调整垫片和对轴瓦分合面进行刮削、研磨等切削加工来调整轴颈与轴瓦间的间隙。由于这种轴承装拆方便，故应用较广。该轴瓦已标准化。其结构和尺寸可查 JB/T 2561—2007 和 JB 2563—2007。

（3）调心式滑动轴承。

轴承宽度 B 与轴颈直径 d 之比 B/d 大于 1.5 时，轴的弯曲变形可能会使轴瓦端部和轴颈出现“边缘接触”[见图 9.16（a）]，从而导致轴承早期破坏。为防止这种情况发生，当轴的变形大或有调心要求时，可使用调心式轴承 [见图 9.16（b）] 这种轴承的轴瓦支承面和轴承座的接触部分做成球面，能自动适应轴或机架工作时的变形及安装误差造成轴颈与轴瓦不同心的现象，避免出现边缘接触。

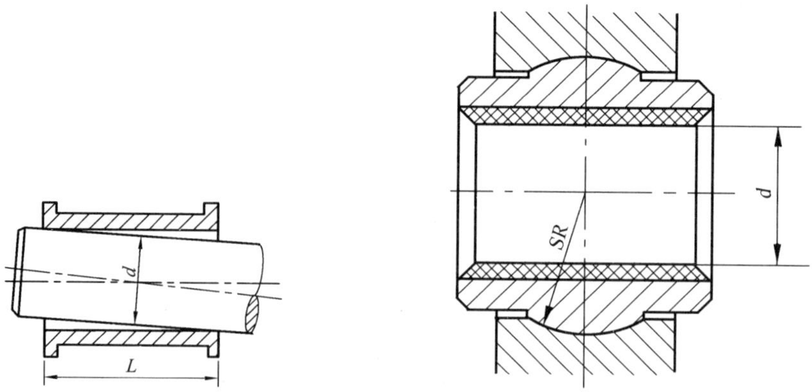

（a）边缘接触　（b）调心滑动轴承

图 9.16　调心式滑动轴承

2. 推力轴承

推力轴承主要承受轴向载荷，如图 9.17 所示。按推力轴承轴颈支承面的不同，可分为实心、空心和多环等形式。

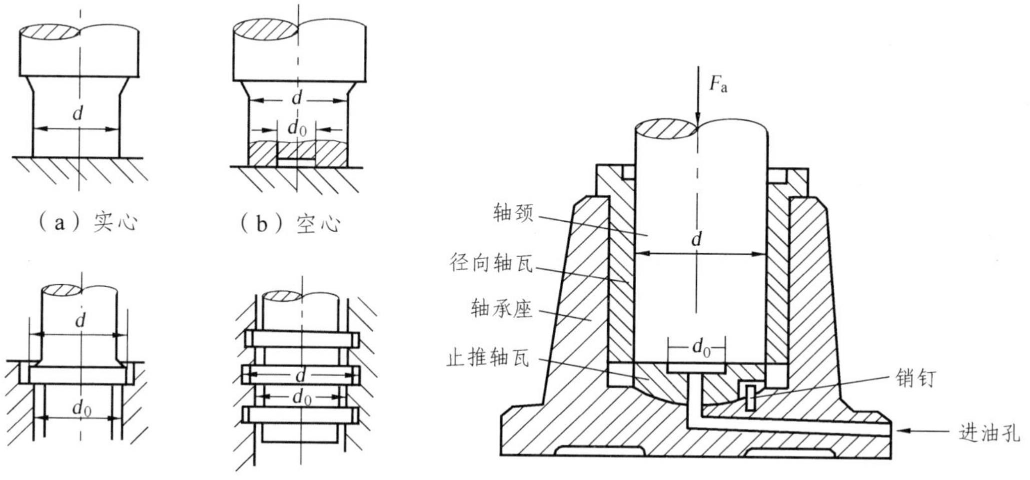

（a）实心　（b）空心　（c）单环　（d）多环　（e）立式平面

图 9.17　推力轴承

对于实心式推力轴承，由于它距支承面中心越远处滑动速度越大，边缘部分磨损较快，因而使边缘部分压强减小。靠近中心处压强很高，轴颈与轴瓦之间的应力分布很不均匀。如采用空心或环形轴颈。则可使压力分布趋于均匀。根据承受轴向力的大小，环形支承面可做成单环或多环，多环式轴颈承载能力较大，且能承受双向轴向载荷。

二、轴瓦（轴套）结构和轴承材料

轴瓦（轴套）是滑动轴承中直接与轴颈相接触的重要零件，它的结构形式和性能将直接影响轴承的寿命、效率和承载能力。

1. 轴瓦（轴套）的结构

整体式滑动轴承通常采用圆筒形轴套[见图 9.18（a）]，剖分式滑动轴承则采用剖分式轴瓦[见图 9.18（b）]。它们的工作表面既是承载面，又是摩擦面，因而是滑动轴承中的核心零件。

轴瓦有薄壁和厚壁（壁厚δ与直径 D 之比大于 0.05）两种如图 9.18 所示。

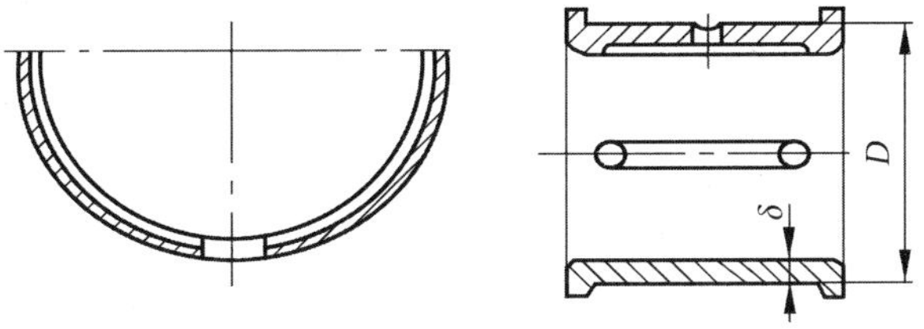

（a）薄壁　　（b）厚壁

图 9.18　轴瓦（轴套）的结构

薄壁轴瓦是将轴承合金黏附在低碳钢表面上，经冲压、弯曲变形及精加工制成的双金属轴瓦，这种轴瓦适合大量生产，质量稳定，成本低，但刚性差，装配后不再修刮内孔，轴瓦受力变形后形状取决于轴承座的形状，所以轴承座也应精加工。

厚壁轴瓦常由铸造制得，为改善摩擦性能，可在轴瓦内表面浇注一层轴承合金（称为轴承衬），厚度为零点几毫米至几毫米。为使轴承衬牢固粘附在底瓦上，可在底瓦内表面预制出一些沟槽等，沟槽形式如图 9.19 所示。为更好发挥材料的性能，还可在这种双金属的轴承衬表面镀一层铟、银等更软的金属。多金属轴瓦能兼顾满足轴瓦的各项性能要求。

许多轴瓦（轴套）内壁上开有油沟，其目的是为了把润滑油引入轴颈和轴瓦的摩擦面，使轴颈和轴瓦（轴套）的摩擦面上建立起必要的润滑油膜。油沟一般开在非承载区，并不得与端都接通，以免漏油，通常轴向油沟长度为轴瓦宽度的 80%，油沟的上方开有油孔见图 9.20。

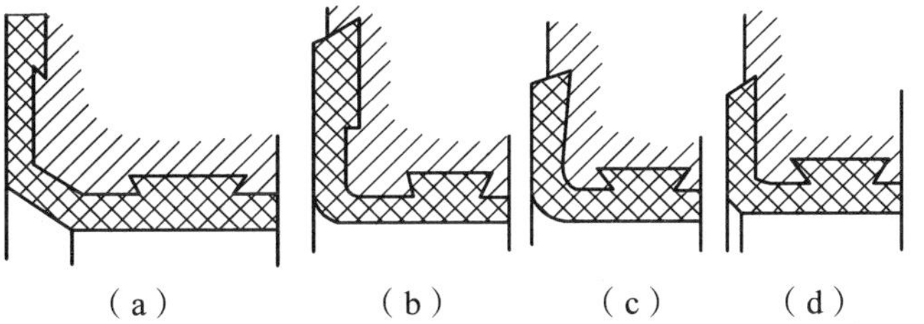

（a）　（b）　（c）　（d）

图 9.19　轴承衬的贴附

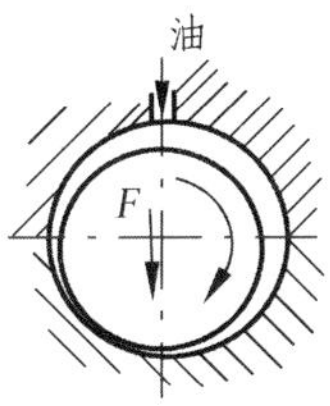

图 9.20　注油口位置

2. 轴承材料

轴瓦（或轴套）和轴承衬的材料统称为轴承材料。非液体摩擦滑动轴承工作时，因轴瓦与轴颈直接接触并有相对运动，将产生摩擦，故常见的失效形式是磨损、胶合或疲劳破坏。因此，轴承材料应具有足够的强度、良好的塑性、减摩性（对润滑油的吸附性强，摩擦因数小）、耐磨性、容易跑合（指经短期轻载运转后能消除表面不平度，使轴颈与轴瓦表面相互吻合）、易于加工等性能。

轴承材料有金属、粉末冶金、非金属材料几类。

（1）金属材料。金属材料包括轴承合金、青铜、铸铁等。轴承合金（巴氏合金）常用的有铝基和铅基两种，这些材料的减磨性、抗胶合性、塑性好，但强度低、价格贵。

青铜强度高，承载能力大，导热性好，且可以在较高温度下工作，但与轴承合金相比，其抗胶合能力较差，不易跑合，与之相配的轴颈必须经淬硬处理。

（2）粉末冶金材料。粉末冶金材料又称为金属陶瓷，以粉末状的铁或铜为基本材料与石墨粉混合，经压制和烧结制成的多孔性材料。用这种材料制成的成形轴瓦，可在其材料孔隙中存储润滑油，具有自润滑作用。使用前，将轴承侵入润滑油中，让润滑油充分进入微孔组织。运转时因热膨胀和轴颈的抽吸作用，使润滑油从孔隙中自动进入工作表面起润滑作用，停止运转时轴瓦降温，润滑油回到孔隙。由于它不需要经常加油，故又称之为含油轴承，故轴瓦不需开设油沟。含油轴承有铁-石墨和青铜-石墨两种。粉末冶金材料的价格低廉、耐磨性好，但韧性差，常用于低、中速、轻载或中载、润滑不便或要求清洁的场合，如食品机械、纺织机械或洗衣机等机械中。

（3）非金属材料。非金属材料主要是塑料。塑料轴承材料的特点是：有良好的耐磨性、抗腐蚀、抗冲击、抗胶合的能力，良好的吸振和自润滑性。缺点是导热性和尺寸稳定性差，热变形大，重载使用时必须充分润滑。大型滑动轴承（如水轮机轴承）可选用酚醛塑料；中小型轴承可选用聚酰胺（尼龙）塑料。

此外，碳-石墨、硬木、橡胶和木材等也可用作轴承材料。

思考题与习题

9-1 按摩擦性质，轴承分为哪几种？什么情况下选用滑动轴承？

9-2 轴瓦的结构有哪几种？油沟应如何开设？

9-3 说明下列轴承代号的意义：6309，30209，7213AC

9-4 下列情况应选择哪种轴承比较合适？

（1）主要承受径向力而轴向力较小，转速又较高者。

（2）承受纯较大轴向力且转速较低。

（3）承受径向力，又承受较大轴向力，转速较高者。

9-5 “3”类、“7”类滚动轴承应如何安装？为什么？

9-6 轴承常见失效形式有哪些？可采取什么措施进行预防？

9-7 在什么情况下，一轴上的两个滚动轴承支点，分别采用固定和游动支承？

第十章　联轴器与离合器

一部机器往往由多个部件组成。根据实际需要，部件间的两根轴有时要联接起来，传递转矩和运动；有时要分离开来，切断运动和转矩的传递。联轴器和离合器就是分别完成上述功能的部件。联轴器只能在机械静止时拆卸后，才能将两轴分离。离合器则可在机器运转时，使两轴联接或分离。如它们中的某零件（例如销）尺寸，若按过载即被切断的条件确定，则可用作安全装置。

由于制造、安装、受载变形和温度变化等原因，被联接的两轴往往不能严格对中，存在着一定程度的 X、Y 方向位移和偏斜角 α 等偏差，如图 10.1 所示。因此，联轴器和离合器还需具有补偿这些偏差的能力。但是联轴器和离合器的补偿偏差的能力是有限的，所以安装两轴时应使偏差尽量减小。否则两轴将受很大的附加应力，引起剧烈的振动，影响机械的正常运转。

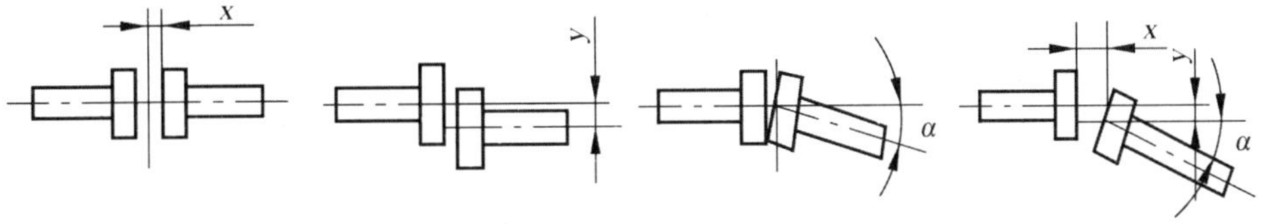

（a）轴向位移　（b）径向位移　（c）角位移　（d）综合位移

图 10.1　两轴线的相对偏差

联轴器和离合器的结构形式很多，其中常用的已标准化。设计时根据机械的工作要求选择类型，并按轴径选定尺寸，所以一般情况下是一个选用问题。如果手册中的尺寸不满足要求，设计者可作适当修改，或完全自行设计。

联轴器或离合器作为一个部件，选择类型和尺寸后，对其传递转矩的能力应进行校核计算。若在机械中为高转速下工作，还应进行动平衡测试，以免产生过大的离心力，引起振动和附加载荷，对机械的运行不利。

第一节　联 轴 器

一、联轴器的类型和性能特点

根据联轴器中是否含有变形能力大的弹性元件，联轴器可分为刚性联轴器和弹性联轴器两类。刚性联轴器又分为固定式和可移动式两类。固定式联轴器用在两轴能严格对中，工作时不发生相对位移的联接场合；可移动式联轴器用在两轴有偏斜或有相对位移的联接场合。

弹性联轴器因其弹性元件能补偿两轴一定的偏差，还能缓冲吸振，故应用广泛。

1. 刚性固定式联轴器

（1）套筒联轴器。套筒联轴器是用套筒把两轴联接起来，利用键或销传递运动和转矩，具有很好的对中性能，如图 10.2 所示。套筒与轴常用 H_7/k_6 配合，套筒用优钢制造。这种联轴器结构简单、径向尺寸小、成本低，但装拆不便。套筒联轴器无补偿偏差的能力，因此要求严格对中。

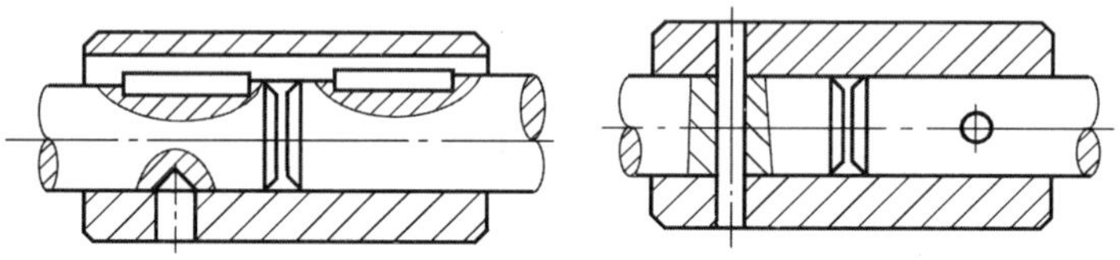

（a）用键联接　　（b）用销联接

图 10.2　套筒联轴器

（2）凸缘联轴器。凸缘联轴器是由两个半联轴器用螺栓联接成的，轴的运动和转矩通过键和螺栓在两轴间传递，如图 10.3 所示。在两半联轴器上各做有定位环面，常用 H_9/h_9 配合，保证高的对中性。它无补偿偏差的能力，因此要求严格对中。这种联轴器结构比较简单、装拆较方便，适用于转速不太高、转矩较大的场合，在机械中应用较多。

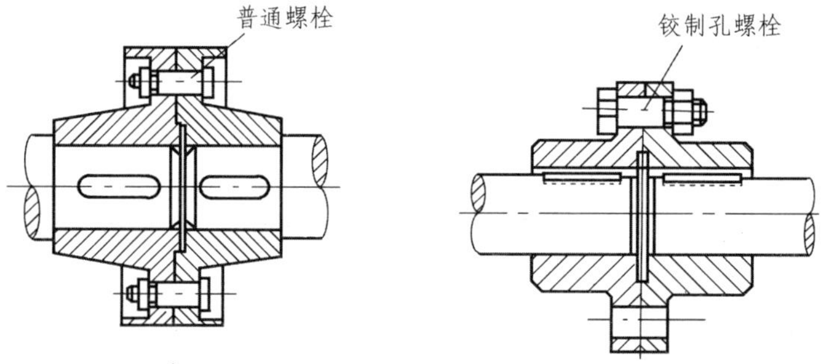

图 10.3　凸缘联轴器

2. 刚性可移动式联轴器

（1）十字滑块联轴器。图 10.4 为十字滑块联轴器，是由端面带凹槽的两半联轴器 1 和 3 及两面有凸榫的浮动盘 2 所组成。两榫互相垂直，并分别嵌在左右半联轴器的凹槽中，浮动盘的凸榫能在凹槽中滑动，允许有较小的径向位移（约 0.04 d，d 为轴径）和角偏移（约 30′），故能补偿两轴间的偏差。这种联轴器旋转时会产生较大的离心力及容易磨损。通常适用于传递的转矩较大、运动平稳、速度不高的场合。

（2）齿轮联轴器。如图 10.5 所示为齿轮联轴器，它也是由两个半联轴器用螺栓联接而成。每个半联轴器有内齿轮和外齿轮组成，在齿处注入润滑脂并加以密封，可减少齿面的磨损和防锈，因齿间和端部有间隙，且齿顶做成弧形，允许有较大的径向位移和角偏移，故能补偿两轴间的偏差。

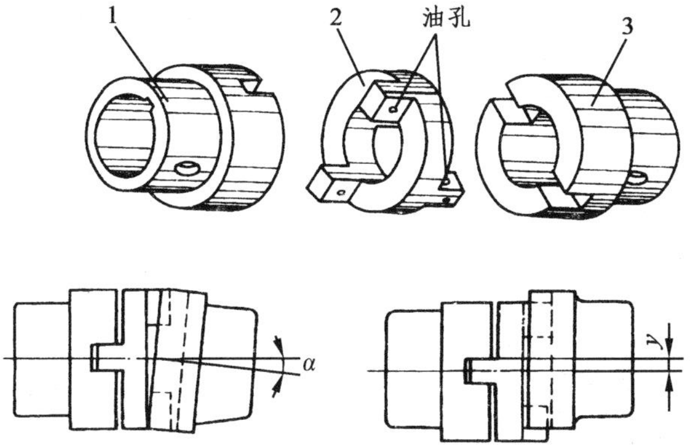

图 10.4　十字滑块联轴器

齿轮式联轴器外廓尺寸紧凑且轮齿全部承载，工作可靠。但噪声较大，制造成本高。一般用于起动频繁、常正反转变化的重型机械传动中。

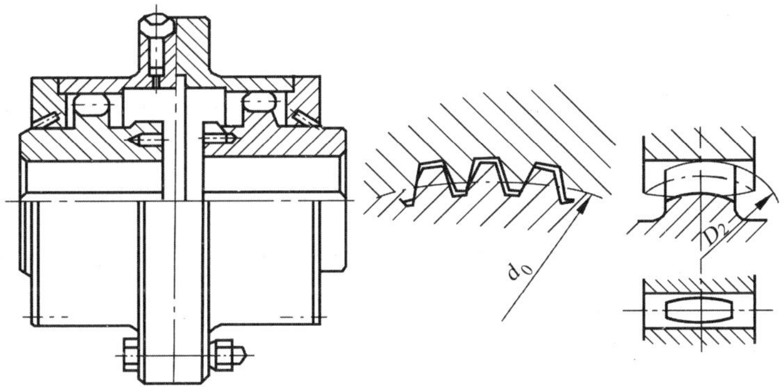

图 10.5　齿轮联轴器

（3）万向联轴器。图 10.6 为万向联轴器，是由两个叉形零件和十字形零件，用销轴呈正交状联接起来的。根据万向联轴器的运动分析，通常成对使用。安装时，要将与轴联接的两个叉子处于同一平面上，并且应使主、从动轴与中间轴（属于联轴器的零件）之间的夹角相等，这样才能使输入轴和输出轴的转速一致，并减小产生的附加动载荷。

万向联轴器适应于两轴间有较大角位移的场合，最大达 35°～45°。在汽车、拖拉机、机床等机械中被广泛应用。

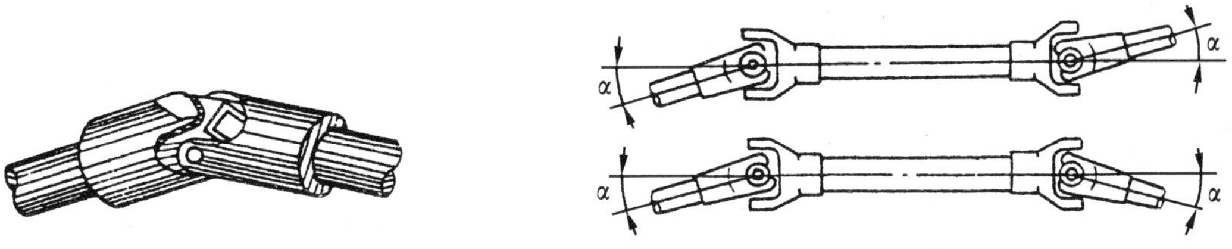

图 10.6　万向联轴器

3. 弹性联轴器

（1）弹性套柱销联轴器。图 10.7 所示为弹性套柱销联轴器。这种联轴器的结构与凸缘联轴器相似，只是用弹性套柱销代替了螺栓。利用弹性套的变形补偿轴向、径向和角度位移；并有较好的缓冲和吸振作用。但弹性套容易损坏、怕油和寿命较低。它适用于经常起动和正反转频繁、载荷平稳及转速高的传动中。

（2）弹性柱销联轴器。图 10.8 为弹性柱销联轴器，它是用尼龙柱销传递运动和转矩的。挡板为防止柱销滑出，用螺钉将挡板固定在半联轴器上。这种联轴器结构简单，尼龙柱销加工容易，维修和安装方便，具有一定的缓冲、吸振能力，能适应较大的轴向位移和偏角，应用广泛。

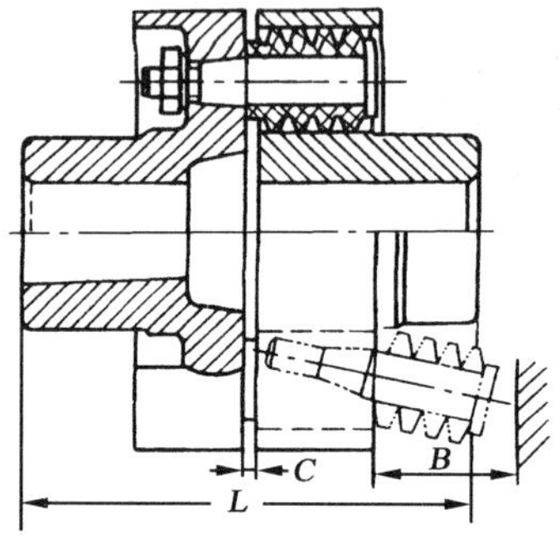

图 10.7 弹性套柱销联轴器

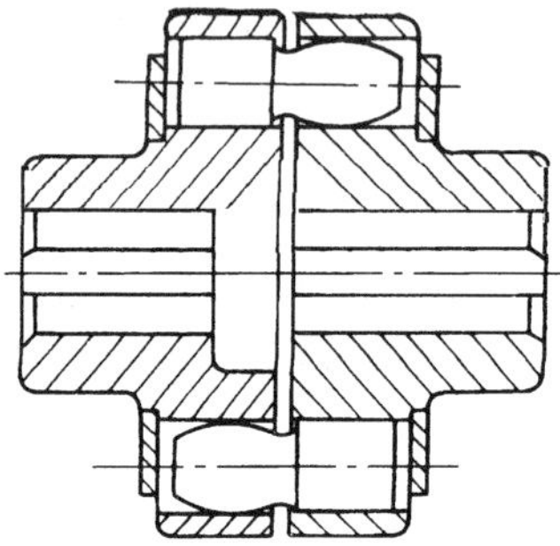

图 10.8 弹性柱销联轴器

二、联轴器的选择和计算

在选择联轴器类型时，考虑的主要因素有：被联接的两轴对中性的优劣、载荷大小和性质、转速及工作温度等。若安装精确，能保证两轴严格对中的，可选用固定式联轴器，否则应选用可移动式联轴器或选用弹性联轴器。

联轴器的选择包括类型和尺寸。对联轴器要验算其能否有传递计算转矩 T_c 的能力，其计算条件为

$$T_c = KT \leqslant [T] \tag{10-1}$$

式中，T_c 为联轴器需传递的计算转矩，单位 N·m；K 为载荷系数（见表 10.1）；$[T]$为许用转矩值，查有关手册。

表 10.1 联轴器载荷系数 K

工作机类型	工作机械的载荷特性		
	平稳	较小冲击	较大冲击
发电机、小型通风机、小型离心泵	1.3	1.5	1.8（2.2）
透平压缩机、木工机械、运输机	1.5	1.7	2.0（2.4）
搅拌机、增压泵、冲床、带飞轮压缩机	1.7	1.9	2.2（2.6）
织布机、水泥搅拌机、拖拉机	1.9	2.1	2.4（2.8）
造纸机械、挖掘机、起重机、碎石机	2.3	2.5	2.8（3.2）
压延机、无飞轮活塞泵、重型初轧机	3.1	3.3	3.6（4.0）

注：括号内的数值用于大转矩的情况。

第二节 离合器

离合器的类型很多，按工作原理不同，它分为牙嵌式和摩擦式两大类。牙嵌式利用零件上的牙（或齿）的接合进行工作，传递运动和转矩。它的特点是承载能力大，能使主、从动轴的转速同步。因牙的接合是刚性的，故接合时有冲击力。摩擦式是靠工作表面的摩擦力传递运动和转矩的。它的特点是即使在高转速下离合也很平稳，但传递转矩的能力较小，过载时工作面打滑，这样工作面的磨损亦严重，也使主、从动轴的转速差加大。

在选择离合器类型时，考虑的主要因素有：载荷大小和性质，转速、工作温度是否接合平稳，是否分离迅速彻底，操作是否方便，外廓尺寸要小，使用寿命应长，维修要容易等要求。

1. 牙嵌式离合器

图 10.9 为牙嵌式离合器，它有端面带牙的两个套盘 1、2 组成，套盘 2 靠滑套 4 操纵在轴上滑移，使牙结合或分离。轴上的运动和转矩通过键和牙传递。离合器的牙型有矩形、梯形和锯齿形。锯齿形牙只能单向传递转矩。牙体需要高的强度和高的表面硬度。

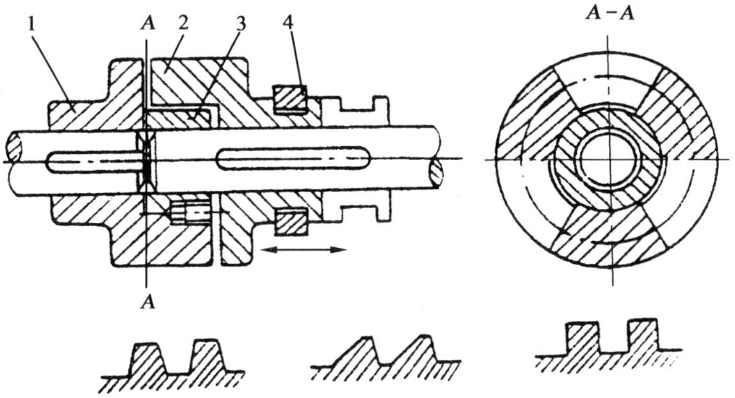

图 10.9 牙嵌式离合器

牙嵌式离合器的优点是结构简单，外形尺寸小，工作能力大。缺点是联接时冲击大、易打牙。

2. 圆盘摩擦式离合器

图 10.10 为圆盘摩擦式离合器，它是由固定在轴上的摩擦盘 2 和能在轴上滑移的摩擦盘 3 组成，摩擦盘 2 与轴用键联接，摩擦盘 3 与轴用滑键联接。在盘 3 上加轴向力时，能使两盘的摩擦表面相互压紧产生足够的摩擦力，将盘 2 上的运动和转矩传递给盘 3。圆盘摩擦式离合器有单盘式（见图 10.10）和多盘式（见图 10.11）两种，其中以多盘式应用最广。

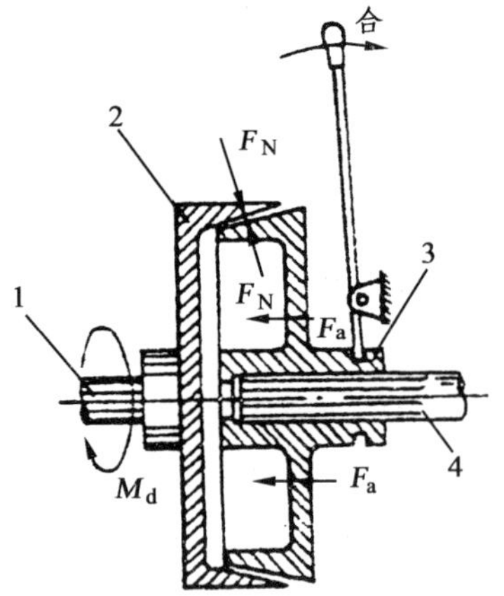

图 10.10 单盘摩擦式离合器

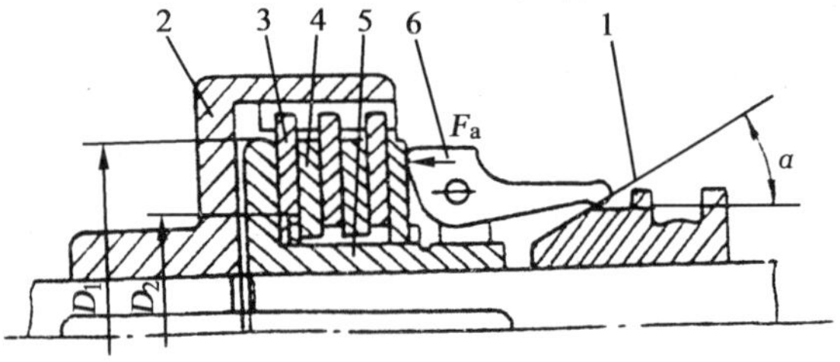

图 10.11 多盘摩擦式离合器

这种离合器对摩擦盘的材料要求是：强度大、耐磨、耐高温、耐腐蚀和摩擦系数大等。常用铸铁和铸钢为基体，配以石棉和塑料制成。多盘式离合器结构十分紧凑，传递转矩的能力大，但分离动作的彻底性较差。

3. 超越离合器

图 10.12 为滚柱超越离合器，它由星轮 1、外环 2、滚柱 3 和弹簧 4 等元件组成。当主动的外环逆时针旋转时，滚柱被楔紧在槽内，靠外环、星轮和滚柱之间摩擦力带动星轮旋转。如果星轮的转速超过外环时，外环、星轮和滚柱将松离，外环与星轮各自旋转，互不干涉。外环上的转矩不能向星轮传递。同样，星轮主动，并以顺时针旋转，也可进入工作状态，将星轮上的运动和转矩传给外环。如果外环的转速超过星轮时，外环、星轮和滚柱松离，星轮上的转矩就无法向外环传递。这种从动件的角速度超过主动件时，不能带动主动件与它一起转动的限速作用，称为超越。

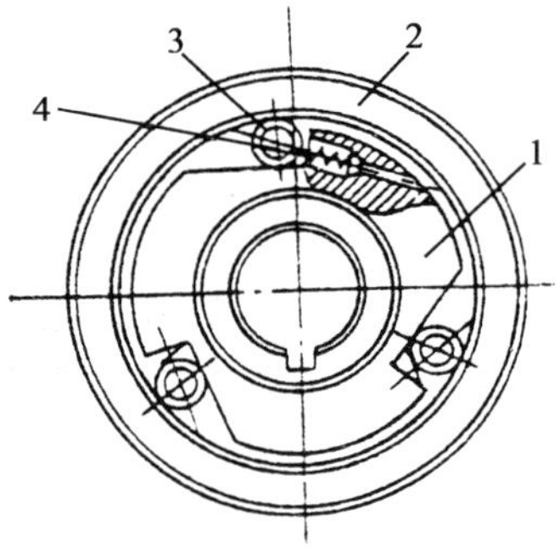

图 10.12 滚柱超越离合器

思考题与习题

10-1 试述联轴器、离合器的功用。

10-2 在制造精度和安装精度较低的情况下，两轴的联接能否用刚性（无补偿）联轴器？为什么？

10-3 列举两种联轴器，说明它们的结构和使用特点？

10-4 选用联轴器时应注意考虑哪些主要因素？

10-5 列举一种离合器，说明它的结构和使用特点？

10-6 高速运转中需要离合，应选择哪种离合器？

第十一章　机械装置的润滑与密封

在机械传动过程中，机械装置零部件的接触表面将产生摩擦，造成零件的机械磨损与能量损耗，影响机械的运动精度和使用寿命。据估算，大约80%的零件损坏是由于磨损引起的。

在零、部件的接触表面采用润滑，即在摩擦副表面间加入一种润滑剂将两表面分隔开来，变干摩擦为加入润滑剂分子间的湿摩擦。这样可以降低摩擦、减少磨损，降温冷却、防止腐蚀，密封及减振，延长使用寿命。

机械装置联接处以及运动件与不动件的间隙处设置密封装置，可以阻止液体、气体工作介质与润滑剂泄漏，防止灰尘、水分进入润滑部位，保证工作环境卫生，降低成本。

本章介绍机械装置中常用的润滑方法、润滑装置及密封装置。

第一节　常用润滑剂

机械装置中常用的润滑剂按物态可分为液体润滑剂（润滑油）、半固体润滑剂（润滑脂）、固体润滑剂。

一、润滑油

润滑油是使用最广泛的润滑剂。

1. 润滑油的性能指标

（1）黏度。润滑油在外力作用下流动，由于液体分子之间的引力，流层间产生剪切力，阻碍彼此相对运动，使各层的速度不相等，这种性质称为黏性。润滑油的黏性是一个非常重要的特性，其大小用黏度来反映。分为动力黏度、运动黏度、相对黏度。

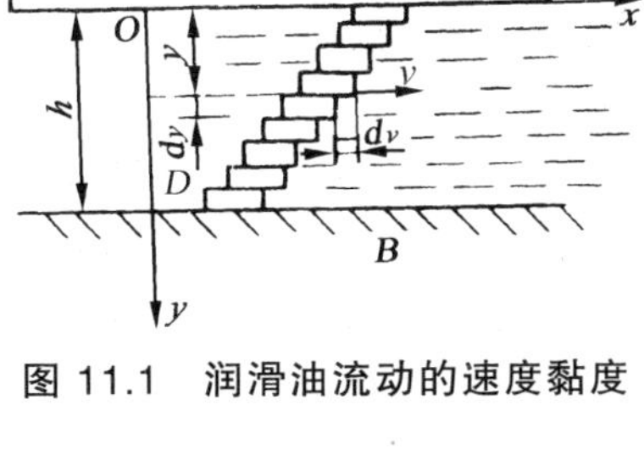

图 11.1　润滑油流动的速度黏度

图 11.1 所示为两平行平板间充满润滑油，设板 B 静止不动，板 A 以速度 v 沿 x 方向运动，由于润滑油对表面的吸附作用，板 B 表面层的润滑油与板 B 均静止不动，板 A 表面层润滑油与板 A 以相同速度 v 一起运动，在两板之间润滑油的速度变化为一斜线，即可看成液体作一层层的错动。

实验表明，牛顿液体流动时，剪切力与动力黏度及

速度变化率成正比。表达式为

$$\tau = -\eta \frac{dv}{dy} \tag{11-1}$$

式中，τ为液体层单位面积上的摩擦阻力；η为常数，即液体的动力黏度；“－”表示方向与速度增量方向相反。

假设A、B板的面积各为1 m^2，相对距离$h = 1$ m，作用在板A的力为1 N时，板A产生的速度恰好为1 m/s，这种液体的动力黏度为1 N·s/m^2或1 Pa·s。

工业上常用动力黏度与同温下该液体的密度的比值表示的黏度，称为运动黏度。由于工业中所用黏度计测出的就是这个比值，且润滑油的分类、选择都是按运动黏度高低来确定的，因此运动黏度用得最多。其表达式为

$$\upsilon = \frac{\eta}{\rho} \tag{11-2}$$

式中，υ为液体的运动黏度，单位 m^2/s；η为液体的动力黏度，单位 Pa·s；ρ为同温下液体的密度，单位 kg/m^3。

运动黏度的国际单位（m^2/s）太大，工程上常用斯（St）、厘斯（cSt），换算关系为：1 cSt = 1 mm^2/s = 10^{-2} St = 10^{-6} m/s。

润滑油的黏度越大，形成的油膜越厚，能承受载荷越大，但其内部阻力较大，流动性越差。

（2）黏-温特性。温度变化时，润滑油的黏度也随之变化。温度升高，黏度降低；温度降低，黏度增大。用黏度指数来反映这一特性，如果黏度指数越大，表示黏度随温度的变化越小，并认为该油的黏温特性越好。

（3）凝点、倾点。凝点是指在规定的冷却条件下，润滑油停止流动的最高温度，润滑油的使用温度应比凝点高 5 ~ 7 °C。倾点是润滑油在规定的条件下冷却到能继续流动的最低温度，润滑油的使用温度应高于倾点 3 °C 以上。

（4）闪点。闪点是表示润滑油蒸发性的指标。油蒸发性越大，其闪点越低；另一方面闪点表示着火危险性指标。润滑油的使用温度应低于闪点 20 ~ 30 °C。

2. 常用润滑油

润滑油分为矿物润滑油和合成润滑油两类。矿物润滑油是从石油原油中经过提取燃油后剩下的重油经蒸馏精制而得到的。生产这类润滑油原料充足、价格便宜，因而应用最广。

合成润滑油是中性液体介质，是有机溶液、树脂工业聚合物处理过程中的衍生物。它具有独特的使用性能，可以胜任一般矿物润滑油不能胜任的地方，如高温、低温、防燃以及需与橡胶、塑料接触的场合。但合成润滑油价格昂贵，不少润滑油有些毒性，因此其使用受到限制。

润滑油的选择原则：载荷大或变载、冲击时，选黏度较高的润滑油；速度高时，为减少润滑油内部摩擦功耗，选黏度小的润滑油；加工粗糙或未经跑合的表面，选黏度高的润滑油；循环润滑、芯捻润滑，选黏度低的润滑油。

常用润滑油的主要质量指标及用途如表 11.1 所示。

表 11.1 常用润滑油的主要质量指标和用途

名称	黏度牌号	主要质量指标					简要说明及主要用途
		运动黏度 /（$mm^2 \cdot s^{-1}$）（40 °C）	凝点 /°C（≤）	倾点 /°C（≤）	闪点 /°C（≤）	黏度指数	
全损耗系统用油（GB 443—89）	L-AN15 L-AN22 L-AN32 L-AN46 L-AN68	13.5 ~ 16.5 19.8 ~ 24.2 28.8 ~ 35.2 41.4 ~ 50.6 61.2 ~ 74.8	− 15 − 15 − 15 − 10 − 10		65 170 170 180 190		适用于对润滑油无特殊要求的锭子、轴承、齿轮和其他低负荷机械等不可见的润滑，不适用于循环系统
L-HL 液压油（GB 11118.1—94）	L-HL32 L-HL46 L-HL68 L-HL100	28.8 ~ 35.2 41.4 ~ 50.6 61.2 ~ 74.8 90.0 ~ 110		− 6 − 6 − 6 − 6	180 180 200 200	90 90 90 90	抗氧化、防锈、抗浮化等性能优于普通机油。适用于一般机床主轴箱、液压箱和齿轮箱及类似的机械设备的润滑
工业闭式齿轮油（GB 5903—95）	L-CKB100 L-CKB150 L-CKB220	90.0 ~ 110 135 ~ 165 198 ~ 242		− 8 − 8 − 8		90 90 90	一种抗氧防锈型润滑油。适用于正常油温下运转的轻载荷工业闭式齿轮润滑
普通开式齿轮（SH 0363—92）	150 220 320	135 ~ 165 198 ~ 242 288 ~ 352			200 210 210		适用于正常油温下轻载荷普通开式齿轮的润滑
工业闭式齿轮（SH 0094—91）	L-CKE220 L-CKE320 L-CKE460	198 ~ 242 288 ~ 352 414 ~ 506		− 12 − 12 − 12	200 200 200		适用于正常油温下轻载荷蜗杆传动的润滑
主轴、轴承和有关离合器用油（SH 0017—90）	L-FC22 L-FC32 L-FC46	19.8 ~ 24.2 28.8 ~ 35.2 41.4 ~ 50.6					适用于主轴、轴承和有关离合器用油的压力油浴和油雾润滑

二、润滑脂

1. 润滑脂的组成

润滑脂习惯称黄油，是一种稠化的润滑油，它易于保持在摩擦表面，使用周期长。

润滑脂由基础油（矿物润滑油、合成润滑油）和稠化剂（皂类、固体类）调和而成，为了改善某些特殊性能，有时还适当加入一些添加剂。基础油含量约 70% ~ 90%，决定了润滑脂的性能；稠化剂含量约 10% ~ 30%。常用于不易加油、重载低速场合。

2. 润滑脂的性能指标

（1）锥入度。

锥入度（或稠度）是指在规定测定条件下 5 s 内，重 150 g 的标准锥体，沉入 25 °C 的润滑脂的深度（精确到 0.1 mm）。它表示润滑脂内阻力的大小和流动性的强弱，主要取决于稠化剂的性质，与基础油无关。锥入度越小，润滑脂越稠，附着性、密封性越好，承载能力越高。

（2）滴点。

滴点是指在规定的条件下，润滑脂从标准的测量杯孔滴下第一滴油时的温度。它反映润滑脂的耐高温能力，选择润滑脂时，工作温度应低于滴点 15 ~ 20 °C。

3. 常用润滑脂

常用润滑脂的主要质量指标及用途如表 11.2 所示。

表 11.2 常用润滑脂的主要质量指标和用途

名称	代号	滴点/ ≤°C	工作锥入度 /mm	主要用途
钙基润滑脂 GB 491—87	1 号 2 号 3 号	80 85 90	310 ~ 340 265 ~ 295 220 ~ 250	有耐水性能。用于工作温度低于 55 ~ 60 °C 的各种工农业，交通运输设备的轴承润滑，特别是有水，潮湿处
钠基润滑脂 GB 492—89	2 号 3 号	160 160	265 ~ 295 220 ~ 250	不耐水（潮湿）。用于工作温度在 − 10 ~ 10 °C 的一般中负荷机械设备轴承润滑
通用锂基润滑脂 GB 7324—94	1 号 2 号 3 号	170 175 180	310 ~ 340 265 ~ 295 220 ~ 250	多效通用润滑脂。适用于各种机械设备的滚动轴承和滑动轴承及其他摩擦部位的润滑。使用温度 − 20 ~ 120 °C。
钙钠基润滑脂 ZBE36001	1 号 2 号	120 135	310 ~ 340 265 ~ 295	用于有水，较潮湿环境中工作的机械润滑，多用于铁路机车，列车，发电机滚动轴承润滑，不适用低温工作。使用温度 80 ~ 100 °C
7407 号齿轮润滑脂 SY 4036—84		160	75 ~ 90	用于各种低速，中，高载荷齿轮，链和联轴器的润滑。使用温度小于 120 °C
7014—1 高温润滑脂 GB 11124—89	7014-1	55 ~ 75		用于高温下工作的各种滚动轴承润滑，也用于一般滑动轴承和齿轮润滑。使用温度 − 40 ~ 200 °C

三、固体润滑剂

用固体粉末代替润滑油膜的润滑称为固体润滑。最常用的固体润滑剂有石墨、二硫化钼、二硫化钨、聚四氟乙烯等。固体润滑剂耐高温、高压，因此适用于速度很低、载荷特重或温度很高、很低的特殊条件及不允许有油、脂污染的场合。此外还可以作为润滑油或润滑脂的添加剂使用及制作自润滑材料用。

第二节　常用润滑方式及装置

为了保证运动摩擦、磨损小，除了正确选用润滑剂外，还须合理选择润滑方式，以保证润滑剂的可靠供给。

一、油润滑方式及装置

油润滑方式按是否连续可分为间歇供油和连续供油。

1. 间歇供油

间歇供油是指隔一定时间向润滑点供给润滑油，这种润滑不很可靠，可用于低速、轻载和不重要的地方。

常用的润滑方法及装置有：手工加油油杯（见图 11.2），压注油杯（见图 11.3）。

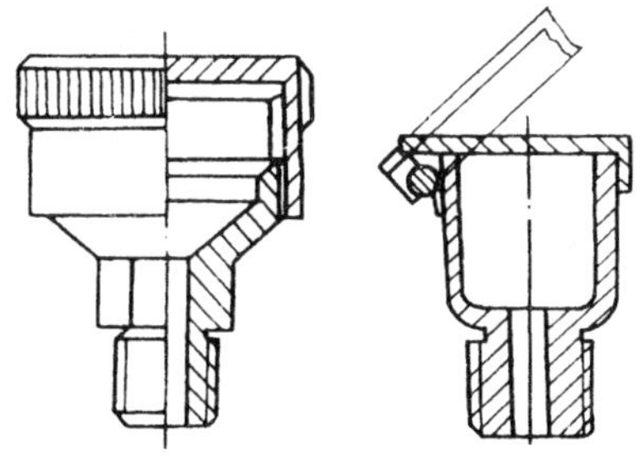

（a）旋盖式　（b）弹簧盖式

图 11.2　手工加油油杯

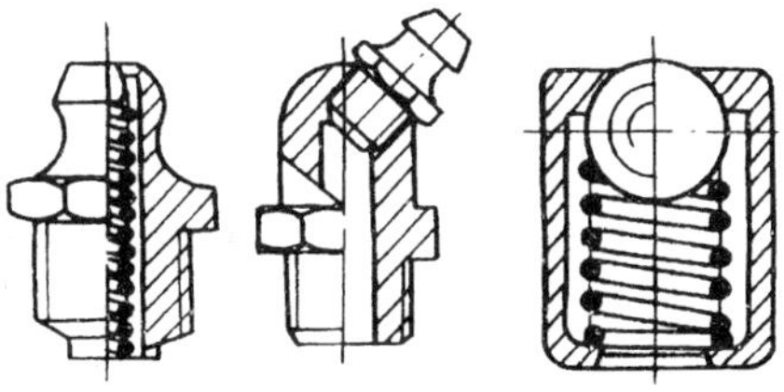

（a）直通式（b）接头式　（c）压配式

图 11.3　压注油杯

2. 连续供油

连续供油即连续不断地向润滑点供给润滑油。它润滑可靠，较重要的场合都要用连续润滑方式。

（1）滴油润滑。

针阀式注油杯可用于滴油润滑（见图 11.4）。当手柄放平时，针阀受弹簧力向下而堵住油孔；手柄转 90°变成垂直时，针阀上提，下端油孔打开，润滑油流出进入润滑点。其油量大小可通过调节螺母进行调节。

（2）芯捻润滑。

如图 11.5 所示。用毛线或棉线做成芯捻，浸入油槽中，利用毛细管虹吸作用把油引到润滑点，芯捻本身的过滤作用可使润滑油保持清洁。其缺点是油量不可调节。

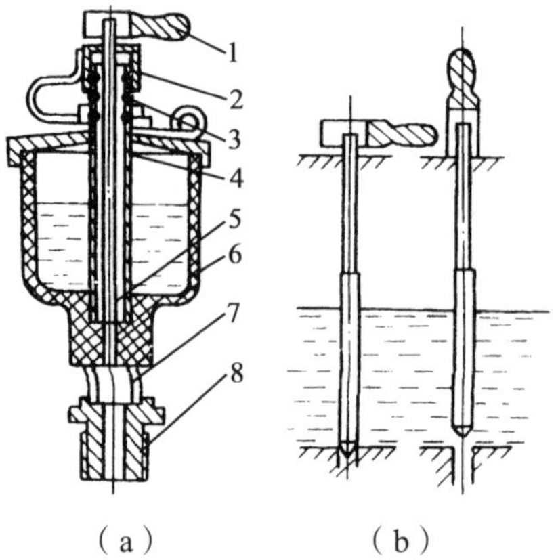

图 11.4 针阀式油杯

1—手柄；2—调节螺母；3—弹簧；4—芯管；5—针阀；
6—杯体；7—观察窗孔；8—联接螺纹

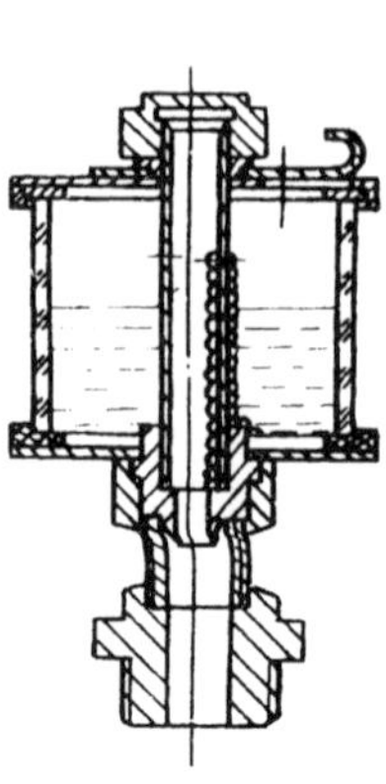

图 11.5 芯捻润滑

（3）油环润滑。

如图 11.6 所示。它依靠套在轴上的油环旋转，将油从油池带起来，再流到润滑点。这种润滑方式只适合水平轴的润滑，速度在 60 ~ 2 000 r/min。速度过高，环在轴上跳动剧烈；速度过低，油环所带油量不够。

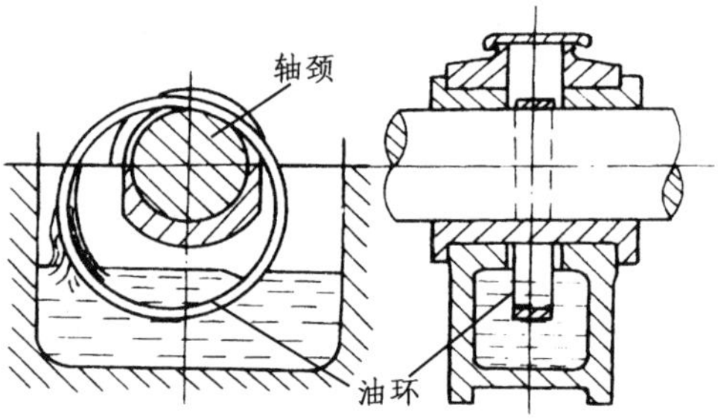

图 11.6 油环润滑

（4）浸油润滑。

零件部分或全部浸入油池中进行润滑。润滑自动可靠，但搅油功耗大，易引起发热。适合封闭箱体中转速较低的场合。

（5）飞溅润滑。

利用高速旋转的零件，将油池中的油溅散成油沫向润滑点供油。

（6）压力润滑。

用泵将润滑油加压后送到润滑部位，给油量丰富，而且油量控制方便，不但润滑可靠，冷却效果也好。因此广泛用于大型、重载、高速、精密等重要的场合。

（7）油雾润滑。

用压缩空气将润滑油雾化后通入到摩擦点而起润滑作用的润滑方式。常用于高速转动的轴承（$d \cdot n > 6 \times 10^5$ mm · r/min）；高速运转的齿轮（$v > 5 \sim 15$ m/s）。这种润滑方式冷却、清洗效果好，但油雾排出污染环境，且结构较复杂。

二、脂润滑方式及装置

由于润滑脂与润滑油相比，流动性、其冷却效果较差，因此脂润滑多用于低、中速机械的润滑场合。常用的润滑方式有：

（1）手工润滑。利用手工将脂填入润滑部位。用于开式齿轮传动、链条、滚动轴承等。

（2）油杯润滑。利用旋盖油杯、压注油杯等装置向润滑点送润滑脂的方法。这种润滑方式用于加脂不方便或速度较低的场合。

（3）集中润滑。用脂泵将润滑脂定时定量地送至各润滑点。这种方法主要用于润滑点很多的工厂和车间。

第三节　常用传动装置的润滑

一、动轴承的润滑

大部分的滑动轴承都采用油润滑，其黏度可参看表 11.3 所示。

表 11.3　滑动轴承润滑油的选择

v/m · s^{-1}	轻载（P<3 MPa） 工作温度（10 ~ 60 °C） 运动黏度/mm^2 · s^{-1}	中载（P = 3 ~ 7.5 MPa） 工作温度（10 ~ 60 °C） 运动黏度/mm^2 · s^{-1}	重载（P>7.5 ~ 30 MPa） 工作温度（20 ~ 80 °C） 运动黏度/mm^2 · s^{-1}
<0.1	85 ~ 150	140 ~ 220	470 ~ 1 000
0.1 ~ 0.3	65 ~ 125	120 ~ 170	250 ~ 600
0.3 ~ 1.0	45 ~ 70	100 ~ 125	90 ~ 350
1.0 ~ 2.5	40 ~ 70	60 ~ 90	
2.5 ~ 5.0	40 ~ 55		
5.0 ~ 9.0	15 ~ 45		
>9.0	5 ~ 22		

对于要求不高，速度 v<5 m/s，难以经常供油的非液体摩擦滑动轴承，可用脂润滑。润滑脂的选择可参看表 11.4 所示。

表 11.4　滑动轴承润滑脂的选用

比压 P/N · mm^2	轴颈圆周速度 v/m · s^{-1}	最高工作温度 t/°C	润滑脂牌号
≤1.0	≤1	75	3 号钙基脂
1.0 ~ 6.5	0.5 ~ 5	55	2 号钙基脂
1.0 ~ 6.5	≤1	− 50 ~ 100	2 号锂基脂
≤6.5	0.5 ~ 5	120	2 号钠基脂
>6.5	≤0.5	75	3 号钙基脂
>6.5	≤0.5	110	1 号钙钠基脂
>6.5	0.5	60	2 号压延机脂

二、滚动轴承的润滑

滚动轴承可采用油润滑和脂润滑。润滑方式选择可参看表 11.5 所示。

在 $d \cdot n$ 值较高或轴上零件采用油润滑时，滚动轴承应采用油润滑。根据工作温度和 $d \cdot n$ 值，参看图 11.7 可选出润滑油应具有的黏度，然后从润滑油产品目录中选相应的润滑油牌号。

表 11.5 滚动轴承润滑方式选择（按 $d \cdot n$ 值）

轴承类型	脂润滑 /（$\times 10^4$ mm·r·min^{-1}）	油润滑/（$\times 10^4$ mm·r·min^{-1}）			
		浸油	滴油	压力循环	油雾
深沟球轴承	16	25	40	60	>60
调心球轴承	16	25	40		
角接触球轴承	16	25	40	60	>60
圆柱滚子轴承	12	25	40	60	>60
圆锥滚子轴承	10	16	23	30	
推力球轴承	4	6	12	15	

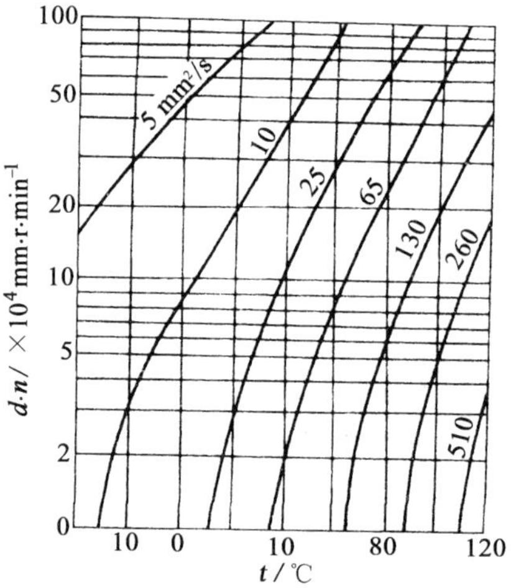

图 11.7 润滑油黏度的选择

在 $d \cdot n$ 值较小时，采用脂润滑。它具有不易流失、密封性好、加脂周期较长等优点。在使用时，润滑脂的填充量不得超过轴承空间的 1/3 ~ 1/2，因为填脂过多易引起摩擦发热，对运转不利。滚动轴承脂润滑选择：首先根据速度、工作温度、工作环境选择润滑脂类型：比如工作温度 70 °C 以下可选钙基脂；100 ~ 120 °C 可选钠基脂或钙钠基脂；150 °C 以上的高温或 $d \cdot n$>400 000（mm·r/min）时可选二硫化钼锂基脂；潮湿环境选钙基脂等。然后根据载荷及供油方式选择润滑脂牌号：比如中载、中速球轴承常选 2 号润滑脂；滚子轴承摩擦大，可选 0 号或 1 号润滑脂；重载或有强烈振动轴承可选 3 号及以上的润滑脂；集中润滑要求流动性好，常选 0 号或 1 号润滑脂，等等。

三、齿轮传动的润滑

1. 闭式齿轮传动的润滑

大部分的闭式齿轮传动靠边界油膜润滑，因此要求润滑油有较高的黏度和较好的油性。润滑油的黏度可根据齿轮的材料和圆周速度在表 11.6 中查取，然后转化成具体的润滑油。

表 11.6　齿轮润滑油黏度选择

齿轮材料	强度极限 σ_b /MPa	齿轮圆周速度 v/m · s^{-1}						
		~ 0.50	0.5 ~ 1	1 ~ 2.5	2.5 ~ 5	5 ~ 12.5	12.5 ~ 25	>25
塑料、铸铁、青铜		320	220	150	100	68	46	—
钢	470 ~ 1 000	460	320	220	150	100	68	46
	1 000 ~ 1 250	460	460	320	220	150	100	68
	1 250 ~ 1 580	1 000	460	460	320	220	150	100
渗碳或表面淬火的钢		1 000	460	460	320	220	150	100

齿轮润滑方式包括浸油润滑、飞溅润滑、压力润滑等，润滑方式选择及注意事项见表 11.7 所示。

表 11.7　齿轮润滑方式选择及注意事项

齿轮速度/m · s^{-1}	润滑方式	注意事项
<0.8	涂抹或充填润滑脂	润滑脂中加油性或极压添加剂
<12	浸油润滑 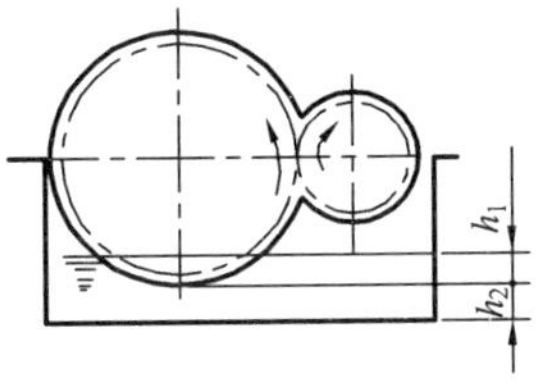	（1）齿轮圆周速度 v<12 m/s 时，一般采用浸油润滑； （2）润滑油中加抗氧化、抗泡沫添加剂； （3）图中齿轮浸油深度 H_1 = 1 ~ 2 个齿高（不小于 10 mm）； （4）齿顶线到箱底内壁距离 H_2>30 ~ 50 mm； （5）油池体积>0.35 ~ 0.7 L/ kW； （6）锥齿轮浸油深度要保证全齿宽接触油
3 ~ 12	飞溅润滑	润滑油中加抗氧化、抗泡沫添加剂
>12 ~ 15	压力喷油 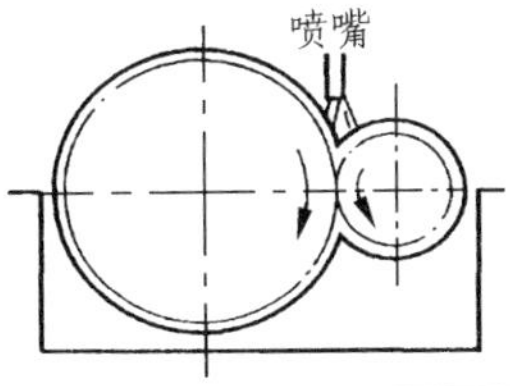	（1）润滑油中加抗氧化、抗泡沫添加剂； （2）喷油压力 0.1 ~ 0.25 MPa； （3）喷嘴放在啮入侧（一般情况） 喷嘴放在啮出侧，散热好（v>25 m/s）
	油雾润滑	（1）一般用于高速轻载，润滑油黏度稍低； （2）喷油压力<0.6 MPa

2. 开式、半开式齿轮传动的润滑

开式齿轮传动一般速度较低、载荷较大、接触灰尘水分、工作条件差且油膜易流失，为维持润滑油膜采用的润滑油黏度很高、防锈性好的开式齿轮油。速度不高的开式齿轮也可采用脂润滑。

开式齿轮传动的润滑可用手动、滴油、油池浸油等方式供油。

四、蜗杆传动的润滑（见表 11.8）

蜗杆传动的工作状态与齿轮传动类似，但蜗杆传动齿面间的滑动速度大、传动效率低、发热大，因此润滑对蜗杆传动来说更为重要。

表 11.8 蜗杆传动的润滑油的黏度选择和润滑方法

<table>
<tr><td>滑动速度 v_s/m · s^{-1}</td><td><1</td><td><2.5</td><td><5</td><td>5 ~ 10</td><td>10 ~ 15</td><td>15 ~ 25</td><td>>25</td></tr>
<tr><td>工作条件</td><td>重载</td><td>重载</td><td>中载</td><td></td><td></td><td></td><td></td></tr>
<tr><td>黏度</td><td>1 000</td><td>460</td><td>220</td><td>100</td><td>150</td><td>100</td><td>68</td></tr>
<tr><td rowspan="2">润滑方式</td><td rowspan="2" colspan="3">浸油润滑</td><td rowspan="2">浸油或喷油润滑</td><td colspan="3">喷油润滑，油压/MPa</td></tr>
<tr><td>0.07</td><td>0.2</td><td>0.5</td></tr>
</table>

润滑油的黏度和润滑方法，根据滑动速度和载荷类型进行选择。对于闭式蜗杆传动，从表 11.8 中查取；对于开式蜗杆传动，选用黏度较高的润滑油或润滑脂。

当采用浸油润滑时，下置或侧置蜗杆式的传动，浸油深度为蜗杆一个齿高；上置蜗杆式的传动，浸油深度约为蜗轮顶圆直径的 1/3。

第四节 机械装置的密封

机械装置密封有两个主要作用：① 阻止液体、气体工作介质、润滑剂泄漏；② 防止灰尘、水分进入润滑部位。密封装置的类型很多，两个具有相对运动的结合面之间必然有间隙（如减速器外伸轴与轴承端盖之间），它们之间的密封称为动密封。两个相对静止不动的结合面之间的密封称为静密封（如减速器箱体与轴承端盖、减速器箱体与减速器箱盖）。所有的静密封和大部分的动密封都是靠密封面互相靠近或嵌入，以减少或消除间隙，达到密封的目的，这类密封方式称为接触式密封。密封面间有间隙，依靠各种方法减少密封间隙两侧的压力差而阻漏的密封方式，称为非接触式密封。

一、静密封

1. 研磨面密封

最简单的静密封靠结合面加工平整、光洁，在螺栓预紧力的作用下贴紧密封，要求结合面研磨加工，间隙小于 5 μm，如图 11.8（a）所示。

2. 垫片密封

如图 11.8（b）所示。在结合面间加垫片，螺栓压紧使垫片产生弹塑性变形，填满密封面上的不平，从而消除间隙，达到密封的作用。常温、低压、普通介质可用纸、橡胶、垫片；高压、特殊高低温可用聚四氟乙烯垫片；高温、高压可用金属垫片。

3. 密封胶密封

密封胶有一定的流动性，容易充满结合面的间隙，黏附在金属面上能大大减少泄漏，即使在较粗糙的表面上密封效果也很好。密封胶型号很多（如铁锚 602），使用越来越广，如图 11.8（c）所示。

4. O 型圈密封

参看图 11.8（d），在结合面上开密封圈槽，装入 O 型密封圈，利用其在结合面间形成严密的压力区来达到密封的目的。

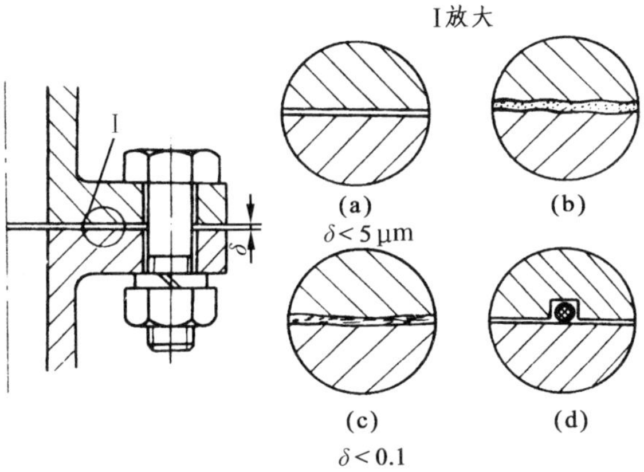

图 11.8　静密封

二、动密封

这里主要分析回转轴的动密封。在回转轴的动密封中，有接触式、非接触式和组合式 3 种类型。

1. 接触式密封

由于接触式密封是利用密封元件与结合面的压紧而起密封作用，这样必定产生磨损，因此它不宜用于高速环境中。

（1）毡圈密封。

矩形断面的毡圈安装在梯形的槽中，受变形压缩而对轴产生一定的压力以消除间隙，达到密封的目的。毡圈密封结构简单，一般只用于工作速度低（$v<4\sim5$ m/s），工作温度低（$t<90$ °C）的脂润滑处，主要起防尘作用，结构如图 11.9 所示。

（2）密封圈密封。

密封圈用耐油橡胶、塑料或皮革等弹性材料制成，靠材料本身的弹力及弹簧的作用，以一定压力紧套在轴上起密封作用。唇形密封圈用得很多，要注意唇口方向：图 11.10 所示唇口朝内，目的是防漏油；唇口朝外，主要目的是防灰尘、杂质侵入。这种密封广泛用于油密封，也可用于脂密封和防尘，工作速度小于 7 m/s。

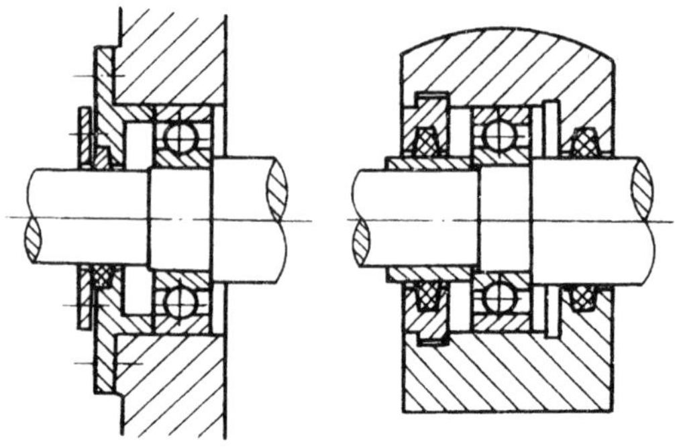
（a）（b）

图 11.9 毡圈密封

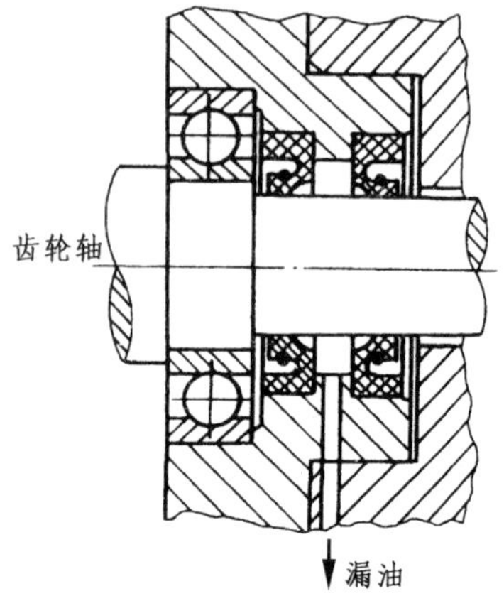

图 11.10 密封圈密封

（3）机械密封。

机械密封又称端面密封。图 11.11 是最简单的机械密封，动环 1 与轴固定在一起，随轴转动；静环 2 固定在机座端盖上。由于动环与静环端面在弹簧力的作用下互相贴紧，起到很好的密封作用。

机械密封的优点是动静环端面相对滑动，摩擦及磨损集中在密封元件上，对轴没有损伤；密封环若有磨损，在弹簧力的作用下仍能保持密合，密封性能可靠，使用寿命长。缺点是零件多，加工质量要求高，装配较复杂。这种密封方式用于常与灰尘、沙泥、污水等接触的工程机械、拖拉机、汽车的轮毂轴承处。工作速度可达 30 m/s。

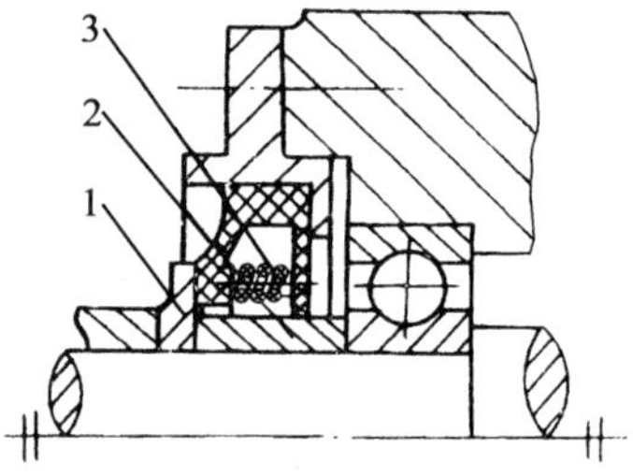

图 11.11 机械密封

2. 非接触式密封

由于非接触式密封方式中密封面间有间隙，因此一般对工作速度没有限制。

（1）间隙密封。

如图 11.12 所示。在静止件（轴承端盖通孔）与转动件（轴）之间有很小间隙（0.1 ~ 0.3 mm），利用其节流效应起到密封作用。可用于脂润滑轴承密封，若在端盖上车出环槽，在槽中填密封润滑脂，密封效果会更好。用于油润滑时，应在盖上车出螺旋槽，以便把欲向外流失的润滑油借螺旋的输送作用，送回到轴承腔内。螺旋的左右旋由轴的转向而定。

（2）挡油环密封。

如图 11.13 所示。油润滑时，在轴上开出沟槽或装入一个油环。当轴转动时，利用其离心作用，可把欲向外流失的润滑油沿径向甩开，再经过轴承盖的集油腔和油孔流回。

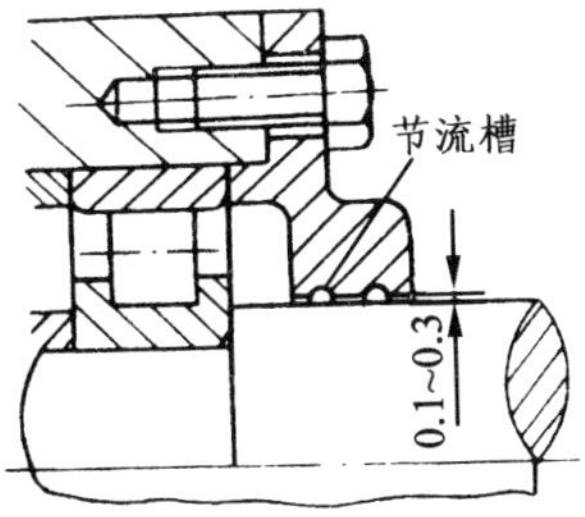

图 11.12　间隙密封

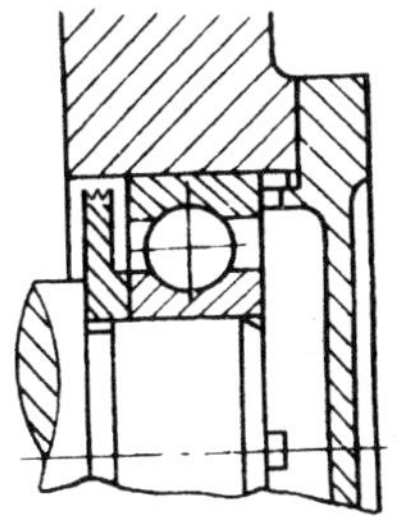

图 11.13　挡油环密封

（3）迷宫式密封。

如图 11.14 所示。旋转的零件与固定的密封零件之间作成迷宫（曲路）间隙，利用其节流作用达到密封的目的。间隙中充满密封润滑脂，密封效果会更好。根据部件结构分为径向和轴向两种。（a）图径向曲路，径向间隙不大于 0.1 ~ 0.2 mm；（b）图轴向曲路，考虑轴的伸长，间隙大些，取 1.5 ~ 2 mm。这种密封方式效果好、工作可靠，但结构复杂，加工要求高。

3. 组合密封

各种密封，各有优缺点，在一些较重要的密封部位常同时采用多种密封组合使用的形式。图 11.15 是毡圈密封加迷宫密封的组合密封方式。这样可充分发挥各种密封方式的优点，提高密封效果。

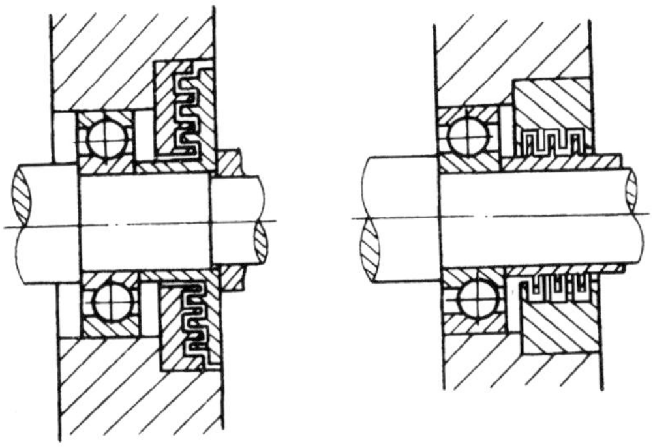

（a）　（b）

图 11.14　迷宫密封

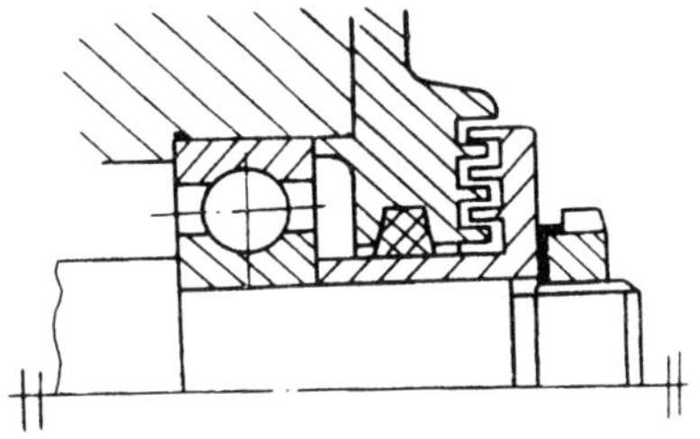

图 11.15　组合密封

思考题与习题

11-1　请举例说明润滑的作用。

11-2　润滑剂 3 种类型的特点及应用场合有什么不同？

11-3　某起重机上采用的滑动轴承，其承受的径向载荷 $F = 21$ kN，载荷平稳；轴颈 $d =$

120 mm 轴承宽度 $B = 90$ mm，轴转速 = 105 r/min，间歇工作，选择合适的润滑剂和润滑方式。

11-4 滚动轴承采用脂润滑时，润滑脂的填充量对轴承工作有什么影响？采用浸油润滑时，油面高度如何确定？

11-5 根据齿轮工作条件，如何确定润滑方式及润滑油牌号？

11-6 闭式齿轮采用浸油润滑应注意哪些问题？

11-7 常用滚动轴承的接触式密封和非接触式密封，结构形式有哪些？请作图表示，并作简要说明。

第十二章　平面机构

第一节　运动副及其分类

一个作平面运动的自由构件具有三个独立运动的可能性。如图 12.1 所示，在坐标系 xOy 中，构件 S 可随其上任一点 A 沿 x 轴、y 轴方向独立移动和绕点 A 独立转动。构件相对于参考系的独立运动的数目称为自由度，所以，一个作平面运动的自由构件有 3 个自由度。

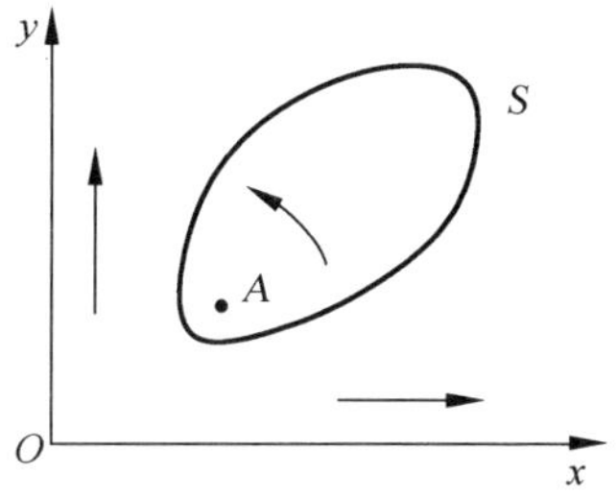

图 12.1　平面运动构件的自由度

机器是由机构组成的，一部机器可以包含一个或若干个机构。而机构是由构件组成的，构件是由零件组成的。分析一台机器，例如，车床、内燃机、洗衣机等的工作过程可知，其工作过程实际上都是包含着多种机构和零部件的运动过程。

机构是由许多构件组成的。机构的每个构件都以一定的方式与其他构件相互连接，这种连接不是固定连接，而是能产生一定相对运动的连接。两构件直接接触并能产生一定相对运动的连接称为运动副。

两构件组成的运动副，不外乎通过点、线或面的接触来实现。按照接触特性，通常把运动副分为低副和高副两类。

1. 低　副

两构件通过面接触组成的运动副称为低副。平面机构中的低副有转动副和移动副两种。

（1）转动副。若组成运动副的两构件只能在平面内相对转动，这种运动副称为转动副，如图 12.2（a）所示。

（2）移动副。若组成运动副的两构件只能沿某一轴线相对移动，这种运动副称为移动副，如图 12.2（b）所示。

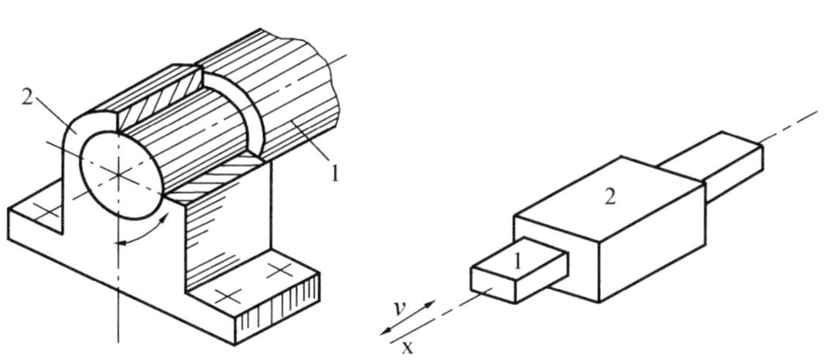

（a）　（b）

图 12.2　低　副

2. 高　副

两构件通过点或线接触组成的运动副称为高副。如图 12.3(a)所示的凸轮 1 与从动件 2。图 12.3（b）中的齿轮 1 与齿轮 2 分别在接触点 *A* 处组成高副。组成高副的两构件间的相对运动是沿接触处切线 *t-t* 方向的相对移动和在平面内的相对转动。

此外，机械中还经常见到球面副和螺旋副。这些运动副的两构件之间的相对运动是空间运动，属于空间运动副，不在本章的讨论范围内。

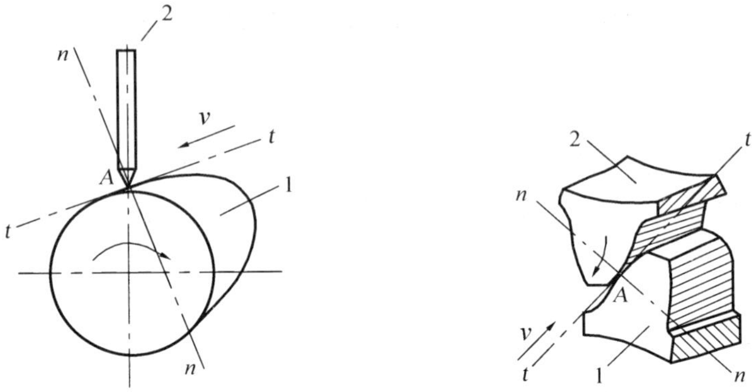

（a）　　　　（b）

图 12.3　高　副

第二节　平面机构运动简图

在对现有机械进行分析或设计新机械时，都需要绘出其机构运动结构简图。实际构件的外形和结构很复杂，在研究机构运动时，为了使问题简化、有必要撇开那些与运动无关的构件外形和运动副具体构造，仅用简单线条和规定的符号表示构件和运动副，并按比例定出各运动副的位置。这种用来表示机构组成及各构件间相对运动关系的简单图形，称为机构运动简图。有时只为表明机构的结构状况或各构件的相互关系，也可以不按比例来绘制的运动简图，通常称为机构示意图。

国家标准规定了机构运动简图的符号，表 12.1 所示为常用构件和运动副的代表符号。

表 12.1　常用构件和运动副符号

	两运动构件形成的运动副	两构件之一为机架时所形成的运动副
转动副	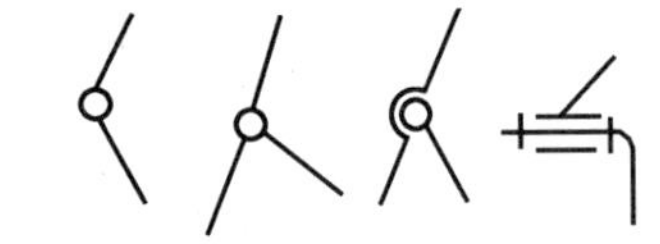	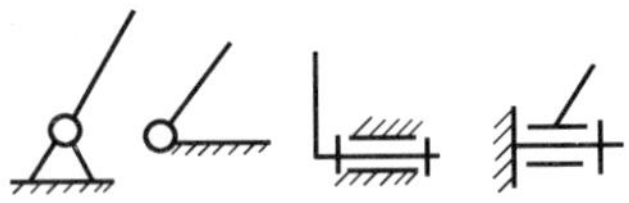
移动副	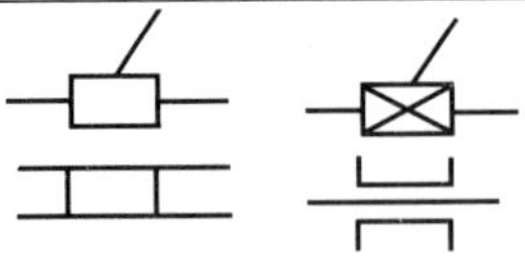	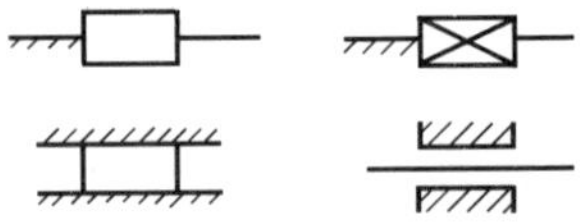

续表 12.1

<table>
<tr><td></td><td colspan="2">两运动构件形成的运动副</td><td colspan="2">两构件之一为机架时所形成的运动副</td></tr>
<tr><td rowspan="2">构件</td><td>二副元素构件</td><td colspan="2">三副元素构件</td><td>多副元素构件</td></tr>
<tr><td>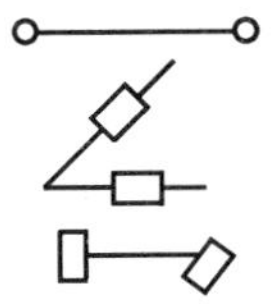</td><td colspan="2">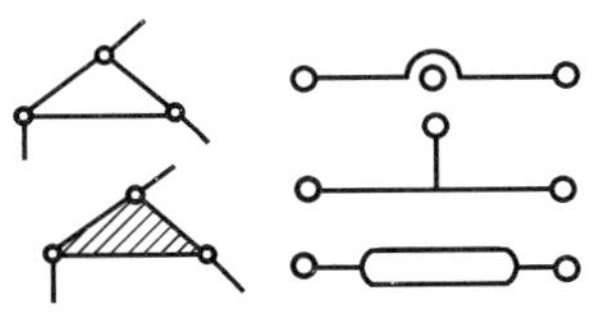</td><td>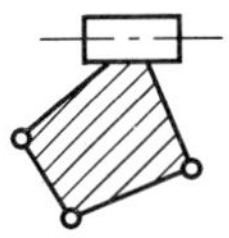</td></tr>
<tr><td rowspan="2">凸轮及其他机构</td><td>凸轮机构</td><td colspan="2">棘轮机构</td><td>带传动</td></tr>
<tr><td>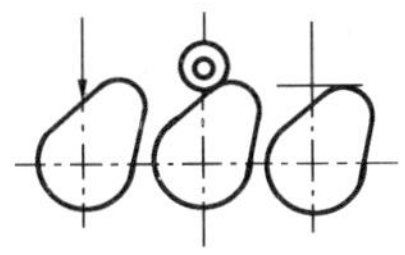</td><td colspan="2">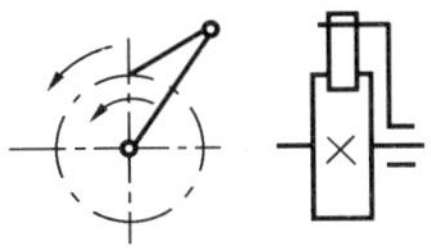</td><td>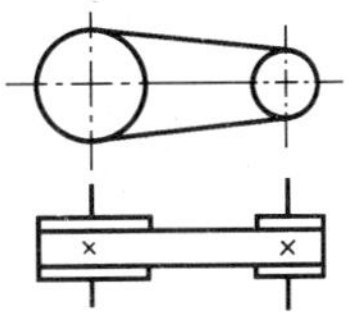</td></tr>
<tr><td rowspan="2">齿轮机构</td><td>外齿轮</td><td>内齿轮</td><td>圆锥齿轮</td><td>蜗杆蜗轮</td></tr>
<tr><td>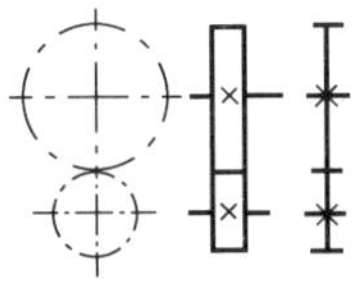</td><td>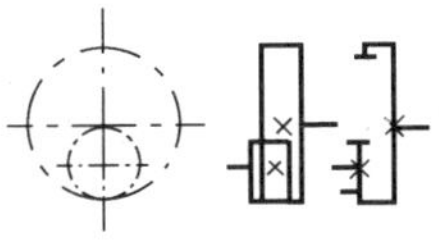</td><td>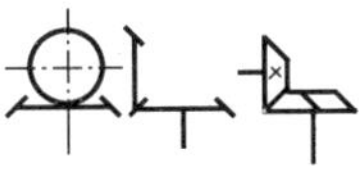</td><td>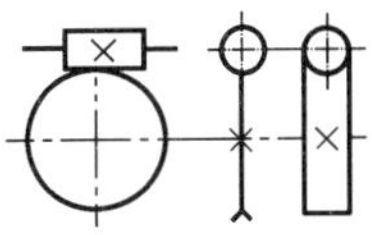</td></tr>
</table>

机构中的构件可分为 3 类。

（1）固定件（机架）是指用来支承活动构件的构件。

（2）原动件（主动件）是指运动规律已知的活动构件，它的运动是由外界输入的。

（3）从动件是指机构中随原动件运动而运动的其余活动构件。

绘制机构运动简图时，应首先分析机构的运动，找出固定件、原动件和从动件，然后从原动件开始，按照运动传递的顺序，分析各构件之间相对运动的性质，确定构件的数目、运动副的类型和数目。一般选择机械中多数构件的运动平面为视图平面。最后，选择适当的比例尺，定出各运动副之间的相对位置，用构件和运动副的简图符号绘制机构运动简图。

下面举例说明机构运动简图的绘制方法。

【例 12-1】 绘制图 12.4 所示颚式破碎机的机构运动简图。

解：

（1）确定构件数目及运动副的类型。

由颚式破碎机的工作过程可知，构件 6 为机架，原动件为曲柄（偏心轮）1。根据运动传递的路线可以看出，此破碎机是由曲柄 1、构件 2、3、4，动颚板 5 和机架 6 等组成的。其中曲柄 1 和机架 6 在 A 点组成转动副。曲柄 1 和构件 2 也组成转动副，其转动中心在偏心轮 1 的几何中心点 B。而构件 2 还与构件 3、4 在 F、C 两点组成转动副。构件 3 和机架 6 在 G 点组成转动副。动颚板 5 与构件 4 和机架 6 分别在点 D 和点 E 组成转动副。

（2）合理选择视图平面。

选择与上述构件的运动平面相平行的面为投影面。

（3）合理选择长度比例尺 μ_l。

（4）按长度比例尺定出各运动副之间的相对位置，用构件和运动副的规定符号绘制机构运动简图，在机架上加上短斜线，在原动件上加上箭头，如图 12.4 所示。

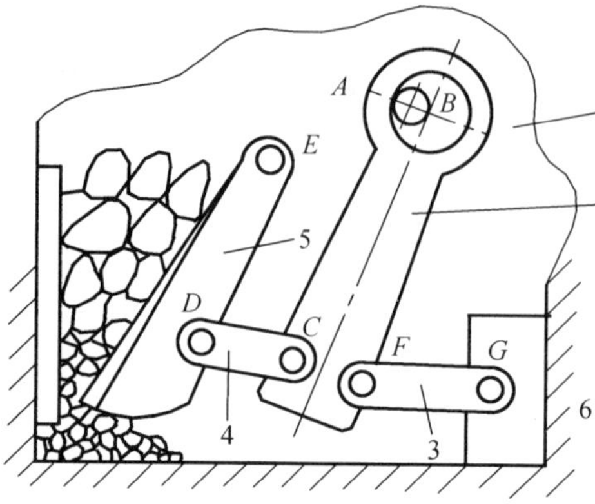

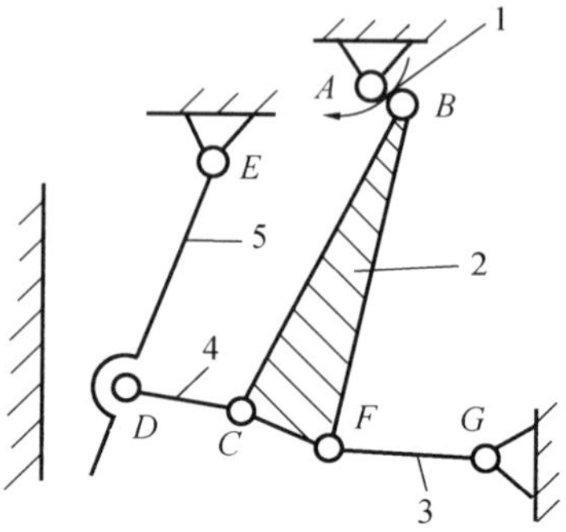

图 12.4　颚式破碎机的机构运动简图

第三节　平面机构的自由度

机构的各构件之间应具有确定的相对运动。不能产生相对运动或做无规则运动的一堆构件是不能成为机构的。为了使组合起来的构件能产生相对运动并具有确定的运动，有必要探讨机构的自由度和机构具有确定运动的条件。

一、平面机构的自由度计算公式

如前所述，一个作平面运动的构件具有 3 个自由度。但当构件之间通过运动副连接之后，它们的相对运动就会受到限制，自由度数目也随之减少，这种限制作用称为约束。

不同种类的运动副引入的约束不同，所以保留的自由度也不同。低副中的转动副约束了两个移动自由度，只保留一个转动自由度，而移动副约束了沿一轴方向的移动和在平面内的转动两个自由度，只保留沿另一轴方向移动的自由度；高副则只约束了沿接触处公法线 n-n 方向移动的自由度，保留绕接触处的转动和沿接触处公切线 t-t 方向的移动两个自由度。由此可知，在平面机构中：每个低副引入两个约束，使构件失去两个自由度；每个高副引入一个约束，使构件失去一个自由度。

设某平面机构共由 N 个构件组成。除去固定构件，则机构中的活动构件数为 $n = N - 1$。在未用运动副连接之前。这些活动构件的自由度总数为 $3n$。当用运动副将构件连接组成机构之后，机构中各构件具有的自由度随之减少。若机构中低副数为 P_L 个，高副数为 P_H 个，则运动副引入的约束总数为 $2P_L+P_H$。因此，活动构件的自由度总数减去运动副引入的约束总数就是该机构的自由度，用 F 表示，即

$$F=3n-2P_L-P_H \tag{12-1}$$

式（12-1）是平面机构自由度的计算公式。由式（12-1）可知机构的自由度取决于活动构件数目及运动副的性质和数目。

二、机构具有确定运动的条件

机构的自由度也就是机构相对机架具有的独立运动的数目。为了使机构具有确定的相对运动，还应使给定的独立运动数目等于机构的自由度。而给定的独立运动规律是由原动件提供的，通常每个原动件具有一个独立运动规律（如电动机转子具有一个独立转动、内燃机活塞具有一个独立移动）。因此，机构的自由度应当与原动件数相等。

【例 12-2】 计算图 12.4（b）所示颚式破碎机主体机构的自由度。

解： 在颚式破碎机主体机构中，活动构件数 $n=5$，低副数 $P_L=7$，高副数 $P_H=0$。由式（12-1）得

$$F=3n-2P_L-P_H=3\times5-2\times7=1$$

该机构具有一个原动件（曲柄 1），原动件数与机构自由度相等。

机构原动件的独立运动是由外界给定的。如果给出的原动件数不等于机构自由度，将会发生下列问题。

图 12.5 所示为原动件数小于机构自由度时的例子（其中原动件数等于 1，机构自由度 $F=3\times4-2\times5=2$）。当只给定原动件 1 的偏分置角 φ_1 时，从动件 2、3、4 的位置不能确定，不具有确定的相对运动。只有给出两个原动件，使构件 1、4 都处于给定位置，才能使从动件获得确定运动。

图 12.6 所示为原动件数大于机构自由度的例子（其中原动件数等于 2，机构自由度 $F=3\times3-2\times4=1$）。如果原动件 1 和原动件 3 的给定运动同时都满足，则机构中最弱的构件必将损坏。

图 12.7 所示为机构自由度等于零的构件组合（$F=3\times4-2\times6=0$），它是一个桁架。它的各构件之间不可能产生相对运动。

综上所述，机构具有确定运动的条件是：机构自由度 $F>0$，且 F 等于原动件数。

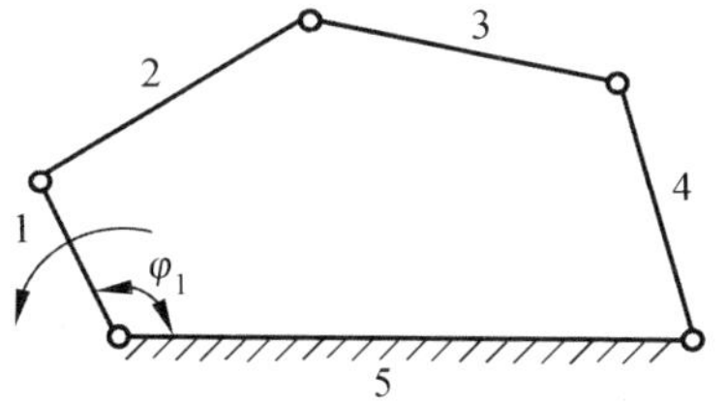

图 12.5　原动件数<F

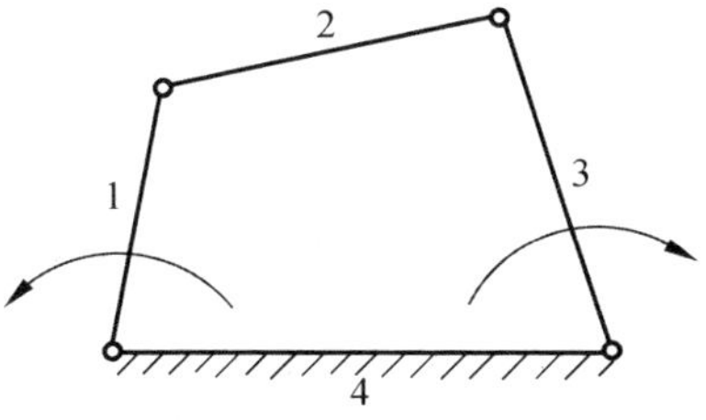

图 12.6　原动件数>F

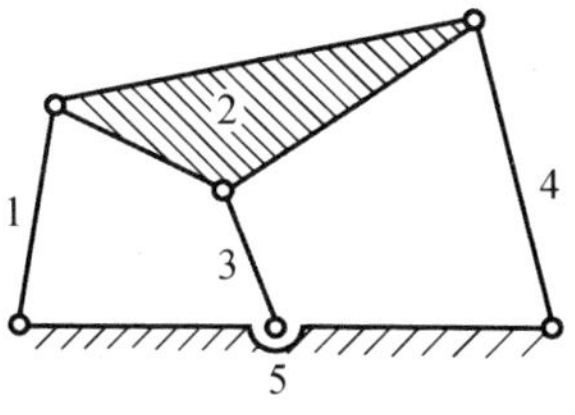

图 12.7　$F=0$ 的构件组合

三、计算平面机构自由度的注意事项

应用式（12-1）计算平面机构的自由度时，须注意以下几种情况，否则得不到正确的结果。

1. 复合铰链

两个以上的构件在同一处用同轴线的转动副相连接就构成复合铰链。如图 12.8（a）所示，构件 1、2、3 在同一处构成转动副，而从左视图[见图 12.8（b）]可知，这 3 个构件共组成两个转动副。显然，如有 m 个构件（包括固定构件）汇集构成的复合铰链，应有 m-1 个转动副。

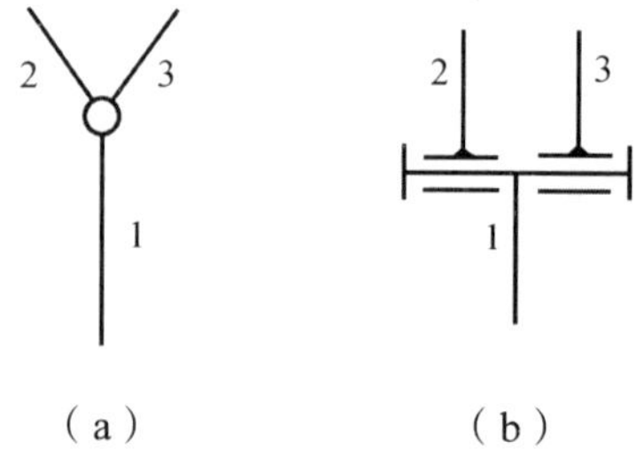

图 12.8　复合铰链

【例 12-3】 计算图 12.9 所示直线机构的自由度。

解： 机构中有 7 个活动构件，$n=7$；在 B、C、D、F 4 处都是由 3 个构件组成的复合铰链，各具有两个转动副。所以，$n=7$，$P_L=10$，$P_H=0$，由式（12-1）得

$$F=3n-2P_L-P_H=3\times7-2\times10=1$$

机构的自由度与原动件数相等，故该机构具有确定的相对运动。

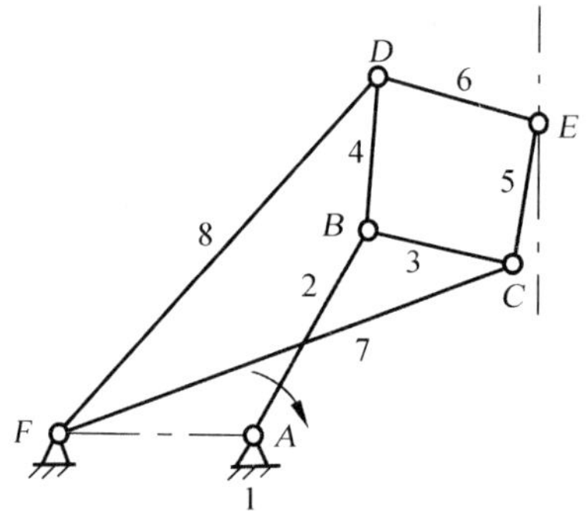

图 12.9　直线机构

2. 局部自由度

在有些机构中，其某些构件所能产生的局部运动并不影响其他构件的运动，我们把这些构件所能产生的这种局部运动的自由度称为局部自由度。在计算机构自由度时，应将机构中的局部自由度除去不计。

【例 12-4】 计算图 12.10（a）所示滚子从动件凸轮机构的自由度。

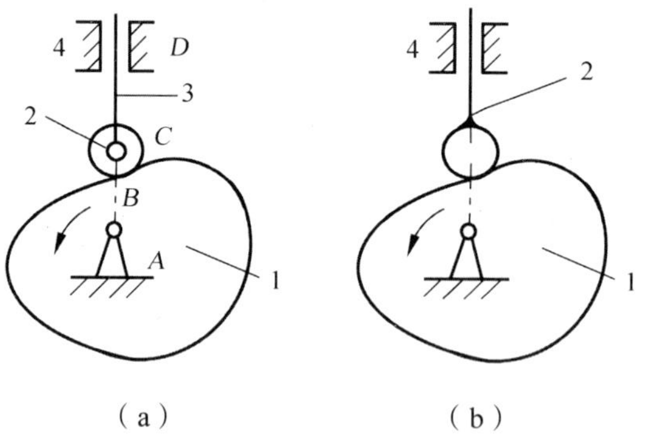

图 12.10　局部自由度

解： 如图 12.10（a）所示，当原动件凸轮 1 转动时，通过滚子 2 驱使，从动件 3 以一定运动规律在机架 4 中往复移动，从动件 3 是输出构件。可以看出，滚子绕其自身轴线的自由

转动不影响输出构件 3 的运动。因此，滚子绕其中心的转动是一个局部自由度。为了在计算自由度时排除这个局部自由度，可以设想将滚子与从动件焊成一体（转动副 C 也随之消失），化成如图 12.10（b）所示形式，然后进行计算。此时，$n=2$，$P_L=2$，$P_H=1$，按式（12-1）可得

$$F=3n-2P_L-P_H=3\times2-2\times2-1=1$$

局部自由度虽然不影响整个机构的运动，但滚子可使高副接触处的滑动摩擦变为滚动摩擦，减少磨损。

3. 虚约束

对机构的运动不起限制作用的重复约束称为虚约束，在计算机构自由度时应当除去不计。

例如在图 12.11（a）所示的平行四边形机构中，杆 3 作平动，其上各点的轨迹均为圆心在线 AD 上而半径等于 AB 的圆。若在该机构中再增加一个构件 5，使其与构件 2、4 相互平行，且长度相等。如图 12.11（b）所示，则由于杆 5 上点 E 的轨迹与杆 3 上点 E 的轨迹相互重合，因此，加上杆 5 并不影响机构的运动，但此时机构的自由度为

$$F=3n-2P_L-P_H=3\times4-2\times6=0$$

这个结果与实际情况不符，造成这个结果的原因是增加了一个构件 5，引入了 3 个自由度，但同时又增加了两个转动副，形式上引入了 4 个约束，即多引入了一个约束。而实际上这个约束对机构的运动起着重复的限制作用，因而它是一个虚约束。在计算机构的自由度时，应先将产生虚约束的构件和运动副去掉[见图 12.11（a）]，然后再进行计算。即该机构的自由度为

$$F=3n-2P_L-P_H=3\times3-2\times4=1$$

常见的虚约束有以下几种情况。

（1）如果用转动副连接的两构件上连接点的运动轨迹重合，则该连接引入的约束为虚约束，如图 12.11（b）所示。

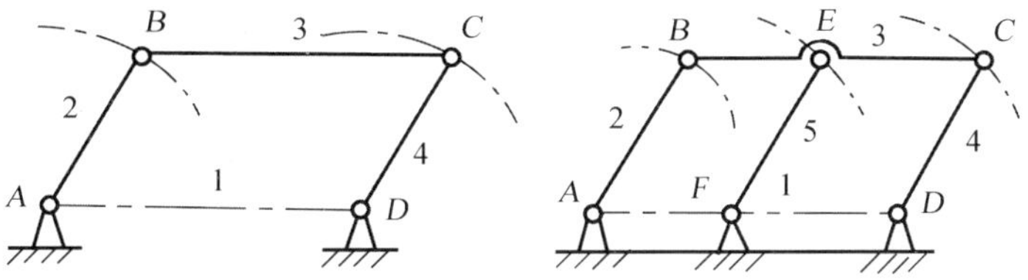

（a）　　　　（b）

图 12.11　运动轨迹重合引入虚约束

（2）机构运动时，如果两构件上两点间的距离始终保持不变，将此两点用构件和运动副连接，则会引入虚约束，如图 12.12 所示。

（3）两个构件之间组成多个导路平行或重合的移动副时，只有一个移动副起作用，其余都是虚约束，如图 12.13 所示。

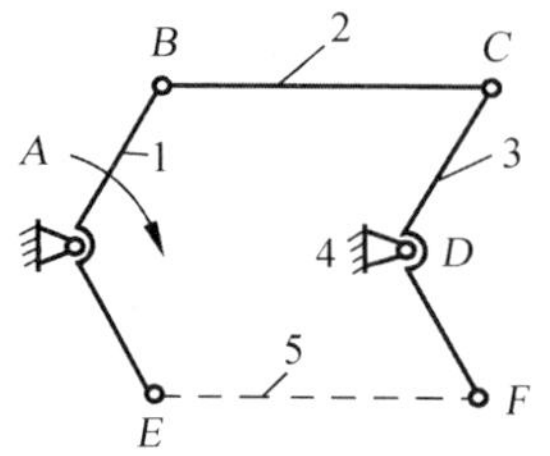

图 12.12 两点间距离不变引入的约束

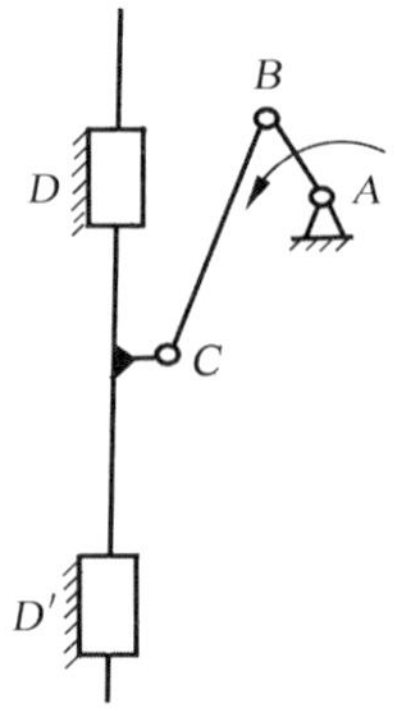

图 12.13 多个导路平行或重合引入的虚约束

（4）两个构件之间组成多个轴线重合的转动副时，只有一个转动副起作用，其余都是虚约束，如图 12.14 所示。

（5）机构中对传递运动不起独立作用的对称部分是虚约束。在图 12.15 所示的差动轮系中，为了受力均衡，采取 3 个行星轮 2、2′和 2″对称布置的结构，而事实上只要一个行星轮便能满足运动要求，其余两个行星轮带入的约束为虚约束。

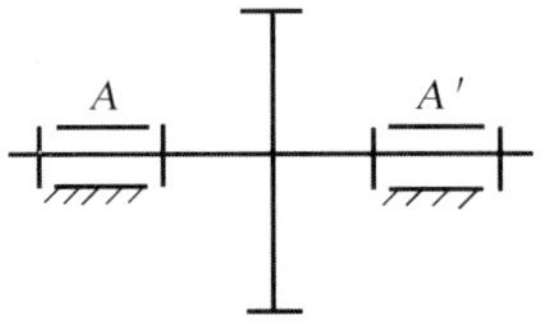

图 12.14 轴线重合引入的虚约束

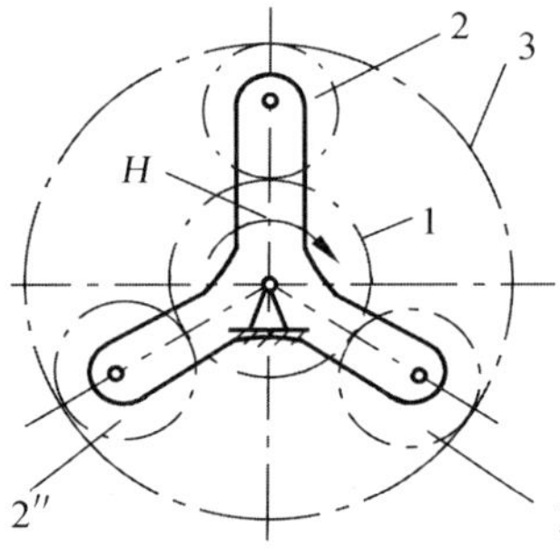

图 12.15 差动轮系

虚约束对机构的运动虽不起作用，但可以增加机构的刚度或改善机构的受力状况，因而被广泛采用。但虚约束要求较高的制造精度，如果加工误差太大，不能满足某些特殊几何条件，虚约束便会变成实际约束，阻碍构件运动。

【例 12-5】 计算图 12.16（a）所示大筛机构的自由度。

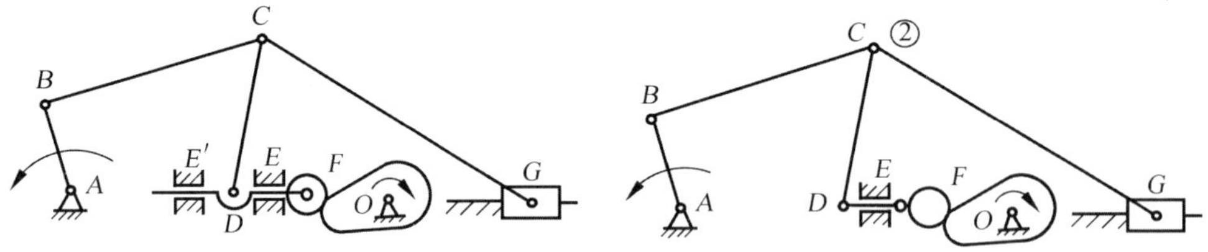

图 12.16 大筛机构

解： 机构中的滚子有一个局部自由度，顶杆与机架在 E 和 E'组成两个导路平行的移动副。

其中之一为虚约束。C 处是复合铰链。现将滚子与顶杆焊成一体。去掉移动副 E'，如图 12.16（b）所示。$n=7$，$P_L=9$（7 个转动副，两个移动副），$P_H=1$，由式（12-1）可得

$$F=3n-2P_L-P_H=3\times7-2\times9-1=2$$

机构的自由度等于 2，有两个原动件，因此，该机构具有确定的运动。

思考题与习题

12-1　判断题（正确的画“√”，错误的画“×”。）

（1）机构中能做相对运动的单元体称为零件。（　　）

（2）从结构和运动学的观点分析，机构与机器两者之间没有区别，所以统称为机械。（　　）

（3）凡是机器都是由机构组成。（　　）

（4）凡是构件一定都是由两个以上零件组成的。（　　）

（5）构件与构件之间是由运动副联结的。（　　）

（6）设计机器的基本要求是满足强度和刚度要求。（　　）

（7）在机构运动简图中，构件长度应按长度比例尺 μ_l 进行准确的绘制。该简图可用于对机构和构件进行运动和动力绘制。（　　）

（8）平面低副机构中，每个移动副和转动副所引入的约束数目是相同的。（　　）

（9）机构示意图绘制时不必按严格的比例，主要用于对机构进行运动可行性分析。（　　）

（10）两个以上构件在同一处组成的运动副即为复合铰链。（　　）

（11）虚约束没有约束作用，在实际机械中可有可无。（　　）

（12）局部自由度只存在于滚子从动件的凸轮机构中。（　　）

（13）机构具有确定运动的充分和必要条件是其自由度大于零。（　　）

（14）组合机构的作用是为了扩大基本机构的使用范围。（　　）

12-2　计算题

1. 计算图 12.17 中各机构的自由度，并说明哪处是复合铰链，哪处是虚约束？

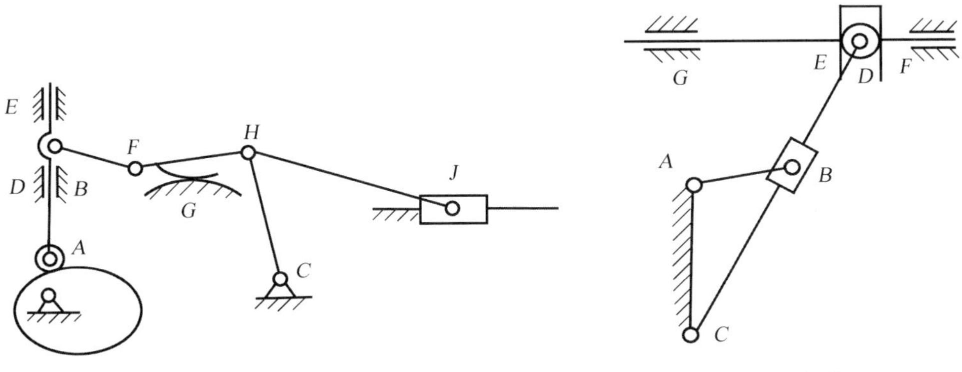

（a）　　　　（b）

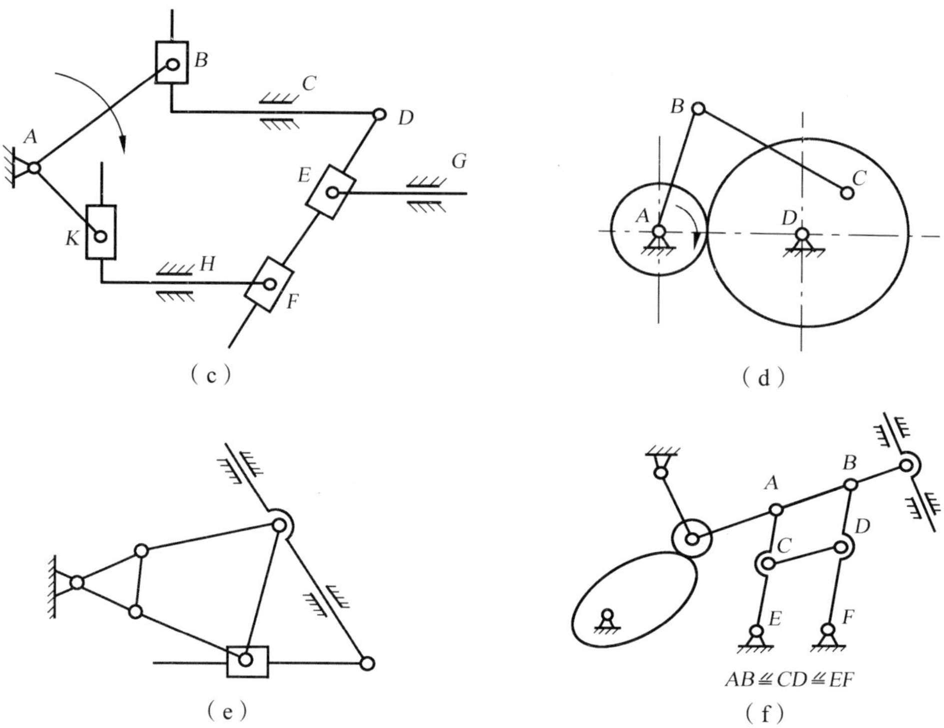

图 12.17

第十三章　平面连杆机构

我们把用转动副和移动副将构件相互连接以实现运动变换和动力传递的机构称为平面连杆机构，如图 13.1 所示。

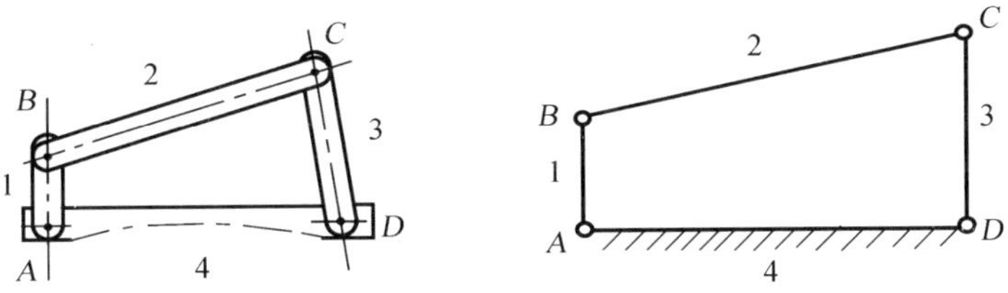

图 13.1　平面连杆机构

连杆机构的应用十分广泛，不仅在各种机器中得到广泛采用，在日常生活中我们也会见到许多连杆机构的应用实例。

连杆机构可以用来传递较大的动力。同时，机构简单，制造也方便。工作可靠，能实现多种运动规律；连杆机构的缺点是：运动传递的积累误差较大，另外，由于连杆不与机架相连，所以在运动中所产生的惯性力不好平衡，因而连杆机构一般不适于高速运动。

第一节　铰链四杆机构

平面连杆机构中最基本的机构是 4 个构件组成的四杆机构。四杆机构包括铰链四杆机构和滑块四杆机构。

铰链四杆机构是将 4 个构件分别用 4 个转动副组成的机构。如图 13.1 所示，机构中固定不动的构件 4 称为机架，用转动副与机架相连的构件 1 和 3，称为连架杆。其中，能绕机架作整周回转的连架杆，称为曲柄。不能绕机架作连续转动，只能在一定范围内摆动的连架杆，称为摇杆。与机架不相连的构件，称为连杆。

一、铰链四杆机构的基本类型

铰链四杆机构按有无曲柄、摇杆，分成 3 种基本类型：曲柄摇杆机构、双曲柄机构、双摇杆机构。

1. 曲柄摇杆机构

在铰链四杆机构中，若其两个连架杆一为曲柄，一为摇杆，则此四杆机构称为曲柄摇杆机构。在这种机构中，当曲柄为原动件，摇杆为从动件时，可将曲柄的连续转动，转变成摇杆的往复摆动。这种机构应用广泛。如图 13.2 所示的雷达天线俯仰机构。当曲柄 *AB* 缓慢地转动时，通过连杆 *BC* 使与摇杆 *CD* 固结的抛物面天线作一定角度的摆动，从而达到调整天线的俯仰角。

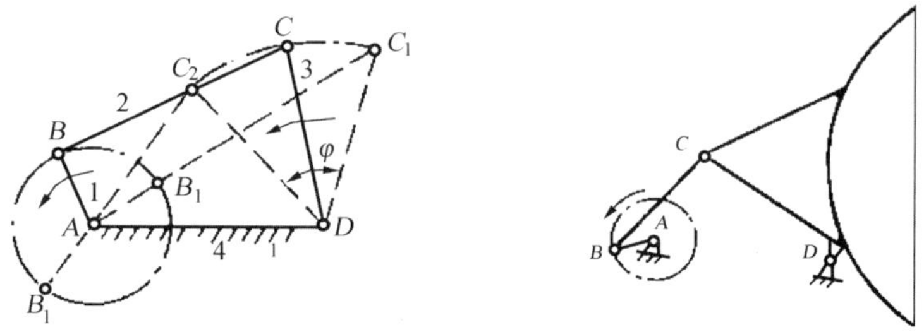

图 13.2　雷达天线俯仰机构

在曲柄摇杆机构中也有以摇杆作为原动件的，如图 13.3 所示的缝纫机踏板机构便属于这种情况。

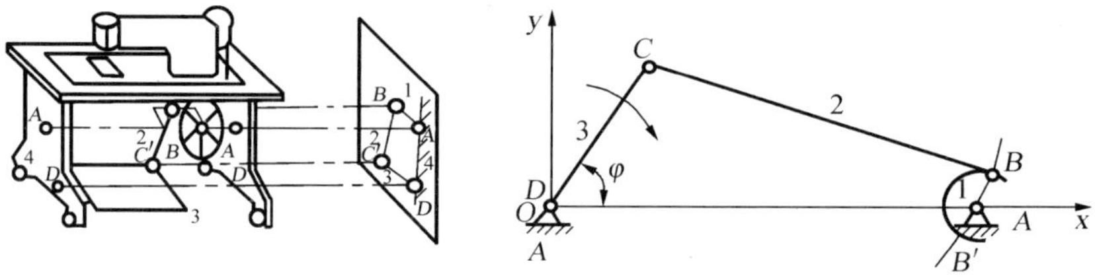

（a）　（b）

图 13.3　缝纫机踏板机构

2. 双曲柄机构

在铰链四杆机构中，若两个连架杆都是曲柄，则称为双曲柄机构。这种机构的运动特点是当原动曲柄连续转动时，从动曲柄也能作连续转动。如图 13.4 所示的惯性筛四杆机构中，*ABCD* 为双曲柄机构。当曲柄 1 作等角速转动时，曲柄 3 作变角速转动，通过构件 5 使筛体 6 发生变速直线运动，筛体内的物料由于惯性而来回抖动，从而达到筛选物料的目的。

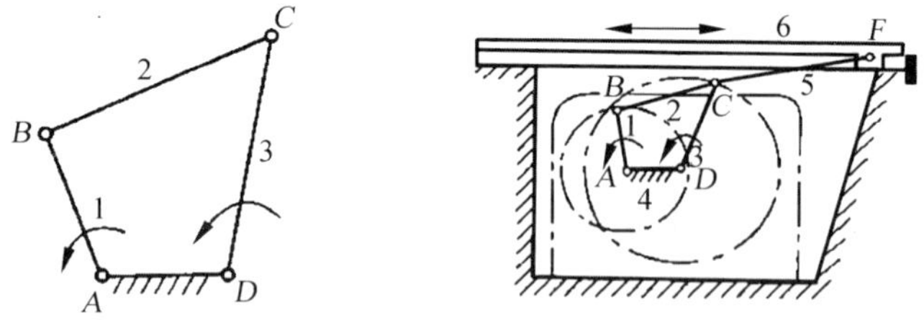

（a）　（b）

图 13.4　双曲柄机构

（1）双曲柄机构的特例：平行四边形机构。

在双曲柄机构中，若其相对两杆平行且相等。如图 13.5（a）所示，则称为平行四边形机构。这种机构的运动特点是两曲柄可以相同的角速度同向转动，而连杆作平移运动。因此，两曲柄 1 与 3 作同速同向转动，连杆 2 作平动。如图 13.5（b）所示的铲斗机构，采用平行四边形机构，铲斗与连杆 2 固结，作平动，可使铲斗中的物料在运行时不致倒出。

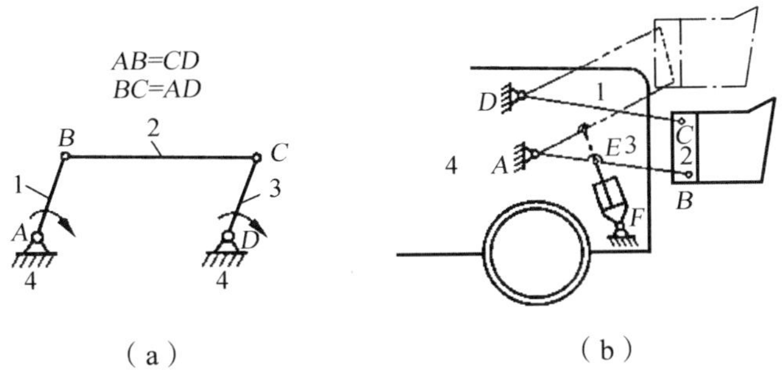

图 13.5 平行四边形机构

（2）双曲柄机构的特例：反平行四边形机构。

平行四边形机构在运动过程中，当两曲柄与连杆共线时，在原动曲柄转向不变的条件下，从动曲柄会出现转动方向不确定的现象。为了避免这种现象，常在机构中安装一惯性较大的轮形构件（称为飞轮），借助它的转动惯性，使从动曲柄转向不变。

在图 13.6 所示的车门开闭机构中，虽然对边的杆长度相等，但不平行，称为反平行四边形机构。其运动特点是原动件与其对边从动件 3 作转向相反的转动。

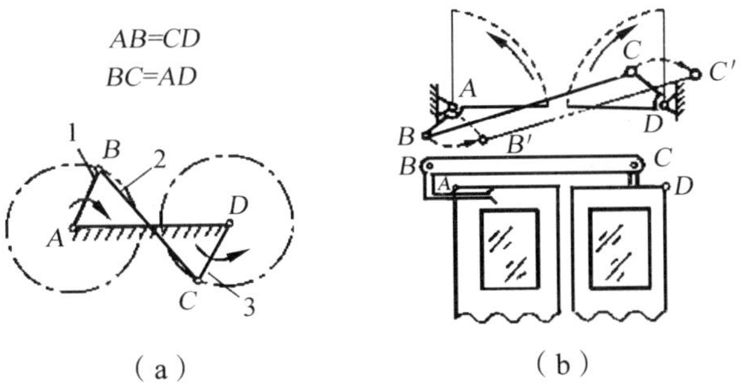

图 13.6 反平行四边形机构

3. 双摇杆机构

若铰链四杆机构中两连架杆都是摇杆，如图 13.7（a）则称为双摇杆机构，如图 13.7（b）所示的港口起重机的起重机构。当 *AB* 杆摆动时，*CD* 杆也作摆动，连杆 *CM* 上的 *M* 点作近似于水平直线的运动，使其在起吊重物时，可避免由于不必要的升降而增加能量的损耗。

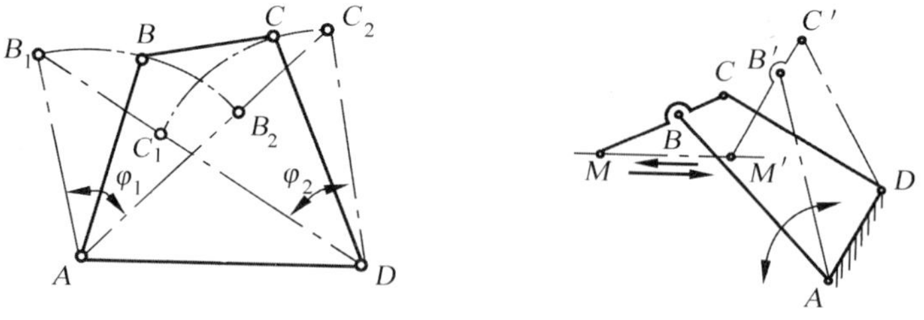

（a）双摇杆机构　　（b）港口起重机

图 13.7　双摇杆机构

二、铰链机构形式的判定

铰链四杆机构中相邻两构件是否能连续相对做整周转动与机构中各构件的相对长度有关。整转副存在的条件有两条，通常称为格拉肖夫定律：

（1）4 个构件中，最长构件长度 l_{max} 与最短构件长度 l_{min} 之和小于或等于另外两构件 l'、l'' 和。即

$$l_{max}+l_{min}\leqslant l'+l''$$

（2）最短构件两端的转动副为整转副。

注意：机架可以为任意构件。

由上可见，在满足构件长度和的条件下，将机构中各构件换取作为机架，便可获得铰链四杆机构的 3 种形式。

① 若最短杆为机架，则该机构一定是双曲柄机构，如图 13.8（b）所示。

② 若最短构件的相邻杆为机架，则该机构一定是曲柄摇杆机构，如图 13.8（a）、（c）所示。

③ 若最短构件的对边为机架，则该机构一定是双摇杆机构，如图 13.8（d）所示。

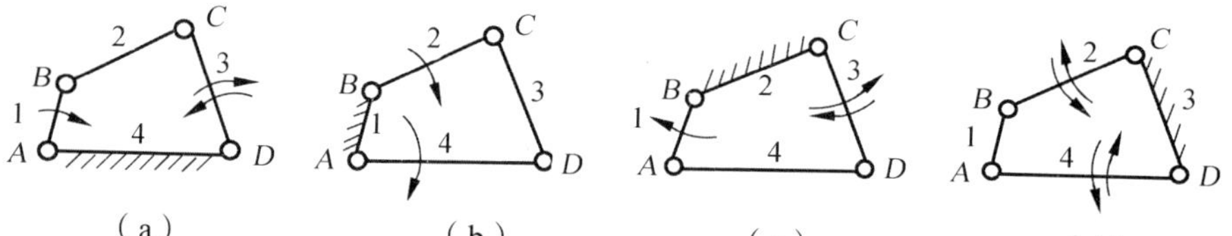

图 13.8　取不同构件为机架时的机构形式

若四个构件中，最长构件长度 l_{max} 与最短构件长度 l_{min} 之和大于另外两构件 l'、l'' 之和，则不论取哪个构件为机架，都无曲柄存在，机构只能是双摇杆机构。

第二节　滑块四杆机构

滑块四杆机构是 4 个构件用移动副和转动副组成的机构，简称滑块机构。移动副中长的杆状构件 4 称为导杆或导槽，短的块状构件 3 称为滑块，如图 13.9 所示。

1. 曲柄滑块机构

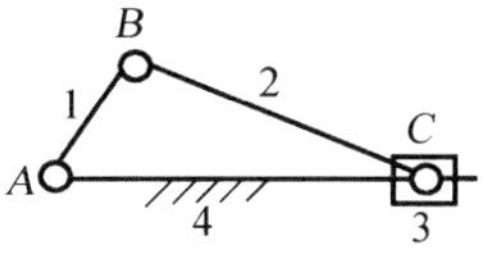

图 13.9　滑块四杆机构

如图 13.10 所示，图中 2 为曲柄，3 为连杆，4 为滑块。曲柄滑块机构有两种形式：一种是滑块移动导路中心通过曲柄转动中心，则称为对心曲柄滑决机构，如图 13.10（a）所示；另一种是不通过曲柄转动中心，则称为偏置曲柄滑块机构，如图 13.10（b）所示，其中 e 为偏距。

图 13.10　曲柄滑块机构

对于偏心曲柄滑块机构，要保证构件 2 与相邻构件 1 或 3 间作连续相对转动，必须满足 $l_2 + e \leqslant l_3$。

曲柄滑块机构的运动特点是将转动转化成移动或者将移动转化成转动，前者如空气压缩机、后者如活塞式发动机中的主体部分的机构。

曲柄滑块机构中，当传递动力较大，滑块行程又较小时，由于曲柄很短，不便安装铰销，常采用如图 13.11（b）所示的偏心轮代替曲柄，连杆的一端套在偏心轮上。偏心盘的偏心距 e 即等于原曲柄长度，这种机构称为偏心轮机构。这种结构提高了偏心轴的强度和刚度，多用于承受较大冲击载荷的剪床、冲床、破碎机等机械中。

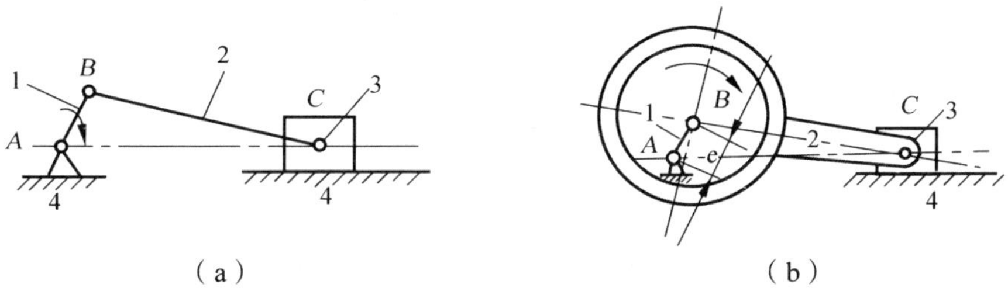

图 13.11　偏心轮机构

2. 导杆机构

如图 13.12 所示，曲柄滑块机构如取构件 1 为机架，构件 2 为原动件，则当构件 2 作圆周转动时，导杆 4 也作整周回转，其条件为 $l_1 < l_2$，此机构称作转动导杆机构。

当 $l_1 > l_2$ 时，机架 1 不再是最短构件，它的相邻构件导杆 4 只能绕机架摆动，所以该机构称为摆动导杆机构[见图 13.13（a）]如牛头刨床的主运动机构[见图 13.13（b）]。

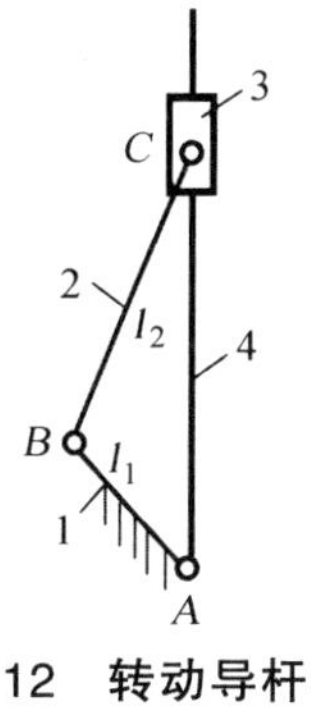

图 13.12　转动导杆机构

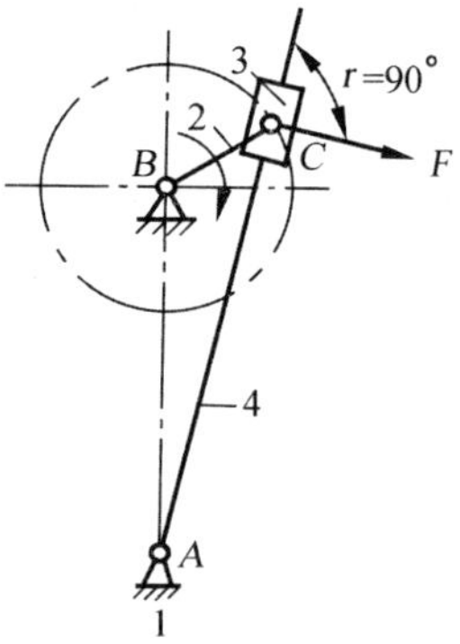

（a）摆动导杆机构

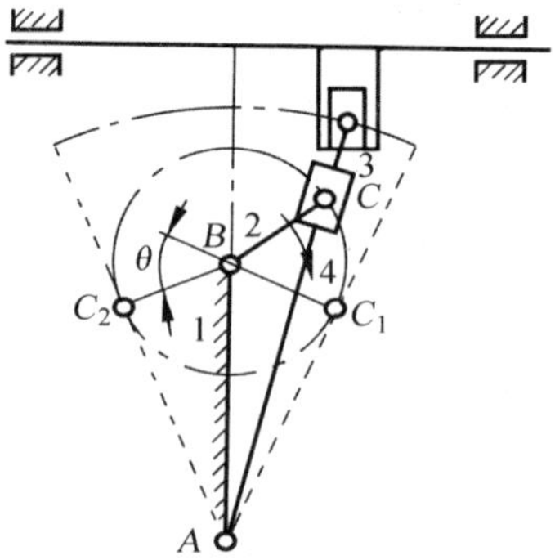

（b）牛头刨床主体机构

图 13.13 摆动导杆机构

3. 曲柄摇块机构

曲柄滑块机构中，如取构件 2 为机架，构件 1 作整周运动，则滑块 3 成了绕机架上 C 点作往复摆动的摇块[见图 13.14（a）]，所以该机构称为摇动滑块机构，简称为摇块机构。这种机构常用于摆动液压泵和液压驱动装置中。图 13.14（b）所示自卸汽车的翻斗机构，也是摇块机构的实际为应用（活塞 4 为导杆）。

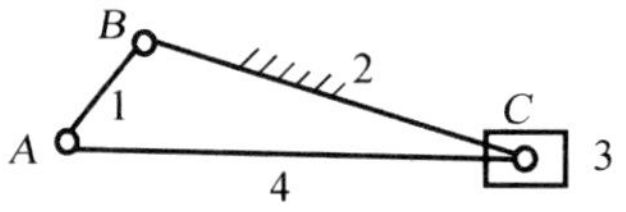

（a）曲柄摇块机构

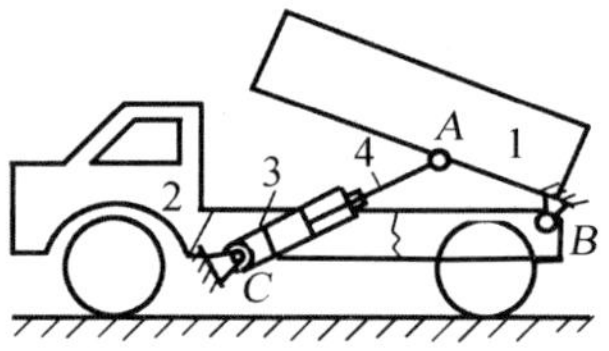

（b）自卸货车

图 13.14 摇块机构

4. 定块机构

曲柄滑块机构中，如取构件 3 为机架，因为构件 3 为滑块，且固定不动，所以该机构称为定块机构如图 13.15（a）所示，图 13.15（b）所示的手摇唧筒是定块机构的应用实例。

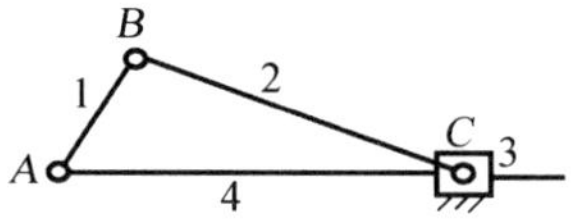

（a）定块机构

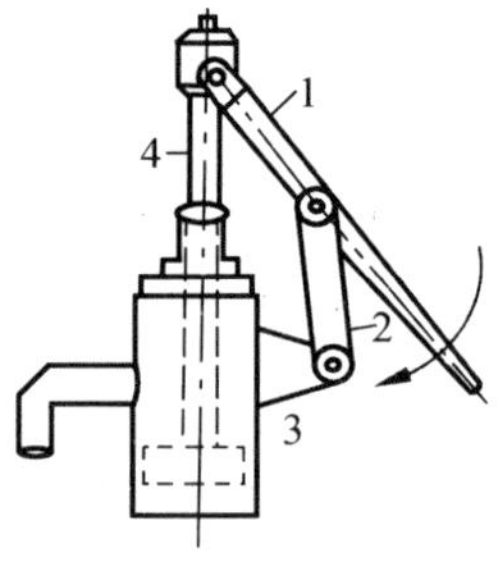

（b）手摇唧筒

图 13.15 定块机构

第三节　四杆机构的基本特性

一、急回特性

如图 13.16 所示的曲柄摇杆机构，原动件曲柄 AB 在转动一周的过程中，有两次与连杆 BC 共线（即为 AB_1C_1、AB_2C_2），这时摇杆 CD 分别处于 C_1D 和 C_2D 两个极限位置，摇杆这两个极限位置之间的夹角φ称为摆杆的摆角；而曲柄与连杆两共线位置（AB_1C_1，AB_2C_2）之间所夹的锐角θ，称为极位夹角。

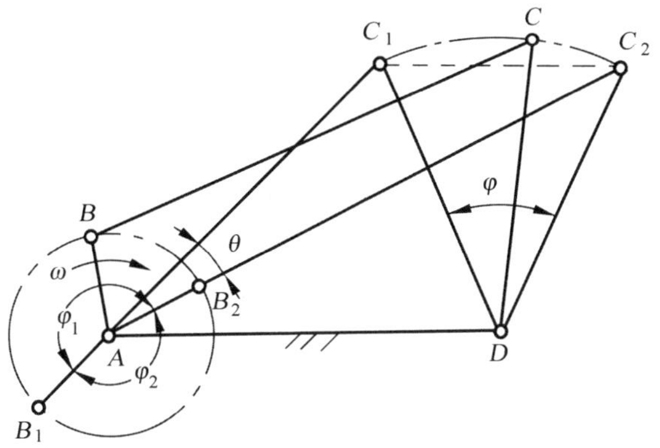

图 13.16　曲柄摇杆机构的急回特性

当曲柄 1 以等角速顺时针方向由位置 AB_1 转到 AB_2 位置时，曲柄转角为$\varphi_1=180°+\theta$，此时摇杆 3 由 C_1D 位置摆到 C_2D，摇杆摆角为φ，设所需时间为 t_1，C 点的平均速度为 v_1；当曲柄继续由 AB_2 顺时针转到 AB_1 时，转角为$\varphi_2=180°-\theta$，此时摇杆也由 C_2D 摆回到 C_1D，摇杆摆角仍为φ，设所需时间为 t_2，C 点的平均速度为 v_2。由于摇杆往复摆动的摆角虽然相同，但是相应的曲柄转角不等，即$\varphi_1>\varphi_2$。而曲柄又是等速旋转的，所以有 $t_1>t_2$，$v_2>v_1$，说明摇杆往返时间不同。机构的这种性质，称为机构的急回特性。工程上常用从动件往返时间的比值来表示机构急回特性的大小，即

$$K=\frac{v_2}{v_1}=\frac{t_1}{t_2}=\frac{\varphi_1}{\varphi_2}=\frac{180°+\theta}{180°-\theta} \tag{5-1}$$

$$\theta=180°\frac{K-1}{K+1} \tag{5-2}$$

式中，K 称为行程速比系数。

上述分析表明，机构有无急回特性，关键取决于机构的极位夹角θ是否为零。当$\theta=0$时，$K=1$，机构没有急回特性；当$\theta>0$时，$K>1$，则机构必有急回特性；θ越大，K也越大，急回作用越显著。

除曲柄摇杆机构外，偏置曲柄滑块机构、摆动导杆机构等也具有急回特性，如图 13.17 所示。

四杆机构的这种急回作用，在各种机器中可以用来节省空行程的时间，以节省动力和提高劳动生产率。例如，在牛头刨床中采用导杆机构就有这个目的。

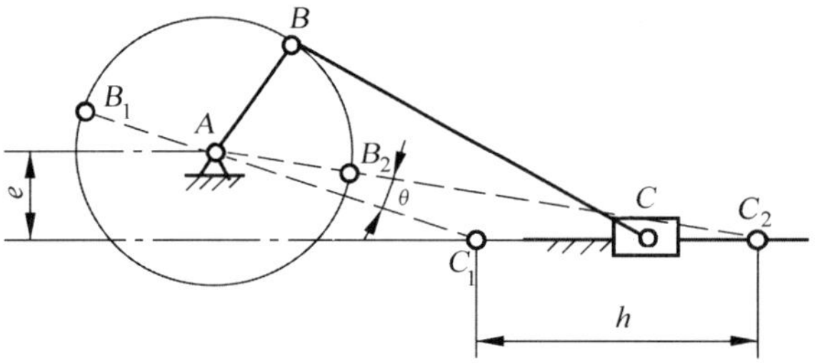

（a）曲柄滑块机构的急回特征

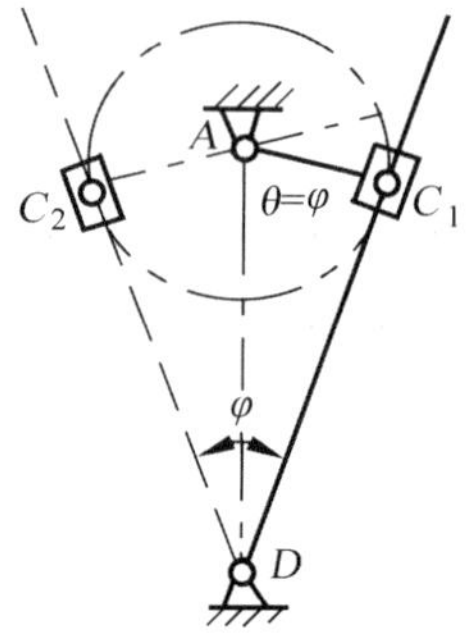

（b）摆动导杆机构的急回特性

图 13.17 其他机构的急回特性

二、四杆机构的压力角、传动角和死点

设计平面连杆机构时，不仅要满足机器的运动要求，还应具有良好的传力性能，以提高机械的效率。体现这方面性能的特性参数就是压力角。

1. 压力角与传动角的概念

在图 13.18 所示的铰链四杆机构运动时，若不考虑构件的惯性力、运动副中的摩擦力及构件本身的重力，则原动件 *AB* 经过连杆 *BC* 作用于从动件 *CD* 上的力 *F* 是沿着连杆 *BC* 的方向，它可分解为沿点 *C* 速度方向的分力 F_t 和沿 *CD* 方向的分力 F_n。其中 F_n 只能使铰链 *C*、*D* 产生径向压力，只能增大铰链中的摩擦和磨损，故为有害分力。而 F_t 才是推动从动件 3 运动的有效分力。由图可见，$F_t = F\cos\alpha = F\sin\gamma$，式中 α 是作用于点 *C* 的力 *F* 与点 *C* 速度方向之间所夹的锐角，特称为机构在该位置时的压力角。而 $\gamma = 90° - \alpha$ 是压力角的余角，称为机构在该位置时的传动角。显然，压力角越小，有效分力越大，有害分力越小，对提高机构效率越有利。可见，压力角是表示机构传力性能好坏的标志。

由图 13.18 可见，铰链四杆机构中，传动角 γ 角也等于连杆与摇杆所夹的锐角，用它来判断机构的传力性能比较直观，在工程中，为了度量方便，也常用 γ 角来衡量机构的传力性能。

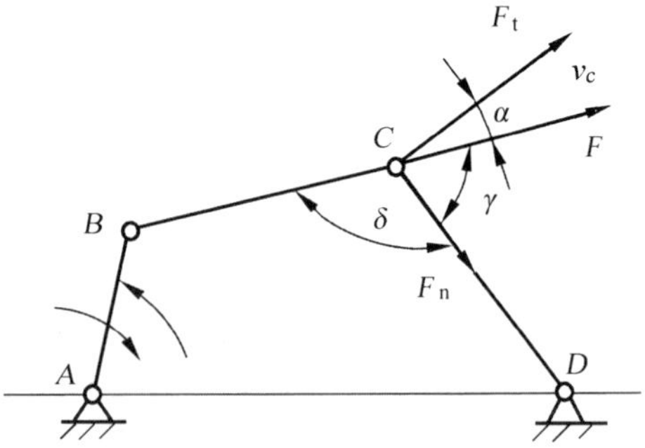

图 13.18 机构的压力角和传动角

2. 保证机构具有良好传力性能的条件

由图 13.18 可知，在机构运动过程中，传动角 γ 是随机构的位置而变化的。为了保证机构有良好的传

力性能，设计时，对一般机械，最小传动角$\gamma_{min}\geqslant 40°$；传递较大功率时，$\gamma_{min}\geqslant 50°$。

3. 最小传动角γ_{min}的确定

在机构的运动过程中，其传动角γ的大小是变化的。对于一些具有短暂高峰载荷的机器，可以用连杆机构在其传动角的值比较大时的位置进行工作以节省动力。

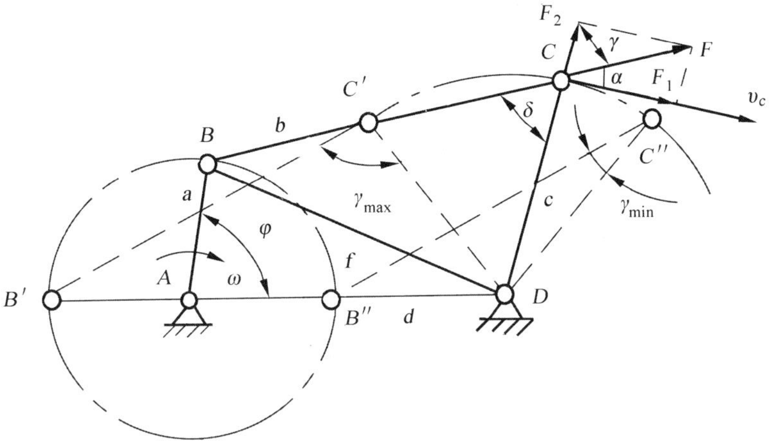

图 13.19　铰链四杆的传动角

为了检查机构传动角的最小值，可由图 13.19 所示的△ABD 和△BCD 中求得

$$BD^2 = a^2 + d^2 - 2ad\cos\varphi$$

$$BD^2 = b^2 + c^2 - 2bc\cos\angle BCD$$

解以上两式得：

$$\angle BCD = \cos^{-1}\frac{b^2 + c^2 - a^2 - d^2 + 2ad\cos\varphi}{2bc}$$

在上式中，当$\angle BCD\leqslant 90°$时，该角即等于传动角γ，而当$\angle BCD>90°$时，传动角$\gamma=180°-\angle BCD$。而由图可见，最小传动角γ_{min}可能出现在以下两个位置，即

（1）当点 B 到达 AD 连线中间的 B_2 处时，即$\varphi=0°$时，此时

$$\angle B_1C_1D = \cos^{-1}\frac{b^2 + c^2 - (d-a)^2}{2bc}$$

（2）当 B 点到达 DA 延长线上的 B_1 处时，即$\varphi=180°$，此时

$$\angle B_2C_2D = \cos^{-1}\frac{b^2 + c^2 - (d+a)^2}{2bc}$$

综上所述，对于铰链四杆机构，最小传动角必出现在曲柄与机架二次共线位置（AB_1D、AB_2D）之一处（见图 13.19），比较这两个位置时的传动角，即可求得最小传动角γ_{min}。

对于以曲柄为原动件的曲柄滑块机构，最小传动角γ_{min}出现在曲柄垂直滑块导路时的位置，偏置式曲柄滑块机构的γ_{min}出现在曲柄与偏距相反方向一侧时的位置[见图 13.20（a）]。而对于以曲柄为原动件的摆动导杆机构，其传动角恒等于 90°，如图 13.20（b）所示。

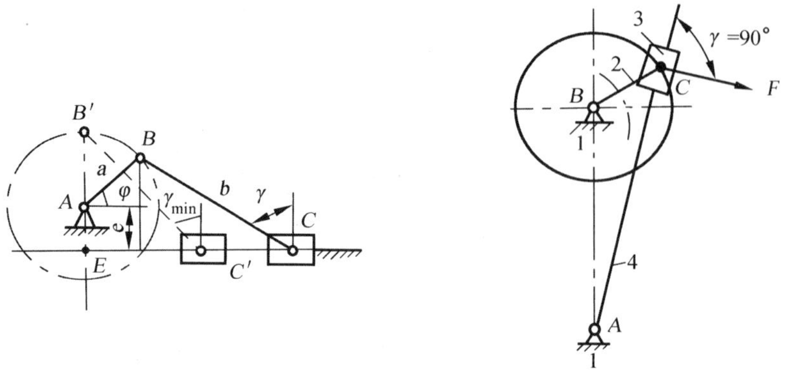

（a）偏置曲柄滑块机构的传动角　　（b）导杆机构的传动角

图 13.20　其他机构的最小传动角

4. 死点位置

图 13.21（a）所示缝纫机踏板机构（曲柄摇杆机构）在工作时，是以摇杆（脚踏板）为原动件，曲柄为从动件的。当曲柄 AB 与连杆 BC 共线时[见图 13.21（b）]，连杆作用于曲柄上的力 F 正好通过曲柄的回转中心 A（此时压力角$\alpha = 90°$，$\gamma = 0°$），该力对 A 点不产生力距，因而曲柄不能转动，机构所处的这种位置，称为死点位置。由上述可见，四杆机构是否存在死点位置，决定于压力角是否能达到 90°。因此，曲柄滑块机构、以导杆为原动件的摆动导杆机构以及平行双曲柄机构等，都存在死点位置。

为了使机构能顺利地通过死点，继续正常工作，可以采用错位排列的方法，如机车两边的车轮联动机构，就是利用错位排列的方法，使两边机构的死点位置互相错开，即利用位置差来顺利通过各自机构的死点位置。

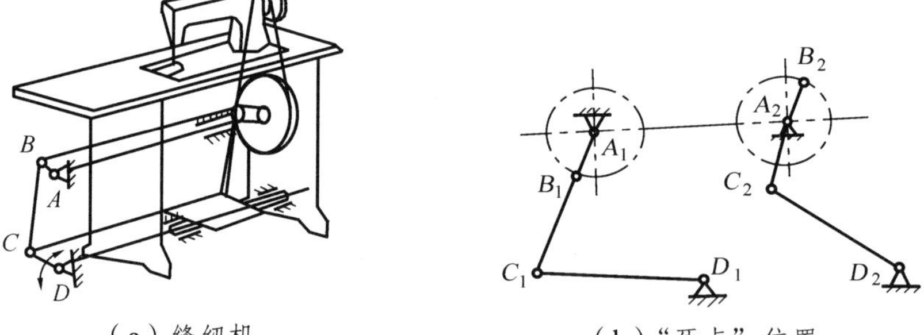

（a）缝纫机　　（b）“死点”位置

图 13.21　缝纫机

也可以采用安装飞轮增大惯性力的方法，借助惯性作用使机构通过死点。（如缝纫机曲轴上的大轮，就兼有飞轮的作用）

在工程实践中，也常常利用机构的死点来实现一定的工作要求。如图 13.22（a）所示飞机起落架机构，当飞机着陆时，虽然机轮受很大的反作用力 F_N，但因杆 3 与杆 2 共线，机构处于死点位置，机轮也不会折回，从而提高了机轮起落架工作的可靠性。另外，如图 13.22（b）所示的铣床快动夹具，也是利用机构的死点进行工作的，当工件被夹紧后，无论反力 F_N 有多大，因夹具 *BCD* 成一直线，机构（夹具）处于死点位置，不会使夹具自动松脱，从而保证了夹紧工件的牢固性。

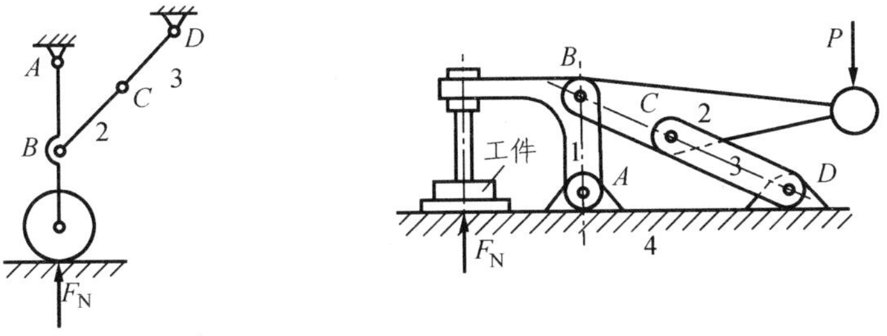

（a）飞机起落架机构　（b）利用“死点”位置夹紧工件

图 13.22　死点的利用

思考题与习题

13-1　什么是平面连杆机构？它有哪些特点？

13-2　铰链四杆机构有哪 3 种基本类型？各举一例，并绘出运动简图？

13-3　解释：极限位置、摆角、极位夹角、压力角。

13-4　如何判断连杆机构的传动性能？

13-5　何谓死点位置？是否可通过润滑或减小摩擦来消除死点？

13-6　如图 13.23 所示为曲柄摇杆机构，摇杆 *AB* 为原动件。

（1）标出图示位置的传动角。

（2）画出该机构的一个死点位置。

（3）机构有无急回特性？

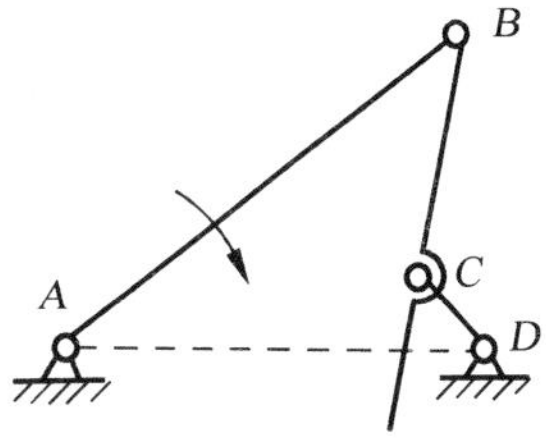

图 13.23

13-7　根据图 13.24 中注明的尺寸，判别各四杆机构的类型。

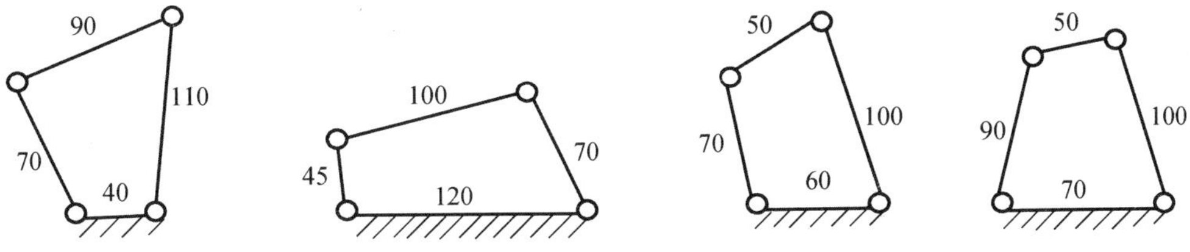

（a）　（b）　（c）　（d）

图 13.24

13-8　如图 13.25 所示，摆动导杆机构分别以曲柄或导杆为原动件时，试分析并分别作出：

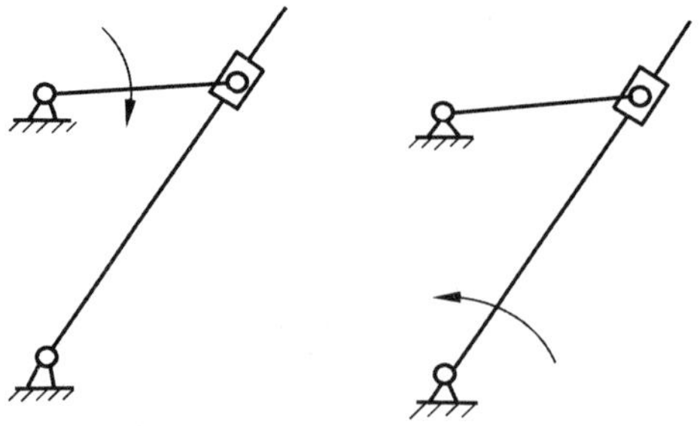

图 13.25

（1）机构极限位置。

（2）最大压力角（或最小传动角）的位置。

（3）死点位置。

（4）机构的极位夹角。

13-9　如图 13.26 所示曲柄摇杆机构中，曲柄为原动件，试画出该机构的最小传动角（$\gamma_{\min}$）的位置。

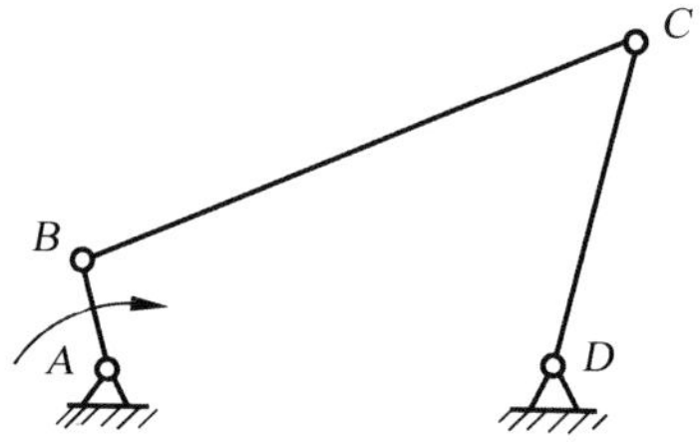

图 13.26

第十四章　凸轮机构

在各种机器中，特别是在各种自动机械和自动控制装置中，凸轮机构的应用十分广泛。

凸轮是一个具有某种曲线轮廓或凹槽的构件，当其运动时（一般为等速连续运动），可迫使与其构成高副接触的另一构件（统称为从动件）完成某种所需要的运动。从动件的运动可以是等速的，也可以是变速的，可以是连续的，也可以是间歇的，这决定于凸轮轮廓曲线的形状。只要恰当地作出凸轮的轮廓，就可以使从动件实现各种预期的运动规律。这是凸轮机构最主要的优点。同时，凸轮机构结构简单紧凑。

但是，由于在凸轮机构中，凸轮和从动件为高副接触，故在相同载荷的条件下，接触处的压强比低副大，容易磨损，所以不宜用于传递过大的动力，而多用于机器的控制或辅助部分中。另外，由于凸轮的轮廓形状一般比较复杂，普通机床不易加工，这也是使其受限的一个因素。

第一节　凸轮机构的类型

凸轮机构是由主动凸轮、从动件和机架组成。类型很多：

1. 按凸轮形状分类

（1）盘形凸轮。这种凸轮是仅具有径向轮廓尺寸变化的盘形零件。当其绕固定轴转动时，可推动从动件在垂直于凸轮轴的平面内运动。如图 14.1 所示为内燃机配气机构。盘形凸轮 1 是主动件、气阀 2 为从动件，机架 3 为气阀上下运动的导路，当凸轮作连续等速回转时，迫使从动件 2 按一定的运动规律有节奏地启闭气门。盘形凸轮结构简单、应用广泛，但从动件行程不易过大，否则凸轮径向尺寸变化太大，不利于工作。

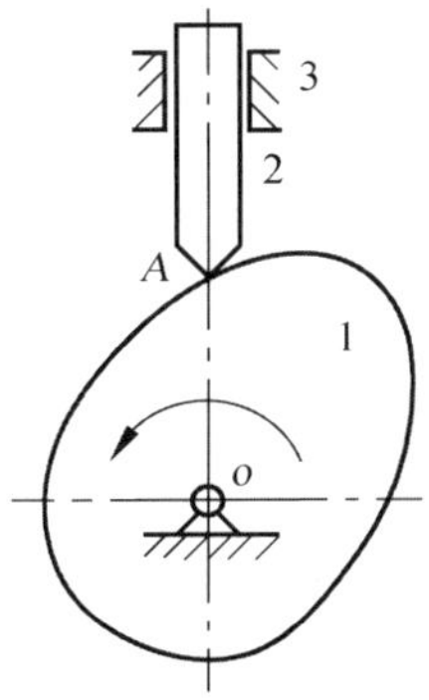

（a）凸轮机构

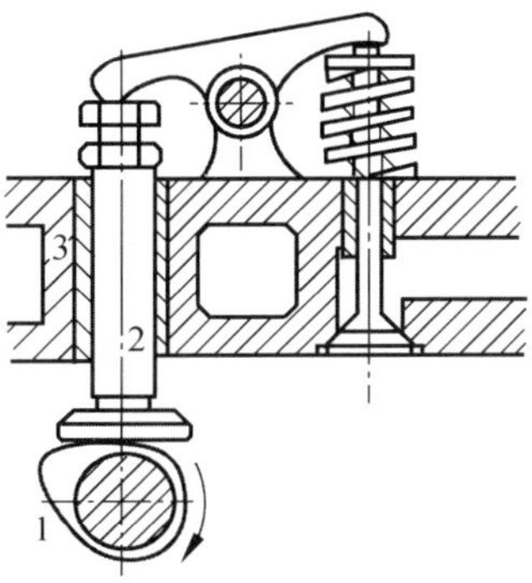

（b）内燃机的配气机构

图 14.1　凸轮机构

（2）圆柱凸轮。这种凸轮是一个在圆柱面上具有曲线凹槽（见图 14.2），或是在圆柱端面上做出曲线轮廓的构件。当其转动时，可使从动件在平行于其轴线或包括其轴线的平面内运动。由于凸轮与从动件的运动不在同一平面内，所以这是一种空间凸轮机构。它可使从动件有较大的行程，但制造比较困难。

（3）移动凸轮。如图 14.3 所示为移动凸轮机构。其中，零件 1 为一移动凸轮，作左右往复移动。移动凸轮可以看作是回转轴心在无穷远处的盘形凸轮的一个特例。

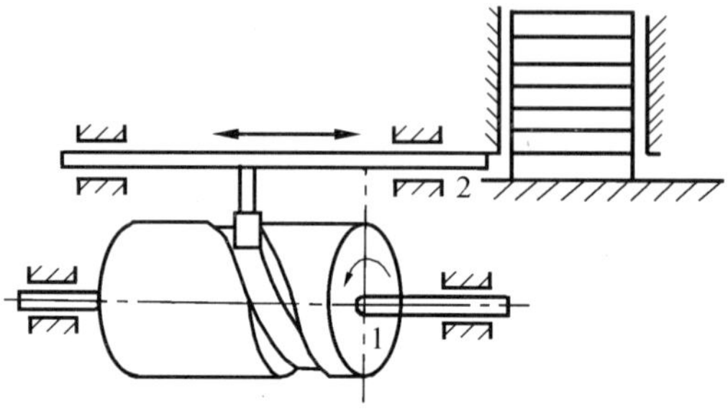

图 14.2 自动送料机构

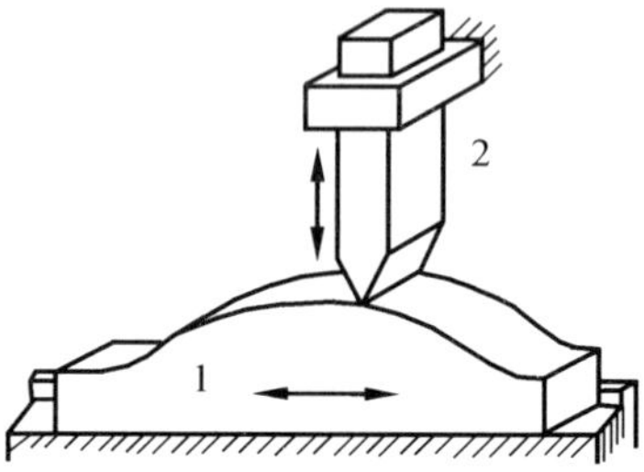

图 14.3 移动凸轮机构

2. 按从动件的形状分类

（1）尖端从动件。如图 14.4（a）所示，这种从动件的构造最简单，但易于磨损，所以只用于作用力不大和速度较低的场合，如用于仪表机构中。

（2）滚子从动件。如图 14.4（b）所示，这种从动件由于滚子与凸轮之间为滚动摩擦，所以磨损较小，可用来传递较大的动力，故应用广泛。

（3）平底从动件。如图 14.4（c）所示，从动件的平底与凸轮间形成楔形缝隙，易形成楔形油膜，可减少磨损。另外，凸轮对从动件的作用力始终垂直于平底，所以受力平稳、效率较高，因此，高速凸轮机构多用于平底从动件。但它不能用于有内凹轮廓的凸轮机构中。

在凸轮机构中，从动件不仅可以有不同的结构形状，而且也可以有不同的运动形式。有做往复摆动的摆动从动件[见图 14.4（d）]，也有作往复直线运动的直动从动件[见图 14.4（a）、（b）、（c）]。在直动从动件中，若其动程线通过凸轮的回转轴则称为对心直动从动件，不通过凸轮的回转轴线的，则称为偏置直动从动件。

（a）　（b）　（c）　（d）

图 14.4 从动件结构

第二节 从动件的常用运动规律

图 14.5 所示为一对心直动尖端从动件盘形凸轮机构，其工作过程如下：

图示位置为从动件上升的初始位置，从动件尖端位于最低位置。图中，以凸轮轮廓的最

小向径 r_b 为半径所作的圆，叫作基圆，r_b 为基圆半径。A 为基圆与轮廓的交点。当凸轮顺时针转动时，从动件从此位置开始上升，故 A 点位置称为初始位置。当凸轮以等均速转过 δ_0 角度时，从动件将被推到最高位置 B' 点（此时，从动件处于距凸轮轴心 O 最远的位置），该过程称为推程。从动件上升的距离 h 称为行程；凸轮转过的角度 δ_0，称为推程运动角；凸轮继续转过 δ_s 角度时，因凸轮的 BC 段轮廓向径不变，所以从动件停在最远位置 B' 不动，此过程称为远停程；凸轮所转角度 δ_s，称为远停程角（又叫远休止角）；当凸轮又继续转过角度 δ_0' 时，从动件在外力作用下沿 CD 这段轮廓，按一定运动规律由最远位置 B' 点回到最近位置 D 点，该过程称为回程，凸轮所转角度 δ_0'，称为回程运动角；凸轮再继续转过角度，因为凸轮 DA 段的轮廓向径不变，所以从动件在最近位置 A 点停止不动，此过程称为近停程（又叫近休止角），所转角度 δ_s'，称为近停程角。凸轮再继续回转，从动件又开始下一轮“升—停—降—停”的运动循环过程。一般情况下，推程是凸轮机构的工作循环段。

凸轮机构工作时，从动件的运动规律完全取决于凸轮的轮廓形状。所谓从动件的运动规律，是指从动件在推程或回程时，其位移 s、速度 v 和加速度 a 随时间 t 变化的规律。又因凸轮一般为等速运动，即转角与时间成正比，所以从动件的运动规律一般也常表示为从动件的上述运动参数随凸轮转角 δ 变化的规律，如图 14.5（b）、（c）、（d）所示。下面就从动件常用的几种运动规律加以介绍。

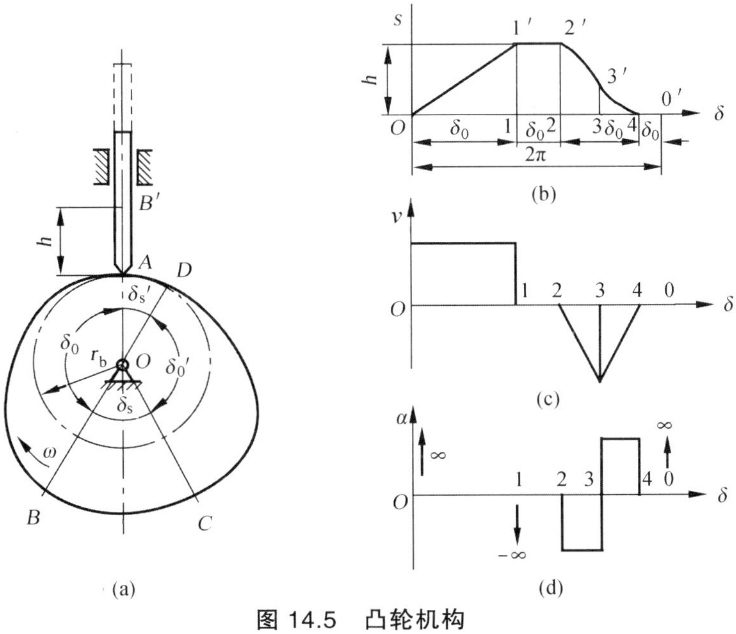

图 14.5　凸轮机构

1. 等速运动

凸轮以等角速 ω 回转时，从动件上升或下降的速度等于常数，这种运动速度为定值的运动规律，称为等速运动规律（如金属切削机床进给凸轮的运动规律）。设从动件上升的速度等于常数 v_0 经过时间 t，则该从动件在推程中位移 s 的数学表达式为

$$s=\frac{v_0}{\omega}\delta \tag{14-1}$$

由式（14-1）可知 s-δ 线图是一直线。在推程中，当 $\delta=0°$ 时，$s=0$；当 $\delta=\delta_0^{\circ}$ 时，$s=h$。由此作出 s-δ 线图，如图 14.6（a）所示。

同理，可求出回程时，从动件的运动方程式。不过需要注意，我们规定的从动件的位移仍由其最低位置算起，所以在回程时从动件的位移 s 是逐渐减小的，即从动件的初始条件为：$\delta=0°$ 时，$s=h$；当 $\delta=\delta_0'$ 时，$s=0$。

由图 14.6（b）可知从动件按等速规律运动时，在 0、1 两个位置速度发生突变，加速度在理论上趋于无穷大[见图 14.6（c）]，从动件产生的惯性力也将趋于无穷大，此时所引起的冲击。称为刚性冲击。该冲击力将引起机构振动、机件磨损或损坏，故等速运动规律只能用于低速、轻载的控制机构中。为了降低冲击程度，实际应用时，可将位移曲线的始末两端用圆弧或抛物线过渡（但此时行程的始末不再为等速运动），以缓和冲击。

2. 等加速等减速运动规律

凸轮以等角速 ω 回转时，从动件上升或下降的加速度等于常数，通常，从动件在行程的前半段为等加速，后半段为等减速的运动规律称为等加速等减速运动规律。而且，经常加速度和减速度的绝对值相等（根据工作需要，二者也可以不等）。在此情况下，从动件在加速阶段和减速阶段位移 s 当然也相等，即各为 $h/2$。

设从动件在推程的加速阶段，它的加速度为常数 a_0，这时从动件位移 s 的数学表达式为

$$s=\frac{a_0}{2\omega^2}\delta^2 \tag{14-2}$$

由式（14.2）可看出，s-δ 线图是二次抛物线，简易画法如图 14.7（a）所示。从动件的 v-δ 和 a-δ 线图分别如图（b）、（c）所示。由图可知，在 O、A、B 3 处，加速度发生有限值的突变，此时，在机构中也会引起一定的冲击，这种冲击称为柔性冲击。与等速运动规律相比，等加等减运动规律的冲击次数虽然增加，但冲击的程度却大为降低，所以多用于中速、中载的场合。

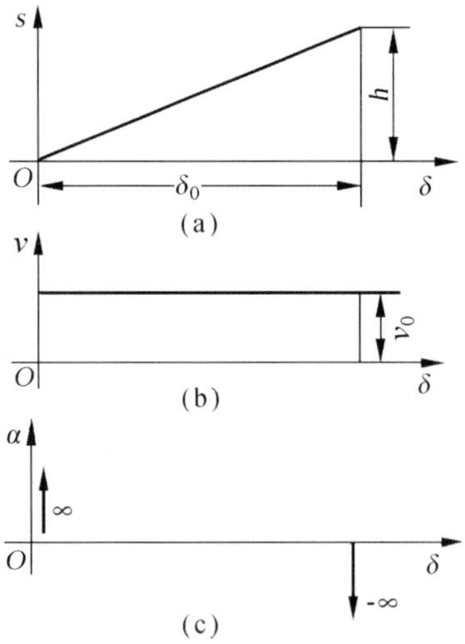

图 14.6 等速运动规律

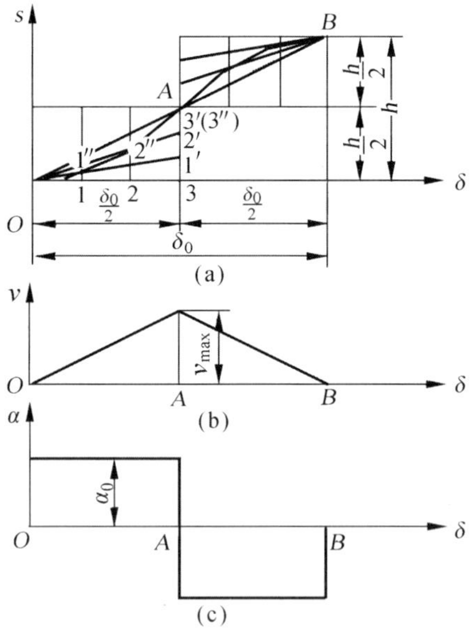

图 14.7 等加速、等减速运动规律

3. 余弦加速度运动规律

余弦加速度运动规律又称简谐运动规律。从图 14.8 中可以看出：从动件做简谐运动时，其速度曲线是一条正弦曲线，而加速度曲线按余弦运动规律变化。由于从动件在行程的始末位置加速度曲线不连续，有一定值的突变量，将导致机构产生柔性冲击，故这种运动规律只适合中、低速场合。但若从动件作无停歇的升—降—升型连续运动，则加速度曲线为光滑连续的余弦曲线，消除了“软冲”，故可用于高速。

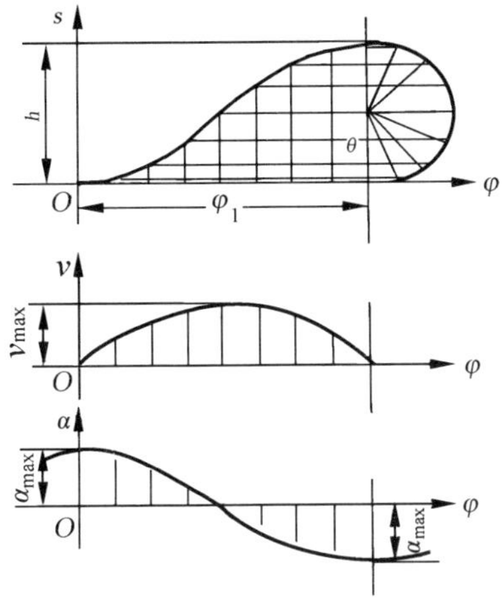

图 14.8　余弦加速运动规律图

第三节　凸轮轮廓线设计

从动件运动规律和基圆半径确定后，就可以进行凸轮轮廓的设计。根据选定的从动件运动规律来设计凸轮轮廓线时，可以利用作图法直接绘制出凸轮轮廓线，也可以用解析法列出凸轮廓线的方程式，定出凸轮廓线上各点的坐标，或计算出凸轮的一系列向径的值，以便据此加工出凸轮廓线。用图解法设计凸轮廓线，简单易行，而且直观，但误差较大，对精度要求较高的凸轮，如高速凸轮、靠模凸轮等，则往往不能满足要求。所以，现代凸轮轮廓线设计都以解析法为主，其加工也容易采用先进的加工方法，如线切割机、数控铣床及数控磨床来加工。不论作图法还是解析法，其基本原理都是相同的。

一、凸轮廓线设计方法的基本原理

设计凸轮轮廓的原理是“反转法”，叙述如下：

如图 14.9（a）所示为一对心直动尖顶从动件盘形凸轮机构，设想给凸轮机构加上一个绕凸轮轴心并与凸轮角速度等值反向的角速度。根据相对运动原理，机构中各构件间的相对运动并不改变，但凸轮已视为静止，而从动件则被看成随同导路以角速度绕点转动，同时沿导路按预定运动规律作往复移动。从动件尖顶的运动轨迹即为凸轮的轮廓。这就是图解法绘制凸轮轮廓曲线的原理，称为“反转法”。从动件在复合运动中，其尖顶的轨迹就是凸轮廓线。

二、作图法设计凸轮轮廓曲线

当从动件的运动规律已经选定并作出了位移线图后，各种平面凸轮的轮廓曲线都可以用作图法求出，作图法的依据为“反转法”原理。

1. 对心直动尖顶从动件盘形凸轮机构

若已知凸轮的基圆半径 $r_b = 25$ mm，凸轮以等角速度 ω 逆时针方向回转。从动件的运动规律如图 14.9（b）、（c）所示。

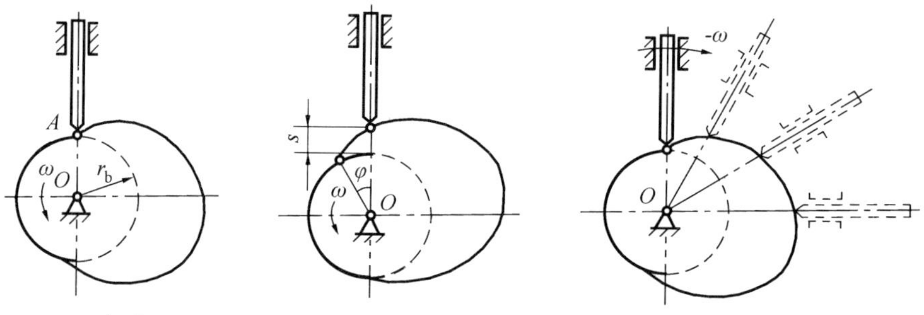

图 14.9 凸轮反转法原理

利用作图法设计凸轮轮廓线的作图步骤如下：

（1）选取适当的比例尺 μ_l。根据运动规律画出位移线图。选与位移线图一致的比例作凸轮的基圆。

图 14.10 为对心直动尖顶从动件盘形凸轮轮廓设计图。

（2）将基圆分成与位移线图中相对应的等份。先作相应于推程的一段凸轮轮廓线。根据反转法原理，将凸轮机构按 $-\omega$ 进行反转，此时凸轮静止不动，而从动件绕凸轮顺时针转动。按顺时针方向先量出推程运动角 120°，再按一定的分度值（凸轮精度要求高时，分度值取小些，反之可以取大些）将此运动角分成若干等份，并在运动位移线图上确定各分点时从动件的位移 1′，2′，…，10′，如图 14.10（b）所示。

（3）分别自基圆圆周向外量取从动件位移线图中相应的位移量。确定从动件在反转运动中所占据的每个位置。为此，根据反转法原理，从 A 点开始，将运动角按顺时针方向按 12°一个分点进行等分，则各等份径向线 01，02，…，10 即为从动件在反转运动中所依次占据的位置。

（4）用光滑曲线连接 $A \rightarrow 10'$，即得从动件升程时凸轮的一段廓线。

（5）以此类推，直到做完整个 360°。

按以上作图法绘制的光滑封闭曲线即为凸轮廓线，如图 14.10（a）所示。

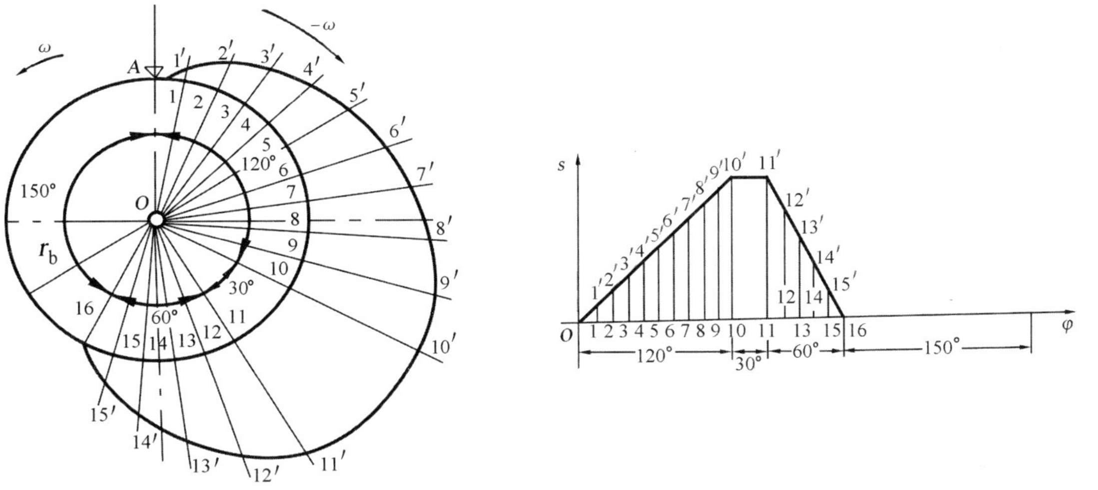

（a）　（b）

图 14.10　对心直动尖顶从动件盘形凸轮轮廓设计图

2. 对心直动滚子从动件盘形凸轮机构

对于这种类型的凸轮机构，由于凸轮转动时滚子（滚子半径 r_T ）与凸轮的相切点不一定在从动件的位置线上，但滚子中心位置始终处在该线，从动件的运动规律与滚子中心一致，所以其轮廓线的设计需要分两步进行。

（1）将滚子中心看作尖顶从动件的尖顶，按前述方法设计出廓线 β_0，这一廓线称为理论廓线。

（2）以理论廓线上的各点为圆心、以滚子半径 r_T 为半径作一系列的圆，这些圆的内包络线 β 即为所求凸轮的实际轮廓线，如图 14.11 所示。

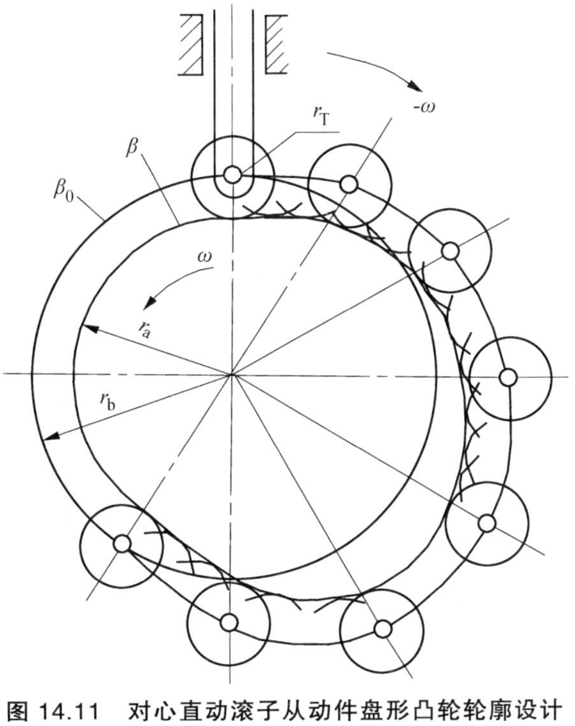

图 14.11　对心直动滚子从动件盘形凸轮轮廓设计

三、凸轮轮廓的加工方法

凸轮的加工方法通常有两种。

1. 铣、挫削加工

对于低速、轻载场合的凸轮，可以应用反转法原理在未淬火凸轮轮坯上通过作图法绘制出轮廓曲线，采用铣床或手工挫削的方法加工而成。必要时可进行淬火处理，用这种方法加工出来的凸轮其变形难以得到修正。

2. 数控加工

即采用数控线切割机床对凸轮进行加工,此种加工方法是目前常用的一种凸轮加工方法。加工时应用解析法，求出凸轮轮廓曲线的极坐标值应用专用编程软件，切割而成。此方法加工出的凸轮精度高，适用于高速、重载的场合。

第四节　凸轮机构设计中的几个问题

凸轮的基圆半径 r_b 决定着凸轮机构的尺寸。在前面凸轮轮廓线设计时，都是假定凸轮的基圆半径 r_b 已经给出。而实际上，凸轮的基圆半径的选择要考虑许多因素，首先要考虑到凸轮机构中的作用力，保证机构有较好的受力情况。下面就凸轮的基圆半径和其他有关尺寸对凸轮机构受力情况的影响加以讨论。

一、凸轮机构压力角 α

1. 压力角与自锁

凸轮机构中，从动件运动速度与从动件所受凸轮作用力方向之间所夹的锐角，称为凸轮机构的压力角。

图 14.12 所示为一直动尖顶从动件盘状凸轮机构的从动件在推程任意位置时的受力情况分析。

其中 F_Q 为从动件所承受的外载荷，如不计摩擦，凸轮作用于从动件上的驱动力 F 沿着接触点处的法线方向。将 F 分解成沿从动件运动方向的有效分力 F_1 和垂直于道路方向的有害分力 F_2。

$$\left.\begin{aligned} F_1 &= F\cos\alpha \\ F_2 &= F\sin\alpha \end{aligned}\right\} \qquad (14\text{-}3)$$

式中，α 称为压力角，是从动件在接触点所受的力的方向与该点速度方向所夹锐角。

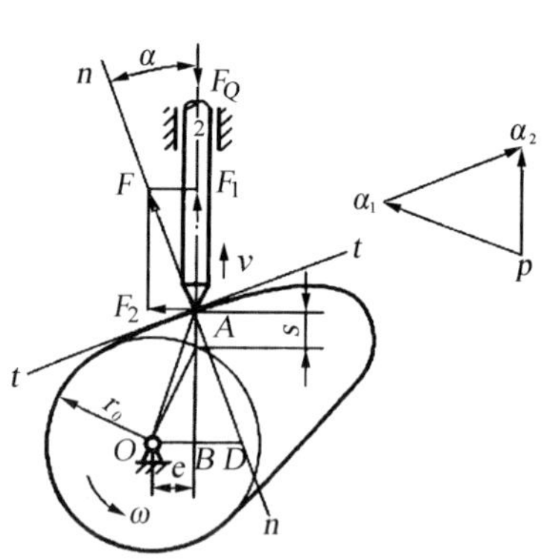

图 14.12　凸轮机构的压力角

由式（14-3）可知，压力角 α 是影响凸轮机构受力情况的一个重要参数。显然 F_1 是推动从动件移动的有效分力，随着 α 的增大而减小；F_2 是引起导路中摩擦阻力的有害分力，随着 α 增大而增大。当 α 增大到一定数值时，由 F_2 引起的摩擦阻力超过有效分力 F_1，凸轮无法推动从动杆，此时该凸轮机构将发生自锁现象。

由此可见，从传力合理、提高传动效率来看，压力角越小，有效分力越大，凸轮的传力性能越好，所以必须对压力角进行限制。设计上规定最大压力角 α_{max} 要小于许用压力角$[\alpha]$。

根据实践经验，常用的许用压力角数值为：

（1）推程时，对于直动从动件，取 $[\alpha]=30°\sim40°$；对于摆动从动件取 $[\alpha]=40°\sim50°$。

（2）回程时，从动件实际上不是由凸轮推动的，而是在锁合力作用下返回的，发生自锁的可能性很小。为减小冲击和提高锁合的可靠性，回程压力角推荐许用值 $[\alpha]=80°$。

平底从动件凸轮机构，凸轮对从动件的法向作用力始终与从动件的速度方向平行，所以压力角恒等于 0，机构的传力性能最好。

2. 压力角与基圆半径

当从动件的运动规律确定后，凸轮基圆半径 r_b 越小，则机构的压力角越大。合理地选择偏距 e 的方向，可使压力角减小，改善传力性能。

所以在设计凸轮机构时，应该根据具体的条件抓住主要矛盾合理解决：如果对机构的尺寸没有严格要求，可将基圆取大些，以便减小压力角；反之，则应尽量减小基圆半径尺寸。但应注意使压力角满足 $\alpha\leqslant[\alpha]$。

在实际设计中，凸轮基圆半径 r_b 确定不仅受到 $\alpha\leqslant[\alpha]$ 的限制，而且还要考虑到凸轮的结构与强度要求。因此，常利用下面的经验公式选取 r_b：

凸轮轴　　$r_b=r+r_T+2\sim5$（mm）

凸轮单独制造　　$r_b=(1.5\sim1.7)r+r_T+(2\sim5)$（mm）

式中，r 为凸轮轴半径；r_T 为滚子半径。

待凸轮轮廓线设计完毕后，还要检验 $\alpha\leqslant[\alpha]$。如果出现 $\alpha>[\alpha]$，则增大基圆半径 r_b，再重新进行设计。

二、滚子半径（r_T）的确定、平底尺寸的确定

1. 滚子半径的选择

对于滚子从动件中滚子半径的选择，要综合考虑滚子的强度、结构及凸轮轮廓曲线的形状等多方面的因素。

为了减小滚子与凸轮间的接触应力和考虑安装的问题，应该选取较大的滚子半径；但滚子半径的增大，将影响凸轮的实际轮廓。

（1）图 14.13（a）所示为一内凹的凸轮轮廓曲线，β 为实际轮廓，β_0 为理论轮廓。实际轮廓的曲率半径 ρ_a 等于理论轮廓的曲率半径 ρ 与滚子半径 r_T 之和，即：$\rho_a=\rho+r_T$。这样，不论滚子半径大小如何，凸轮的工作轮廓线总是可以平滑地作出。

（2）当理论轮廓线外凸时，$\rho_a=\rho-r_T$，此时若 $\rho=r_T$，则 $\rho_a=0$，实际轮廓上将出现尖点，则极易磨损，从动件将不能按照预期的运动规律运动，这种现象叫运动“失真”，

如图 14.13（c）所示。当 $\rho < r_T$ 时，则 ρ_a 为负值，这时实际的轮廓出现交叉，导致运动失真，如图 14.13（d）所示。因此，对于外凸的凸轮，应使滚子的半径 r_T 小于理论轮廓的最小曲率半径 ρ_{min}，如图 14.13（b）所示。为了避免失真并减小磨损，通常使 $r_T \leqslant 0.8\rho_{min}$，并使实际轮廓线的最小曲率半径 $\rho_{amin} \geqslant (3 \sim 5)$ mm，若不满足该要求，可增大基圆半径或修改从动件的运动规律。

另一方面，要考虑强度、结构等因素，滚子的半径也不能太小，一般取：$r = (0.1 \sim 0.5) r_b$，其中 r_b 为基圆半径。

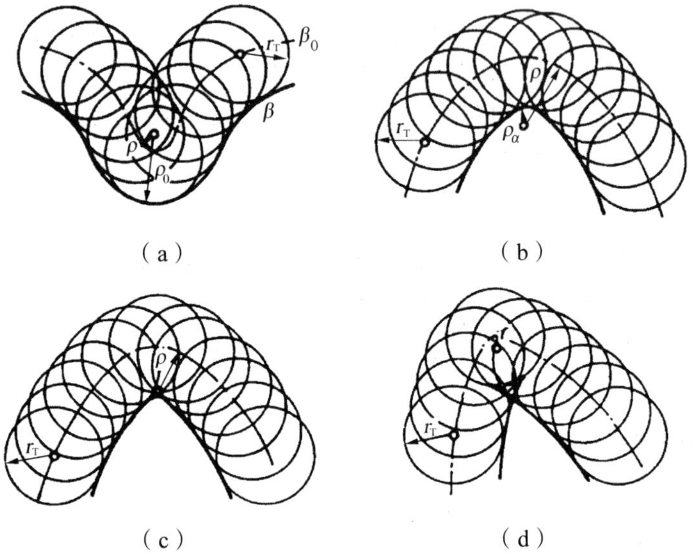

图 14.13　滚子半径的选择

2. 平底尺寸的选择

平底从动件其平底尺寸的确定必须保证凸轮轮廓与平底始终相切，否则从动件也会出现“失真”，甚至卡住。

通常平底长度 L 应取：

$$L = 2l_{max} + (5 \sim 7)\ (\mathrm{mm})$$

式中，l_{max} 为凸轮与平底相切点到从动件运动中心距离的最大值。

三、凸轮和从动件的常用材料

凸轮机构工作时，往往承受动载荷的作用，同时凸轮表面承受强烈磨损。因此，要求凸轮和滚子的工作表面硬度高，具有良好的耐磨性，对于经常受到冲击的凸轮机构还要求凸轮心部有良好的韧性。当低速、轻载时，可以选用铸铁作为凸轮的材料。中速、中载时可以选用优质碳素结构钢、合金钢作为凸轮的材料，并经表面淬火或渗碳淬火，使硬度达到要求。高速、重载凸轮可以用优质合金钢材料，并经表面淬火或渗氮处理。

滚子材料用合金钢材料，经渗碳淬火，达到较大表面硬度。也可用滚动轴承作为滚子。

思考题与习题

14-1 为何凸轮机构在自动、半自动机械的控制装置中得到广泛应用？

14-2 比较尖端、滚子和平底从动件的优缺点及其应用场合？

14-3 何谓刚性冲击和柔性冲击？

14-4 在移动滚子从动件盘形凸轮机构中，若凸轮实际轮廓线保持不变，而增大或减少滚子半径，从动件运动规律是否发生变化？

14-5 何谓凸轮机构的压力角？当凸轮廓线设计完成后，若发现压力角超过许用值，应采用什么措施减小推程压力角？

14-6 何谓运动失真？应如何避免出现运动失真现象？

14-7 在移动滚子从动件盘形凸轮机构中，采用偏置从动件的主要目的是什么？偏置方向如何选取？

14-8 凸轮机构的基圆半径取决于哪些因素？

14-9 如图 14.14 所示，用作图法求出下列各凸轮从图示位置转到 B 点而与从动件接触时凸轮的转角 φ_0。（在图上标出来）

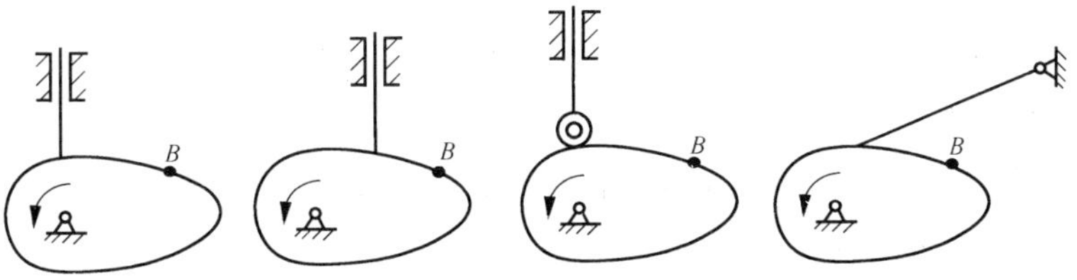

图 14.14

14-10 如图 14.15 所示，用作图法求出下列各凸轮从图示位置转过 45°后，机构的压力角 α。（在图上标出来）

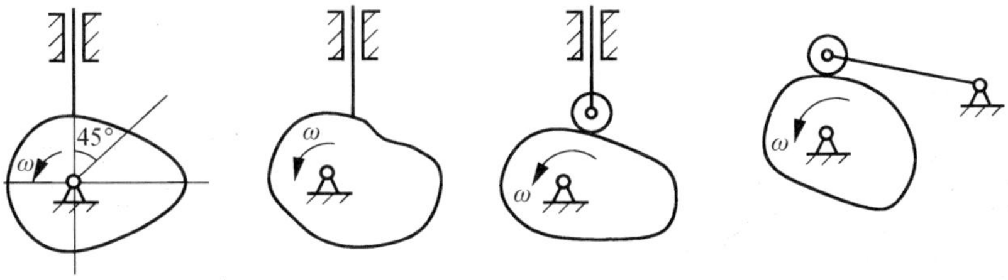

图 14.15

14-11 如图 14.16 所示，凸轮轮廓上 AB、BC、CD、DA 4 段工作弧。试标出何段为推程运动角 δ_0、回程运动角 δ_0'、远休止角 δ_s、近休止角 δ_s'？

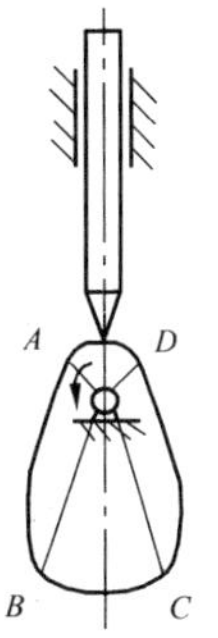

图 14.16

14-12 设计一尖顶对心直动从动件盘形凸轮机构。已知凸轮顺时针匀速回转，凸轮基圆半径 $r_0 = 40$ mm，直动从动件的升程 $h = 25$ mm，推程运动角 $\delta_0 = 120°$，远休止角 $\delta_s = 30°$，回程运动角 $\delta_h = 120°$，近休止角 $\delta_s' = 90°$，从动件在推程作简谐运动，回程作匀加速匀减速运动。试用图解法绘制凸轮轮廓。

第十五章　其他常用机构

在机械中，特别在各种自动和半自动机械中，除了前面讨论过的连杆机构、凸轮机构外，还经常会遇到诸如棘轮机构、槽轮机构、不完全齿轮机构、凸轮或步进机构、螺旋机构等。本章将着重介绍这些常用机构的工作原理、运动特点及应用分别予以简单介绍。

第一节　棘轮机构

一、棘轮机构的工作原理和特点

棘轮机构可分为齿式棘轮机构和摩擦式棘轮机构两大类。

齿式棘轮机构是利用棘爪与棘轮上棘齿的啮合与分离，实现周期性间歇运动的机构。

典型的棘轮机构如图 15.1（a）所示，主要由摇杆棘轮、棘爪、制动爪、弹簧和机架组成。棘轮通常带有棘齿，棘轮以键与输出轴相联接。当摇杆 1 顺时针方向摆动时，棘爪 2 在棘轮齿顶上滑过，棘轮不动；当摇杆 1 逆时针方向摆动时，棘爪插入棘齿间推动棘轮转过一定角度。随着摆杆的往复摆动，棘轮作单方向的间歇运动。图中的 4 为止退爪，用以防止棘轮反转和起定位作用。弹簧 5 用来使止动爪 4 和棘轮 1 保持接触。

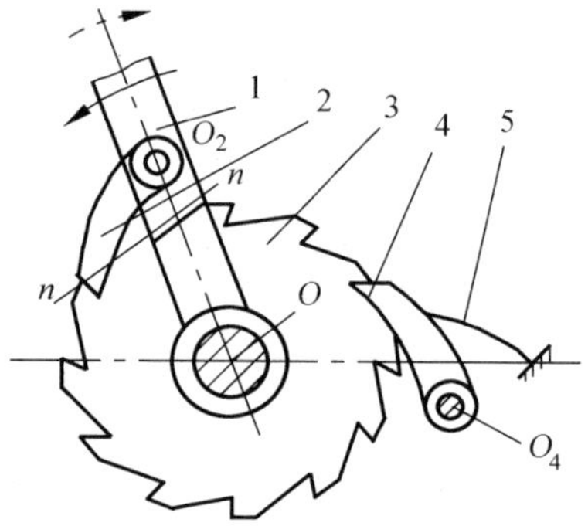

（a）齿式外棘轮机构

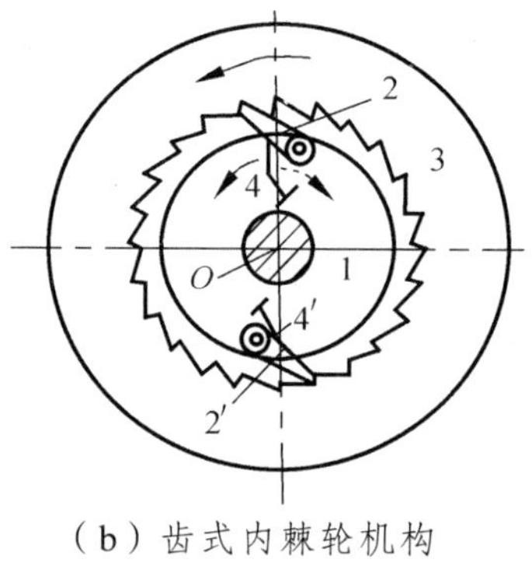

（b）齿式内棘轮机构

图 15.1　棘轮机构

棘轮机构的结构比较简单、制造方便、棘轮轴的行程（即每次间歇转过的角度）可以在较大的范围内变动，并且在工作过程中可以调节。另外，棘轮轴动停时间之比可以通过选择适宜的驱动机构来满足。其缺点是运动开始和终止瞬间有刚性冲击，运动平稳性差，此外，棘爪在棘轮背上滑行时会产生噪声。因此，棘轮机构只适用于转速不高、转角不大和小功率场合。

二、棘轮机构的类型与应用

棘轮的棘齿可以做在轮的外缘上[见图 15.1（a）]，也可以做在内缘[见图 15.1（b）]或端面上。

棘轮机构一般用于单向间歇传动，图 15.1 所示的棘轮机构就是如此。这时棘爪形状常常是锯齿形。如果根据工作要求需使一个棘轮得到双向的间歇运动，则可如图 15.2 所示。把棘轮的齿制成端面为矩形，而棘爪做成可翻转的。当棘爪在实线位置时，摇杆推动棘轮 3 作逆时针方向间歇转动；当棘爪翻转到虚线位置时，摇杆推动棘轮作顺时针方向间歇运动。

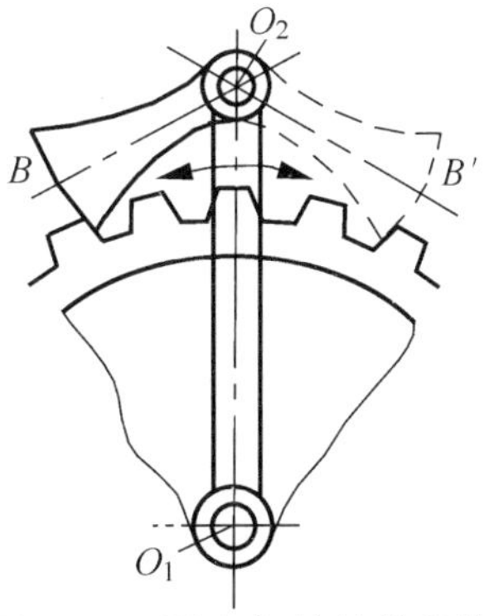

图 15.2　可变向的棘轮机构

三、棘轮转角的调节

上述各种棘轮机构，在原动件摇杆摆角一定的条件下，棘轮每次的转动角是不能改变的。但有时需要随工作要求而改变棘轮每次转动的角度。常采用以下方法调节棘轮转角大小。

（1）改变摇杆摆角大小。改变图 15.3（a）中曲柄的长度可改变摇杆摆角。

（2）改变棘爪行程内的齿数。图 15.3（b）所示机构，在棘轮外加装一个棘轮罩，用以遮盖摇杆摆角范围内棘轮上的一部分齿。这样当摇杆逆时针摆动时，棘爪先在罩上滑动，然后才嵌入棘轮的齿间来推动棘轮转动。被遮住的齿越多，则棘轮每次转动的角度就越小。

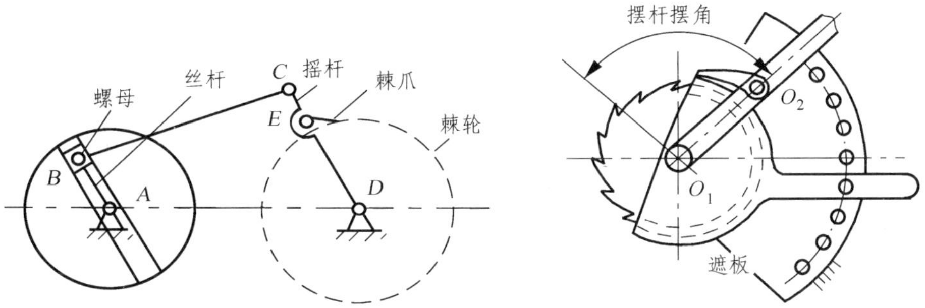

图 15.3　调节棘轮转角的方法

除上述几种棘轮机构外，棘轮的形式还很多。例如，为了能无级地调节棘轮转角的大小及降低冲击和噪声，在机械中应用了摩擦式棘轮机构。如图 15.4 所示，它的传动过程与齿式棘轮机构相似，也是将摇杆的往复摆动，变换成棘轮（摩擦圆盘）2 的单向间歇转动，不过，实现这个传动过程不是靠棘爪与棘齿的啮合，而是靠棘爪 1 与棘轮 2 之间产生的摩擦力来推动的，止动棘爪 3 则防止棘轮 2 反转。

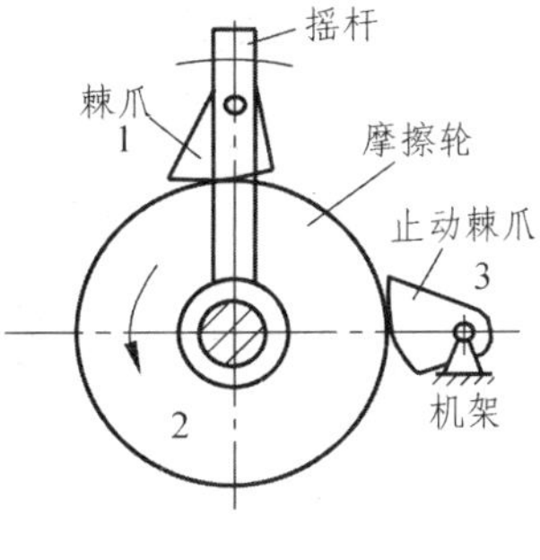

图 15.4　摩擦式棘轮机构

第二节　槽轮机构

一、槽轮机构的工作原理和特点

常见的槽轮机构如图 15.5 所示，由带圆销的主动拨盘 1、具有径向槽的从动槽轮 2 和机架组成。拨盘 1 作匀速连续转动，在圆销未进入槽轮的径向槽时，拨盘的凸圆弧转入槽轮的凹弧，槽轮因受凹凸两弧锁合，故静止不动；图示为圆销刚刚开始进入槽轮的径向槽的位置。这时锁止弧也正好开始被松开。此后，槽轮受圆销的驱使而转动。当圆销在另一边离开径向槽时，锁止弧又被卡住，槽轮又静止不动。圆销再一次进入槽轮的另一个径向槽时，又重复上述的运动。

槽轮机构的特点是：结构简单，外形尺寸小，转位迅速、工作可靠、传动平稳性好，机械效率较高。但是槽轮转角不能调整，转动时也有冲击，所以槽轮机构一般应用于转速较低，又不需调节转角大小的间歇转动的场合。

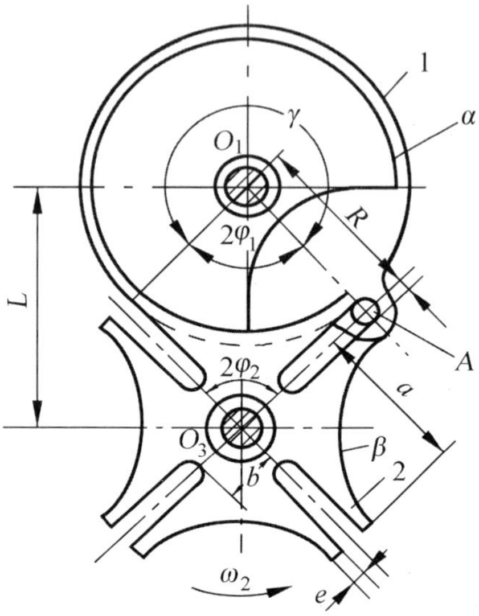

图 15.5　槽轮机构示意图

二、槽轮机构的类型与应用

槽轮机构有外槽轮机构和内槽轮机构[见图 15.6（b）]两种类型。在各种机械中，外槽轮机构应用比较广。[见图 15.6（a）]为外槽轮机构在电影放映机中应用的情况。槽轮 2 上有 4 条径向槽，拨盘 1 转一周，槽轮 2 转 90°，影片移动一个画面并停留一定的时间，从而满足人眼视觉（暂留现象）的要求。

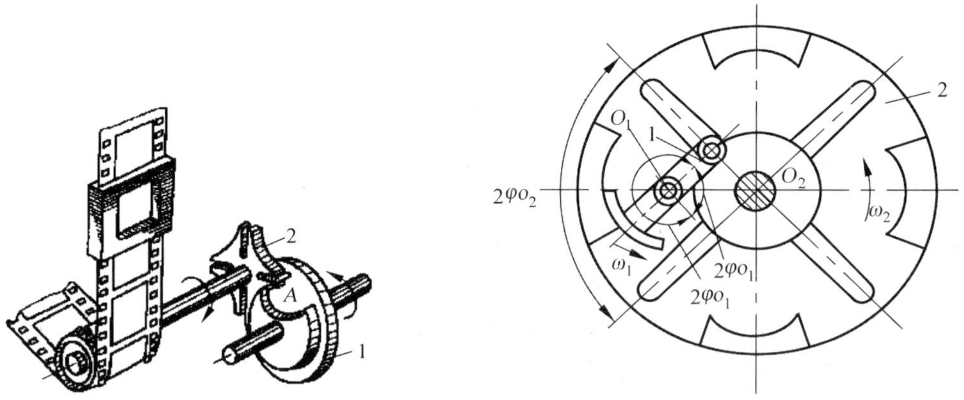

（a）外槽轮机构　　（b）内槽轮机构

图 15.6　槽轮机构

外槽轮机构又有单圆销、双圆销和多圆销槽轮机构之分。单圆销外槽轮机构工作时，拨盘转一周，槽轮反向转动一次；双圆销外槽轮机构工作时，拨盘转一周，槽轮反向转动两次。

外槽轮机构及内槽轮机构均用于平行轴之间的间歇传动。在外槽轮机构中，拨盘与槽轮异向回转；而在内槽轮机构中拨盘与槽轮则为同向回转。

当需要在两相交轴之间进行间歇传动时，可采用球面槽轮机构。可查阅相关手册，本书从略。

第三节　螺旋机构

具有螺旋副的机构称为螺旋机构。这种机构在各种机器中应用十分广泛。例如在车床中，刀架的横向及纵向走刀运动；在牛头刨床中，工作台的横向进给运动及升降运动，都是螺旋机构来实现的。螺旋机构可以承受较大的载荷，传递较大的动力。同时，原动件和从动件的速比可以很大，所以可以用较小的驱动力来克服较大的生产阻力。如果选择合适的螺旋升角，还可以使机构具有自锁性。但，机械效率较低。特别是具有自锁性螺旋机构的效率低于 0.5。由于上述特点，螺旋机构常用于起重机、压力机以及功率不大的进给系统和微调装置。

一、螺纹的形成

如图 15.7 所示，将底边长等于πd_2的直角三角形绕在一直径为 d_2 的圆柱体上，并使其与圆柱体重合，则其斜边 ac 在圆柱体表面形成空间曲线，这条曲线称为螺旋线。

根据螺旋线的旋行方向，可分为右旋和左旋两种，其中常用的是右旋。螺纹旋向的判定方法：将螺杆直竖，若螺旋线左低右高（向右上升），为右旋；反之为左旋。根据螺旋线的线数，可分为单线、双线和多线，如图 15.8 所示；此外，螺纹还有内螺纹和外螺纹之分。

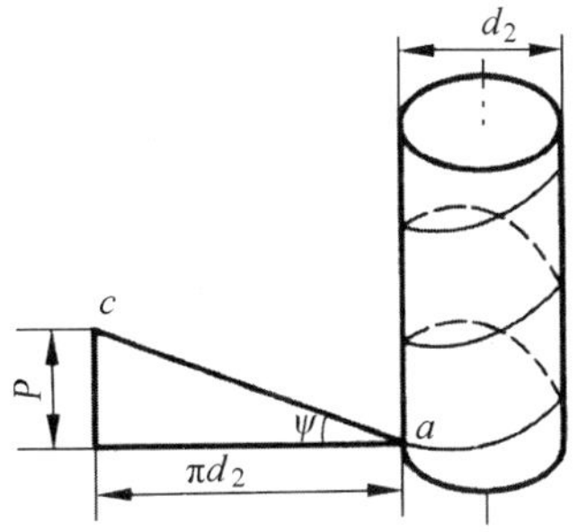

图 15.7　螺纹形成示意图

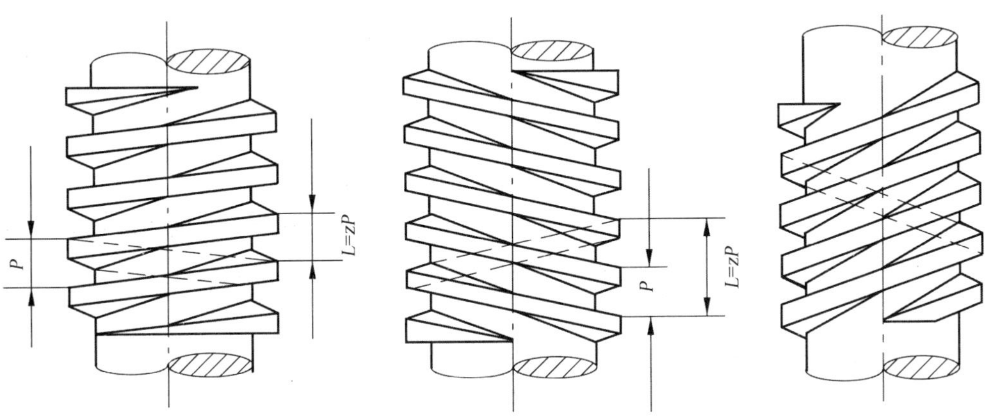

（a）$z=1$，右旋螺纹　（b）$z=2$，左旋螺纹　（c）$z=3$，右旋螺纹

图 15.8　螺纹的线数、螺距和导程

二、螺旋副的自锁和效率

三角形螺旋副的自锁条件是：$\psi < \rho_v$

三角形螺旋副的效率是：$\eta = \dfrac{\tan\psi}{\tan(\psi + \rho_v)}$

式中，ψ 为螺纹升角；ρ_v 为当量摩擦角。

上述各式也适用于梯形螺旋副、锯齿形螺旋副，只是当量摩擦角 ρ_v 不同，其计算公式如下：

三角形螺旋副

$$\rho_v = \arctan\frac{f}{\sin(90° - 30°)} = \arctan\frac{f}{\sin 60°}$$

梯形螺旋副

$$\rho_v = \arctan\frac{f}{\sin(90° - 15°)} = \arctan\frac{f}{\sin 75°}$$

锯齿形螺旋副

$$\rho_v = \arctan\frac{f}{\sin(90° - 3°)} = \arctan\frac{f}{\sin 87°}$$

由以上各式可知：

（1）三角形螺旋副的当量摩擦角最大，所以自锁效果最好，因而多用于联接。

（2）梯形、锯齿形螺旋副的当量摩擦角小，所以较三角形螺旋副效率高，所以多用于传动。

根据不同的工作要求，有的要求螺旋机构具有自锁性；有的则要求它起微调作用，即具有较大的减速比（如机床的进给丝杆），以便简化传动系统；而有的则要求它传递较大的功率或较快的传动。为了满足不同的加工要求，螺旋机构应选用不同的几何参数。对于前两种情况，显然都应选择较小的螺纹升角 ψ，使螺纹具有较小的导程，而且在 $\psi < \rho_v$ 的条件下使机构具有自锁性，但由于螺旋机构的机械效率 $\eta = \dfrac{\tan\psi}{\tan(\psi + \rho_v)}$，因此，当螺纹升角 ψ 很小时，其机械效率将很低。而对于要求传递大的功率或快速传动的螺旋机构，则应力求提高其效率。为此，就应选择较大的螺纹升角 ψ。又因为

$$\tan\psi = \frac{s}{\pi d_2} = \frac{np}{\pi d_2}$$

所以可采用具有较大升角的多头螺旋。不过应当指出，在传动精度要求较高时，因为多头螺旋的加工精度不易得到保证，所以采用多头螺旋是不适宜的。

三、螺旋机构的应用

螺旋传动是用螺杆和螺母传递运动和动力的机械传动，主要用于把旋转运动转换成直线运动，同时传递运动和动力。螺旋传动按运动和用途分类如下：

1. 按相对运动关系分类

（1）螺杆原位转动，螺母移动，多用于机床进给机构[见图 15.9（a）]。

（2）螺母固定，螺杆转动和移动，多用于螺旋压力机构中[见图 15.9（b）]。

（3）螺母原位转动、螺杆移动，用于升降装置[见图 15.9（c）]。

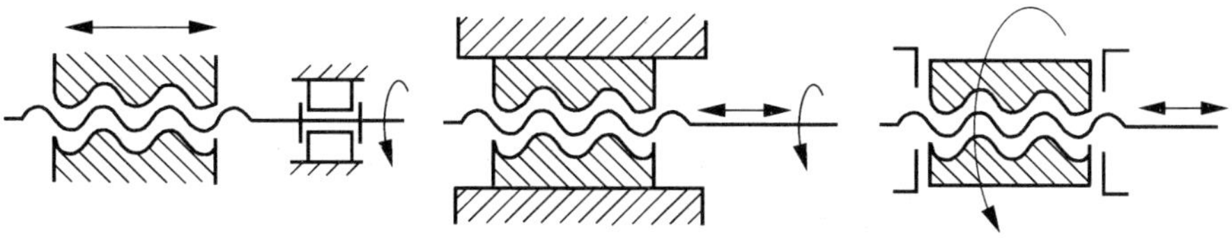

（a）　（b）　（c）

图 15.9　螺旋传动的运动形式

2. 按功能和受载情况可分类

（1）传力螺旋。用于获得很大轴向力的机械中。如螺旋千斤顶和螺旋压力机。要求用较小的转矩产生较大的轴向推力。一般为间歇工作，工作转速不高，这种传力螺旋一般要求有较高的强度和自锁性能。

（2）传导螺旋。以传递运动为主，常要求有较大的传动精度。如图 15.10 所示的机床进给传动。对于这种螺旋机构，要求其有较高的精度和传动效率。

（3）调整螺旋。主要用于调整、固定零件的相对位置。一般不在工作载荷作用下转动，要求能自锁，有时也要求有很高的精度。例如用于带传动张紧的调整螺旋（见图 15.11）。在调整带的张紧力时，先松开联接螺栓，旋转调整螺旋，把滑轨上的电动机推到所需的位置，然后再将联接螺栓拧紧。

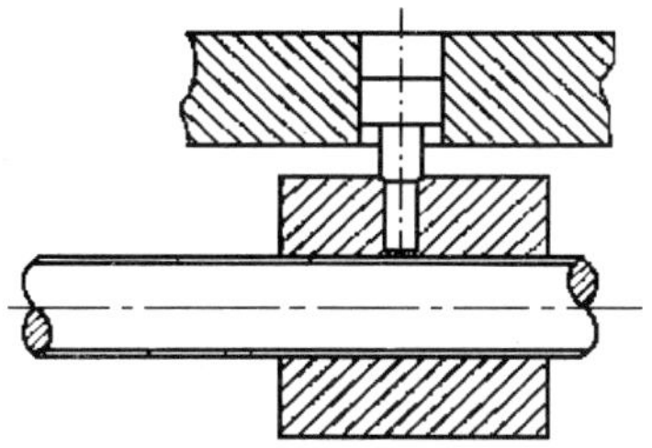

图 15.10　机床进给螺旋

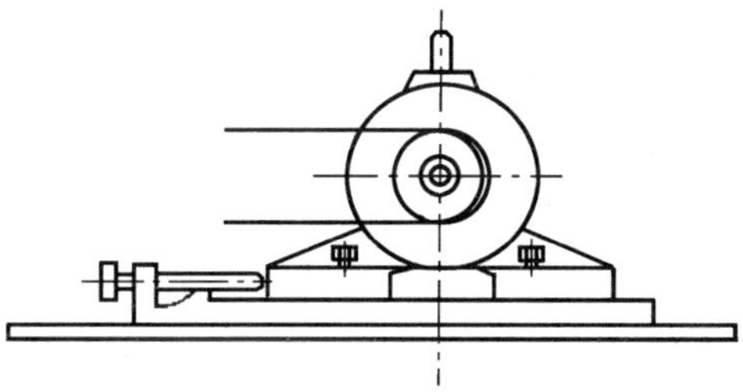

图 15.11　带传动用调整螺旋

思考题与习题

15-1　什么叫间歇运动机构？常用的间歇运动机构有哪几种？各有何运动特点？

15-2　棘轮机构调节从动棘轮转角大小的方法有哪几种？

15-3　外槽轮机构，决定槽轮每次转动角度的是什么参数？

15-4　螺纹有哪些主要参数？螺纹副自锁的条件是什么？

15-5　螺纹机构有哪些基本传动类型？各有何特点？

第十六章 轮 系

前面我们仅仅对一对齿轮的传动和几何设计问题进行了研究，但是在实际机械中，为了满足不同的工作需要，采用一对齿轮组成的齿轮机构往往是不够的，例如在各种机床中，为了将电动机的一种转速，变成主轴的多级转速，等等，就都需要由彼此啮合传动的一系列齿轮所组成的齿轮机构来传动。我们将这种由一系列齿轮所组成的齿轮传动系统称为齿轮轮系，简称轮系。

轮系分为两大类：

一、定轴轮系

轮系传动时，各个齿轮的轴线相对于机架的位置都是固定的，这种轮系就称为定轴轮系（或普通轮系）如图 16.1 所示。

二、周转轮系

如果在轮系运转时，各个齿轮中有一个或几个齿轮轴线的位置并不固定，而是绕着其他齿轮的固定轴线回转，则这种轮系称为周转轮系，如图 16.2 所示。在此轮系中，外齿轮 1 绕着固定的轴线 O_1 回转，这种齿轮称太阳轮。齿轮 2 的轴承则是装在构件 H 上，而构件 H 是绕轴线 O_1 回转的。所以当轮系运转时，齿轮 2 一方面绕着自己的轴线 O_2 回转，另一方面又随着构件 H 一起绕着固定轴线 O_1 回转，就像自然界中的行星一样，既有自转又有公转，所以称为行星轮。而构件 H 因支持行星齿轮作公转，所以称为行星架。由上所述，一个周转轮系必定具有一个行星架，一个或几个行星齿轮，以及与行星齿轮啮合的太阳轮。

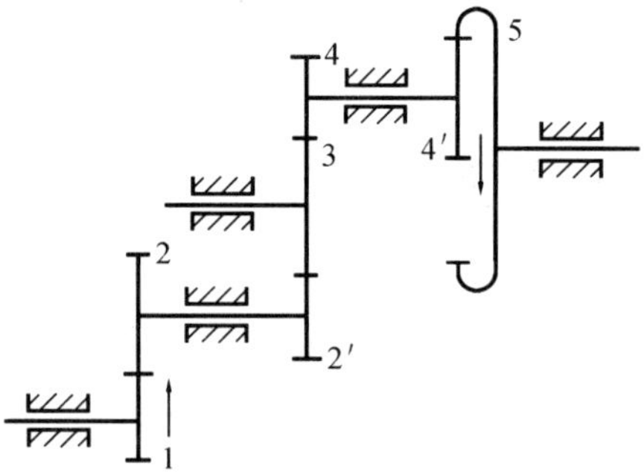

图 16.1 定轴轮系

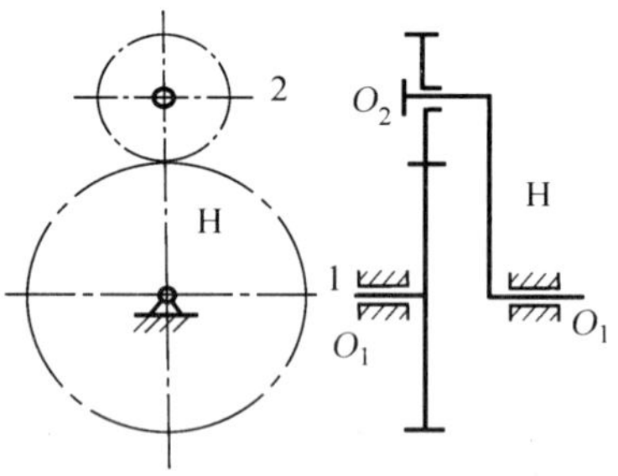

图 16.2 周转轮系

本章节主要讨论轮系的组成和传动比计算。

第一节　定轴轮系及其传动比

一对齿轮传动比是指该两齿轮的角速度之比，而所谓轮系的传动比，则是指我们所研究的轮系中，其首末两构件角速度比的大小以及转向关系。

一、一对圆柱齿轮的传动比

一对齿轮传动的传动比可用下式表示：

$$i_{12}=\frac{\omega_1}{\omega_2}=\frac{n_1}{n_2}=\pm\frac{z_2}{z_1}$$

式中，外啮合时，主、从动齿轮转动方向相反，取“－”号；内啮合时，主、从动齿轮转动方向相同，取“＋”号。也可以用箭头来表示，如图 16.3 所示。

但必须指出：如果轮系中首末两轮的轴线不平行，便不能采用在传动比前加“－”、“＋”号的方法来表示它们的转向关系。

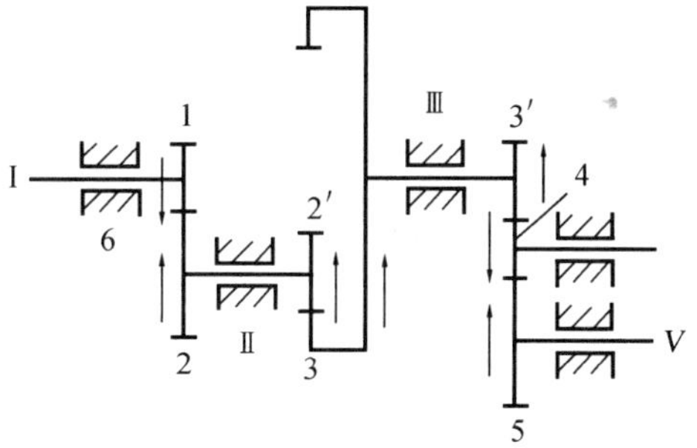

图 16.3　定轴轮系传动

二、平行轴定轴轮系的传动比

现以图 16.3 所示的定轴轮系来介绍平行轴定轴轮系传动比大小的计算方法。在此轮系中，设齿轮 1 为首轮，齿轮 5 为末轮，则此轮系的传动比为 $i_{15}=\frac{n_1}{n_5}$。z_1、z_2、z_2'、z_3、z_3'、z_4、z_5 为各轮齿数，n_1、n_2、n_2'、n_3、n_3'、n_4、n_5，为各轮的转速，则各对齿轮的传动比为

$$i_{12}=\frac{n_1}{n_2}=-\frac{z_2}{z_1}$$

$$i_{2'3}=\frac{n_2'}{n_3}=+\frac{z_3}{z_2'}$$

$$i_{3'4}=\frac{n_3'}{n_4}=-\frac{z_4}{z_3'}$$

$$i_{45}=\frac{n_4}{n_5}=-\frac{z_5}{z_4}$$

而由图 16.3 可见，主动轮 1 到齿轮 5 之间的传动，是通过上述各对齿轮的依次传动来实现的，那么轮系的传动比一定和组成轮系的各对齿轮的传动比有关。同时，观察分析上面 4 个式子可以看出，n_2、n_3、n_3'、n_4、n_4'（即各中间构件的角速度）在这些式子的分子和分母

中都出现一次，因此，为了求得轮系的传动比 $i_{15}=\dfrac{n_1}{n_5}$，可将上列各式的两边相乘起来，于是可得

$$i_{15}=i_{12}i'_{2'3}i_{3'4}i_{45}=\frac{n_1n_{2'}n_{3'}n_4}{n_2n_3n_4n_5}=\frac{n_1}{n_5}=\left(-\frac{z_2}{z_1}\right)\left(+\frac{z_3}{z'_2}\right)\left(-\frac{z_4}{z'_3}\right)\left(-\frac{z_5}{z_4}\right)$$

$$=(-1)^3\frac{z_2z_3z_4z_5}{z_1z'_2z'_3z_4}=(-1)^3\frac{z_2z_3z_5}{z_1z'_2z'_3}$$

此式可以说明：

（1）定轴轮系的传动比就等于组成该轮系的各对啮合齿轮传动比的连乘积；其大小等于各对啮合齿轮中所有从动齿轮齿数的连乘积与所有主动齿轮齿数的连乘积之比。即

$$\text{定轴轮系的传动比}i_{1k}=\frac{n_1}{n_k}=(-1)^m\frac{\text{所有从动齿轮齿数的连乘积}}{\text{所有主动齿轮齿数的连乘积}} \tag{16-1}$$

（2）传动比的符号决定于外啮合齿轮的对数 m，当 m 为奇数时，为负号，说明首末两轮转向相反；为偶数为正号，说明首末两轮转向相同。定轴轮系的转向关系也可以用箭头在图上逐对标出。

（3）图中的齿轮 4 既是主动轮，又是从动轮，它对传动比的大小不起作用，但改变了传动装置的转向，这种齿轮称为惰轮，又称为过桥齿轮。惰轮用于改变传动装置的转向和调节轮轴间距。

三、非平行轴定轴轮系的传动比

如果轮系中首末两轮的轴线不平行，例如含有圆锥齿轮、蜗杆蜗轮等传动时，便不能采用在传动比前加“+”，“-”的方法来表示它们的转向关系，就只能在图上用箭头来表示。

箭头标注方式：一对外啮合的圆柱齿轮的转向是相反的，故表示它们转向的箭头方向也相反（相背或相向）；而一对内啮合圆柱齿轮的转向是相同的，故表示它们转向的箭头方向也就相同。对于圆锥齿轮啮合传动的转向关系也不难确定，因为互相啮合的两个圆锥齿轮在节点处的圆周速度是相同的，所以标志两者转向的箭头不是同时指向节点就是同时背离节点（这一点和圆柱齿轮传动是相同的）。根据上述法则，在用箭头标出轮 1 的转向后，则其余各轮的转向便不难依次用箭头标出，如图 16.4 所示。

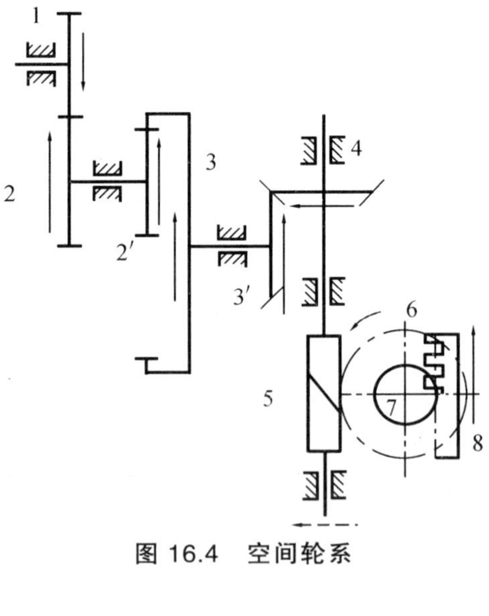

图 16.4 空间轮系

【例 16-1】 图 16.4 所示的空间定轴轮系中，已知 $z_1=20$，$z_2=40$，$z'_2=15$，$z_3=60$，$z'_3=18$，$z_4=18$，$z_7=20$，齿轮 7 的模数 $m=3$ mm，蜗杆 5 头数为 1（左旋），蜗轮齿数 $z_6=40$。齿轮 1 为主动轮，转向如

图所示，转速 $n_1 = 100$ r/min，试求齿条 8 的速度和移动方向。

解：计算过程如下：

$$i_{16} = \frac{n_1}{n_6} = \frac{z_2 z_3 z_4 z_6}{z_1 z_2' z_3' z_5}$$

$$n_6 = \frac{n_1}{i_{16}} = n_1 \times \frac{z_1 z_2' z_3' z_5}{z_2 z_3 z_4 z_6} = 100 \times \frac{20 \times 15 \times 18 \times 1}{40 \times 60 \times 18 \times 40} = 0.312\ 5 \ \text{(r/min)}$$

显然 $$n_7 = n_6$$

$$v_8 = v_7 = \frac{\pi d_7 n_7}{60 \times 1\ 000} = \frac{\pi m z_7 n_7}{60 \times 1\ 000} = 0.000\ 98\ \text{(m/s)}$$

齿条移动方向及各轮转向如图 16.4 所示。

第二节　周转轮系及其传动比

一、平行轴周转轮系传动比

通过对周转轮系和定轴轮系的观察和比较就会发现，它们之间的根本区别就在于周转轮系中有转动着的行星架，从而使得行星轮既有自转又有公转。由于这个差别，所以周转轮系的传动比就不能直接用定轴轮系传动比的求法来计算了。但是，根据相对运动的原理，假若我们给整个周转轮系加上一个公共角速度“$-n_H$”，使它绕行星架的固定轴线回转，则各构件之间的相对运动将仍然保持不变，正如钟表各指针相对运动关系并不会因整个钟表作相对的附加反转运动而改变一样，但这时行星架的角速度将成为 $n_H - n_H = 0$，即行星架“静止不动”。于是周转轮系就转化成了定轴轮系。这种经过转化所得的假想的定轴轮系，称为原周转轮系的转化轮系。

既然周转轮系的转化轮系为一定轴轮系，故此转化轮系的传动比就可以按定轴轮系传动比的计算方法来计算，下面我们将会看到，通过转化轮系传动比的计算，就可以得出周转轮系中各构件之间角速度的关系（即传动比关系），进而求出所需的该周转轮系的传动比。现以图 16.5（a）所示的周转轮系为例，具体说明如下：

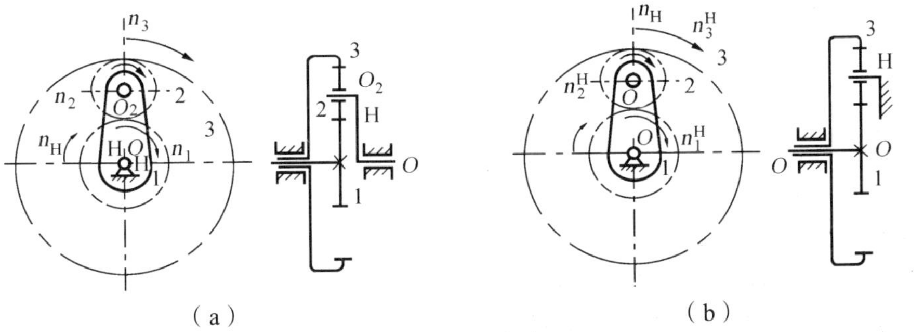

图 16.5　相对速度法

转化轮系中各构件对行星架 H 的相对转速（或角速度）分别用 n_1^H 、n_2^H 、n_3^H 及 n_H^H 表示，转化前后各构件的转速如表 16.1 所示。

表 16.1

构件	周转轮系中各构件转速	转化轮系中各构件转速
太阳轮 1	n_1	$n_1^H = n_1 - n_H$
行星轮 2	n_2	$n_2^H = n_2 - n_H$
太阳轮 3	n_3	$n_3^H = n_3 - n_H$
行星架 H	n_H	$n_H^H = n_H - n_H = 0$

而由表可知，由于 $n_H^H = 0$，所以该周转轮系已转化为图 16.5（b）所示的定轴轮系，即该轮系的转化轮系。在此转化轮系中，三个齿轮的转速（即它们相对于行星架 H 的转速）分别为 n_1^H 、n_2^H 、n_3^H，于是，此转化轮系的传动比 i_{13}^H 可按定轴轮系传动比的方法求得为

$$i_{13}^H = \frac{n_1^H}{n_3^H} = \frac{n_1 - n_H}{n_3 - n_H} = (-1)^m \frac{z_2 z_3}{z_1 z_2} = -\frac{z_3}{z_1}$$

将上式写成一般通式为

$$i_{1k}^H = \frac{n_1 - n_H}{n_k - n_H} = (-1)^m \frac{\text{所有从动齿轮齿数乘积}}{\text{所有主动齿轮齿数乘积}} \tag{16-2}$$

注意：i_{1k}^H 为转化轮系中由齿轮 1 至齿轮 k 的传动比，i_{1k} 为原周转轮系中由齿轮 1 至齿轮 k 的传动比，m 为转化轮系中齿轮 1 至齿轮 k 的外啮合齿轮的对数（只适用于平行轴周转轮系）。

【例 16-2】 如图 16.5 所示的周转轮系中，设 $z_1 = z_2 = 30$，$z_3 = 90$，试求在同一时间内当构件 1 和构件 3 的转数分别为 $n_1 = 1$，$n_3 = -1$（设逆时针方向为正）时，n_H 及 i_{1H} 的值。

解：由式（16-2）可求得此轮系的转化轮系的传动比为

$$i_{13}^H = \frac{n_1 - n_H}{n_3 - n_H} = -\frac{z_2 z_3}{z_1 z_2} = -\frac{z_3}{z_1}$$

将已知数据代入（注意：$n_1 = 1$，$n_3 = -1$ 代入时必须带有自己的符号）后得

$$\frac{1 - n_H}{-1 - n_H} = -\frac{90}{30} = -3$$

即 $1 - n_H = 3 + 3n_H$

因此 $n_H = -\frac{1}{2}$

而 $i_{1H} = \frac{n_1}{n_H} = \frac{1}{-\frac{1}{2}} = -2$

即当轮 1 逆时针转一转，轮 3 顺时针转一转时行星架 H 将顺时针转 1/2 转。轮 1 和行星架 H 之间的传动比为“－2”，负号表明二者的转向相反。

【例 16-3】 在图 16.6 所示的周转轮系中，设已知 $z_1 = 100$，$z_2 = 101$，$z_2' = 100$，$z_3 = 99$。试求传动比 i_{H1}。

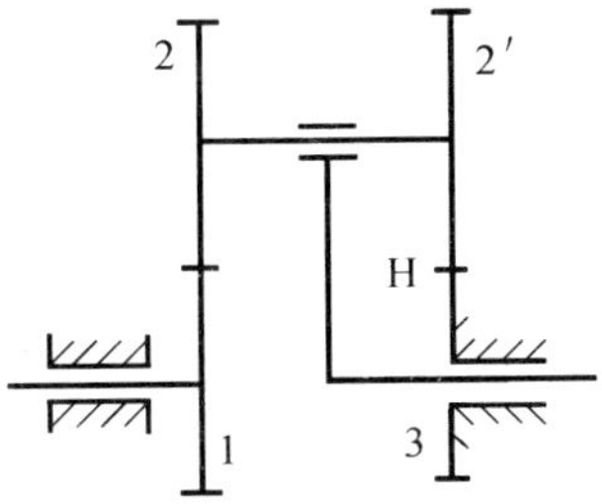

图 16.6　大传动比周转轮系

解：在图所示的轮系中，轮 3 为固定的（即 $n_3=0$），该轮系为一周转轮系，列出转化轮系传动比计算式，

$$i_{13}^{H}=\frac{n_1-n_H}{n_3-n_H}=\frac{n_1-n_H}{0-n_H}=1-\frac{n_1}{n_H}=(-1)^2\frac{z_2z_3}{z_1z_2'}$$

得 $\frac{n_1}{n_H}=1-(-1)^2\frac{z_2z_3}{z_1z_2'}=1-\frac{101\times99}{100\times100}=\frac{1}{10\ 000}$

即 $i_{H1}=\frac{n_H}{n_1}=10\ 000$

即当行星架转 10 000 转时，轮 1 才转 1 转，其转向与行星架的转向相同，可见其传动比极大。

又若将 z_3 由 99 改为 100，则

$$i_{13}^{H}=\frac{z_2z_3}{z_1z_2'}=\frac{101\times100}{100\times100}=\frac{10\ 100}{10\ 000}$$

$$i_{1H}=1-\frac{10\ 100}{10\ 000}=-\frac{1}{100}$$

$$i_{H1}=-100$$

即当行星架转 100 转时，轮 1 反向转 1 转。可见周转轮系中从动轮的转向不仅与主动轮的转向有关，而且与轮系中各轮的齿数有关。在本例中，只将 z_3 增加一齿，轮 1 就反向回转。这是周转轮系与定轴轮系不同的地方。

二、非平行轴周转轮系的传动比

对于非平行轴周转轮系，当两太阳轮和行星架的轴线互相平行时，如图 16.7（a）中的 1、3、H，仍可用转化轮系法来建立转速关系式。但由于非平行轴周转轮系存在相交轴齿轮，用（－1）^{m} 判别转化机构中首末轮转向的正负关系已不适用，传动比的公式为：

$$i_{1K}^{H}=\frac{n_1-n_H}{n_K-n_H}=\pm\frac{\text{所有从动轮齿数连乘积}}{\text{所有主动轮齿数连乘积}}\qquad(16\text{-}3)$$

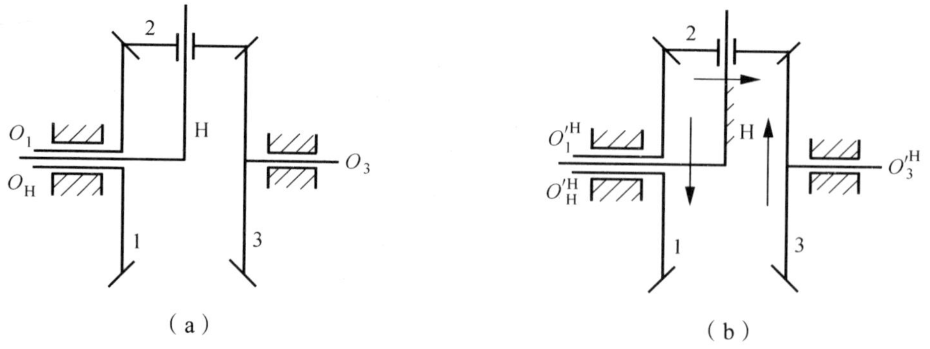

图 16.7 非平行轴周转轮系

式中“±”号用箭头法判定：在转化轮系中，轴线与 H 轴线平行的首末两轮转向相同取“+”号，转向相反取“–”号。如图 16.7（b）轮 1 与轮 3 在转化轮系中转向相反，计算传动比时则取“–”号。

如果行星轮 K 和行星架 H 的轴线不平行，如图 16.7（a）中的 2 轮，$n_K^H \neq n_K - n^H$，因此其转速 n_K 不能与 n^H 按代数量进行加减。

【例 16-4】 如图 16.8（a）所示空间周转轮系中，已知各齿轮的齿数 $z_1 = 20$、$z_2 = 30$、$z_2' = 40$、$z_3 = 50$，齿轮 1 的转速 $n_1 = 100$ r/min，齿轮 3 的转速 $n_3 = 200$ r/min，当齿轮 1、3 的旋转相反时，求行星架的转速 n_H 的大小和方向。

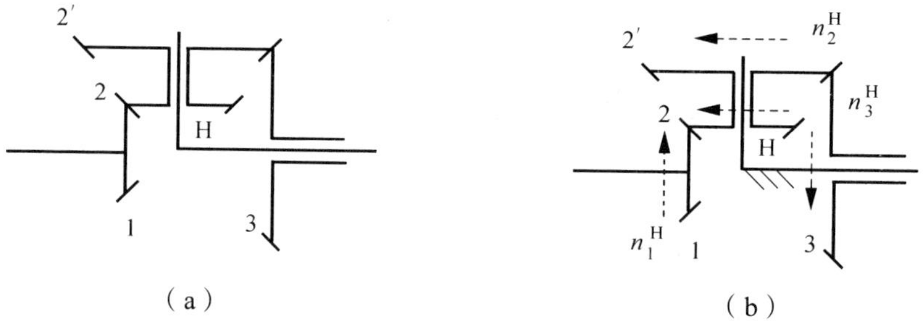

图 16.8 锥齿轮周转轮系

解： 此为周转轮系，由于齿轮 1、3 和行星架 H 轴线平行，因此可以用式 16-3 计算，假设轮 1 的转动方向如图 16.8（b）所示，通过分析转化轮系中各轮的转向知，轮 3 与轮 1 在转化轮系中转向相反，固公式（16-3）取“–”号，因此有：

$$i_{13}^{H} = \frac{n_1 - n_H}{n_3 - n_H} = -\frac{z_2 z_3}{z_1 z_2'}$$

代入数据：

$$\frac{100 - n_H}{-200 - n_H} = -\frac{30 \times 50}{20 \times 40} = -\frac{15}{8}$$

$$n_H = -95.65 \ \text{r/min}$$

n_H的与齿轮 1 转向相反，齿轮 3 转向相同。

【例 16-5】 在图 16.9 所示滚齿机周转轮系中，$z_1 = z_2 = z_2' = z_3 = 30$。来自滚刀的分齿运动由轮 1 传入，来自刀架的附加运动由行星架 H 传入，合成运动由轮 3 传出。若已知 $n_1 = -1$（r/min）（逆转），$n_H = 1$（r/min）（顺转），试求 n_3。

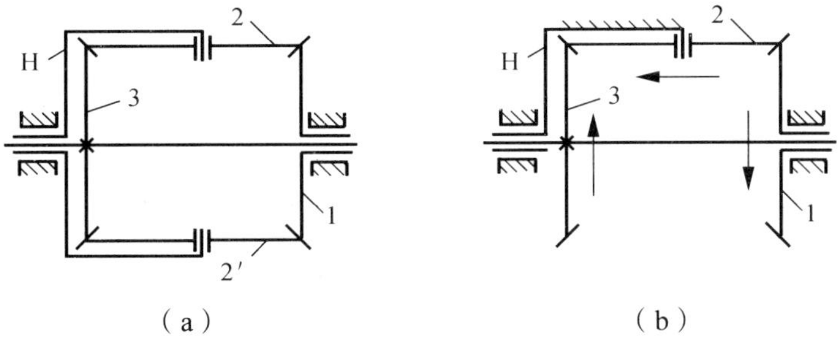

图 16.9　滚齿机差动轮系

解： 图示为空间周转轮系，齿轮 2′为虚约束，简化后的转化机构简图如图 16.9（b）所示。

带入转化轮系传动比公式（16-3），由于轮 3 与轮 1 在转化轮系中转向相反公式取“－”号为

$$i_{13}^{H} = \frac{n_1 - n_H}{n_3 - n_H} = -\frac{z_2 z_3}{z_1 z_2}$$

$$\frac{-1-1}{n_3 - 1} = -1$$

$$n_3 = 3$$

n_3与 n_H转向相同。

第三节　混合轮系

在各种实际机械中所用的轮系，往往不只是单纯的定轴轮系，或单纯的周转轮系，而是既包含定轴轮系部分，也包含周转轮系部分，或者是由几部分周转轮系组成的，我们常把这种复杂的轮系称为混合轮系。

显然，在混合轮系中，我们既不能应用（16-1）式将其看作定轴轮系来计算传动比，也不能利用（16-2）或（16-3）式将其看作单一的周转轮系来计算其传动比。例如，如图 16.9 所示的混合轮系，当给整个轮系附加（$-n_H$）转速使其绕周转轮系部分的基本构件的轴线反转后，原来的周转轮系部分虽变成了定轴轮系，但原来的定轴轮系却反而变成了周转轮系，整个轮系仍为一混合轮系。而唯一正确的方法是将其所包含的各部分定轴轮系和各部分周转

轮系一一加以分开，并分别用定轴轮系和周转轮系传动比的计算公式来求出它们的传动比，然后加以联立求解，从而求出该混合轮系的传动比。

混合轮系的分解方法仍按前面的想法，先找出行星轮，然后找出行星架（注意行星架不一定呈简单的杆状），顺藤摸瓜找出与该行星轮相关联的所有太阳轮。每一行星架，连同行星架上的行星轮和与行星轮相啮合的太阳轮就组成了一个周转轮系。在一个混合轮系中，可能包含有几个周转轮系，当将这些周转轮系一一找出之后，剩下的就是定轴轮系部分了。

【例 16-6】 如图 16.10 所示的混合轮系中，已知齿数 $z_1=20$，$z_2=40$，$z_2'=20$，$z_3=30$，$z_4=80$，求传动比 i_{1H}。

解：

（1）分析轮系，由图可知，轮 3 的轴线可动，是行星轮；与其相啮合的齿轮 2′、齿轮 4 的轴线与行星架 H 的轴线重合，是太阳轮。这几个齿轮组成周转轮系，剩下的齿轮 1、2 组成了定轴轮系。

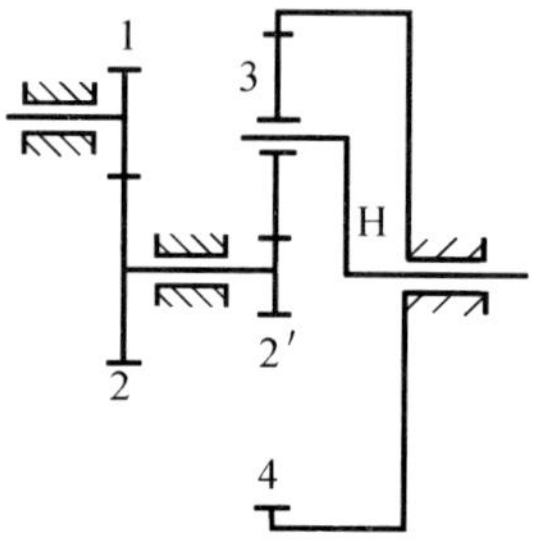

图 16.10 混合轮系

（2）定轴轮系计算

$$i_{12}=\frac{n_1}{n_2}=-\frac{z_2}{z_1} \tag{a}$$

（3）按周转轮系 2′—3（H）—4 列出转化轮系传动比计算式

$$i_{2'4}^{H}=\frac{n_2'-n_H}{n_4-n_H}=(-1)^1\frac{z_4}{z_2'} \tag{b}$$

将已知各轮的齿数及 $n_4=0$ 及 $n_2'=n_2$ 等代入（a）、（b）得

$$i_{12}=\frac{n_1}{n_2}=-\frac{40}{20} \tag{c}$$

$$i_{2'4}^{H}=\frac{n_2'-n_H}{0-n_H}=-\frac{80}{20} \tag{d}$$

由式（c）得

$n_2=-0.5n_1$，对双联齿轮，$n_2=n_2'$，将 $n_2=-0.5n_1$ 代入（d）得

$$\frac{-0.5n_1-n_H}{-n_H}=-4$$

$$i_{1H}=\frac{n_1}{n_H}=-10$$

第四节　轮系的功用

在各种机械中轮系的应用是十分广泛的，其功用大致可以分为以下几个方面。

1. 实现变速传动

在主动轴转速不变的情况下，利用轮系可以使从动轴得到若干种转速，这种传动称为变速传动。如图 16.11 所示的轮系中，轴 Ⅰ 及轴 Ⅱ 分别为主动轴及从动轴，齿轮 5 及 3 固定在轴 Ⅱ 上，而齿轮 4、6 为一整体（称为双联齿轮），与轴 Ⅰ 用滑键相联，可在轴 Ⅰ 上滑动（即滑移齿轮）。当操纵此双联滑移齿轮使齿轮 3 与 5 啮合时，可以得到两种不同的传动比，即在主动轴转速不变的条件下，使从动轴得到两种不同的转速。

变速传动也可以利用周转轮系来实现。

2. 实现大的传动比

定轴轮系和周转轮系都可以获得大的传动比。在图 16.11 所示的轮系中，该轮系传动比 i_{1H} 可达到 10 000，一般来说，周转轮系和定轴轮系相比，在传递功率和传动比相同的情况下，周转轮系减速器的体积是定轴轮系减速器的 15% ~ 60%，重量为 20% ~ 55%。

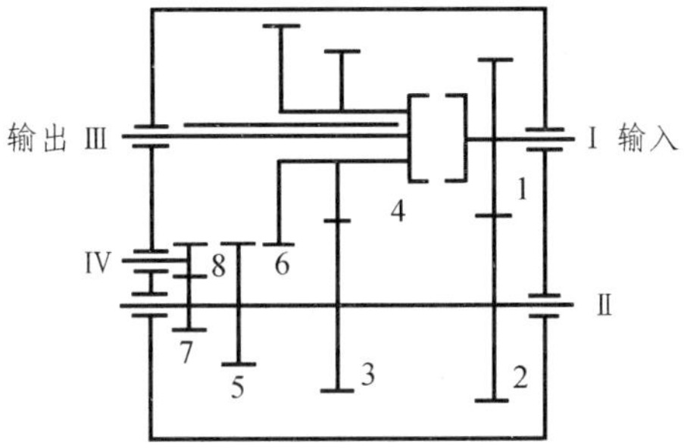

图 16.11　汽车变速箱

3. 实现分路传动

利用轮系可以使一个主动轴带动若干个从动轴同时旋转。例如，图 16.12 表示机械式钟表机构，E 为擒纵轮，N 为发条盘，S、M、H 分别为秒针、分针、时针。它通过定轴轮系把发条盘的运动分成 3 路传出，带动若干个附件同时工作。

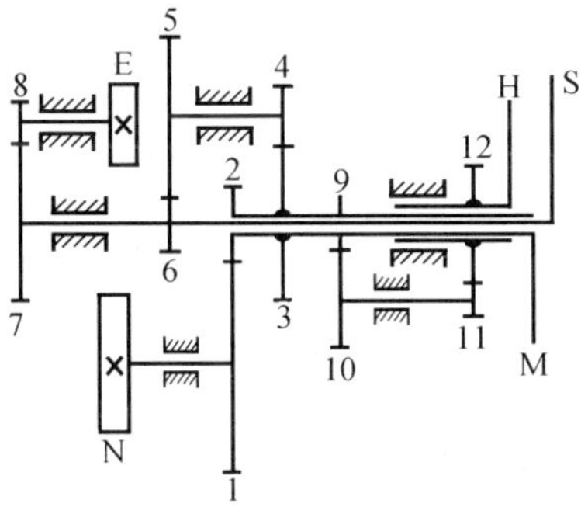

图 16.12　机械式钟表机构

4. 用作换向传动

在主动轴转向不变的情况下，利用惰轮可以改变从动轴的转向。如图 16.13（a）所示的车床上走刀丝杆的三星轮换向机构，搬动手柄可以实现如图 16.13（b）所示的两个传动方案。

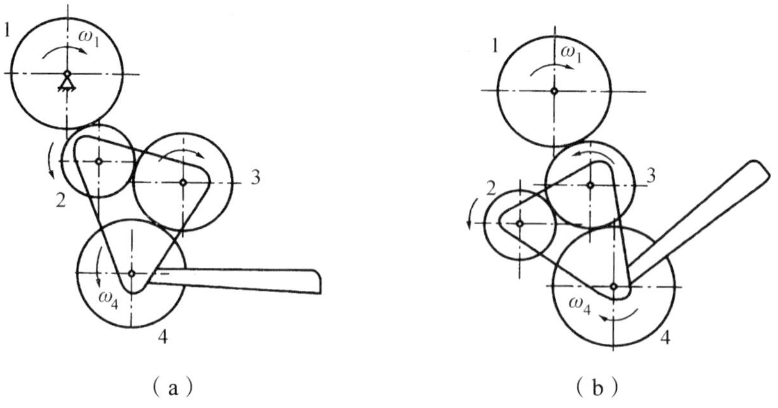

图 16.13　三星轮换向机构

5. 用作运动的分解

周转轮系不仅能将两个独立的运动合成一个运动，而且还可以将一个主动的基本构件的转动按所需的可变的比例自行分解为另两个基本构件的两个不同的转动。现在，我们以汽车后轴的差速器为例来说明这个问题。

如图 16.14 所示为装在汽车后桥上的周转轮系（常常称为差速器）。发动机通过传动轴驱动齿轮 5。齿轮 4 上固连着行星架 H，行星架上装有行星轮 2。齿轮 1、2、3 及行星架 H 组成一周转轮系。

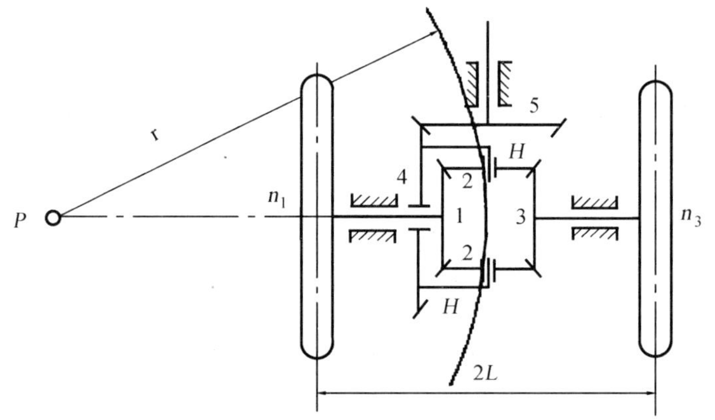

图 16.14　汽车后桥差速器

当汽车沿直线行驶时，两个后轮所走的路程相同，所以要求后轮 1、3 的转速相等，即 $n_1 = n_3$；而当汽车转弯时，处于弯道内侧的后轮走的是小圆弧，处于外侧的后轮走的是大圆弧，两后轮所走的路径不相等，所以要求后轮 1、3 应具有不同的转速，即 n_1 不等于 n_3。在汽车后桥上安装周转轮系后，就能根据汽车不同的行驶状态，自动改变两后轮的转速。

现在我们假设汽车在向左转弯行驶，汽车的两前轮在转向机构的作用下，其轴线与汽车后轮的轴线相交于点 P，这时整个汽车可以看成是绕着 P 点回转。又设轮子在地面上不打滑，这时两个后轮的转速与弯道半径成正比，所以由图可得

$$\frac{n_1}{n_3}=\frac{r-L}{r+L} \tag{a}$$

式中，r 为弯道平均半径；L 为后轮距的一半。

另外在该周转轮系中，$z_1=z_3$，$n_H=n_4$，所以可以得出

$$\frac{n_1-n_4}{n_3-n_4}=-1 \tag{b}$$

对（a）、（b）式联立求解可得出此时汽车两后轮的转速分别为

$$n_1=\frac{r-L}{r}n_4$$

$$n_3=\frac{r+L}{r}n_4$$

这说明了汽车两后轮的转速是随着弯道半径的不同而不同的。当汽车为直线行驶时，两后轮的转速相等，且

$$n_1=n_3=n_4$$

思考题与习题

16-1　轮系有哪些类型？如何判断？

16-2　定轴轮系的传动比如何计算？含有非平行轴齿轮的定轴轮系，如何判断其转向？

16-3　何谓转化齿轮？为何引入转化轮系？

16-4　周转轮系的传动比如何计算？i_{AB} 和 i_{AB}^{H} 有何本质区别？如何确定周转轮系首末件的转向关系？

16-5　如图 16.15 所示轮系中，已知各齿轮齿数为 $z_1=15$、$z_2=25$、$z_3=15$、$z_4=30$、$z_5=15$、$z_6=30$、$z_7=2$（右旋）、$z_8=60$、$z_9=20$（$m_9=4$ mm）。若 $n_1=600$ r/min，求齿条 10 的线速度 v 的大小和方向。

16-6　如图 16.16 所示轮系，已知右旋蜗杆的转速 $n_1=960$ r/min 转向为逆时针方向，各齿轮齿数为 $z_1=1$、$z_2=40$、$z_3=16$、$z_4=32$、$z_5=20$、$z_6=28$、$z_7=16$、$z_8=48$。求内齿轮 8 的转速 n_8，并指出其方向。

16-7　在图 16.17 所示的轮系中，已知 $z_1=z_2'=z_3'=z_4'=20$，$z_2=z_3=z_4=z_5=34$，转速 $n_1=1\,450$ r/min，试求 n_5 的大小及方向（方向标出即可）。

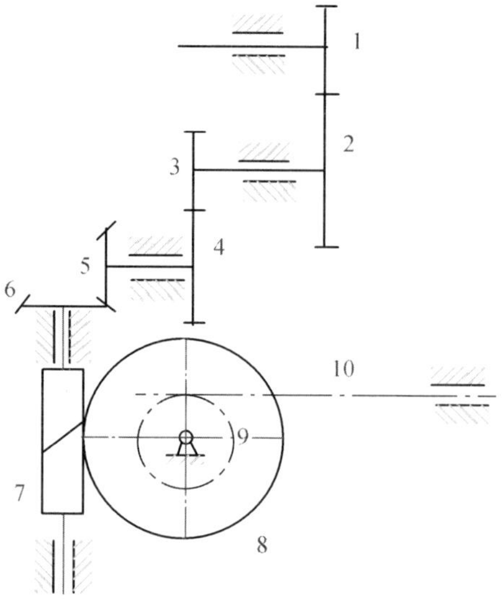

图 16.15

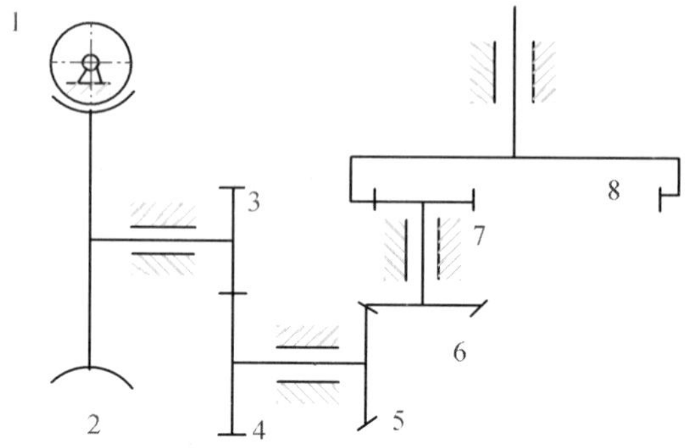

图 16.16

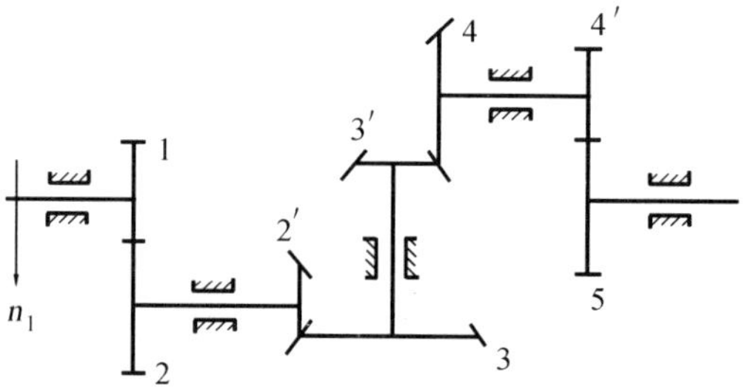

图 16.17

16-8　如图 16.18 所示轮系中，已知 $z_1=z_2=30$，$z_3=90$，试求在同一时间内当构件 1 和 3 的转速分别为 $n_1=1$，$n_3=-1$（设逆时针为正）时，n_H 及 i_{1H} 的值。

16-9　如图 16.19 所示周转轮系中，设已知 $z_1=100$，$z_2=101$，$z_3=100$，$z_4=99$。试求传动比 i_{1H}。

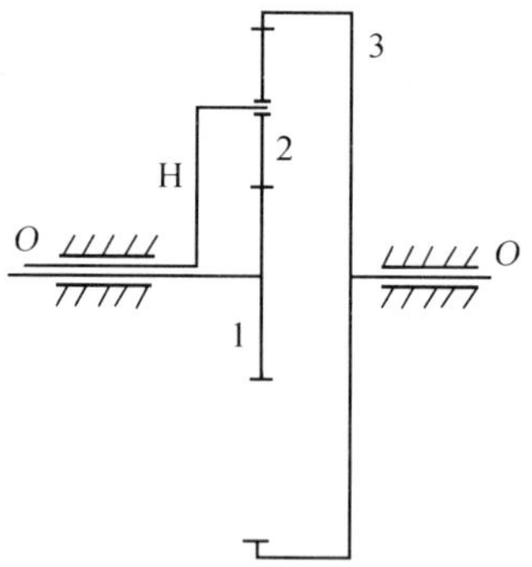

图 16.18

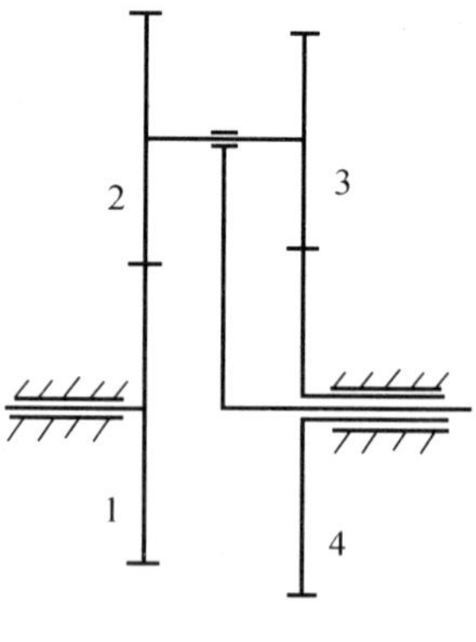

图 16.19

16-10 如图 16.20 所示轮系中，已知 $z_1=20$，$z_2=30$，$z_3=80$，$z_4=20$，$z_5=30$，$z_6=80$。求 i_{1H}。

16-11 如图 16.21 所示轮系中，已知 $z_1=34$，$z_2=22$，$z_3=78$，$z_4=18$，$z_5=35$，$z_6=88$。求 i_{1H2}。

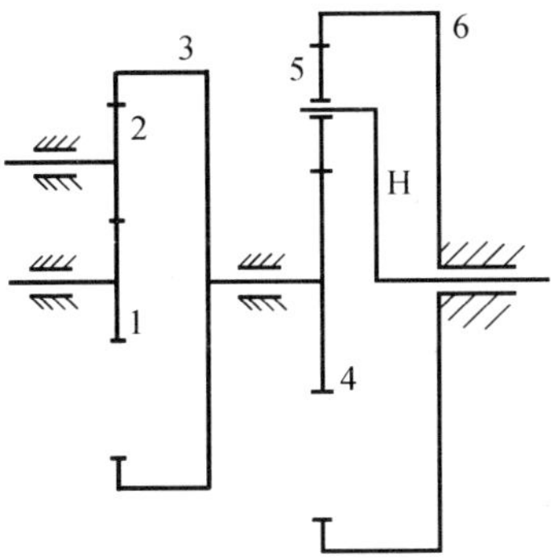

图 16.20

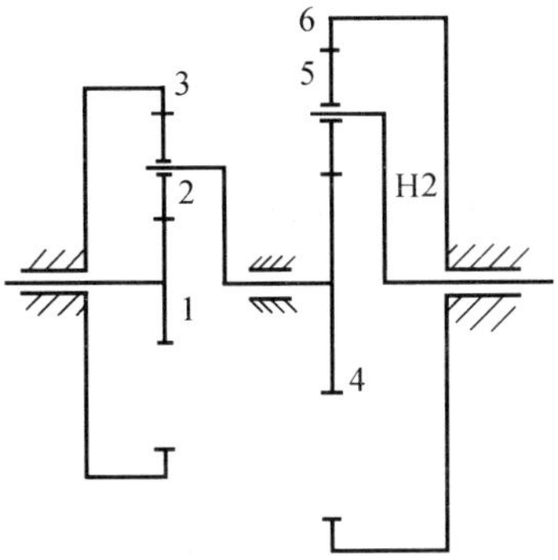

图 16.21

16-12 轮系有哪些功用？

参考文献

[1] 刘鸿文. 材料力学[M]. 北京：高等教育出版社，1998.

[2] 胡家秀. 简明机械零件设计手册[M]. 北京：机械工业出版社，1998.

[3] 邱宣怀. 机械设计[M]. 北京：高等教育出版社，1992.

[4] 余俊等. 机械设计[M]. 北京：高等教育出版社，1986.

[5] 胡家秀. 机械设计基础[M]. 北京：机械工业出版社，2001.

[6] 何元庚. 机械设计基础[M]. 北京：机械工业出版社，1985.

[7] 崔国泰. 机械设计基础[M]. 北京：机械工业出版社，1995.

[8] 张建中. 机械设计基础[M]. 徐州：中国矿业大学出版社，1999.

[9] 吴宗泽. 机械零件[M]. 北京：中央广播电视大学出版社，1986.

[10] 东南大学. 理论力学[M]. 北京：高等教育出版社，1998.

[11] 何小柏. 机械设计[M]. 重庆：重庆大学出版社，1995.

[12] 邓昭铭、张莹. 机械设计基础[M]. 北京：高等教育出版社，2000.

[13] 陈岚. 机械设计基础[M]. 成都：西南交通大学出版社，2007.